房務管理

（第二版）

HOUSEKEEPING

MANAGEMENT

Second Edition

Margaret M. Kappa
Aleta Nitschke
Partricia B, chappert　著

閔辰華　校閱

EDUCATIONAL INSTITUTE
American Hotel & Lodging Association

Preface

出版序

　　美國飯店業協會 (American Hotel & Lodging Association，簡稱 AH & LA) 是美國飯店業權威的管理和協調機構。美國飯店業協會教育學院 (Educational Institute，簡稱 EI) 隸屬於美國飯店業協會，從事飯店管理教育培訓已經有近 50 年的歷史，是世界上最優秀的飯店業教育及培訓機構之一，其教材和教學輔導材料集合了美國著名酒店、管理集團及大學等研究機構的權威人士多年的實踐經驗和研究成果，有許多是作者的實際體驗和經歷，使讀者從中能夠見識到飯店工作的真正挑戰，並幫助讀者訓練思考技巧，學會解決在成為管理人員後遇到的類似問題。目前，全世界有 60 多個國家引進了美國飯店業協會教育學院的教材，有 1400 多所大學、學院、職業技術學校將其作為教科書及教學輔助用書。美國飯店業協會為此專門建立了一整套行業標準和認證體系。美國飯店業教育學院為飯店 35 個重要崗位頒發資格認證，其證書在飯店業內享有最高的專業等級。現在，在 45 個國家共有 120 多個證書授權機構，在全球飯店業的教育和培訓領域享有較高聲譽。

　　北美教育學院 -- 美國飯店業協會教育學院香港與台灣地區總代理 -- 引進了美國飯店業協會教育學院的系列教材，每一本都經過了專家的精心挑選、譯者的精心翻譯和編輯的精心加工。我們期望這套教材的引進能夠更好地為大中華地區旅遊飯店業的發展服務，更好地為大中華地區飯店業迎接未來的挑戰、走向世界發揮作用；也希望能滿足旅遊飯店從業者提高職業技能和素質的迫切需求，為其成為國際化的管理人員貢獻一份後援之力。

　　如果我們的目的能夠達到，我們將以此為自豪。我們為實現大中華地區向世界旅遊強國目標的跨越而做出了努力。

北美教育學院

Preface

作者序

　　飯店經營活動傳遞給人們的最強音莫過於「乾淨」兩個字了。無論飯店怎樣豪華氣派，提供的服務水準多高，接待如何友好周到，都比不上客人步入一塵不染、整潔而又舒適方便的房間時所獲得的那種感覺。

　　為了向客人傳達這種品質資訊，就必須賦予客房工作與飯店其他職責一樣的專業品質。《飯店客房管理》(第二版)向客房管理者傳授各種方法與手段，幫助他們全面達到與滿足今天客人對現代飯店和餐館所要求與企望的服務水準。

　　雖然本書的主要對象是客房部經理人員，但所有客房部日常工作的決策者都可將此書視為資訊寶庫。同時，本書也為那些謀求在飯店的這一關鍵部門獲得發展和取得成功者提供重要的專業諮詢。作者力圖在書中透徹反映客房部日常經營活動中所發生的各種錯綜複雜的事情，涉及從計畫、組織、預算、督導到客房部實務操作，面面俱到，不一而足。

　　本書的開頭部分介紹客房部在飯店運作中擔任的角色，著重說明該部門如何對各項工作實施計畫與組織。接著，透過檢討和研究客房部的人力資源管理工作，強調培養高素質的客房部工作人員隊伍的重要性。另外幾章闡述了客房部經理面對的各種挑戰與管理職責，重點涉及客房庫存品管理、支出控制、安全監控及保安職責等。書中還有一章是專為擁有店內洗衣房的飯店寫的，討論如何對各種洗衣房的經營實行有效監管

　　書的最後幾章是對客房部業務操作進行細分。這是一些有關清潔作業的技術篇，供讀者參考使用。這幾章重點談論客房、公共場所、屋頂、牆面、樓面與地毯清潔的基本原則和要求，並提出了在臥室家具、室內固定裝置、織物用品及其他特色物品或便利設施的選擇與清潔作業中應考慮的事項。在大部分有關技術層面的章節和參考章節後面都附有任務細分表。書中提供的任務細分表儘管只作為指導原則而提出，但是，它是對本書所闡述的許多經營理念的貫徹與運用。

　　本書大部分章節後附有複習題和主要術語一覽表，目的在於加強對章節內容的理解。不少章節後還列有網址，以方便讀者獲得更多和最新的資訊資料。

案例分析貫穿全書內容，著重於飯店經理面臨的實際問題和困難局面。這些案例是美國飯店與住宿業協會教育學院選擇的三位客房管理領域的專家與本書作者共同創作的，既真實又切合實際。這些專家足足花了兩天時間來討論案例的構思與提綱，辯論飯店棘手問題的對策，並提供了翔實的資料。作者據此編寫出本書的全部案例。在此，謹向這些辛勤工作的專家致以萬分的感謝。他們是：Aleta Nitschke, CHA《居室年鑒》雜誌發行人兼編輯、Gail Edwards 密蘇里州聖路易斯市 Regal Riverfront Hotel 客房部經理、Mary Friedman 明尼蘇達州明尼亞波利市 Radisson South 客房部經理。

書中每一章均引用了《居室年鑒》雙月刊的資料。該年鑒創刊於 1993 年 7 月，旨在向旅館部門經理提供一種有趣且有教育意義的讀物，以幫助他們能在工作崗位上施展才華，從而在向客人提供始終如一的優質服務的同時，提升自己旅館的形象。選用的文章都出於旅館業經理們的手筆，所探討的都是他們切身工作中所遇到的問題以及如何應對這些難題。文章的引用內容已獲得《居室年鑒》的授權使用。

我們希望本書能達到預期的目的，成為客房部經理人員手中的一本實用大全——一部能為旅館這些重要部門提升專業服務水準做出貢獻的作品。

Margaret M. Kappa, CHHE
Consultant
Hospitality Housekeeping
Wabasha, Minnesota

Aleta Nitschke, CHA
Publisher and Editor
The Rooms Chronicle
Stratham, New Hampshire

Patricia B. schappert, CHHE
Director of Housekeeping
Opryland Hotel
Nashville, Tennessee

Preface

校閱序

　　自觀光業(Tourism Industry)的興起與蓬勃成長，可說是人類社會文明進步的自然表徵。尤其自第二次世界大戰結束以後，隨著大眾旅遊(Mass Travel)的盛行，和電腦資訊與科技的發展，使得全球的觀光活動呈現日趨多元化的豐富面貌，且成為許多國家賺取外匯的首要來源之一。而旅館業在觀光業中又扮演著一重要的角色，其不僅提供旅客「家外之家」(home away from home)的溫馨感覺，其舒適乾淨的環境更可讓旅客卸除一天疲憊，得到充分的休息。一塵不染且令人舒適愜意的客房常是旅館服務留給客人印象最深的特色，保養房間內的設備與清潔維護工作，也就顯得格外重要。因此，房務管理(Housekeeping Management)在旅館管理中則扮演一關鍵角色。

　　從事「旅館管理」課程教學工作多年，常思考如何輕鬆帶領同學們深入了解房務管理的實務工作又能收穫豐碩。然舉凡國內常用的教科書多偏重於旅館全面的了解及一般的介紹，而沒有針對房務實際作業作一深入的剖析，適值揚智文化事業股份有限公司獲得在台代理發行「AHLA」一系列叢書，有幸筆者能對「房務管理(Housekeeping Management)」進行譯後校對工作，慨允戮力為之。

　　原書文筆流暢，架構完整，且案例豐富，可謂各校觀光相關科系教科書的最佳選擇，亦是欲從事旅館工作者自學的最佳範本。為使全書更為流暢，校閱者已針對本書有關旅館相關專用術語之翻譯加以修改，以便適合國內讀者閱讀。

　　雖校閱之過程重覆核對原文內容，以力求正確，惟校閱者才疏學淺，恐有錯誤疏漏之處，尚祈專家先進不吝框正。

閔辰華　謹識

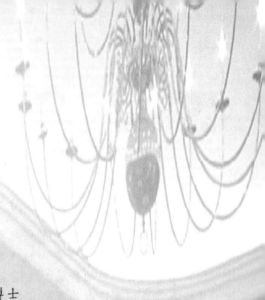

校閱者簡介

閔辰華

學歷

國立交通大學經營管理研究所博士

美國普渡大學餐旅觀光研究所碩士

現任

私立醒吾技術學院觀光系專任副教授

經歷

美國聯合航空公司

美國及台灣多家旅館、中西餐廳

私立醒吾技術學院觀光系專任講師

私立世新大學觀光系兼任講師

C目錄
ontents

CHAPTER 1

客房部在旅館 經營中的角色

學習目標

1. 描述客房部在旅館經營中扮演的角色
2. 依照服務水準對旅館進行分類
3. 解釋旅館組織架構圖的功能
4. 定義旅館主要部門的職責
5. 說明客房部與前廳部的關係
6. 陳述用於確定旅館 24 小時客房房況的報告方式與追蹤方式
7. 說明客房部與維修部的關係
8. 描述維修工作單制度的運作方法

本章大綱

- **旅館的分類**
  經濟型旅館
  中等價位旅館
  豪華型旅館

- **旅館的管理**

- **旅館的部門**
  房務部
  工程與維修部
  人力資源部
  財務部
  保全部
  餐飲部
  市場行銷部

- **客房部與前廳部**

- **客房部與維修部**
  傳遞維修工作需要資訊
  維修保養的類型團隊合作

　　管理週到的客房部是住宿業做到整潔、維護得當和富有審美情趣的保證。客房部不僅及時爲到客準備好整潔的房間，還對旅館裏的一切進行清潔和保養，以使旅館始終如一，像開幕當天一樣清新誘人[1]。所有的這些絕非小事，端看下面的資料，就更清楚了[2]。

　　美國估計有4萬6千家的住宿業，每年每天可供銷售的客房總數達350萬。假定平均每天的實際住房率爲65.5％，那麼客房部每天得負責清潔整理229萬2千500間客房。如果每位客房服務員平均每天清潔15間房，美國旅館的客房部門每天至少必須僱用15萬2千833名客房服務員。再加上客房部管理人員，還有客房部安排的責任公共區域、後台場所、會議室和宴會廳的清潔衛生人員，以及在旅館布巾用品部門和洗衣房的職員，就不難理解爲什麼客房部的員工通常比旅館任何其他部門要多。

　　客房部的工作對任何旅館的順利營運關係重大。本章首先簡要敘述不同類型旅館的客房部所扮演的角色。然後敘述旅館管理的架構，並確立客房部在整個旅館經營機制中的地位。接著描述旅館不同部門的功能，並簡略審視客房部與其它部門之間的關係。本章結尾強調旅館成功經營不可或缺的團隊合作精神，提供了有關團隊工作的實際個案，並解析客房部與前廳部人員之間，以及客房部、工程部與維修部人員之間必須具有的團隊精神。

第一節　旅館的分類

　　將旅館分類並非易事。由於住宿業非常紛繁複雜，許多旅館難以歸入任何單一界定清楚的類別。劃分旅館種類依據的特點主要有旅館所處的地點、客源市場類別、所有權制或連鎖體制、規模及服務水準。而對客房部來說，旅館的規模與服務水準是旅館最重要的特點。然而，旅館規模與服務水準並不是互爲依存的，規模常與服務水準毫不相關。

　　旅館規模僅僅籠統地表明客房部員工承擔的工作量大小。規模特點可指旅館擁有的客房、會議室和宴會廳的數量、公共區域的面積，以及旅館內需提供客房服務的部門之數量。表1-1著眼於旅館客房的數量，並提供了四種不同規模旅館的相關資料。

表 1-1　旅館規模分類

客房數	旅館百分比*	客房總數百分比**
75 間以下	66.8%	25.2%
75～149 間	21.5%	30.8%
150～299 間	8.6%	22.6%
300 間或以上	3.1%	21.4%

＊占 4 萬 6 千萬家旅館總收入之百分比。
＊＊占 3 百 59 萬間客房總數之百分比。

資料來源：Lodging Industry Profile, American Hotel & Motel Association.

　　旅館服務水準的高低更能確切衡量一家旅館客房部員工所完成的工作量。服務水準指標包括不同種類客房裏的物品陳設和固定裝置、公共區域裝潢及旅館其他設施的特色。雖然業內旅館提供的服務水準差別懸殊，但簡單地說，可將旅館基本上分成三類，即經濟型旅館、中等價位旅館和豪華型旅館。

一、經濟型旅館

　　經濟型旅館在住宿業裏不斷成長。他們致力於滿足客人最基本的要求，提供的是乾淨、舒適和廉價的客房。經濟型旅館主要吸引那些預算意識強、精打細算的旅客，他們要求居住舒適客房所必須有的一切便利設施，但不要其他非真正需要、也不想付錢購買高級的東西。這種旅館吸引那些帶小孩旅行的家庭、汽車旅遊團、度假者、退休人員和參加會議的群體。

　　目前，典型的經濟型旅館的規模，比 1960 年代那種 40 間～60 間客房的旅館規模大。一些旅館已達到 600 間客房的規模。然而，基於管理上的考慮，多數旅館仍保持在擁有 50 間～150 間客房的水準。小型經濟型旅館的工作人員一般由旅館經理、幾個客房服務員、服務台人員，有時候再加上一位維修人員組成。

　　低設計、低建造和低營運費用是經濟型旅館能營利的部分原因。他們能整合簡潔的設計方案，使旅館的造價低，而且維護效果好。經濟型

旅館通常是兩三層高的磚造建築物，客房設在走廊的兩邊。這些建築物的造價，遠比大旅館中能夠從客房俯視精美的旅館大廳之單邊建客房要來得經濟許多。

1970 年代初期的旅館，向客人提供的服務項目可能僅僅是一台黑白電視機；相比而言，現在多數經濟型旅館有彩色電視（許多是有線電視或衛星電視）、游泳池、一定程度的餐飲服務、運動場地、小型會議室及其他項目。不過，許多經濟型旅館並不提供整套餐飲服務，也就是說，客人可能得去附近的餐館用餐。他們一般也沒有在所謂中等價位或豪華型旅館裏所提供的客房餐飲服務、統一服務、宴會服務、健身俱樂部或任何較精緻的服務和設施。

二、中等價位旅館

提供中等價位服務（mid - market service）的旅館所吸引的旅遊市場或許是最大的。中等價位旅館的服務項目適量，但已足夠。旅館人員配備適中，但不龐大。使用費用帳戶的商務旅行者、遊客或想享受兒童優惠價格的家庭喜歡住此類型的旅館。軍事人員、教育工作者、旅行社、老年人及公司團體也可能享受優惠價格。這種中等價位旅館所提供的會議設施，通常也足以應付大小會議和培訓的需要。

提供中等價位服務的旅館一般具有中等規模（介於 150 間～300 間客房）。他們往往設有著制服服務、機場轎車接送服務及提供全方位的餐飲服務設施。旅館可能開設有特色餐廳、咖啡廳和休息大廳，不但供旅館客人使用，也全部對當地人開放。中等價位旅館的管理通常由一位總經理和幾位部門經理組成。客房部由客房部經理管理，其部屬人員往往比旅館其他部門多。

套房旅館是中等價位旅館中快速發展的一類。典型的旅館客房設有一間臥室、緊鄰的浴室、一張特大號床或兩張雙人床，還有一張書桌或梳妝檯組件及一兩張椅子。而套房則有一小間起居室或帶有適宜家具的會客區域（通常包括一張坐臥兩用沙發），以及一間擺放特大號床的小型臥室。套房旅館為遷徙者提供了暫住地，對頻繁旅行者則是「家外之家」，同時還受到那些對非標準化住宿設施感興趣家庭的青睞。由於套房旅館能提供與臥室隔開的工作或娛樂區域，對那些專業人士，如會計、律師及管理人員有特別吸引力。

精緻裝潢的世界級一流旅館的大廳

　　有些套房的廚房，廚具、冰箱、微波爐及調酒櫃等用品一應俱全。這些增加的特色服務，對客房服務員來說，意味著清潔套房比清潔標準房要花掉更多的時間。因此，套房旅館客房部的人工成本會比中等價位旅館中其他類的旅館高。正因爲這些以及其他的成本開支，套房旅館通常比其他旅館提供較小的公共區域和較少的賓客服務項目。

三、豪華型旅館

　　豪華型旅館提供世界級一流服務（world - class service），爲客人準備高級的餐館和休息大廳、精美的裝飾、大廳服務，以及豪華的會客和雅座用餐設施。開設這些服務的旅館之主要市場來自最高層公司管理人員、娛樂界名人、位高權重的政界人物及其他權貴。客房部職員通常負責向這類客人分發特大號浴巾、香皂、獨特的洗髮精和護膚乳液、淋浴帽及其他客房和浴室便利設施，以迎合他們的需要。浴室裏的布巾用品一般每天更換兩次，每天晚上還提供做夜床服務（turndown service）。而且這些客房提供的家具、裝飾和藝術品，比中等旅館裏的物品水準更

高。

有些提供中等價位服務的旅館將某幾層樓面（一般是頂部幾層）劃作世界一流服務區。獲准進入該服務區的客人，使用專用電梯鑰匙進入可能不對公眾開放的樓層。「商務樓層」裏的客房通常十分寬敞和豪華。旅館一般將這些客房裏的家具和裝潢的層級提高，並提供附加的賓客服務和設施。客房或套房中每天放置鮮花和鮮果，浴室的設施一般也與豪華型旅館相似。

第二節 旅館的管理

旅館管理人員對旅館運作實行指導，並定期向業主報告整體經營業績及有關情況。管理團隊透過計畫、組織、人員配備、指導、控制等手段，以及對館內各區域實行評估，來實現制定的具體目標。高層管理執行者協同旅館各部門經理來進行各項工作。

住宿業界對旅館大小部門的稱呼並不統一規範。大旅館可將主要功能區域稱為區，小功能區域稱作部門。其他旅館則將上述相應區域分別稱作部和處。兩種稱法並無優劣。為統一起見，本章將「主功能區」稱作「區」，把區內的「部門」稱作「部」。

旅館的最高領導通常稱作「總經理」、「總裁」或「經營主管」。總經理對業主或業主公司所指派之人員直接負責。在旅館連鎖機構中，一家旅館的總經理可向大小區域的執行官負責，後者對某一組旅館實行監督。

雖然總經理對旅館所有部門的監管負有責任，總經理可將監管具體部門的責任落在駐店經理身上。大旅館常分派駐店經理去監管客房部的所屬部門。一旦總經理離店外出，駐店經理即代理總經理一職。在總經理與代理總經理皆外出的情況下，常指定值班經理行使職權。

一切機構與組織都需有個體制之結構，來完成自己的使命，實現自己的目標。製作組織圖（organization chart）是表示這種結構的常用方法。架構圖用圖表的方法清楚表明各部門的職責和垂直領導關係。有些機構在圖上一一列出職員的名字和頭銜。由於任何兩家旅館都不盡相同，組織結構也得根據需要，量身訂作。圖 1-1 為中等規模無套房旅館的組織結構圖範例。在此機構內，所有的部門經理直接向旅館副理負責。

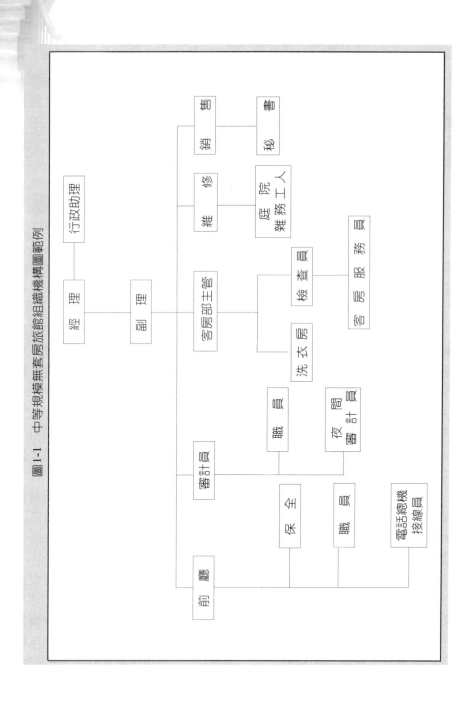

圖1-1 中等規模無套房旅館組織機構圖範例

圖1-2　大型旅館組織機構圖範例

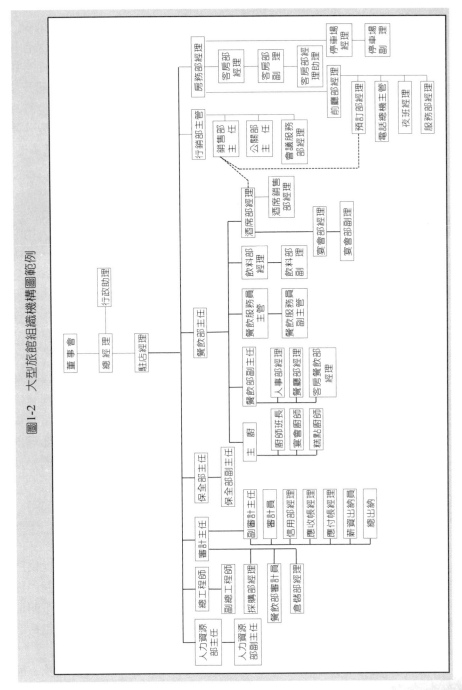

圖 1-2 是一家大旅館組織機構中的管理職位範例。注意在此機構中，客房部主任和前廳部經理直接向房務部經理負責。房務部經理確保客房與前廳兩個部門協調工作，為來客準備好乾淨的房間。本章在後面審視了這兩個部門建立有效聯繫和交流資訊的重要性。客房部與工程部及維修部也有密切的工作關係。由於這些功能區域一般不直接向同一位經理負責，在客房部經理與總工程師之間建立緊密的工作關係極為重要。本章後面還將談及客房部與工程部和維修部之間的聯繫與往來情況。

第三節　旅館的部門

旅館部門的分類有各種方法。一種方法是將各部門劃分為收入中心或輔助服務中心。從財務及旅館記錄保存與資訊系統方面來考慮，此方法特別有用。收入中心（revenue center）將商品或服務出售給賓客，從而為旅館創造收益。前廳部與餐飲銷售點是旅館典型的收入來源。輔助中心（support center）並不直接創造收益，但他們對旅館的收入中心產生輔助的作用。客房部是房務部中主要的輔助中心。旅館其他輔助中心包括財務部、工程與維修部及人力資源部等部門。

「前台」（front of the house）和「後台」（back of the house）這兩個詞語也可用於旅館部門與其人員的分類。「前台」功能區指員工與賓客接觸甚多的功能區域，如前廳、餐飲場所。「後台」功能區則指員工與賓客接觸較少的區域，諸如財務部、工程與維修部及人力資源部等部門。雖然客房部員工與賓客有一些接觸，一般仍認為它是後台區的一個部門。

以下簡略敘述大旅館內通常所見的主要部門。

一、房務部

房務部由一些「部」和「功能區」組成，他們在向住店賓客提供所需的服務中，產生非常重要的作用。多數旅館的房務部能帶來比館內任何其他部門更多的收入。前廳部是房務部的收入中心，它往往是旅館最重要的收入中心。房務部的其他部門都是前廳部的輔助中心，可包括客房、訂房、電話及著制服服務等部門。

前廳部是旅館裏最顯眼的地方，它與賓客直接接觸和交往最多。前

廳部的櫃台、出納、郵件與詢問諸部門位於旅館大廳最忙碌、最熱鬧的地方，而櫃台則是前廳部活動的中心。賓客在此完成入住登記、分配房間以及結帳離店等住宿過程。

有些旅館的訂房和電話總機，可以是房務部下面獨立的部門。訂房部負責接受和處理住宿的預訂，訂房人員必須保存正確的記錄，並且密切追蹤可供房源，以確認不發生超額預訂的情況。旅館的許多部門，特別是客房部，利用預訂資訊和其他客房出租預報資料，妥善安排員工上班。

旅館電話總機接線生（有時稱專用交換機接線員）接聽電話，並將電話轉接有關的分機。他們把客人的電話費帳單傳遞給前廳部出納，以供登入相關客人帳戶。有些旅館還提供叫醒電話服務、監視自動控制系統及協調緊急情況資訊傳遞系統的運作。

旅館的穿著制服服務人員，可包括停車場服務員、門僮、行李員、轎車駕駛員及門廳行李服務員。他們迎接與接待客人，並在客人抵店與離店時，給予各種幫助。

二、工程與維修部

旅館的工程與維修部對旅館的外觀及內貌負有責任，並保證館內設備的正常運行。通常它還負責保持館中游泳池的衛生標準，以及旅館場地的美化和保養。不過，有些旅館設立場地部或戶外與娛樂部，執行這些或其他的任務。旅館內的員工並非能承擔工程與維修的一切工作，出現的問題或工程項目，常常要透過對外承包來加以解決。

客房部透過和工程與維修部密切的工作關係，確保恰當的保養與維修程序得以有效地執行。客房部人員幾乎天天要進入各個客房履行清潔職務，因此該部對維修的需求有發言權，並且能就維修工作的次序提出意見。

三、人力資源部

近年來，旅館對人力資源管理的投入和依賴性有增無減。隨著人力資源部的職責和影響的擴大，其規模也在擴大，獲得的預算經費也在穩定增長。該部用含義更寬的「人力資源」一詞代替「人事」一詞的傾向，正是其作用擴大的反映。近來，為應對新的立法、萎縮的勞動市

場，舒緩競爭的壓力，美國人力資源管理工作的範圍發生了變化。它擔負的功能可以有員工聘用（包括外部招聘及人員內部調整）、新員工的教育和培訓、處理員工關係、工資發放、福利、勞資關係及安全問題。

許多旅館因規模不是很大，沒有必要建立人力資源部。這些旅館的總經理及部門經理一起擔負了人力資源部許多相關的職責和功能。

四、財務部

旅館財務部的職責是監督旅館進行的金融活動。有些旅館使用館外提供的財務服務，作為對館內財務部工作的補充。這樣，旅館職員先收集好數據資料，再將資料傳送給服務部或連鎖旅館的總部。館內自行完成一切財務工作的旅館，其所聘用的財務人員更多，這些人員肩負著很大的責任。

旅館財務部由財務長掌管。財務活動包括支付欠帳單據、分發報表結算單和收取付款、編制工資單、累積旅館經營資料以及編寫財務報表。同時，財務人員也可能負責把錢存入銀行、提取現金，以及旅館管理部門要求他們擔負的其他控制和處理工作的職責。

有些旅館的採購部經理與倉儲部經理可能向旅館的財務長負責。由於客房部要保持庫存品供應量，因此，客房部經理必須與他們保持經常的密切合作。這些庫存品有清潔用供應品、設備、布巾用品、制服及其他用品。

部門經理所做的預算最後由財務長與總經理確定下來。

五、保全部

保全人員可由館內人員、外聘合約保全員、退休或不當班的警官擔任。保全工作的職責可包括旅館巡邏和密切觀察監視設備。整體來說，就是確保館內客人、訪客和員工的人身安全，並創造一個寧靜而高枕無憂的環境。保全部工作的效率與地方執法官員的合作和協助是分不開的。

讓旅館非保全人員也參與保全工作，這樣的保全工作是最有效的。例如，客房服務員應按旅館慣例保管好手中的鑰匙。同時，清潔客房時，他們有責任將玻璃門、連通房門及窗戶閉鎖。全體員工都應警惕和提防館內任何可疑的行動，並向有關保全報告這些情況。由於旅館上上下下都有客房部員工在工作，他們對旅館的保全工作產生很大的作用。

六、餐飲部

餐飲部是多數旅館的重要收入中心。幾乎有多少個旅館，就有多少種餐飲經營的方式。許多旅館向客人提供不止一個餐飲服務。這些服務有速食、餐桌用餐、特色餐廳、咖啡館、酒吧、休息廳和俱樂部。餐飲部通常也對旅館的其他職責給予支援，如客房餐飲服務、承辦酒席及安排宴會。

餐飲服務員主管對廚房衛生和清潔作業的大部分工作實行監督。但客房部可能對清潔旅館餐廳、宴會廳及某些後臺餐飲區的特定區域的清潔作業負責。

七、市場行銷部

旅館市場行銷人員的人數可以各不相同，從只有一位兼職人員到僱用十幾個或更多專職人員的情況都有。他們一般擔負著四種職責，即銷售、會議服務、宣傳廣告和公關工作。該部門行銷人員對市場、其他的競爭產品及客戶的需求與期望進行研討，然後制定招攬旅館客人的銷售活動計畫。銷售旅館的產品和服務是該部門的主要目標。

客房部對市場行銷部實現這一主要目標的重要貢獻常常被忽視。成功的銷售部門保有很高的再訪客比例。表1-2是有關什麼能吸引旅館再訪客的資料。值得注意的是，表上顯示吸引旅館再訪客最重要的原因是旅館的清潔程度和外觀。表中顯示的第二原因是旅館的優良服務。就服務來說，客房部人員屬於旅館最顯眼的人員之列，他們用汗水滿足了賓客對整潔與服務的期望，或比賓客所期望的做得更好。他們為旅館招徠了再訪客，因而在旅館銷售方面，做出了自己的一份重要貢獻。

招徠顧客是銷售人員和客房部人員共同的任務。有時候因為急於實現年度目標，銷售部確認的團體預訂數為給客房部造成困難。比如旅館開設狗展，連續數天都會客滿，銷售人員怎能拒絕這筆生意呢？可是所有的狗都得有地方洗澡，哪家旅館能提供這種草坪設施呢？進行前，狗要洗澡嗎？還有，這些狗會蜷成一團與其主人舒適地依偎在長沙發或床上嗎？它們會掉毛嗎？這些動物身上不長跳蚤嗎？

表 1-2　旅館吸引再訪客的原因

問題：促使您決定再次惠顧一家旅館或汽車旅館的最重要因素是什麼？

調查結果：

再次惠顧的原因	占所有旅客百分比	占常客百分比
乾淨／外觀	63%	63%
優良的服務	42%	45%
設備設施	35%	41%
方便／位置	32%	38%
價格／合理的費用	39%	35%
恬靜和幽僻	9%	8%

資料來源：Bringing in the Business and Keeping It. Study done for Procter & Gamble by Market Facts.

居室年鑑　THE ROOMS CHRONICLE

諮詢 Gail——為銷售部安排展覽室

Q 親愛的 Gail：

　　我們的銷售部逼得我發瘋，總要我為巡迴展安排好一每個房間。對此有什麼容易處理的方法嗎？

E. L. San Francisco, Calif.

A 親愛的 E. L.：

　　有一個好辦法是每天及早將展示房間準備就緒。最好每種房型各備好一間，以供銷售。展室內燈光明亮，樂聲輕柔，擺上鮮花或盆栽植物，配備好設施。確認櫃台職員已準備好一串展室鑰匙或磁卡鑰匙，並在鑰匙上標明「展室用」。將這些房間保留，以免客

HOUSEKEEPING MANAGEMENT

人住宿登記時被售出。銷售部的工作伙伴們一到櫃台就可簽字，快速取走這些房間鑰匙。你提前所準備的一切，既有助於銷售，也會讓你成為一個成功的人。

資料來源：《居室年鑑》，第3卷第1期

這一狗展團會造成旅館多大的開支呢？除了每天清潔床單和毯子的費用外，還有使用洗滌劑清洗地毯及家具被覆材料和帷簾布巾的開支。再加上今後5年清潔排水管，以去除寵物毛髮的費用。更糟的是，銷售部門在狗展結束離館日時，如果讓一個包租整棟旅館的大會人員住進，後果不言而喻。

客房部遇到的其他棘手問題有：承諾提前入住、客人延住以及客人要求將客房布置成會議室等。

有時，客房部沒有做好清潔工作，使銷售人員無法向客人銷售整潔的房間。或者他們沒能按一團體對某事的要求做好準備，如額外的毛巾、特殊的設施或開啟互相連通房門。一旦客房部人員的工作情況與賓客的要求不相符合時，銷售人員經常發現自己在為客房部尋找開罪的理由。

員工們對管理部門提供獎勵的做法反應積極。假如一位行銷員僅僅因為把房間訂了出去而得到獎賞，而不考慮應付這些團體的實際開支，那麼可以預料，旅館會遭遇引起麻煩的團體。若客房部經理人員因為削減開支而受到獎勵，但不管客房清潔是否符合品質要求，那麼旅館的處境也就岌岌可危了。

銷售人員應做到下列幾點，以求得與客房部的良好合作：
1. 尊重客房部工作人員。沒有他們的貢獻，就沒有再訪客業務。
2. 讓客房部承擔的工作易於完成。在確認一個可能是難以應付的團體的預訂前，透過他們先前住宿的旅館，瞭解他們已往的情況。如果這些旅館建議不接受該團體的預訂，就拒絕確認該團體預訂。
3. 確認團體預訂前，與即將照料該團體的部門代表面談，以求得（而非強迫）其支持。
4. 一旦客房部概算出接待有特別住宿要求的一個團體的開支會超過日常房價時，應對是否確認該團體預訂做出評估。
5. 在客房部為一團體客人服務的時候，把「幫一手」立為自己的規

矩。幫助清潔房間、疊一下毛巾或幫助整理旅館的大廳。捲起袖子與他們一起做，有助於建立溝通的橋樑。

6. 客房部在接待團體的方式上若有問題，直接去客房部瞭解情況。如果兩個部門齊心協力，多數問題是可以當面解決的。

7. 對客房部人員說一聲「謝謝」，是他們讓一位銷售員在會議策劃者眼中成為成功者。

客房部人員應做到下列幾點，以求得與銷售部的良好合作：

1. 尊重銷售部工作人員，沒有他們接洽的業務，就會因賓客不足而無法發放工資。

2. 讓銷售人員的工作好做——保持旅館一塵不染。每天準備好展覽室，保證櫃台上有一串銷售部人員需要的專門鑰匙。

3. 當銷售部門提出要對一團體的情況做些瞭解時，與該團體以前住宿的旅館客房部經理進行電話聯繫，請對方提供有關資訊。把對方對該團體的評論告訴銷售部門。

4. 在銷售部門提出一個團體需要特殊住宿條件時，以積極的態度幫助他們去滿足該團體的期望，甚至提供超過該團體所預期的更好的服務。

5. 把「幫一手」立為自己支援銷售人員工作的規矩。安排會議策劃者巡視客戶部門。自豪地顯示一下旅館心臟地帶是那麼井井有條，乾乾淨淨。

6. 請銷售人員檢查旅館。遞給他們白色手套，讓他們能觸摸物品表面，看看有無塵埃，並徵求回饋資訊，歡迎他們提出意見。

7. 讓銷售部參與客房部工作，視其為一家人。感謝他們帶來住客業務，為客房部員工提供了工作機會。

　　業主與總經理對這些部門的獎勵計畫加以考察是明智的，它保證這兩個部門把工作重心放在創造賓客業務上。旅館業界有兩點是不容置疑的，一是不論銷售員為旅館招徠多少顧客，如果沒有客房部職責的完美履行就不會有再訪客。二是不管客房有多麼乾淨，如果銷售人員不把潛在的客人請進旅館，住房率就會下降。兩部門人員若不能和諧相處，對誰都沒有好處。一部門與另一部門可能有天壤之別，但每一方都必須了解，雙方都無法缺少對方。

第四節 客房部與前廳部

在房務部內，客房部主要與前廳部發生交往和接觸，尤其是與櫃台區域的接觸。多數旅館要求，必須在客房部完成客房清潔和檢查並放行出售後，才允許櫃台職員給客人分派房間。客房通常按下述程序供循環租售使用。

櫃台人員每晚完成一份客房住房率報告（occupancy report）。報告開列當晚租出的客房，並列出第二天預期退房的客人名單。客房部主管第二天一早將單子取走，隨後安排清理這些房間。當客人去結帳時，櫃台將此資訊告之客房部門。客房部確保優先清潔這些客房，為新來的客人準備好乾淨的客房。

客房部在下班前根據對旅館各個房間察看的情況，寫出客房部房況報告（housekeeping status report）（見表 1-3），報告顯示出目前所有房間的房況。該報告與櫃台客房出租報告進行核對，任何情況有出入之處，要立即報告前廳部經理。所謂房況不一致，指的是客房部描述的客房的使用狀況與櫃台的房況資訊表上所列有所出入。房況出現表述不一致，會嚴重影響旅館向客人提供滿意服務及獲得最大限度客房收入的能力。

為保證有效地做好為客人派房的工作，客房部與前廳部必須就房況發生的變化互相聯繫。客房可處於佔用、空房、待清潔房、不能出租房或其他的情況。要管理好客房，不能不知曉房況。例如，一位客人在確定的離店時間之前離去，櫃台就必須通知客房部，該房不再延住，它已成為空房。表 1-4 是對住宿業界描述房況用的專業術語所做的定義。雖然客人住店期間的客房清潔整理狀況多次發生變化，但並非每天每位住宿客人的房間會發生所有房況的變化。

表 1-3 客房部房況報告範例

房況報告　　　　　　　　　　　　　　上午

日　　期＿＿＿＿＿　　　　　　　　　下午

房號	房況	房號	房況	房號	房況	房號	房況
101		126		151		176	
102		127		152		177	
103		128		153		178	
104		129		154		179	
105		130		155		180	
106		131		156		181	
107		132		157		182	
108		133		158		183	
120		145		170		195	
121		146		171		196	
122		147		172		197	
123		148		173		198	
124		149		174		199	
125		150		175		200	

備註：＿＿＿＿＿＿

＿＿＿＿＿＿＿

＿＿＿＿＿＿＿

＿＿＿＿＿＿＿

　　　客房部主管簽名

圖例：∨　——出租

OOO——尚不能出租房

—　——空房

B　——外宿(行李仍在房內)

X　——租出，但不見行李

C. O.——房間已使用過，但一早已結帳離店

E. A.——早到客人

表 1-4　房況術語定義

Occupied（**出租**）：一客人已登記住宿該房。

Complimentary（**免費的**）：該房已租出，但不向客人收費。

Stayover（**延住**）：客人今天不結帳，至少延住一晚。

On-change（**待清潔房**）：客人已離開旅館，但客房尚未清潔，不能
　　　　出租。

Do not disturb（**請勿打擾**）：客人要求不被打擾。

Sleep-out（**外宿房客**）：客人已辦入住登記，但未住入房內。

Skipper（**逃帳客人**）：客人已離店，但沒有結帳。

Sleeper（**待清潔的房間**）：客人已結帳離店，但前廳部人員未更新
　　　　該房的房況。

Vacant and ready（**空房待售**）：客房已清潔和檢查，可向來客出租。

Out-of-order（**不能出租房**）：客房不能分派。由多種原因造成，包
　　　　需要維護、重新裝潢及徹底清掃。

Lock-out（**鎖在門外**）：門被鎖上了，客人須經旅館行政人員證明後
　　　　方能再進入。

DNCO (did not check out)（**原因不明未結帳離店者**）：客人有付帳安排
　　　　故非逃帳者），但未與前廳打招呼就離開了旅館。

Due out（**次日結帳時間過後空房**）：客房預期第二天結帳離店時間
　　　　過後空出的房。

Check-out（**遷出**）：客人已結帳，交還鑰匙並離店。

Late check-out（**結帳時間過後結帳遷出**）：客人要求並得到允許在旅
　　　　館規定結帳時間過後結帳退房。

　　　及時將房間的清理狀況報告給櫃台，對辦理早到客人入住登記很有
助益，在旅館出租率高或處於客滿狀況時，這一點更加重要。為使房況
資訊隨時更新，櫃台與客房部必須保持密切合作的良好關係。人工操作
的客房狀況控制架系統和電腦操作房況系統，是目前兩種最常見的房況
追蹤系統。

　　　櫃台可使用客房架（room rack）追蹤旅館全部客房的房況。客房狀
況控制架上的房卡單包含了客人姓名和其他客人遷入時填寫的相關資
訊，房卡置於客房架上與房號相應的格內。格中插入房卡，表示該房已
出租。客人結帳離店後，取出房卡，該房房況要變成待清潔房。待清潔
房房況表示該房需經客房部清理後，方可供新客使用。客房部完成空房

的清潔和檢查工作後，向櫃台通報這一情況，使該房的房況變成「空房待售」。

對客房房況資訊的追蹤及將客房部和櫃台掌握的房況進行核對，是件繁瑣的事，常會發生差錯。例如，一位客人已結帳離店，可是所住房間的房卡仍留在客房架上，櫃台人員就會錯誤地認定，該空房仍處於出租狀況。這是一種房況不一致（room status discrepancy）的情況，稱作「空關客房」。它造成該房潛在的出租收入損失。

客房部與櫃台之間資訊傳遞的遲延也會帶來問題。使用電話口頭傳遞資訊速度快，但沒有文字依據。書面報告有提供文字檔案的優點，但須人工傳遞，速度很慢。

使用電腦操作房況系統，客房部和櫃台常可以獲得房況的暫態資訊。一旦客人結帳離店，櫃台人員就將此資訊輸入電腦終端機，客房部即透過客房部的電腦終端獲知該房需要清理。接著，客房服務員清潔該房，完畢後通知客房部檢查驗收。待驗收後，客房部將此資訊輸入其電腦，前廳部電腦上就顯示該房準備就緒，可供出租了。

雖然電腦系統中的房況資訊幾乎是最即時的，然而報告各個房間的清理狀態也有可能發生延滯的情況。例如，客房部督導一次可能檢查好幾個房間，但要等這一輪長時間的房間巡視工作結束，才會去更新電腦裏的房況檔案。在大旅館裏，每查完一間房就打電話通知客房部往往是低效率的，因為接聽電話可能會頻繁地干擾工作。另外，列在單上的待清潔和檢查完畢的客房資訊，也可能會因為未及時輸入電腦系統而造成延誤。

不能及時向前廳部通報客房清理狀況的問題，可透過將電腦系統直接與客房電話系統連接而得以解決。使用這一網路，主管們可一邊查看房間，確認客房準備就緒，一邊在房內的電話機上輸入一個編碼，這樣就能馬上改變旅館電腦系統裏相應房間的房況資訊。而且電腦自動接收傳來的資訊，無需有人接聽電話，也不會出現差錯。只需幾秒鐘，櫃台電腦就可把最新房況資訊顯示在螢幕上。這種操作程式不但大大減少了排隊等候派房的人數，也縮短了賓客等候的時間。

客房部與前廳部之間的默契配合，是旅館日常運作所必不可少的。兩部門的人員對對方的工作流程越熟悉，兩部門間的關係就越順暢。

居室年鑑 THE ROOMS CHRONICLE

前廳部與客房部的聯絡至爲重要

雖然前廳部與客房部是旅館中全然不同的兩個部門，卻有著共同的使命，即招徠再訪客。爲完成此目標，他們必須有渾然一體的團隊工作。

那麼，這兩個部門如何實現良好的合作呢？獲得佳績的旅館的答案是，靠建立極好的聯絡流程來實現這一目的。事實上他們竭力用各種方法，使這兩個部門結合在一起。下面是他們的一些做法：

◆ 交換兩個部門的經理。在這一層次，副理或督導進行交換是最容易做到的。情況允許的話，也可在客房部經理與前廳部經理之間進行交換。

◆ 把到另一部門工作一段時間，作爲本部門培訓計畫的內容之一。前廳部員工可去清潔客房、去洗衣房工作或幫助準備客房備品。客房服務員可去製作客房資訊包，將資料放入信封袋，或去迎接旅行團。這樣做的目的是，去感覺另一部門的操作活動和工作流程。

◆ 傳遞資訊要講效率。必須記住，給另一部門的每個電話，都會讓對方放下手中的工作，從而影響他們的工作進度。設計最小的口頭或非語言交流方法，來傳遞必要的資訊。如在所有客房人工結帳系統的旅館中，櫃台人員在客人結帳後，可將房架卡放置在一邊。客房部人員可隨時來將他們取走，以使其員工獲知最新情況。

◆ 把這兩個部門視作一個團隊。審視在實現共同的目標中，諸如提升賓客滿意度、減少開支及增加旅館收入所取得的團隊進步。把房務部當做一個組，讓他們與餐飲或行銷部門展開友好競爭。

◆ 避免在出現問題時找代罪羔羊。假如發生客人住了一間骯髒的房間時，這時去查明運作系統何處出了問題及如何進行補救工作，要比指責別人更爲重要。

◆ 與前廳部經理建立良好的工作關係。在一個與兩部門均無關聯的專案上的合作，會引發對對方才智的尊重。

◆ 安排社交活動時間，拉近兩部門的距離和發展友誼。吃家常飯，玩保齡球比賽，或舉辦慈善活動，這些都是容易的方法，這使大家能一起參加有趣的活動。

日常交流

早上6點

前廳部向客房部傳遞資訊：

- 各房房況日報
- 派房單和賓客到館時間
- 特殊要求（隔壁房、折疊床）、貴賓房
- 晚邊出
- 早入住客房

早上8點

前廳部向客房部傳遞資訊：

- 早已離店的結帳客人
- 特殊要求的更新及貴賓
- 當日分派的展覽室

上午10點

客房部向前廳部傳遞資訊：

- 空房檢查結果
- 今日不予清潔房
- 維修房及原因

全天進行的交流

前廳部向客房部傳遞資訊，

- 晚些離店
- 延住
- 換房
- 已離店結帳客人

客房部向前廳部傳遞資訊：

- 已準備就緒空房報告（續）
- 特殊要求落實情況
- 更新房況有誤

結帳離店時間

客房部向前廳部傳遞資訊：

- 預期遷出房況

入住登記期間

前廳部向客房部傳遞資訊：

　　特殊要求更新

　　急需房

當日結束前

　　客房部向前廳部傳遞資訊：

　　　旅館房況總覽

資料來源：《居室年鑒》，第 2 卷第 5 期。

第五節　客房部與維修部

　　非住宿型商務樓中的房務與維修人員通常對同一位部門經理負責：理由十分充分，因爲這些功能區域的工作目標和工作方式相差無幾。然而，在中型和大型的住宿業中，客房部人員對房務部經理負責，工程與維修則單設一個部門：不同的垂直領導責任制可能成爲旅館這兩個重要輔助中心間的一種隔閡。

　　令人遺憾的是，這些輔助中心經常看似存在著一種近乎敵對的關係，例如：客房部對有時須去打掃各種維修過後的地方十分厭惡，工程與維修部人員則對因客房部人員不當使用化學物品與設備，爲他們帶來額外的工作而感到不快。爲使兩個部門隨工作順利地進行，他們的經理們應十分關注並全力改善部門間的關係。

一、傳遞維修工作需要資訊

　　在爲接待客人做準備的工作中，客房服務員既是一線的戰士，易引起客人的不滿和批評；同時又是防止與杜絕此類事發生的第一道防線。他們清潔房間，並靠他們來發現客房有什麼招致賓客不滿的缺點。

　　例如：設想一位客房服務員沒發現房間裏燒壞的燈泡會有什麼後果。客人很可能去開燈，看到燈泡是壞的，心裏不快就打電話給櫃台。這樣的事對旅館是不利的。透過建立防範措施，客房出租前，員工就發現客房的毛病，及時報告，並將毛病去除，旅館全體就能免除客人的不滿。下面幾點對讓客人在旅館獲得一個滿意的經歷相當重要。也可將其作爲客房服務員培訓的起點，讓員工們瞭解什麼是他們的首要職責。

1. 床鋪：如果因為床墊下陷，使兩個人在床上擠成一團，誰能滿意呢？客房服務員取走床單時能很容易發現下陷的床墊。將床墊掉頭使用，必要時，更換它們。

2. 暖氣和空調：清潔房間時你若感覺室溫不舒服，那麼客人待在房內也很可能會有同感。確認並報告暖氣或空調的故障。

3. 電視機、收音機、電話機：清潔收音機和電視機時，檢查一下它們的工作情況。擦拭電話機時，應聽一下電話機是否工作正常。

4. 床罩：首先映入多數客人眼簾的不應是褪色的床罩。客人的第一印象實在太重要了，如有此情況向主管報告並換掉。

5. 照明：如果客房服務員覺得房間光線較暗，那麼客人可能會有同感。檢查一下燈具的擺放位置、燈泡的瓦數，以及開關和固定裝置的工作狀況。

6. 門：如果門不能正常活動是很惱人的，也會成為潛在的安全問題。如果清潔房間時，進入房內有困難，應確認並報告這一情況。確保在門修復後，再將該房間作為「清理完畢的空房」。

7. 抽水馬桶：若要多次沖水才沖得乾淨或水流個不停，速將此情況向維修部報告。

8. 化妝檯和浴缸：閃亮的瓷器能讓賓客覺得房間特別乾淨，如果水龍頭閃閃發光就更好了。使用乾布擦拭會有很好的效果，留心汙跡、滴水或遭腐蝕的器具。

9. 毛巾：多數人用「柔軟」這個字眼形容自己喜歡的毛巾。柔軟又無污跡的毛巾，讓客人覺得是塊未曾用過的毛巾。假如毛巾又硬又不乾淨，就更換掉。

10. 浴室牆壁：牆上貼的塑膠牆布很快變得陳舊。一旦它開始剝落或變得破舊，客人發現旅館已非昔日的模樣了。隱私對很多客人都是重要的，應保證浴室門使用正常。有問題應向維修部報告。

11. 水溫：澄清水溫是為了安全。從水龍頭剛出來的水有多熱？從出水到水變熱得多長時間？太冷或太燙都應確認和報告。

12. 通風設備：當清潔浴室時，若鏡子起了霧，此舉常讓客人感到沮喪。檢查氣扇並清潔。

二、維修保養的類型

客房部常常進行一些最起碼的保養工作，而維修工作最終是由工程與維修部來負責的。保養活動可分三類：日常保養、預防性維護及計劃性維修工作。

日常維護保養（routine maintenance）指那些與旅館一般保養有關的經常性進行的活動（每天或每週）。它只要求人員有相對較少的培訓或技能。這些是不安排開立維修工作單的工作，也不作具體的維護工作記錄（所花的時間或材料）。比如清掃地毯、清潔地面、清潔雙手易擦到的窗戶、除草、清潔客房、鏟雪及更換燒壞的燈泡等。這種日常維護活動很多是由客房部進行的。客房部人員對許多表面和設備的妥善保養，是旅館對家具與固定裝置進行全面維護的首要一步。

預防性維護（preventive maintenance）有三個部分：檢查、輕微維修和開立維修工作單。在旅館許多區域裏，檢查工作是客房部人員在正常完成職責的過程中進行的。例如，客房部服務員和檢查員會經常檢查房間水龍頭是否漏水，查看浴室固定裝置四周破裂的填嵌材料，以及其他可能需要工程部處理的事項。處理好漏水龍頭及水池與浴缸周圍不合標準的填嵌物，可防止出現更大的問題，諸如天花板或下面浴室牆面受損，從而控制維修的開支。這種維修既保護了旅館的硬體投資，也提升了賓客對旅館的滿意度。

客房部和工程與維修部間應保持有效的聯繫，這樣客房服務員一邊清潔客房，一邊能處理掉大部分的修理工作。有些旅館可能使用一位專職維修人員來行使客房巡查職責，並完成必要的維修、調整或更換物品的任務。

預防性維護中有時發現的問題與需求，實際上超出了輕微修理的範圍。這些問題透過開維修工作單，提請工程與維修部加以處理。然後大樓工程師安排時間進行必要的維修。這些工作常稱作計劃性維修保養（scheduled maintenance）。

旅館裏的計畫維修工作，根據正式維修單或類似單子進行安排。維修單是客房部和工程與維修部的主要聯繫方法。圖 1-3 是一份維修工作單範例。許多旅館使用三聯式編號維修單。每一聯均為接收者做了色標。

圖 1-3　維修工作單範例

DELTA FORMS - MILWAUKEE U.S.A.

(414) 461-0088

HYATT HOTELS

MAINTENANCE REQUEST

1345239

TIME _____
BY _____ DATE _____
LOCATION _____
PROBLEM _____
_____
_____
_____
_____
ASSIGNED TO _____
DATE COMPL. _____ TIME SPENT _____
COMPLETED BY _____
REMARKS _____
_____
_____
_____
_____
_____

RPHK-04

HYATT HOTELS MAINTENANCE CHECK LIST
Check (☒) Indicates Unsatisfactory Condition
Explain Check In Remarks Section
BEDROOM - FOYER - CLOSET
☐ WALLS   ☐ WOODWORK   ☐ DOORS
☐ CEILING   ☐ TELEVISION   ☐ LIGHTS
☐ FLOORS   ☐ A.C. UNIT   ☐ BLINDS
☐ WINDOWS   ☐ DRAPES
REMARKS : _____
_____

BATHROOM
☐ TRIM   ☐ SHOWER
☐ DRAINS   ☐ LIGHTS
☐ WALL PAPER   ☐ PAINT
☐ TILE OR GLASS ☐ DOOR
☐ ACCESSORIES   ☐ WINDOW
REMARKS : _____
_____

資料來源：Hyatt Corporation, Chicago, Illinois.

　　例如，客房部人員開出維修單後，一份送客房部主管，兩份送工程與維修部。總工程師得到一份工作單，並把另一份交給接受任務的維修人員。維修人員接到任務後，指出該工作所需工時、零件或物品及其他相關情況。維修完工後，一份維修人員完工單送交客房部經理。如果該單據未在一定時間內送還給客房部經理，客房部開出另一份維修工作單，要求工程與維修部就所需修理項目目前情況提供報告。

　　工程部一般存有客房部使用的一切設備的資料卡和歷史記錄檔案。設備資料卡中記載了各項設備的基本情況，可包括技術資料、製造廠家及其他情況參考資訊（諸如使用手冊和圖紙放置的地方）。設備歷史記錄（見圖 1-4）是某件設備維修情況的記錄。它可以是單設的卡片，或可能是設備資料卡的一個部分。設置這些卡片和檔案，是為了提供某件

設備的完整的維修工作記錄。許多旅館已使用電腦製作這些記錄。這使客房部經理在要求更換和補充新設備時，能容易地獲得相關資訊。

三、團隊合作

團隊工作是旅館成功的保證。客房部不但要與前廳部、工程與維修部密切合作，也必須和旅館任何其他部門團隊工作。雖然貫徹團隊合作理念是總經理的責任，每個部門及所有員工都能爲之做出努力。

圖 1-4　設備歷史記錄範例

ACME VISIBLE CROZET VIRGINIA #60P01

HISTORY OF REPAIRS

DATE	W.O. NO.	DESCRIPTION OF REPAIRS	DOWN TIME	MAN HOURS	MATERIAL COST

TAG NO.	DESCRIPTION	WEEKLY CONTROL 1 2 3 4	MONTHLY INSPECTION CONTROL											
			JAN	FEB	MAR	APR	MAY	JUN	JUL	AUG	SEP	OCT	NOV	DEC

10 20 30 40 50 60 70 80

TYPIST PLEASE NOTE · START ALL TYPING AT SAME POINT ON SCALE THEN REMOVE THIS STUB BE SURE YOU HAVE A WELL INKED RIBBON CARE USED IN TYPING WILL IMPROVE REFERENCE DURING THE ENTIRE LIFE OF THE INDEX TRY A FEW IN THE POCKETS TO SEE HOW THEY LOOK BEFORE TYPING THE ENTIRE LIST

RE-ORDER FORM NO. 60P01　ACME VISIBLE RECORDS CROZET VIRGINIA　PRINTED IN U.S.A.

資料來源： Acme Visible Records.

諮詢 Gail——認同客房部的地位

Q 親愛的 Gail：

我在歐洲學了旅館業務。我在旅館的每個部門都工作了 6 個月，並且每週去學校學習一次。3 年後，我在必須參加的一次考試中成績合格，我可以稱自己是旅館業的行家了。然後我繼續深造，參加了旅館管理課程的進修。學習期間，我知道我想成為一名客房部經理，這在歐洲旅館業內是個較高的職位。

令人失望的是，我發現在美國，旅館並不認可客房部的重要地位。我在這裏一直擔任客房部經理一職，我感到客房部要獲得它應有的地位實非易事。客房部的工作事關旅館的成敗。大多數客房部經理們管理館內最大的部門，但他們卻不是管理委員會的委員。

我祝福今後客房部能贏得其應有的地位。更多的公司會設置區域的客房部經理，並且建立合乎實際的培訓專案和計畫。我最大的願望是，旅館對客房部員工與前台員工一視同仁這有助於旅館業的發展，旅館會因此更加美麗、整潔。

一位沮喪的客房部經理

A 親愛的心情沮喪的客房部經理：

您清楚地表達了眾多客房部經理所感受到的沮喪情緒。客房部經理通常支配著旅館發放的最大一筆工資項目，且對賓客最主要的關心之一——乾淨——承擔責任。

在別人身後從事清潔工作確實不是件具有吸引力的工作，但客房部門的成功運作，需要有一位很有本領的經理人才。在這方面做出成績的人值得受人尊敬。

有些總經理對手下的客房部經理倍加尊重，但遺憾的是，另有一些總經理對這一部門甚少關心。也許您的來信將激勵他們檢討自己與客房部的關係。也許他們會對未開發的客房部人員身上的潛能加以認真考慮。也許他們還會把客房部經理人員視為創造最大利潤的重要班底中的一員。

當然，某種尊重是必須透過努力去贏得的，這也是事實。

下面提出一些意見供參考：

◆對自己和自己所做工作的重要性有信心，高度的自尊心十分重要。

◆對創造部門利潤高度負責。

◆穿著得體的工作服裝，包括擦得光亮的皮鞋。

◆保持部門區域整潔，面目清新，井然有序。

◆邀請您的上司與您一同檢查和巡視或參觀你的辦公室。

◆誠邀您的上司參加您的部門會議。

◆保證您的員工有良好的職業形象（制服與布巾整齊清潔）。

◆呈遞有專業風格的列印報告來陳述本部門的要求，理由要清楚充分。

◆在旅館員工會議上的發言要簡潔，並對您所在部門的成績和目標表示樂觀。

◆與其他部門經理建立良好的職業關係。

◆透過閱讀、參加專題研討會和與同事進行交流，不斷學習，不斷上進。

◆要求您做特殊的工作時，表現出靈活性、創造性和積極的態度。

　　一旦客房部有了良好的管理，一旦客房部在旅館運作中變得舉足輕重，一旦它的經理和員工的工作備受尊重並獲得認可，全體人員就會熱情高漲，產出的利潤就會攀升。

　　　　　　　　資料來源：《居室年鑒》，第2卷第1期。

註　釋

[1]本章使用的「旅館」一詞是個通稱，它指各種住宿設施，包括豪華旅館、汽車旅館、汽車小旅館及小型旅館。

[2]該數據取自小冊子《住宿業概況》。該冊子每年由美國旅館與住宿業協會資訊交流部門製作。

[3]這一部分取自《居室年鑒》第4卷第5期第5頁。

後台（back of the house） 旅館裏員工很少或不與賓客接觸的功能區域，如工程與維修部。

前台（front of the house） 旅館裏員工與賓客有大量接觸的功能區域，如餐飲部與前廳部。

客房部房況報告（housekeeping status report） 客房部基於實地查核製作的反映所有客房當前房況的報告。

中等價位服務（mid-market service） 一中等水準但已夠用的服務，它所吸引的旅遊者所占比率最大。中等價位旅館可提供著制服統一服務、機場接送服務及客房送餐服務，特色餐廳、咖啡館及休息廳，並對某些賓客實行優惠價格。

住房率報告（occupancy report） 每晚由櫃台人員製作完成的報告，報告列出當晚租用的房間及預期次日結帳離店的賓客名單。

組織結構圖（organization chart） 顯示一機構內職務職位之間關係的圖表，它表明各個職位在整個機構中的位置，並說明各個部門的職責及機構內的垂直領導關係。

預防性維護（preventive maintenance） 有計劃、有步驟地識別需維修的情況，並經常性地進行維護修理工作，從而控制開支和預防更大問題的發生。

收入中心（revenue center） 一出售商品或服務的業務部門，它為旅館創造收入。典型的收入中心有前廳部、餐飲設施點、客房餐飲服務及零售商店。

客房架（room rack） 專門用於按房號放置客房架房卡的一排金屬格架。它顯示旅館所有客房現時的房況。

客房房況不一致（rooms status discrepancy） 客房部所述一客房的狀況與前廳部掌握的該房房況發生出入的情況。

日常維護保養（routine maintenance） 與旅館一般保養有關的定期（每

日或每週）進行的工作，它只要求員工有相對最低限度的培訓或技能。

計劃性維修保養（scheduled maintenance）　與旅館保養相關的、透過開立正式維修工作單或類似單據而進行的活動。

輔助中心（support center）　該部門本身不直接產生收益，但對旅館收入中心起輔助作用。輔助中心有客房部、財務部、工程與維修部及人事部門等。

做夜床服務（turndown service）　客房部提供的一種特別服務。客房服務員在傍晚時分進入客房，補充房間備品、整理床鋪，並將床罩掀開。

世界級一流服務（world-class service）　它強調向賓客提供周到而親切的服務。客人在提供此服務的旅館裏可享受高級的餐飲食品和休息大廳、精緻的裝潢、服務台外勤服務、豪華客房及大量的便利設施。

 複習題

1. 說出主要三種服務水準的旅館名稱。各類旅館的典型特點是什麼？
2. 組織架構圖有什麼作用？
3. 收入中心與輔助中心有何不同？旅館一般歸屬這兩類中心的部門有哪些？
4. 「前台」與「後台」各自的含義是什麼？一般列在這兩種名稱下的功能區有哪些？
5. 通常大旅館裏有哪些主要部門？
6. 客房部對旅館的銷售業績做出什麼重要的貢獻？怎樣做出這一貢獻？
7. 櫃台與客房部間為何須有雙向接觸與交流？
8. 櫃台與客房部使用何種方法跟蹤現時客房房況？
9. 比較三類維修保養工作。
10. 什麼是客房部和工程與維修部之間的理想關係？一些旅館裏的實際情況又如何？

　　以下是旅館連鎖及其網站一覽表。瀏覽他們的網頁，你可以進入公司資訊庫，獲得有關公司概況、旅館指南、公司近況、促銷計畫、線上預訂程式及具體的品牌。很多網頁上刊登各自旅館的客房和公共區域照片。有些網頁包括有人機互相對話的宣傳材料──多媒體旅館概況介紹。

Best Western International
http://WWW.bestwestern.com/

Canadian Pacific Hotels
http://www.cphotels.ca/

Choice Hotel International
http://www.hotelehoiee.com/

Doubletree Hotels,Guest Suits and Resorts
http://www.doubletreehotels.com/

Hilton Hotels Corporation
http://www.hilton.com/

Holiday Inn Worldwide
http://www.holiday-inn.com/

Hyatt Hotels and Resorts
http://www.hyatt.com/

Marriott Hotels,Resorts,and Suites
http://www.marriott.com/lodging/

Radisson Hotels Worldwide
http://www.radisson.com/

ITT Sheraton Corporation
http://www.sheraton.com/

Walt Disney World Resorts
http://www.disney.com/Disney World/index.html/

Westin Hotels and Resorts
http://www.westin.cmn/

個案研讀

忙亂的服務使貴賓不知所措／ABC 旅館如何犯了大錯

週一

10：00 A.M.

週一上午 8 點召開的銷售會議比多數以往的會議更冗長而令人生厭，銷售員 Sarah 邊思考邊往自己辦公室走去。她給自己泡了咖啡，然後在電腦旁坐下，著手寫一份備忘錄。那天上午，銷售部經理就她的一個鍾愛的話題講話時反覆強調：「成功銷售的秘訣就是『別出漏洞』」。Sarah 心裏想，經理說得沒錯，她開始在電腦上打字。在擁有 600 個客房的旅館裏，疏漏之事實在是很容易發生的。鑒於上午這個會議，她想應該給前廳部經理 Ray Smith 就 Bigbucks 先生一事發個短函。Bigbucks 先生是 XYZ 公司的一名董事，這家國際大公司今後兩年的客房預訂，可能意味著一筆 50 萬美元的業務——要是能說服 Bigbucks 先生將一些團體會議及其他業務安排在自己旅館裏就好了。他預訂今日下午 1：30 到達旅館。Sarah 希望對他的接待完美無缺。

親愛的 Ray：

我僅僅想提醒一下，XYZ 公司的 Bigbucks 先生將於今天下午 1：30 到達本館，他將在此住一個晚上。務必讓他享受全套貴賓待遇。在此之前，我已數次與他通過電話，並準備下月與他會面，商談有關他帶給我們預訂業務的可能性。但這次我無法在他的來訪中與他接觸，因為今天上午我就將飛往達拉斯。

不必擔心，這次我沒忘記開出貴賓名單，他們應該已經都收到了。

Sarah 敬上

10：30 A.M

為了讓 Ray 明白 Bigbucks 先生是何等重要，Sarah 親自將此備忘錄送往前廳部。但 Ray 正好走開了。Sarah 想，這沒關係，他大概馬上會回來的。她將備忘錄放在他的椅子上，讓他一回來就能看到它。

11：10 A.M.

　　Ray 終於設法從那天上午總經理召集的會議上溜出了幾分鐘。他逕自去自己的辦公室查看信函。他看了 Sarah 留給他的短函，準備在回去開會時，將它放在櫃台上。

11：20 A.M

　　櫃台的 Evert 竭力表現出平靜和友好的樣子，儘管大廳裏已充滿來往的人群。他作為一名櫃台工作人員還只有 3 個星期，每當團隊的汽車在旅館門外停下，他仍感到緊張。那天上午有兩個團體要辦理遷入登記，一個是美國詩人協會（American Society of Poets），另一個是平板玻璃製造商團體。而當日下午，美國醫藥協會（the American Pharmaceutical Association）將舉行一個為期 4 天的地區性會議。Ray 拍他的肩膀時，Evert 才注意到他。「設法一定讓客房知道這件事」Ray 說，並把 Sarah 的短函放在 Evert 電腦的鍵盤上。Evert 一邊忙著繼續為一位客人辦理登記遷入手續，一邊半側過身點了點頭。

11：45 A.M.

　　Evert 抽空讀了 Ray 留下的條子。他立即拿起對講機，呼叫客房部經理 Gail。「你好，Gail，我是櫃台的 Evert。我們的一位貴賓 Bigbucks 先生下午 1：30 到達。在你們對 816 房間作貴賓房處理前，我將該房狀態改為不能出租房，你說行嗎？謝謝。」

11：50 A.M.

　　幹嘛老在我跑到旅館另一邊時來這種電話？而且幹嘛這種事總在人員吃午飯和休息的時候發生？Gail 邊想邊急匆匆來到員工餐廳。她讓 Mary 和 Teresa 這兩個最好的客房服務員停下她們的午飯，跟她去 816 房間。當她們 3 人去布巾儲藏室取乾淨的床罩和毯子時，Gail 給維修工程部的主管 Roger 打電話，叫他房派個人去 816。然後她給廚房的 George 打電話，「George，我是 Gail。給 816 準備的東西做好了嗎？」George 說他剛做好，馬上讓人送去。

1：20 P.M.

　　Gail 站在門道裏，用挑剔的眼光最後審視了一下 816 房間。眼前寧

靜的井井有條的景象與前面一個半小時的嘈雜與忙亂現象形成巨大的對
比。一小隊人馬來到該套房後，完成了一切必要的工作任務，把這間房
從僅僅「優秀」，變為「完美」。旅館總經理 Tompson 先生曾不止一次
對 Gail 說過：「讓貴賓房裏發出驚歎聲就是你的工作。當貴賓們
一打開客房，我要他們想到要說的第一句話，就是『哇！太棒了!』」。

　　Gail 將平時常在用的「驚歎因素單子」在腦海裏過了一遍。乾淨的
床單、毯子和床罩已被換成高級的剛熨燙完畢的床單、新的毯子及新的
床罩。Mary 用小掃帚沿著地毯清掃，不留下一點塵埃。拉開家具，讓
吸塵器對其下面的地毯除塵，椅子和椅子靠墊也用吸塵器加以處理，然
後去除掉地毯上的污跡。臥室和浴室內的所有抽屜全部清掃一遍，不留
任何灰塵或毛髮。在取下舊窗簾換上漂亮乾淨的新窗簾時，維修部的
Chris Jones 來這裏檢查房內所有的機械設施。檢查浴室時，他發現馬桶
座墊上有一小塊鏽跡。可是 Teresa 無法刮掉它，Chris 就去找了個新的換
上，房間裏任何木製品無一不讓抹布擦得發亮。下午約 1 點左右，餐廳
的 Jessie 送來了旅館一整套青灰色的飲食餐具和食物：一張微型的約 2
英尺高的柳條椅上面擺放了乳酪、餅乾、一瓶葡萄酒、水果、核桃，以
及旅館廚師製作的條形麵包，麵包上點綴著很多硬糖果。再加上標明主
人姓名的火柴盒，上面壓印著 Bigbucks 先生的首字母，一隻插有新採摘
的鮮花的花瓶，以及一張由 Tompson 親自簽名的短箋。這就是廚房為貴
賓精心準備以供其享用的東西。10 分鐘前，十分光亮的馬桶座墊已安
裝完畢。

　　Gail 低頭凝視著地毯上未觸動過的魚脊形圖案，那是 Teresa 用真空
吸塵器結束清潔地毯時留下的景象。她覺得 Teresa 的工作無可挑剔。
「816 房間已一切就緒」，Gail 在電話裏通知櫃台，接著出了房間，心
裏想是否還可再去吃幾口飯。

4：35 P.M.

　　Bigbucks 先生來到了旅館。長時間的飛機旅行，再加上與另外 4 人
合乘一輛計程車，他看上去衣衫有點零亂。大廳裏會議報到處前擁擠著
要求登記遷入的藥劑師和晚到的詩人們。他沿著通向櫃台區的路，走到
一處無人的地方等著，一直等到櫃台有人員從辦理團體入住工作中空出
手來。

　　「您好，歡迎光臨 ABC 旅館。我叫 Joan，我能為您效勞嗎？」

「你好，我是 Bigbucks，我預訂了今晚的房間。」

「我給您查一下吧」。電腦鍵盤上發出快速的嗒嗒聲。「對，您將在此住一個晚上。要我幫您提行李嗎？」

「不用啦，我只有一個小袋。」

瓊幫他辦完了登記手續，微笑著，並記得保持與客人頻繁的目光接觸。他把 616 房間的鑰匙包給了 Bigbucks 先生。

4：40 P.M.

Bigbucks 先生打開 616 房間的門，發現房間裏沒什麼迎候他的跡象，心裏微微有點失望。房間乾淨而清新，但在多數旅館裏，總會有鮮花、巧克力，可能還有一張短箋在迎接他。可這裏什麼也沒有。他想可能是因為他在這裏只住一晚的緣故吧。雖說他也並不明白，缺了那些東西會有什麼兩樣。因為飛機誤點，他到旅館的時間比計畫時間晚了許多。在他去 XYZ 公司總裁家吃晚飯前，還剩下一點兒時間打開行李包和匆匆沖淋一下身體。

5：15 P.M.

來自 Omaha 的牙科醫生 Lucky 博士朝櫃台走去，手上各提著一隻手提箱。他來城裏該旅館附近的會議中心參加為期 3 天的會議。「請給我一間套房好嗎？」他說。

櫃台服務員在電腦上查看著可供客房的信息，Lucky 博士將行李放下。「我們 8 樓有個套房空著。」行李員著手將 Lucky 博士的行李箱放入行李車，但被 Lucky 博士止住。只要可能，他出差時習慣節省著花錢。他拿了房間鑰匙，乘電梯上了 8 樓，按箭頭所示到達 816 房間。他放下手提箱，稍稍擺弄了一下磁卡鑰匙就打開了門，他彎下身去拿手提箱。當他的目光接觸到面前的房間時，他慢慢直起身來，忘了身邊的行李，口中虔敬地發出一聲驚歎：「哇！」。

5：35 P.M.

Lucky 博士遲疑了一下，踏上收拾得整潔無瑕的地毯，進入了套房。他停住腳，眼光掃向四周：光亮的桌面，幽幽的花香，柳條籃（是張微型的柳條椅嗎？）。他定下神來，將手提箱拿進屋內，關上房門，然後打開放著的那瓶葡萄酒。通常他不住像 ABC 旅館這樣的好旅館，

HOUSEKEEPING MANAGEMENT

但這次出來他想稍稍破費一點。我以後該多多這樣做才是。他根本沒想到普通客人在這種一流的旅館裏會受到這麼好的接待。他津津有味地咀嚼著乳酪和餅乾，快樂而又好奇地注視著那些糖果，這些可是從來沒見過的呵。突然，他發現了梳妝檯上的短箋。

　　親愛的 Bigbucks 先生：
　　我們希望您在 ABC 旅館過得快樂。請告訴我們，我們能為您做的一切，以讓您在本館度過更加美好的時光。

　　　　　　　　　　　　　　　　　　　　　總經理　Jim Tompson

　　Lucky 博士停住了口中的咀嚼。啊呀，不好，他心裏想，「我已把籃裏一半的食品吃下了肚，我得額外付這筆錢嗎？」

5：40 P.M.
　　Bigbucks 先生走進電梯，按按鈕去一樓大廳。電梯下到 3 樓時停了下來，進來了旅館的銷售部經理。兩人在電梯間裏都沒吭聲。到了大廳，兩人走出電梯，各自走了。

6：00 P.M.
　　Lucky 博士換上了更加隨意的服裝，打算晚上就去看看會議中心在哪兒，再在旅館周圍逛一圈，看看這個城市。他想等到明天早上與櫃台通電話時就可把事情搞清楚了。他輕鬆地做出了決定。

週二
8：00 A.M.
　　Lucky 博士下樓去旅館餐廳用早餐。他計畫去會議中心前回房間去，所以決定晚一點給櫃台打電話談鮮花及葡萄酒出了什麼差錯。他在餐廳裏遇見一位熟悉的牙科醫生，兩人一起吃了早餐，遂搭乘同一輛計程車，徑直去了會議中心。Lucky 博士對自己說，回來以後就去櫃台把事情搞清楚。

8：30 A.M.
　　Bigbucks 先生拿起行李，將身後 616 房間的門拉上，昨晚他沒睡好。

他指望著在公司總部一天的會議早點結束，以便可以換掉7點的回程航班早一點回家。櫃台的職員顯得格外友好，辦事十分俐落。去外面叫計程車時，他與Ray擦肩而過。Ray走得很快，他還要去與總經理會面，討論有關賓客服務品質的問題。

討論題

1. ABC旅館出了什麼錯？
2. 補償呢？現在客人走了，又如何對他補償呢？
3. 旅館應制定什麼樣的辦事流程，以避免今後發生這種差錯？

本案例的編寫是在下列業界專家的創意和幫助下完成的：

Gail Edwards, Director of Housekeeping, Regal Riverfront Hotel, St. Louis, Missouri, Mary Friedman, director of Housekeeping, Radisson South, Bloomingdon, Minnesota, Aleta Nitschke, Publisher and Editor of The Rooms Chronicle, Stratham, New Hampshire.

2

HAPTER

客房部的計畫
與組織工作

學習目標

1. 確認客房部典型的清潔工作職責
2. 解釋客房部如何使用區域物品清潔單與物品清潔頻率表安排工作
3. 解釋操作標準與勞動生產率標準在客房部工作計畫中的作用
4. 區分可循環使用與非循環使用的庫存品
5. 解釋客房部經理在客房部工作中的組織作用
6. 確認客房部經理的基本管理職能

本章大綱

- 認識客房部的職責
- 制定客房部工作計劃
  - 區域物品清潔單
  - 物品清潔頻率表
  - 操作標準
  - 勞動生產率標準
  - 設備與備品庫存水準
- 客房部的組織工作
  - 客房部組織架構圖
  - 任務單和工作說明
- 客房部經理的其他管理職能
  - 工作協調與員工配備
  - 小組集體清潔作業
  - 指導與控制
  - 評估
- 主管的難題

　　與旅館其他所有的經理一樣，客房部經理利用現有的資源，努力實現旅館最高管理層確定的目標。可利用資源包括人員、資金、時間、工作方法、材料、能源及設備。這些資源是有限的，大多數客房部經理坦承，他們不大可能得到想要的所有資源。因此，如何計劃使用好這些有限的資源，以實現旅館的目標，就成為客房部經理工作的一個重要內容。

　　客房部經理根據總經理制定的目標，規劃出更具體、更量化的部門目標。例如，客房部經理首先做出的規劃中，就有確定本部門清潔工作的職責，並制定出有效完成這些職責的策略。這些策略確定了清潔任務的種類，還指明執行這些任務的頻率。

　　本章首先認定客房部經理的一些最重要的計劃職能。對客房部的主要清潔職責加以確定，並對本部門的計劃工作提出建議。另外，本章審視了幾個客房部的組織機構，介紹了客房部經理一職職務說明的實例。這些實例適用在一般的中等價位旅館擔任這一職務的人員。本章結尾還就客房部經理的其他重要管理職能如何與總體管理流程達成一致做了說明。

第一節　認識客房部的職責

　　不論客房部規模與結構如何，其清潔工作的職責範圍通常是旅館總經理確定的。多數客房部負責清潔的區域是：

　　1. 客房；

　　2. 走廊；

　　3. 公共區域，如大廳和公用洗手間；

　　4. 游泳池與庭園區；

　　5. 管理部門辦公室；

　　6. 儲物區；

　　7. 布巾用品及縫紉室；

　　8. 洗衣房；

　　9. 後區域，如員工更衣室。

　　提供中等價位服務的旅館與提供世界級一流服務的旅館，其客房部門通常還負責下列區域的清潔工作，如：

　　1. 會議室；

2. 餐廳；

3. 會議用展覽廳；

4. 旅館經營的商店；

5. 遊戲間；

6. 健身房。

客房部承擔的餐飲區域清潔職責因旅館而異。多數旅館的客房部對餐飲區有關食品的製作、生產及儲藏區域的清潔工作，只擔負很有限的職責。這些區域的特殊清潔任務，通常在餐飲服務主管的監督下，由廚房員工完成。有些旅館的餐廳員工在早餐和中餐結束後清掃服務區，然後由客房部夜班清潔人員在晚餐後或清晨營業前，再進行徹底打掃。客房部經理與餐廳經理須密切配合，協同工作，以保證客房及上菜用具區域能維持應有的品質標準。

在客房部與宴會服務或會議服務部門之間，這種合作也是必要的。宴會或會議服務人員一般負責布置宴會廳和會議室，也負責這些地方使用後的一些清潔工作。但最後由客房部人員進行全面清潔工作。這表示，維護這些區域的清潔程度與整個環境的形象的最終責任，是落在客房部員工的身上。

一般由總經理指定哪些區域由客房部負責清潔，但如果責任區跨越幾個部門，這些部門的經理就得一起商討，解決這些有爭議區域清潔職責的落實問題，經理們達成的協議交由總經理批准執行。高明的客房部經理能與其他部門的經理們一起努力，使問題得到有效解決，從而使總經理能掌握日常事務的工作。

客房部經理準備一張旅館樓層平面圖，並在圖上用顏色標出客房部負責清潔的區域，這是個有效的方法。其他部門經理負責的區域可用不同的顏色標示出來。為保證該圖已涵蓋旅館所有區域，也為了避免今後發生責任不清的問題，應將作了顏色標記的平面圖副本，分發給總經理與各部門經理。這樣，清潔旅館各個區域的職責落在哪裡，就一目瞭然了。這一著色的平面圖，把客房部在旅館的清潔維護工作所發揮的作用，清晰地呈現在我們眼前，令人印象深刻。

一旦客房部清潔責任區得以確定，計劃工作的重點就是分析清潔和維護各個區域需做的工作。

第二節 制定客房部工作計劃

制定計劃也許是客房部經理最重要的管理職能。如果計劃不周，緊急事務每天都有可能發生。緊急事務的頻繁出現會使員工士氣低下，勞動生產率降低，並且增加部門的開支。另外，離開計劃的指導和重心，客房部經理很容易被瑣事或與旅館目標無關的雜事纏身，從而偏離了工作方向。

客房部負責清潔和維護的旅館區域太多了，製作該部門工作計劃會令人感到重任在肩。客房部經理在計劃中若缺乏系統性及腳踏實地的精神，就會一下子被繁雜的瑣事壓垮，甚至感到沮喪。但這些瑣事又不能不加以處理，不但要處理，還要保證事事處理恰當、高效率、及時，而且盡可能地為本部門減少開支。

表 2-1 顯示客房部經理可以如何計劃本部門的工作。著重說明客房部經理計劃工作中，首先須考慮的一些問題，並確定了計劃過程中每一步驟產生的終極結果。使客房部得以平穩經營的適當計劃，來自於這些最終形成的文件。下面分別就計劃過程中的每一步驟做一檢討。

表 2-1　基本的計劃工作

計劃中初步考慮的問題	結果文件
1. 該區域必須清潔與維護的物品是什麼？	區域物品清潔單
2. 該區域必須有怎樣的物品清潔與維護頻率？	頻率表
3. 該區域主要物品的清潔與維護工作有什麼要求？	工作操作標準
4. 按部門操作標準，一個員工需多少時間才能完成一項指派的任務？	勞動生產率標準
5. 為達到客房部員工操作與勞動生產率標準，應向他們提供多少設備與備品？	庫存品水準

一、區域物品清潔單（Area Inventory Lists）

客房部制定工作計劃的第一步是開列物品清潔單，列出客房部需清潔的各個區域的所有物品。有了區域物品清潔單，接下來就可以對每一項物品的清潔工作做出計劃。物品清潔單是冗長而繁雜的，而多數旅館又提供好幾類客房，如此一來，有可能需要給各類客房單獨開列物品清潔單。

客房服務員清潔物品及檢查員進行檢查均有流程，因此，按流程開列區域物品清潔單是個好方法。它使客房部經理在確立清潔流程、制定培訓計劃及開列審查物品清潔單有了根本的依據。例如，房間裏的物品可根據擺放位置，依照從左至右、從上到下的次序，出現在物品清潔單上。其他方法也可以達到工作有條不紊的目的，重要的是要有流程，一個與客房服務員及檢查員行使日常職責流程相同的流程。

二、物品清潔頻率表（Frequency Schedules）

頻率表說明物品清潔單上物品的清潔或維護頻率。那些需每日或每週清潔的物品，屬於日常清潔週期的內容，被納入標準工作流程之中。其他物品（必須雙週、每月、雙月清潔或保養一次，或按其他週期進行）需作每日或每週例檢，屬於需徹底清潔（deep cleaning）的物品，則編入特別大掃除內容。表2-2是一家大型會議旅館的公共區域照明設施清潔頻率表範例。表2-3是客房部夜班清潔人員清潔專門頻率表。

對區域頻率表上，列入客房部大掃除內容的工作任務，應排出工作日程表，並列為特別清潔任務。客房部經理按照日程表安排適當員工完成必要的工作。在計劃進行客房大掃除或其他特別任務時，客房部經理必須考慮到諸多因素。例如，要盡可能將大掃除安排的日子與低客房出租率時期相吻合。同時，在與其他部門的工作發生衝突時，大掃除計劃應有靈活性。比如，當維修部門計劃對幾間客房進行大修時，客房部經理必須盡力將這些房間的大掃除時間與維修部的工作時間協調好。周密計劃為旅館帶來良好的效益，同時也能減低帶給客人或其他部門的麻煩。

表 2-2　頻率表範例

公共二區——照明設備			
位置	型號	數量	頻率
一號入口	壁式燈台	2	1次／周
大廳	枝型吊燈	3	1次／月
二號入口	皇冠形壁式燈台	2	1次／月
噴水池後	壁式燈台	3	1次／周
狹窄通道	柱燈	32	1次／月
較低樓層	柱燈	16	1次／月
噴水池區	柱燈	5	1次／月
餐廳院子	柱燈	10	1次／月
餐廳院子	壁燈	5	1次／月
餐廳露臺	半柱燈	16	1次／周
餐廳入口	白色燈泡柱燈	6	1次／周
透明眺台	白色燈泡柱燈	8	1次／周
通向狹窄通道的二樓樓梯	白色燈泡柱燈	2	1次／周
噴水池	白色燈泡柱	4	1次／周
休息廳露臺	壁燈	4	1次／周
餐廳入口	枝形吊燈	1	1次／周

表 2-3　夜班清潔項目頻率表範例

專門項目	頻率	
	每周	每月
1. 徹底沖洗公用洗手間牆面磁磚	1	
2. 淨空場地雜物和打蠟		
洗手間（必要時）		1
地下室走廊	1	
休息室、大廳和樓梯		1
3. 用洗滌劑清洗		
入住登記區		1
樓梯		1
洗手間		1
全部餐廳		2
全部休息室		1
咖啡館		1
會議室		1
客用電梯		1
員工餐廳（需要時）		2
4. 用洗滌劑徹底清洗		
正面入口		2
側面入口		2
櫃台區域		2
5. 擦洗泳池區窗戶		1
6. 為泳池區固定百葉窗除塵		1
7. 清潔客用與服務用電梯軌道	1	
8. 擦亮廚房設備		1
9. 擦亮飲用水噴水器	1	
10. 清潔電梯間外表	2	

三、操作標準

　　客房部經理編寫操作標準前可先回答這樣一個問題，即本區主要物品的清潔保養該做哪些工作？所謂標準就是對操作品質的要求。操作標準不但告訴人們該做什麼，還詳細說明工作該怎樣去做。

　　讓全體員工始終如一按要求做好工作，是客房部計劃的目的之一。使工作水準始終保持一致的關鍵，就在於客房部經理所制定、貫徹和控制的操作標準。儘管不同客房部會有不同的標準，客房部經理透過下屬不打折扣的工作，遵循本部門所制定標準的作業，就能確保清潔工作的品質始終如一。當操作標準制定不當、貫徹不力及沒有堅持管理的情況發生時，客房部的勞動生產率就下降，因為員工們無法有效地工作，不可能發揮出他們的最大能力。

　　標準制定工作中，最重要的是在如何在完成清潔和其他任務上達成一致。這種一致意見可透過從事實際工作的個人參與來獲得，讓他們為該部門形成最終採納的標準提出意見，做出貢獻。

　　客房部清潔工作操作標準是透過不間斷的培訓活動貫徹下去的。許多旅館自己編制的操作標準中，已載入有吸引人的封面的客房部工作流程手冊中。然而，這些手冊往往到頭來擺在客房部經理辦公室的架子上積灰塵。寫得好卻不使用它，這個標準就毫無價值。在工作場所實行有效的培訓計劃是貫徹標準的唯一方法。

　　客房部經理舉辦不間斷的培訓活動將操作標準貫徹下去後，還必須對標準的執行進行管理；即透過檢查，確保員工工作符合標準要求，「不透過檢查，就什麼也說不準」，老練的客房部管理人員都認同這個道理。展開具體的在職訓練與再培訓後，日常的檢查和階段性業績評估工作要跟進，以保證全體員工的工作始終盡善盡美。客房部經理至少每年應對部門操作標準做一次檢討，並為採用新工作方法而對它做出適當的修改。

四、勞動生產率標準（Productivity Standards）

　　操作標準確立了工作應達到的品質，而勞動生產率標準，則是確定部門員工符合最低要求的工作量，客房部經理在建立勞動生產率標準前，首先要回答這樣一個問題，即：「本部門一位員工按操作標準工作去完成一項指派的任務需花費多少時間？」，為了使本部門分配員工不

超出旅館營業預算所規定的限額，就必須確立勞動生產率標準。

　　各個旅館因其各自的需要與要求不同，其操作標準也不相同，因此，不可能認定一種對所有客房部都適合的勞動生產率標準。由於經濟型旅館、中等價位旅館及豪華型旅館的客房服務員的職責差異很大，他們的勞動生產率標準也是不相同的。

　　客房部經理不必為確定可行的勞動生產率標準，帶著卷尺、馬錶和寫字板到處跑，去對區域清潔單上的所有物品的清潔與維修工作進行時間與動作研究。客房部經理及其他管理人員的勞動，也是一種珍貴的部門資源。然而，客房部經理必須清楚，一位員工需要多少時間去完成清潔頻率表上確定的主要任務，如客房清潔作業。有了這些資訊，就可以制定勞動生產率標準了。

　　假定一家中等價位旅館的客房部經理確定，一名客房服務員大約能在 27 分鐘的時間裏清理好一間標準客房，那麼，他的工作符合操作標準。表 2-4 是勞動生產率標準工作單範例，它說明如何計算實行八小時工作制的一名客房服務員的勞動生產率標準。表中在計算時假定員工半小時午餐時間不計薪資。該表顯示，八小時工作制的客房服務員的勞動生產率標準為每一班次清潔 15 間客房。

　　品質與數量就像一枚硬幣，它有正反兩個面。一方面，假如期望值（操作標準）定得太高，相應完成的工作量可能低得不能接受。它迫使客房部經理用增派員工的方法，來確保完成全部工作。然而遲早（很可能比預期的快）總經理會減少客房部的高額勞務開支。這又迫使客房部經理緊縮員工規模，根據更實際的勞動生產率標準重新審定操作標準，從而重新調整品質和數量的要求。

　　另一方面，如果操作標準定得太低，相對可完成的工作量會出乎意料地高。總經理開始會對此感到高興。可是，當賓客與員工的投訴和抱怨增加，旅館顯得疏於照料、骯髒昏暗時，總經理可能再次採取對策。這次他也許決定撤換客房部經理，換上一位能確立更高操作標準，且更密切監督本部門開支的人。

　　難就難在操作標準與勞動生產率標準的有效平衡。品質與數量各方都能對另一方產生抑制和平衡的作用。提高勞動生產率並非一定要降低操作標準，可以採取改進當前的工作方法和流程來提高工作效率。如果客房服務員一次次為拿取清潔用品與客房備品而來回跑動，那麼就說明他們在清潔客房用布巾車的物品配置上出了問題。做白功就是浪費時

間，而浪費時間則耗盡了客房部最重要、最可寶貴的資源——勞動力。客房部經理必須始終密切注意新的、更有效的工作方法。

記住，客房部經理很難具備做一切想做的事所需的全部資源。因此，必須認真仔細地安排勞動力，使工作符合可接受的操作標準及切合實際的勞動生產率標準。

表 2-4　勞動生產力標準工作單

步驟 1

按客房部操作標準，確定清潔一間客房所需的時間。
約 27 分鐘。

步驟 2

確定一個班次的工作時間為多少分鐘。
8 小時×60 分 = 480 分

步驟 3

確定清潔客房可使用的時間。
一個班總計的時間…………………………………………… 480 分
減去：
　作業準備………………………………………………… 20 分
　上午休息時間…………………………………………… 15 分
　下午休息時間…………………………………………… 15 分
　結束作業時間…………………………………………… 20 分
清潔客房可用時間………………………………………… 410 分

步驟 4

將步驟 3 得出的數除以步驟 1 得出的數。
410 ÷ 27 = 15.2 客房（八小時制每班清潔客房數）

＊由於不同旅館有不同的操作標準，此處數字僅用來說明問題，
　不作為建議採用的時間。

五、設備與備品庫存水準

　　對需要做什麼和怎樣完成這些任務做出計劃後，客房部經理需確保員工擁有做好工作所必須的設備和備品。客房部經理在擬訂適當的庫存品水準時，回答的是這樣一個問題，即為達到部門操作標準及勞動生產率標準的要求，客房部員工需要多少設備與備品？這一問題的答案將是客房部平穩地展開日常活動的保證，也是擬訂高效率採購體系的基礎。這一採購體系必須始終維持客房庫存中所需物品的數量。

　　客房部經理基本上負責兩類庫存。一類是旅館經營中循環使用的物品；另一類是非循環使用的物品，他們在客房部日常活動中消耗掉或用掉了。由於儲物設施有限，以及管理部門希望現金不因庫存過多而被擱置，客房部經理必須為可循環物品與非循環物品建立合理的庫存品水準。

(一)可循環使用庫存品（Recycled Inventories）

　　包括布巾用品、大部分設備及部分賓客備品。可循環使用設備有客房服務員使用的布巾車、吸塵器、地毯清潔機、地面擦拭輪及許多其他物品。可循環使用賓客備品則包括像熨斗、熨衣板、有圍欄的兒童床及冰箱等客人住宿時可能需要的東西。客房部負責儲備、保養及出借客人要求的這些物品。

　　確保部門平穩運轉需備足的可循環使用物品量稱作一個標準量。所謂標準量（par number）指的是支撐客房部日常順利運作必須準備在手的物品數量。比如，布巾用品的標準量，是指旅館一次裝備全部客房所需的織品數量，兩次則需兩個標準量，依此類推。

HOUSEKEEPING MANAGEMENT

居室年鑒 THE ROOMS CHRONICLE

客房部難題：我們所衡量的東西對嗎？

作者：Janet Jungclaus

　　旅館業能適應一個工業化時代的體系嗎？如此複雜的問題，答案卻很簡單：不適應！

　　我們公司在20世紀大半個世紀裏是靠數字在運作。一切都以一個中心為出發點，即完成一件工作得花的時間量、每小時的生產量、員工的量化業績、每日工作時數等等。結果，公司不重視如何去實實在在地衡量勞動生產率和品質。例如，作為培訓師，我一年在50個班級授課，這被看作是很大的成績了。或者，我每天工作14個小時，生產力一定很高了吧。這兩種看法都不一定對。因為應問的問題應該是：我教的學生學到了什麼？我在14個小時中是否完成了什麼？

　　我認為處理這個問題的最有效方法是，確定我們要做成什麼及工作做好後它會是什麼樣。在用顧客滿意度來衡量是否成功的旅館裏，我們最大的機會在客房部，那裏往往以每小時清潔的房間數量衡量一個人的業績。

　　我十幾歲時曾在一家工廠工作，那裏只關心罐頭產量的多少。我很清楚，我們為了追求產量，產品品質往往較差，旅館業界要引以為誠。透過針對性的衡量尺度，讓我們證明，我們想為顧客提供完美無瑕的房間。

　　今天，在我們把成功寄託在再訪客身上時，讓我們設法激勵客房服務員去創造品質。好好查看你的旅館，看看房間的佈置，在客房部員工的幫助下，確立既保證品質又贏得賓客滿意的清潔客房的最有效做法。不要武斷地接受28分鐘清潔一房間的傳統衡量標準，而應取而代之以注重清潔的標準。確定你要做什麼，完成的工作是個什麼樣，以及採用什麼方法可以獲得滿意的結果。

　　　　　　　　　　　　資料來源：《居室年鑒》，第1卷第5期。

(二)非循環使用庫存品（Non - Recycled Inventories）

包括清潔備品、賓客備品（如香皂）及賓客便利用品（諸如牙刷、洗髮劑、芳香爽身粉及古龍水等）。因為非循環使用物品在運作中是被用掉的，庫存品水準與旅館的物品採購體系關係密切。該體系為購買非循環使用物品設置了一個標準量，這是依據兩個數字制定的──最小儲備量與最大儲備量。

最小儲備量（minimun quantity）指旅館隨時須備足物品的最小購置件數。購置件數是指裝運貨物使用的普通規格容器的數量，如箱、盒及桶等容器。庫存品水準永遠不能低於最小儲備量。一旦非循環使用物品的庫存量降至最小儲備量時，就必須另行訂購備品了。

需補充訂購物品的實際數量取決於最大儲備量（maximum quantity）。最大儲備量指旅館任何時候須備足物品的最大購置件數。最大儲備量必須與旅館的倉儲能力一致，且不應該因為過多的庫存造成旅館現金資金的積壓。物品可保存期限的長短，也對倉儲能力允許的最大購物件數產生影響。

第三節 客房部的組織工作

客房部經理的組織功能，是指在建立員工組織機構與工作定位方面的職責，目的是使人人都分擔一份合理的工作，且使一切工作得以在指定時間內完成。

確立員工組織機構指建立垂直領導關係及本部門資訊流動方式。部門組織機構有兩條重要的指導原則：

1. 每位員工應只有一位主管；
2. 應授予管理者權力及獲得他們指導所轄人員進行工作所需的資料與資訊。

客房部經理授予主管權力，還必須確保每位員工清楚瞭解本部門中的上下級關係。儘管權力可以委託，但客房部經理的責任無法委託給別人。經理對這些主管的行為負責任。因此，有必要向主管們詳細通報旅館政策、工作流程以及他們擁有的授權的情況。

一、客房部組織架構圖

　　客房部組織架構圖（organization chart）清晰勾畫出該部門的垂直領導關係及內部資訊流通管道。圖 2-1、圖 2-2 和圖 2-3 是不同規模及服務水準的客房部的組織架構圖為例。小型經濟型旅館中的客房部經理的稱呼，視該職位所擔負的具體職責而定。這一職位的頭銜常為「客房部主管」或稱「管家」。跟其他類別旅館相比，經濟旅館的客房部員工班底顯得比較小型。但在旅館內，則有可能占了將近全部員工的一半。圖 2-2 顯示提供中等價位服務的旅館，一般會有客房部經理管理下的較大的員工班底。圖 2-3 顯示提供世界級一流服務的特大型旅館可能單獨設立房務部，並設置幾個在房務部主任領導下的經理職位。

　　部門組織架構圖既展現了領導指令的系統傳遞路線，也避免了造成對員工的多重領導。從圖 2-3 可以看出，每個員工只從組織中的主管處接受指示；還可以看出，申訴或其他資訊如何透過部門的管道進行傳遞。

　　組織架構圖應張貼起來，以便讓全體員工清楚地知道自己在整個中所處的位置。在一些客房部張貼的組織架構圖上，員工出現在上方，而經理則在圖的底部。這樣的架構圖強調了廣大員工工作的重要性，它傳達的資訊是「員工至上」。它還說明，整個部門如何靠客房部與其他部門經理的才智保持平衡。

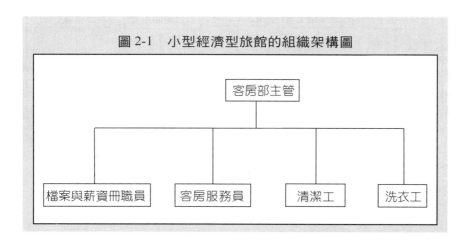

圖 2-1　小型經濟型旅館的組織架構圖

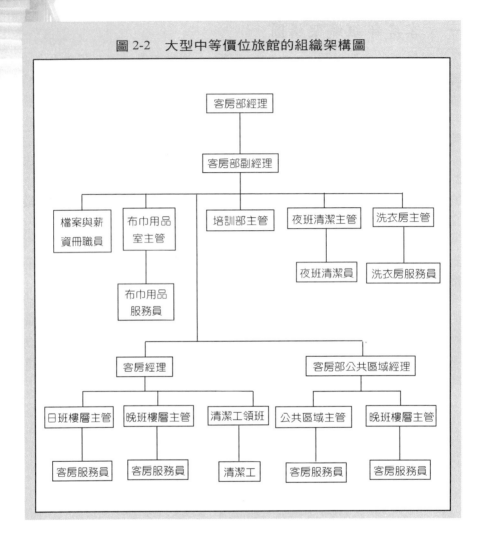

圖 2-2　大型中等價位旅館的組織架構圖

*H*OUSEKEEPING
*M*ANAGEMENT

圖 2-3　大型豪華旅館客房部組織架構圖

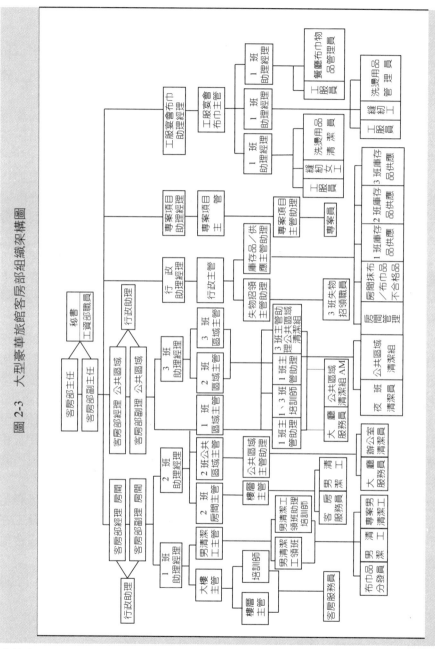

資料來源：Opryland Hotel, Nashville, Tennessee.

二、任務單和工作說明

如果客房部經理已制定出適當的部門計劃，組織中之部門員工一起工作就是件較容易的事。客房部經理利用先前做計劃時收集的資訊，確定所需職位的數量與類別，再為每個職位開列任務單和工作說明。

任務單認定部門某一具體職位持有者必須完成的任務。這些任務應能反映該員工的全部工作職責。不過，任務單不應是員工完成各項任務的流程的詳細分解，它應簡單陳述員工完成一項工作所需要的能力。

有些種類的工作說明（job descriptions）只在相關的任務單上增加一點資訊。該資訊可以包括向誰彙報工作情況、附加責任及工作條件，還有工作中要使用的設備與材料。表 2-5 是中型中等價位旅館的典型客房部職位的工作說明為例。

職務說明必須做到量身訂做，適合個別旅館運作上的具體需要，以達到最大的效果。因此，不同客房部的職務說明在形式與內容上會有不同。表 2-6 是一例中型中等價位旅館客房部經理一職的職務說明。表 2-7 是一家大型豪華旅館中該職務的職務說明。

在不同規模與類型的旅館中，客房部經理的職責差異很大。因為在小型獨立的旅館中，客房部經理職能可由總經理來執行。至於連鎖公司所屬旅館的這一管理職能，是由公司總部人員擔任的，因此，貫徹標準化程序操作的任務，就落在了個別旅館的總經理及客房部主管身上。

鑑於職務說明會因工作任務的改變而變得不相適應，因此有必要至少每年進行一次修訂。合宜的職務說明明確任職者的責任、工作要求和特性，它能消除員工的焦慮和不安，應讓員工也參加其職位職務說明的制定與修訂工作。

客房部每位員工應有一份自己職位的職務說明。職務說明也可發給這一職位的所有備選人員，然後做出最後的人員選擇。這比起讓員工在不清楚工作要求的情況下接受一份工作，而後又發現這份工作不適合他們，這種做法將更好，也更合理。

表 2-5　典型的客房部工作職位的職務說明

	客房服務員	大廳服務員
基本職能	接受檢查員的監督，完成客房與浴缸的清潔和保養工作。	保持所有門廳及公共設施整潔、乾淨（包括大廳廁所、電話區、櫃台與辦公室）。
職責	1. 房間清潔準備。 2. 整理床鋪。 3. 房間和家具除塵。 4. 備足客房與浴用備品。 5. 清潔浴室。 6. 清潔壁櫥。 7. 吸塵清潔地毯。 8. 檢查房間後將門鎖上。	1. 清潔所有門廳與公共廁所，並保持衛生。 2. 清掃地毯。 3. 煙灰缸和水壺清理乾淨。 4. 擦亮家具和固定裝置。 5. 電梯間吸塵與擦亮。 6. 保持旅館地板無垃圾。
對誰負責	直接向檢查員負責。	向客房管理部門負責。
	清潔工	布巾品與制服服務員
基本職能	完成下列任何組合的任務，保持客房、工作區域及旅館建築整體乾淨、井然有序。	儲存與分發制服、床上布巾與桌用布巾，清點庫存品與維持布巾用品的物品供應。
職責	1. 使用吸塵器、掃帚和地毯清掃機清潔小塊地毯、整片地毯及有裝飾的家具。 2. 清潔房間、走道及公共廁所。 3. 清洗牆面與天花板，搬移與擺放家具及翻轉床墊。 4. 掃、拖、擦洗地板，地板上蠟並打蠟。 5. 金屬物品去塵並擦亮。 6. 收集用髒的布巾並送去洗滌。 7. 接受布巾備品。 8. 內儲存將布巾備品放入樓層布巾壁櫥。 9. 補足客房清潔布巾上的備品。 10. 清除客房服務員清掃出來的垃圾。	1. 分類並統計物品，記載用髒物品的數量。 2. 將布巾用品及制服放入盛器，以便送遞洗衣房。 3. 檢查已洗滌的物品，確保物品乾淨，可供重新使用。 4. 將破損物品送至縫紉處修補。 5. 核實布巾的件數與種類，把洗淨的布巾品的與制服存放在架上。 6. 只根據一對一（以髒的換乾淨的用品）的原則，分發洗淨的布巾用品與制服。 7. 統計並記載補充需求用的布巾用品。
對誰負責	向清潔工領班負責。	向布巾用品儲藏室主管負責。

表 2-6　中型中等價位旅館客房部經理職務說明

職務說明

職務名稱：客房部經理
上級主管：駐店經理／駐店副經理

工作概述	監管客房部全體員工，被授權聘用與解聘員工，計劃與分派工作任務，幫助新員工熟悉旅館規章制度，檢查客房部人事工作安排與備品需求單。
職責	監管客房部全體員工，根據需要聘用新員工，必要時解僱員工，並對違規情況開出警告單。評價員工業績，提供晉級機會。 　　制定客房部工作計劃，並以此分派任務。派定清潔工、女檢查員及布巾用品室服務員日常職責，或需完成的專門任務。根據住房率預測報告制定工作日程表及安排額外休息日期。為本部門員工建立出勤日誌。 　　對員工進行規章制度教育和培訓，安排新員工與經驗豐富的員工一起工作。不定時檢查他們的工作情況，並查看檢查員或客房部領班提供的報告。 　　定期檢查客房部員工的工作，確定他們是否在職位上，檢查他們工作的質與量，檢查那些工作中易疏漏的地方。 　　檢視一切備品需要，諸如床罩和浴室小地毯等物品。建立失物招領處並擔負起責任。確認物品遺失者，按適當的地址郵寄失物，使其物歸原主。
任職條件	教育程度　　　　要求中學學歷 工作經驗　　　　至少有三年的客房部副理或檢查員的工作經驗 技能　　　　　　有能力計劃及執行客房部業務計劃與政策，並能與管理部門、同事及屬下共事及進行交流。 批准人_____　日期_____

資料來源：Best Western International, Phoenix, Arizona.

表 2-7　豪華旅館客房部經理職務說明

職務說明

職　　　位：客房部經理	職務編號：＿＿＿＿＿
現 任 者：＿＿＿＿＿	日　　　期：＿＿＿＿＿
對誰負責：房務部主任	制　　　定：＿＿＿＿＿
所屬系統：＿＿＿＿＿	批准者（現任者）：＿＿＿＿＿
薪資與工作時間：＿＿＿＿＿	批准者（主管）：＿＿＿＿＿
公　　　司：＿＿＿＿＿	類別代碼：＿＿＿＿＿

職位目的

對客房、公共區域與員工區域的整個服務工作實行管理和指導，確保衛生、安全、舒適度及便利設施方面符合最高標準要求，並對客房部一切工程與項目實施領導。

性質與範圍

擔任該職務者對房務部主任負責。保證旅館向客人提供符合要求的、陳設和維護良好的客房、公共區域及員工區域，現任經理負有最終責任。現任經理還負責制定該部門有關政策和工作流程，從而達到最高程度的清潔和保養水準，向客人提供最大的藝術享受和審美情趣。

現任經理將對下屬員工就紀律、解僱及升遷方面提出的一切訴訟進行核查。現任經理對本部門所有培訓項目的設置負責，並透過客房部與公共區域的經理，使培訓項目得以良好執行。

現任經理對部門之間順暢及時的交流負責。現任經理將參與社區活動，參加職業人士組織，與供應商往來並參與他們的活動。

現任經理將向客房部主任就開支與資本支出提出建議和報告，其內容將包含在房務部年度營利計劃及意見書中。每月遞交的報告涉及客房部預防性維修情況及對每租出房間主要開支項目的虧損與使用情況做出的分析。這些開支包括（但不限於）勞務、化學用品、客房備品、布巾用品、洗衣房、工作服及外包合約清潔作業。

現任者就客房部範圍內的資本支出、特別維修及養護項目向房務部經理提出建議。每年利潤計劃的編制涉及到對客房部勞動生產率，以及對未來的改造和裝修規劃進行全面分析。

現任經理應能夠透過優秀的檔案記錄、專業性採購及庫存控制，來預測未來的開支費用，包括客房、員工區及公共區域的家具、固定裝置與設備的任何可能的更新與提高的開支。現任經理也應介入任何擴建和發展計劃的制定。發展意味著增加客房以及擴大公共區域，因此需要做出整體和長期的規劃。

現任經理至少應具有 8 年的客房部管理經驗，其中 4 年是在一家擁有 800 間客房或以上的旅館裏工作，必須已在工作中顯示出其在人事管理、洗衣房衛生及預防性維修方面的知識和經驗。現任經理還應通曉工作服的發放和控制、各種布巾用品、清潔用化學物品、圖案設計、工程技術、維修設備、客房與公共區域清潔流程、計劃調度及預算與辦公室的管理。現任經理還必須熟知前廳部經理、房務部副經理、預訂部經理的職責，以及客房餐飲服務部經理、餐廳與宴會部經理的職責，並瞭解保全、會計和採購工作。

主要職能

1. 確保客房與公共區域陳設良好，保養得當。
2. 保證為賓客創造一流的客房衛生環境、安全性、舒適度和審美情趣。
3. 監督客房部一切計劃、項目和工程的協調情況，並對他們實行管理。
4. 在與部門、與賣主及與職業機構等的交涉中產生溝通作用。
5. 向上級管理部門提供預算報告、預算控制報告及經營預測報告。

資料來源：Opryland Hotel, Nashville, Tennessee.

第四節　客房部經理的其他管理職能

　　圖 2-4 簡明地勾劃出管理的過程，說明各項管理職能如何造就了旅館的興旺發達，或任何其他企業的成功。最高管理人員必須透過確定旅館的目標來計劃旅館的各項任務。實現這種目標的強烈願望，驅使著他們去展開各種組織、協調及員工配備工作。一旦旅館配備好了員工，管理部門就可帶領他們，去完成各項工作計劃，實行控制系統職能，保護旅館資產，並實現企業的平穩與高效率運作。最後，管理部門必須對企業目標的完成情況做出評估。對實際運作成果的分析可導致在組織、協調或員工配備等流程上做出改變。同時，透過對整個計劃與經營活動的分析，管理部門會認識到對企業計劃或目標做出修改的必要性。

圖 2-4　管理流程圖

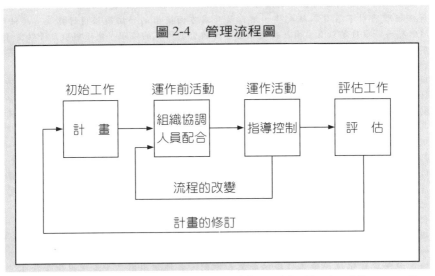

資料來源：Jack D. Ninemeier, *Planning and Control for Food and Beverage Oper-ations*, 3rd ed.（East Lansing, Mich.: Educational Institute of the American Hotel & Motel Association, 1995），P. 17.

　　擬訂客房部經營預算是客房部經理一項重要的計劃工作。該預算是對客房部來年開支的預算。列入預算開支的專案有勞務、布巾用品、洗衣房運行、場地清掃、設備及其他供應物品。初步開支概算是根據財務

部的資料做出的。這些資料有去年和當年的月度支出報告，以及對來年的月住房率的預測。

旅館最高層管理人員根據旅館制定的下一年度財政總目標，修改客房部擬訂的開支概算初步報告。整個旅館的年度經營預算最終由旅館業主、總經理及財務總監透過協調與調整後加以確定。預算形成後，客房部經理（及所有部門的經理）有了一份按月列出的預算計劃。根據此計劃，客房部展開組織、協調、分配、指導、控制及評估工作。

雖然每個管理職位所含的具體管理任務各不相同，但旅館所有經理們擔負著相同的基本管理職能。本章前面重點討論了客房部在計劃與組織方面的職能。下面將簡要地審視客房部在本部門其他方面的職責，涉及協同工作、員工配備、管理與控制及業務經營評估等。

一、工作協調與員工配備

將計劃與組織工作的決定，在客房部日常工作和活動層面上呈現出來，就是協同工作管理職能。客房部經理每天需在時間與工作任務安排上進行協調，並確保使一切所需的設備、清潔用備品、布巾用品及其他備品齊備，以保證員工能順利完成他們的工作任務。

員工具備的職能涉及員工錄用、挑選最佳者填補空缺，以及安排員工工作時間表。因為勞務成本是最大的開支專案，適當安排員工的工作時間也就成為客房部經理最重要的管理職責之一。

多數客房部門採用某一種員工配置原則指導工作。這些原則一般是根據慣例制定的，這些慣例是計算特定客房出租率水準下員工人數需求量的一些方案。然而，員工配備這一管理職能，並非只是簡單地將一種常規做法付諸實踐，旅館各個區域的徹底清掃計劃，要求配備足夠的人員，其他的特別清潔任務也要求安排足夠的人員才能完成。這就必須要求客房部經理工作有靈活性、創造性，建立起自己的員工配備模式。這種模式能在有限的預算範圍內，實現本部門的目標。

(一)小組集體清潔作業（Team Cleaning）

多年前，小組集體清潔客房曾是旅館業界熱門的新式操作流程。但是由於缺乏個刷客房服務員的業績責任制及其他原因，人們對此做法的熱情消退，並未成為一種常規，可是這種做法似乎可以用來解決今天我

們面臨的挑戰。隨著人們更加關心安全與保全的問題，安排兩人一起清潔一間客房，能節省許多花在法律責任與訴訟上的金錢。再者，集體清潔的做法能為較單調的工作增加些許樂趣。

具體做法如下：通常兩人一組負責做 30 間至 35 間客房。每人輪流負責清潔臥室與浴室。客房服務員自己選擇夥伴，新員工在組新團隊前，作為輪替人員參加工作。

有一家旅館採用三人一組的做法，並添加了貴賓酒櫃服務職責。第一人取走用髒的布巾用品，並替室內酒櫃重新儲滿酒類食品。該服務員幫助第二人完成做床工作後去另一間客房繼續工作。第三人還在清潔浴室，這時第二人結束了該臥室的清潔任務。這種操作方法節奏很快，每間房的清潔工作大約只需要 8 分鐘。

目前實行清潔小組做法的旅館提出建議，讓員工自發產生建立清潔小組的要求，並給他們自主權決定是否實施這一程序。讓一個組先試行該方法，待這一體系運作順暢後，再展開全面的操作。列出輪替人員名單，以便小組成員生病時補上。另外，對小組工作實行監督，保證組員一致的工作速度。小組清潔工作的做法有下列好處：

1. 工具需要少。例如，一個組只需配備一台吸塵器、一部布巾車和一小箱清潔用品。
2. 士氣更高。在一名組員精神不佳時，與搭檔一起工作，能產生減輕精神壓力的作用。
3. 出勤率提高。因為很少有客房服務員打電話請病假，從而發生使他們的合作者感到失望的情況。
4. 有些特別清潔任務由兩人完成就容易（如移動床鋪、搬開餐具櫃）。
5. 很重要的一點是，兩人做一間房，提高了員工的安全感。
6. 由於有搭檔在一旁輔導，新員工參加小組工作更容易提高自己的工作速度。
7. 客房服務員似乎喜歡在自己的區域裏有機會接觸更多的房間，清潔不同種類的客房打破了工作的單調與沉悶。

詳細周密的計劃是成功的關鍵。客房部經理需考慮與處理的一些事情有：

1. 將布巾用品與化學用品均衡分配給各清潔小組，以免他們為得到

這些用品而發生爭吵。

2. 如果有事阻礙了小組的工作，兩三個人的工作就得停下來，這與傳統客房單人清潔作業的情況不同。備好備品至為重要，這和給清潔小組開列精確的任務單一樣重要。

3. 有些旅館由於客房的效率比單人作業高而節約了勞務成本。然而節省成本的主體來自於更高的出勤率、較少的設備、較低的事故率，以及員工對改進流程的興趣和熱忱。

4. 安排清潔小組成員在相同的日子休假，這會替工作日程的安排增加難度。

有家河邊旅館的客房部經理發給各個小組一隻可上鎖的大箱子供存放備品、一輛布巾車和一台吸塵器。這樣員工就不會去動用別組的東西了。

東北邊的一家小旅館經理發現，一些對接受新工作感到精神緊張的員工，因為與組員一起工作而使緊張的情緒得到舒緩，他們互相交流，互相幫助，提高了工作效率。該經理已將小組清潔作業法引入其他旅館。順便一提，相信二人的合力總比單兵作戰強，他在自己的旅館裏不設督導員，而依靠小組成員檢查他們自己的工作。他相信，小組清潔作業法對旅館提供歷久不衰的服務及保持員工們振奮的工作精神產生了很好的作用。

有一家旅館使用該作業法已超過 25 年，事實證明，這種方法對客房部的低補缺人員比率、較高的士氣及較高的工作效率做出了貢獻。兩人同做一間房，也使服務員感到更加安全。因為有人談天，客房服務員也較少被房中的電視節目所吸引。他們變換著工作一人撢塵，用吸塵器清潔地毯；另一人則清潔臥室，然後在下一個房間，兩人交換工作。兩人查看房間更易看清什麼工作沒有做，什麼事情沒做好，經驗豐富的員工可帶新員工進行在職培訓，多數客房服務員每天變換工作小組。旅館經理說，客房部員工是一群快樂的工作夥伴，他們中許多人在該旅館已工作了 10 年，甚至更長。

小組清潔作業法在那些想有所變化和改觀的旅館是有效的。而成功的關鍵是讓員工參與計劃，並給他們靈活性去完成工作[1]。

二、指導與控制

許多人混淆了指導與控制這兩種十分不同的管理職能。區分它們的最簡單的方法是要記住,經理指導的是人,控制的是物。

指導職能即指引員工圍繞著計劃中既定的目標展開工作,採用管理部門在組織、協調與員工配置方面制定的策略和組織形式。就客房部經理而言,指導工作包含監督、激勵、培訓和約束員工的行為。激勵員工努力工作是特別重要的一種技能,它與客房部經理對整個部門的領導能力密不可分。人們的積極性(或缺乏積極性)是有感染力的,而主管的工作態度與工作表現對員工有潛移默化的作用。主管的舉止行為則往往是客房部經理領導是否得力的一個寫照,一個強有力的客房部經理對每位員工的工作表現抱有真誠的關注,從而營造出一種激發員工積極性的氣氛。從另一方面說,一個寵信主管的客房部經理會被一片不滿之聲所淹沒,因為主管們也一樣會在他們的範圍內寵信自己的部屬員工。

控制職能指的是客房部經理建構和貫徹維護旅館資產的工作流程的一種職責。資產即是旅館一切具有商業或交換價值的東西。客房部經理對鑰匙、布巾用品、備品、設備及其他物品實施控制流程,使旅館的資產得以維護。

三、評估

評估是對計劃目標實現的程度,做出評價的一種管理職能。旅館會計人員製作的月度預算報告,是旅館所有經理們評估使用的重要依據。這些報告為評價客房部經營情況提供了適時的資訊資料,特別是有關本部門每月的勞務開支情況。客房部經理將報告中列出的部門實際開支數目與預算表中的預訂數目做一比較,即得出了實際成本與預訂成本的差額。若差額較大,客房部經理就該做出深入分析,並對這一情況採取進一步措施。

另外,客房部經理須獲得相關資訊的日報表和月報表,用以密切觀察與評價員工的業績及本部門整個生產率情況。對這些方面的評估可以從先前制定的員工操作標準及勞動生產率標準著手。透過每日檢查報告與季度業績評估表,來監督員工的實際表現與操作標準及生產率標準的差異。

居室年鑒 THE ROOMS CHRONICLE

小組清潔作業：別強制執行

Q 親愛的《居室年鑒》編輯部：

我確實對有關小組清潔作業一文感興趣。縱觀文中提出的該作業法的優點及有關建議後，我急切地想開始實踐這一做法。遺憾的是，我實施的計劃遭到員工阻止，他們一直反對我這樣做。您能就這一理念向我介紹更多的資訊嗎？

B. A., San Francisco, Calif.

A 親愛的 B.A.：

小組清潔作業法確實具有許多優點，但此法未必適用所有的情況。員工的組成情況、旅館的佈置及引入這一做法的方法，均成為須考慮的重要因素。

成功的訣竅在於首先讓員工擁有這種想法。選擇適當的員工試行此法，並讚許及認可他們取得的成功。把新雇用的員工作為清潔小組成員加以使用。如果星期天通常有大量住客結帳離店，可徵求員工的意見，是否在星期天試一下小組清潔作業法的效果。記住，可能這一切建議您都做了嘗試，卻沒有獲得理想的效果。別洩氣，不妨過幾個月後再換種方法試試。您需要先有部分員工相信，小組清潔作業是能取得雙贏效果的，不論是對員工還是時旅館都有好處。

《居室年鑒》編輯部

資料來源：《居室年鑒》，第 3 卷第 3 期。

第五節 主管的難題

　　經濟的狀況已促成一種取消中階經理的趨勢，這種趨勢蔓延到旅館業，使客房部主管一職的存在成了問題。總經理們似乎在努力謀求更大的利潤，也許授權給按時計酬的員工是個辦法。沒有客房部主管的查房，一個既乾淨又能營利的旅館有可能嗎？雖然可能是作為客房部經理實施管理的延伸，大旅館才開始有了客房部主管一職。過去 20 年中，該職的任務就是檢查客房。這種角色是否不可缺少呢？旅館設立該職所花的錢划算嗎？

　　旅館必須考慮的主要問題有：

1. 旅館是否雇用了適當的人擔任主管工作？
2. 旅館系統是否輔佐主管履行自己的職責？
3. 該職位是否對完成旅館的使命有直接促進作用？
4. 如何將這種使命感引入並得以貫徹？
5. 是否要減少客房檢查員的數量，或完全取消這類人員？
6. 如果必要時檢查客房，誰承擔這一工作？
7. 誰承擔培訓工作？
8. 對職務說明要做什麼更動？
9. 如何維持或提高品質標準？
10. 採用何種體系來確保得到正確的最新房況資訊？

　　《居室年鑑》以客房部主管為題，對一些讀者作了調查。有些經理取消了主管一職，結果客房狀況每況愈下，他們十分失望。其他經理實行變革以後，發現賓客意見減少，員工士氣提高。

　　有一家受訪的旅館在 6 個月後重新實行百分之百的客房檢查，另一家旅館一年後也走回老路。有些旅館保持 50 ％～70 ％的客房服務員自己獨立完成工作，成績斐然。其他旅館乾脆取消了主管一職，也獲得了成功。

(一)如何開始實施這一方案？

　　儘管許多旅館受完全品質管制授權理念的驅動，但多數旅館做出取消主管一職的決定是出於減省勞務開支的願望。南方有家旅館取消了主管一職，為的是提高向櫃台報告清理完畢客房的速度。

　　那些成功取消了主管一職的旅館，都在事前充分仔細地考慮了一切可能發生的後果，並讓員工參與方案的制定。一些旅館向客房服務員提出這樣一個問題：「讓別人檢查你所做的一切，你有什麼感受？」當聽到反映有心灰意冷的感覺時，他們就開始探討替代的運作方法，並把客房服務員要求獨立工作的想法結合進去。

(二)對房間做檢查嗎？

　　有一家受調查的旅館在運行中不檢查任何客房。管理部門認為：具有職業道德的客房服務員有能力對他們所管區域的狀況擔負完全的責任。不過，多數旅館每週對每個客房服務員完成的1個至5個房間的工作狀況進行抽查。正如一家豪華旅館的客房經理所說：「我們隨意抽查客房服務員的工作。它就像檢測水池裏水的含氯水準，只需做小樣本檢測，就知道整個水池的狀況。」

(三)沒有了主管，誰檢查客房？

　　多數旅館由客房管理部門對客房進行抽查，這取決於旅館的規模。大型旅館保留一名或更多的主管做這件工作。Florida一家旅遊勝地旅館的總經理讓全體員工參與此事。不論是總經理、銷售部、行李服務員、櫃台職員（含上午、下午兩班）、賓客服務員還是客房部秘書，每人每天負責檢查兩間房。

　　「在我目前任內，我們設立主管一職，我感到幸運。」另一家度假旅館的客房部經理說：「但據我在其他旅館工作的經驗，取消主管的做法在很多種情況下會行不通。假如客房服務員基本團隊不穩定（如人員補缺率高，或使用大量臨時工），客房品質就可能下降」，她接著又說，「如果硬性讓不稱職的客房服務員獨立工作，客房部經理就可能要花大量時間忙著去檢查所有的客房。經理會累得精疲力竭，該部門其他方面的失誤也可能冒出來。」

　　「設不設立主管一職沒非對錯或是與非。」中西部一家度假旅館總經理如是說，「一年當中，我們僅僅在夏季僱用季節工時，才安排主管上任。其他時間裏我們的客房服務員獨立地開展工作。這種做法已實行了一年，而我們的意見卡的評分仍高達94分。」

(四)職務說明改變了嗎？

客房服務員的職務說明一般要作修改，它把保證每間客房潔淨有序與及時更新房況的最終責任包含在內。客房服務員必須檢查房內的設備，保證顧客不會因房中物品失修而感到不滿。有些旅館還增加了清潔客房周圍走道的職責，並指定專人負責更換床罩或其他備品。清潔工或行李員的職務說明通常也有相對的修改，以配合新操作機制的運行。

「優秀清潔小組」是南方一家旅館的客房部經理設置的一個稱號，授予那些業績優良、出勤率高及工作態度好的客房服務員。職務說明中列入了上述內容，清潔小組成員與旅館簽訂工作合約。

(五)怎樣更動薪資級別？

客房服務員的薪資級別有時發生變化。多數旅館或是根據工作品質加以定級，或是發給超品質標準工作獎金。有一家旅館的做法是，對檢查分數為90分或更高者及每小時至少清潔客房1.9間者，每兩周發給獎金35美元。

一家套房旅館總經理的方案是，對於工作品質好、出勤率高且工作服好的客房服務員，每小時增加25美分的工錢。先前提到的那家旅館的「優秀清潔小組」的成員，若他們達到擴大職責範圍的標準，則每小時能多賺1美元。其他旅館有這樣的情況，那裏安排所有的員工獨立工作，薪資級別則沒有提高。

(六)誰來培訓員工？

多數旅館是由主管來培訓新員工的，如果主管一職被取消，那麼誰來培訓員工呢？客房部經理可以兼此責任，但是在人員離職率升高的今天，培訓常常是份專職的工作。一種可能的選擇是指定一個或多個客房服務員擔任在職培訓員。在其他旅館裏，他們至少保留1名主管，專門從事培訓與重新培訓工作。客房服務員對客房狀況負有最終責任，因此不能沒有完善有效的培訓計劃。

「如果我聘用了合適的人，且不斷地培訓他們，他們就能達到我們制定的標準，」一名客房經理說，「我們靠支持他們、給予他們正面的肯定和獎勵來激發客房服務員的工作熱情」。

在接受調查的所有旅館裏，若客房服務員工作品質出現下滑，經理們就會透過再培訓，使他們的工作品質得到必要改善。如果達不到標

準，就要實行例行的懲戒。

(七)房況一事怎麼辦？

客房服務員分得的不是一張需清掃的髒房間名單，而是一片責任區域，上午空房檢查的任務通常列入服務員職務說明之中。他們對該區域內的一切房間、走廊、售貨區、電梯區的清潔工作負責，是他們在這裏最早迎接客人，也是他們在這裏最後送走客人。他們必須認真仔細報告房況，以使櫃台始終掌握有關租出房或空房、清潔房或待清潔房的正確資訊。

許多旅館管理系統都使用了電腦介面裝置，可透過客房電話輸入代碼更新房況資訊。別的旅館就要靠客房服務員電話通知客房部或櫃台更改房況。當櫃台對房況產生疑問時，就派員去核查有關房間。

不設主管一職，對房況出現的不一致情況做核查就會花去更多的時間。客房服務員清潔一客房時，可能認為該房是延住房，可當他們去另一房間作業時，前面一間房的客人可能結帳離店了。如果旅館不能對這樣的問題做出妥善的解決，裁減主管省下的薪資開支，又會因可供房源管理不善而遺失。

(八)成功的訣竅

周密細緻的計劃是旅館提供清潔及保養良好的客房的前提。主管們往往幫助整理和準備貴賓房，幫助結帳時間過後的退房，協助緊急事務的處理及庫存物品的供應，為不懂英語的客房服務員當翻譯，或在人手不足時幫助清潔客房。這一切在一個成功的計劃中都必須加以說明。

讓客房服務員參與計劃的制定使他們產生自主感。員工們對管理部門為節約勞務成本而讓他們吃虧的事情十分敏感，因此計劃必須是雙贏的。事後對薪資級別或獎勵計劃做出調整，會抑制員工的積極性，故在實施計劃前，要做仔細調節。

如果這種新的做法適應旅館的需求，且得到仔細認真地貫徹，員工和旅館的事業都能興旺發達。

(九)客房部自身如何得到改進與提高？

「假如你做事一成不變，你將永遠得不到新的東西。」如果你設立了主管一職，又對產生的結果不滿意，你得退一步分析一下所做的一

切。如果你安排了主管一職，但考慮取消這一職位，你必須釐清什麼是你需要的終極結果，對於如何實現你想要達到的結果，你要有創造性的思維。

如何才能改進主管與客房服務員的聘用過程，使受僱員工的素質能夠提升團隊的實力？將你最佳員工的至勝品質發掘出來，去僱用那些具有這種品質的人。

如何才能加強客房服務員的培訓，使工作品質不依靠檢查來實現？製造行業對產品實行百分之百例檢的做法往往無法營利。一旦生產百分之百合格產品的制度得以確立，就不必將時間與金錢花在產品的檢查、重新加工或報廢。抽樣檢查只是用來保證工作體系正常運行的方法。那麼旅館的運作該有什麼不同嗎？

如何才能對旅館的系統加以修正，以確保主管及客房服務員隊伍有高昂的情緒，並對貫徹旅館取悅顧客的宗旨抱有使命感？設法使主管們扮演有豐富經驗的教師和資訊傳播者的角色，而不是使人產生負面印象的員警。客房服務員會因為自己對賓客負有直接責任而倍感自豪嗎？

如果發現有改進的地方，則可能需要對整個部門做出重新考慮，並且重建適宜的工作職責條款。與創造性地實現旅館長期目標的成果相比，取消主管一職獲得的短期利益可能是微不足道的[2]。

註　釋

[1]「小組清潔作業」一節根據《居室年鑑》第 2 卷第 6 期（第 4 頁）及第 2 卷第 4 期《第 13 頁》有關文章改寫。

[2]「主管職務」一節根據《居室年鑑》第 2 卷第 5 期及第 2 卷第 3 期（第 4 頁-第 5 頁）有關文章改寫。下列人員為本文提供了資料和資訊：Meredith Moody, Radisson Mart Plaza, Miami FL; Wanda Kittles, Longboat Key Club resort, Longboat Key, FL; Pamela Nice, Ritz-Carlton, St. Louis, MO; Steve Graves, Embassy Suites Hotel, Buckhead, GA; Gregory Parsons, Radisson Arrowwood, Alexandria, MN; Kyle Smith King, Grove Park Inn, Asheville, NC; Bob Davis, Treasure Island Inn, Daytona Beach, FL.

名詞解釋

區域物品清潔單（area inventory list） 列有某一區域需客房部人員清潔或照料的一切物品的單子。

徹底清掃作業（deep cleaning） 在客房或公共區域進行的徹底或專門的特殊清潔工作。常按特別的時間表或作為特別工作進行清潔。

頻率表（frequency schedule） 說明區域物品清潔單上每項物品的清潔或保養所需頻率的計劃表。

工作說明（job description） 詳細列明一項工作所含的一切主要職責以及該職務的上下級關係、附加職責、工作條件及工作所需設備與材料的單子。

最大儲備量（maximum quantity） 任何時候須購置備存的物品件數的上限。

最小儲備量（minimum quantity） 任何時候須購置備存的物品件數的下限。

非循環使用庫存品（non-recycled inventories） 客房部日常運作中消耗或用掉的庫存品，包括清潔備品、小件設備、賓客備品及便利設施。

組織架構圖（organization chart） 說明機構內部職位之間關係，圖上顯示各個職位在整個機構中所處的位置、部門之間的關係及人員間的垂直領導關係。

標準量數量（par number） 某項庫存物品的一個標準量的倍數，它表示支撐客房部日常運作的某件物品在手中須有的數量。

操作標準（performance standard） 本份工作達到品質標準需具有的操作水準。

勞動生產率標準（productivity standard） 根據制定的操作標準，在一定時間內必須完成的符合最低要求的工作量。

循環使用庫存品（recycled inventories） 客房部運作中反覆使用，但受一定使用壽命限制的庫存品。包括布巾用品、工作服、主要機器與設備以及賓客借用物品。

**複習題**

1. 客房部經理在完成旅館最高管理層確定的目標中能使用什麼資源？
2. 旅館中多數客房部負責清潔的區域有哪些？
3. 根據旅館的服務水準，客房部可能負責哪些額外區域的清潔工作？
4. 為什麼客房部經理在制定計劃中須重視採用有次序、逐步推行的方法？
5. 製作區域物品清潔單的目的是什麼？清單上的物品以何種順序排列較好？
6. 什麼是頻率表？如何使頻率表的使用與旅館的徹底清掃計劃相吻合？
7. 操作標準與勞動生產率標準有什麼不同？
8. 操作標準制定中最重要的是什麼？傳達與貫徹已定標準的最佳方法是什麼？
9. 指導客房部組織工作應運用哪兩條重要原則？
10. 什麼是全體旅館經理都應實行的基本管理職能？

**個案研讀**

壓 力

　　Philip 顯得有點遲疑不決，他敲了敲總經理辦公室的門，問道，「Smith 夫人，您找我嗎？」「是的，Philip，請坐。」總經理挪了挪桌上的檔案，把一份勞務成本預算遞給客房部經理 Philip。「看看上個月的報告吧，注意勞動成本是怎樣的走勢。」

　　Philip 將先前細細看過的報告快速瀏覽了一下。「勞務成本上升了兩個百分點，與本季前些月份的數字基本持平。其實，上升的幅度與去年的平均月度上升幅度差不多。」

　　「對，Philip，這一點我很清楚。可是，正是為了這事，我才僱用了你。你應該改變這些數字，讓情況變好起來。你來這兒已有 90 天了，可是發展無任何變化。我要你對此立刻採取些措施，我不能接受這逐漸攀升

的日常開支。明天來找我，帶來你的計劃，說明你將如何保證把下個月的勞務成本降下來。」

Smith 夫人隨後站起身，打開門讓 Philip 出去。

Philip 往自己的辦公室走去，心裏打算執行一項快速節約勞動力的方案，比如給每名客房服務員增加清潔一間房的工作量。他腦子裏考慮著如何將此消息告訴他的員工，這時他發現他的辦公室裏有人。

「Betty! Jane! 有什麼事嗎？」Philip 邊問邊走進了自己的辦公室。

「Philip，幾個星期來，我們一直想跟你談談，」簡單說，「可是我們沒有打算讓你覺得我們大夥兒要向你抱怨，畢竟這工作對你和大家都一樣，是新的。」

「嗨，當然不會，Jane。你們倆是我們部裏工作最勤奮的客房服務員。你們的勞動生產率是最高的，並為的其他所有員工樹立了好的榜樣。」

「嗯，我們想跟你談的正是勞動生產率問題。我們努力工作，就是要既完成房間清潔任務，又把任務完成得漂亮。但是最近你對我們的要求太高了。我們累壞了。不光是我們倆，還有其他員工，情況像我們一樣，好一段時間了。我們堅持不下去了。如果你不給我們減點兒工作量，你會把我們累垮的。」

Betty 插話說，「我記得當時要求我們每班做 17 間客房。可現在做 22 間房是常事，房間真的很難做乾淨了。我不想讓客人住進我做的不合格的客房。」

Philip 明白，現在提出讓員工增加工作量或要他們縮減做房間的時間實在不是時候，他感到一陣頭疼。「你們有什麼好的具體想法嗎？」

「有啊」Jane 說，「讓我們少做幾間房，大家就不會得潰瘍了。」

「好吧，女士們，休息時間結束了，回去工作吧。謝謝你們來跟我交談。兩三天後，我會把我的決定告訴你們」。Philip 邊說邊看了看錶，希望這兩個女人快些離開。

兩位客房服務員交換了一下失望的眼神。Betty 聳聳肩說，「可以，但你會再找我們的，是嗎？你不是為了打發我們走吧？」

「不，不是的。後天我就給你們答覆，這樣行嗎？」Philip 問道。

「首先，我們不能得心臟病，」Jane 咕噥著與 Betty 走了。

Philip 嘆了口氣，在桌前坐下，將該部的勞動生產率標準拿了出來。根據他的前任留下的資料，每間房的清潔時間為 26 分鐘。他決定分析一下當時每位客房服務員實際清潔多少間房。

Philip 對前任留下的勞動生產率資料作了半小時的分析，他發現了下列問題：

◆當時 40％的客房服務員的工作表現符合或超過勞動生產率標準的要求。

◆60％的客房服務員每人每天清潔的客房少於 17 間，且清潔一間客房平均耗時超過 26 分鐘。

◆所有這 60％未達標準的員工不是新雇用的人員，就是在培訓的員工。

◆由於人員離職率高，在過去的 10 個月中，客房部有 60％的人員或參加培訓，或者他們還處於新手階段。

接著，Philip 著手寫對總經理和他的員工的講話提綱。他決定首先向總經理解釋勞務成本上升的原因。「我要對她說，人員離職的頻率及低品質的培訓是造成勞動生產率下滑的原因。我們所僱人員的素質不符合職位的要求，而後我們又未能將他們的勞動生產率水準提高到標準要求的高度。」

Philip 拿定主意要對 Smith 夫人說，她得花錢讓勞務成本的曲線往下降。他的建議包括：

1. 修改職務說明，讓新員工的期望值更符合實際；

2. 給培訓部增加撥款；

3. 安排更有效的培訓活動，使客房服務員在 30 天內達到要求的工作速度；

4. 對 30 天後仍達不到勞動生產率要求的新員工予以解聘；

5. 每週與人力資源部門舉行一次員工招聘會。

他希望，他的建議雖然不能使 Smith 夫人感到滿意，但能說明，與持續增長的勞務成本相比，短期中這樣做的代價較低。

Philip 費力思考著如何與他的客房部員工們談話。他想對 40％有經驗的員工加以鼓勵，讓他們協力相助，帶動另外 60％的後進人員，使他們達到相應的工作進度，這樣是最理想的結果。再加把勁，他們的壓力和緊張從長期看是能夠舒緩的。他認為，目前他要做的是讓他們相信，努力再堅持一段時間，情況就會好轉。他打定主意了，「至少我不打算增加他們的潔房任務。」

當 Philip 放下講話提綱繼續他的日常工作時，他又將提綱拿起，重新看了一遍。「嗯」他想，「也許我該問問別的旅館同行，聽聽他們將如何處理此事。」

討論題

1. 同行客房部經理們會給 Philip 怎樣的資訊反饋？

個案研讀

小組清潔法在試驗中求得成功

Joanne Aommer 剛受聘為 Ascot Hotel 的客房部經理。旅館總經理 Jack Robbins 告訴 Joanne，他想維持前任客房部經理3個月前對全體客房部員工實行的小組清潔方案，並對它加以改進。

Robbins 過去未使用過小組清潔法。他是個從「大處著眼」的人，注重結果，對實施細節缺乏興趣。一篇有關小組作業的管理方面的文章吸引了他。文章指出，小組清潔作業能削減開支，減少人員流動，提高出勤率，加快清潔房間的速度。這些正是他所需要的結果。

遺憾的是，當初實行此法並不順利。前任經理在整個客房部一下子全面展開實行小組清潔作業，這使她頓時陷入了可怕的編制日程表的難題中。由於輔助系統不得力，流水作業的效果無法實現。例如，洗衣房任憑在布巾車上存放破損或有污跡的布巾用品，小組清潔人員在將床單鋪上床前，常常是發現不了存在的問題的，重新更換這些用品浪費了寶貴的時間。這種情況發生在補充布巾用品的人員也忙得不可開交的時候，而這種情況似乎並不罕見。過去耽誤時間只影響一個人的工作進度。現在它會影響到兩個人的作業，這就增加了旅館在時間和勞務上的成本。

清潔小組發現備品短缺現象出現得更快了，而且增加了去客房部儲物區補充物品的次數。為了等一位客人騰出房間，小組也遺失了時間。儘管這種事情是常有的，可現在影響的不是一個人，而是兩個人的作業。

更糟的是，有些先前組合的小組現在出現了個性不合的情況。有幾個員工喜歡獨自工作，對與別人配對工作感到不快。這種情況再加上別的問題，造成多數客房部員工不喜歡新的工作體系。

Joanne 相信，如果運作得當，小組清潔作業的理念在 Ascot Hotel 是可行的。她認識到開始實行此作業法時，做法欠妥，出現的差錯加深了員工對它的反感，這也給此法的成功推行增加了困難。

討論題

1. 當初，小組清潔作業體系貫徹不力，這有什麼跡象？

2. Joanne該怎麼做才能贏得員工對此法的認可與支持？她怎樣能使
　這種團隊工作法對客房部員工產生吸引力呢？

3. 如果 Ascot Hotel 要在小組清潔作業法上取得成功，Joanne 必須向
　Robbins 先生澄清哪些問題？什麼樣的具體資訊能促使 Robbins 先
　生信守他對小組清潔作業法做出的承諾呢？

感謝下列業內專家幫助編寫了這些案例：

　　Gail Edwards, Director of Housekeeping, Regal Riverfront Hotel, St. Louis, Missouri, Mary Friedman, director of Housekeeping, Radisson South, Bloomingdon, Minnesota, Aleta Nitschke, Publisher and Editor of The Rooms Chronicle, Stratham, New Hampshire.

客房部的人力 資源問題

本章大綱

- 非傳統勞務市場
- 使工作職位容易補缺
- 招募員工
  內部招募
  外部招募
- 技能培訓
  培訓準備
  授課
  實習
  追蹤跟進
- 安排工作日程表
  員工配備原則
  編制員工工作日程表
- 激勵
  什麼是激勵
  激勵員工的方法

　　任何旅館經營的生命力在於員工。沒有他們，旅館經營也就不復存在。很明顯，管理部門必須竭盡全力去聘用合適的人員，並向員工提供必要的培訓，使他們勝任工作。今天的客房部工作繁忙，為使工作贏得賓客的滿意和歡心，服務人員就必須在技能上達到甚至超過部門制定的標準。這使得培訓工作變得格外重要。

　　成年人對培訓所期待的東西不同於青少年和孩子。成年人喜歡學到實用的東西，而不是理論。他們想明白這些培訓資料如何能用於實際，對他們有多少真正的實用價值。成年人要的是參與，他們在練習中學習，而不是靠書本學習。他們希望自己的經驗受到別人的賞識，他們具有豐富的閱歷和工作經驗，他們因為這種經驗受到尊重並在培訓中加以運用而感到欣慰。還有，成年人想要一個針對成年人的環境，在那兒他們被當做專業人員，而不想聽人們以居高臨下的口氣對他們說話。

　　除培訓員工外，還要編制高效率的員工工作時間表，從而實現組織機構的目標。如果員工的積極性激發出來了，如果他們確實也想做出好成績，實現這些目標就容易了。編制有效的工作時間表與激發員工積極性，對客房部經理是更多的挑戰。

　　本章涉及到所有人力資源的問題。首先談論的是招募工作的挑戰，然後仔細審視旅館的培訓工作，特別討論了四步培訓法，並提出一些實用的編制工作時間表與配備員工的對策，最後探討激勵員工的手段與方法。

第一節　非傳統勞務市場

　　面對當前的勞力人員危機，在失業率處於幾年來最低點的時候，旅館業將不得不轉向新的勞動力資源。這很可能是關係到行業生存的一個事情。新的勞動力資源有：

1. 失去生活來源的家庭婦女；
2. 學生打工者；
3. 被免職的 50 歲以上的工人；
4. 新近來的移民；
5. 殘障者；
6. 接受福利救濟者；
7. 退休者。

(一)失去生活來源的家庭婦女

失去生活來源的家庭婦女是指寡婦或離婚的女子，她們成年後的生活是在操持家務中度過的。因此，通常她們缺乏就業所要求的工作經驗與技能。許多社區主辦了培訓項目，在職業計畫與工作相關技能方面，諸如填寫履歷表、求職、面試本領及確立自信心等，向她們提供幫助。該培訓計畫還向這些婦女傳授方法，如何處理好工作、學習與家庭等同時並存的問題及在諸多方面求得平衡。

(二)學生打工者

長久以來，大學生就是避暑勝地勞動力的支柱力量。另外，他們常常對在多天與春天放假期間，去處於營業高峰期的旅館企業打工表現出興趣。學生打工還有別的好處，例如，他們通常願意做那些年紀較大的員工做不了或不願意做的重體力勞動。此外，學生因某些旅館管理課程的要求，會到此行業工作，以作為他們實習計畫的部分內容。旅館也可能透過職業教育計畫，僱用職業學校學生。

(三)被免職的 50 歲以上的工人

他們可能從其他工作職位卸任，或因為工廠關閉而失去工作。與退休者一樣，超過 50 歲的工人一般比年輕人穩重和踏實，因為他們常與社區有關係，還要撫養家庭。

(四)新近來的移民

新近來的移民經常是基層工的合適候補者。他們往往工作勤奮，有較好的英語口語能力，使語言不會成為他們就業的障礙。他們可能有熟悉的朋友或家庭成員為他們就業提出諮詢意見。社區經常主辦各種活動，幫助移民解決教育、求職及居住的問題，使他們適應美國生活。另外，由於旅館招引來越來越多的外國客人，他們注重能使用多種語言的員工。

(五)殘障者

經驗顯示，許多旅館業發現有智力或身體殘障的人性情活躍，情緒高昂，他們享受工作的樂趣，也喜愛他們的賓客。智力受損者可擔負拖地板、清潔牆面或餐具洗滌等工作。有些旅館使用由智力殘障者組成的

小組清潔客房。坐輪椅的人可擔任客房部文書工作，可使用吸塵器清掃走廊，或做折疊毛巾的工作。

經理們可以閱讀一些州或當地的就業扶持計畫（supported employment programs），研究這些計畫的可利用性。聯邦政府對發展和擴大受資助就業計畫撥款，這使身體或智力受損的個人，獲得在正常工作環境中工作的機會。實施該計畫的公司能得到的好處有：獲得部分公共資金、非營利機構對計畫實施加以管理、積極的行動支持、人員流動率可能下降及公關工作得以改進。「工作教練」或培訓專家來到工作場所，進行開始階段的強化訓練及不間斷的培訓工作。

(六)接受福利救濟者

1996 年美國透過福利救濟法，對全國的福利事業改革實行管理。許多州頒布法令，規定福利受援人必須參加工作才有資格獲得救濟金。旅館企業可利用這一規定，與當地福利機構合作，幫助那些福利受益者就業。當地福利機構也經常舉辦工作技能培訓班，進行個人服飾穿戴、良好工作習慣及交際技能方面的教育。

(七)退休者

今天的退休者享受著更長、更健康的生命歲月。他們當中有越來越多的人尋求兼職甚至全職工作，以排除無聊的生活，充實空閒時間的生活，增加有限養老金及社會保障福利外的收入。這種員工有著年輕人不具備的優點。例如，他們不但常常在夏季旅遊旺季中可被招來工作，而且在春秋季大學生無暇打工的時候，可讓他們來填補職位空缺。屢屢證明，退休者屬員工中最可信賴者之列。

當然，客房部有許多工作非退休者體力所能承受，但他們可擔任諸如整理布巾用品與工作服服務員或檢查員的工作。

第二節　使工作職位容易補缺

為僱用和保持一支高素質的員工隊伍，客房部及整個旅館都將盡其所能，使旅館、客房部及工作職位具有誘人的魅力。為此，他們可以在這些福利計畫外，向員工提供專項福利。這可包括上班交通輔助與兒童照護援助。

(一)交通輔助

旅館業可決定向員工提供交通輔助。實行這一做法有幾個優點：

1. 旅館不再需要為員工留出偌大的停車場地；
2. 旅館提供交通工具的做法減少了員工發生遲到及缺勤的情況；
3. 員工們一起乘車上班有助於相互瞭解，從而形成團隊精神；
4. 員工免去了上下班交通的不便和辛勞，上班時精神更加飽滿；
5. 可以減少員工在車輛保養與使用上的開支；
6. 該計畫的實施，減少了污染排放、交通擁擠情況的發生，從而節約能源，保護環境。

在良好公共交通系統地區的旅館，可向員工提供折扣或免費乘車月票。但要注意，公共交通線路常常有限，例如，他們的服務不能遍及整個地域，也可能在晚上和週末停止營運。

作為另一種選擇，旅館可能願意組織甚至資助車輛共用計畫。小旅館可建立小車共乘計畫，較大的旅館則可以將公司車輛提供給大家使用。

(二)兒童照護協助

聯邦政府和一些州政府向企業提供稅收上的優惠，以敦促他們解決員工在兒童照護上遇到的困難。兒童照護協助計畫對吸引年輕的父母與失去生活來源的家庭婦女有很大作用。

目前只有最大型的旅館有條件就地開辦兒童照護設施。Tennessee 州 Nashville 市的 Opryland Hotel 即是一例。該旅館開辦的兒童照護中心深受員工及管理層的歡迎，收到了提高員工出勤率、減少遲到的發生及降低人員流動率的效果。

沒有開辦設施的較小旅館可有其他選擇。例如，他們可付給員工兒童照護津貼，如在員工正常工資外，給予每小時 1.5 美元的津貼。其他做法可包括給予父母休假或提供較靈活的上班工作時間。

在幫助員工滿足照護孩子的需求上所做的努力將得到諸多回報，如較高的士氣、較低的缺勤率、減少遲到現象以及較低的流動率。Opryland Hotel 就地經營著其經過核發執照的兒童照護設施。早晨 5 點至午夜 12 點開放，一周 7 天全部開放，還包括假日。

資料來源：Opryland Hotel, Nashville, Tennessee.

第三節 招募員工

員工招募（recruitment）是根據業務經營職位的要求，尋找合適人選並對他們進行篩選的過程。這一過程包括透過適當媒介公布出缺職位，以及對應試者進行面試並做出評價以確定補缺人員。

諮詢 Gail——招募的苦惱

Q 親愛的 Gail：

我們迫切需要招募客房清潔工。但我們的廣告無法招來足夠的合格人選，我們需要您的幫助。

L. F. Jackson, TN

A 親愛的 L. F.：

目前有些地區的旅館與餐館所面臨的員工招募形勢顯得令人絕望。我們都得在這方面創造性地使用以前未必願意使用的方法來招募員工。下面是一些業已證明有效的方法。

1. 設計小廣告傳單，將它貼在求職人員經常出現的地方，如便利商店、學校、職業學校、老人中心、公寓、慈善機構、商店、自助洗衣店和教堂。有些旅館張貼有「出來當員工賺錢」的標語，標語旁畫著一個人在使用吸塵器，或在旅館整理床鋪等。該標語還使用求職者的語言來印製。

2. 與社區建立個人關係：牧師、教師、顧問和工會人員。

3. 電話諮詢州府，詢問本地區有何就業援助服務。嘗試與就業及培訓部門或難民服務機構聯繫。電話聯繫聯邦政府勞工部地方分支機構。翻閱電話簿黃頁，尋找各種就業培訓服務公司。查看電話簿白頁，尋找宗教慈善機構。透　過以上電話，找出如何利用所有這些服務的方法。這些活動，不但使你更加資訊靈通，還將旅館的需求訊息傳到了各處。

4. 為旅館主辦招募會。考慮將它辦成專門的旅館工作人員招募會，讓所有旅館和餐館都來參加。

5. 發獎金給推薦應聘人員有功的在職人員。在新員工上班 30 天或更長時間以後，向推薦人員兌現這筆獎金。

6. 瞭解附近旅館有否在業餘時間當鐘點計時的員工。

最重要的是，放棄你的那些範例。你可能需要重新對工作流程加以考慮，重新寫職務說明，安排靈活的時間表，或有必要對工資與福利計畫做出修改。

其他的主意有：提供工作服，供應免費午餐，給予上班交通津貼，以及考量自己旅館的工資水準，將它與你的競爭對手執行的工資水準做一番比較。

資料來源：《居室年鑒》，第 2 卷第 3 期

　　在大型旅館中，人力資源部幫助客房部經理尋找和錄用最合適的人員。然而，許多住宿業企業並沒有人力資源部門。這樣，客房部經理經常得參與諸如先期面試、與應試者的推薦人聯繫及相關的遴選工作。旅館的客房部經理都應對本部門的最佳補缺人選進行面試。客房部經理或是直接錄用應試者，或向位居旅館組織中第二層次的經理推薦人選，這取決於旅館的組織機構情況。

一、內部招募（Internal Recruing）

　　內部招募對所有旅館的經理都是個有利的方法。它讓客房部經理有機會接近那些已獲得某種技能、熟悉旅館、為大家瞭解，並且已用業績證明了自己的應試者。它同時也引起員工的興趣。因為它提供員工在旅館內部晉級的機會。晉升機會能鼓舞員工的士氣，提高員工生產力。

　　內部招募的方法有：對員工作交叉培訓、接替計畫、在旅館內張貼空缺佈告、對員工的良好業績付給報酬，以及備存一份暫時停任員工的名單。

(一)交叉培訓（Cross‑Training）

　　可能的話，所有員工都應該培訓成多方面的能手。每個未來的員工都應明白交叉培訓對客房部各個職位所產生的效果。交叉培訓使客房部經理能更容易地隨時編制出完備的員工工作時間表，並對員工的休假與缺勤做好安排。員工們也發現交叉培訓很誘人，能使他們獲得不同技術的機會，使工作多樣化，也提高了他們在雇主眼中的價值。同時也為員工帶來升遷的機會。

(二)接替計畫（Succession Planning）

　　在實行接替計畫中，客房部經理需確定一個重要職位，並指定一名日後填補此職位的員工。客房部經理還決定該員工是否需要參加進一步培訓，並保證員工得到必要的培訓。該經理制定出計畫，詳細規劃開始培訓的時間，由誰進行培訓以及何時讓該員工接任新職。

(三)業績酬勞

　　在員工透過交叉培訓及自身努力獲得更多經驗後，他們應獲得相應的薪酬。如果員工知道有個與他們有關的工資晉級計畫，會對努力工作

者與高勞動生產力者給予回報，他們工作會加把勁，並能發揮他們的能力。不看業績好壞一視同仁加薪的做法令人洩氣。

㈣張貼公布空缺職位

內部張貼空缺的方法，能在旅館範圍內降低人員補缺比率，並產生一批為人熟悉的補缺候選人。其他部門員工有可能對調入客房部工作有興趣。客房部的在職員工可能渴望在本部門得到晉升。對這些情況，經理們必須有所認識，即某項工作的高手並不一定是另一項工作的高手。實行內部晉級員工時，經理們必須確定該員工有擔任「新」工作的技能，且有擔負「舊」工作時的良好記錄。

一旦正式確定補缺職位，客房部經理或旅館招募人員應將各個職位張貼公示。各個職位應優先考慮內部職工，然後再考慮外部人選。要將這種告示張貼在顯眼的地方，如員工休息室或廚房。將初級職位張貼出來也有不錯的效果，員工們可將這種招募資訊傳遞給符合條件的朋友與熟人。

㈤保存一份暫時停僱職工的名單

全體客房部經理都明白，招募是個無休止的過程。為有助於今後的招募工作，經理們應保存一份暫時停僱員工名單（call back list）或應試者的名單。名單上的人員具有專項技能和興趣，或表達了對填補客房部某些職位的興趣。另外，保存一份昔日雇員後補人員（退休者或友好協議離職者）名單常很有用，這些人在必要時會願意加入。

二、外部招募（External Recruing）

客房部經理經常錄用外部人員填補空位。新來的職員可帶來新鮮的想法和新的工作方法。外部招募活動包括建立聯絡網、傳播資訊及聯絡臨時工與職業介紹所。見表3-1列出的員工招募策略。

表 3-1　員工招募策略

 Radisson Hotels International
WORLDWIDE · WORLDCLASS

招募策略

1. 青年
中學、職業技校、大學
──與學生輔導員會面
──去班級演講
──主辦半工半讀項目
──參加職業選擇日活動
──邀請班級參觀旅館

2. 少數民族
──與少數民族社區事務處代表會面，邀請他們共進午餐並參觀旅館
──在少數民族報紙上刊登廣告
──參觀少數民族聚居區學校
──在少數民族社區教堂張貼布告
──訪問青年中心並張貼布告

3. 有殘障者
──州立殘障人復健機構
──全國企業聯盟
──非官方行業顧問委員會
──全國弱智者協會
──商譽良好的企業
──其他地方機構

4. 婦女
──幫助在轉變期的婦女的地方組織
──社區大專院校
──在超市、圖書館、女青年會、健身中心等處布告牌張貼資訊
──停車場廣告傳單
──失去生活來源的家庭婦女的組織
──行會中心
──兒童照護中心

5. 年老工作者
──美國退休人員協會老年就業服務社
──老年公民中心
──教堂
──退休人員社區與公寓建築群
──報紙廣告
──退伍軍人

資料來源：Radisson Hotels International, Minneapolis, Minnesota.

(一)建立聯絡網（Networking）

　　建立聯絡網涉及與朋友、熟人、同事、業務夥伴、教師及當地學校的顧問建立個人關係。這種聯絡網會帶來人員介紹與推薦資訊。向旅館提供服務或備品的公司也會帶來有用的訊息。其他聯絡資訊可來自行業協會成員、宗教領袖或志願者協會。記住，有必要與聯絡網上的人員保持經常性的聯繫，讓他們瞭解客房部與旅館總是留意錄用稱職的員工。

(二)臨時就業機構

　　臨時就業機構能為眾多不同職位提供填補人員。他們常常按照具體工作要求培訓人員。臨時工的計時工資很可能高於固定工的計時工資，但這些費用通常在其他方面得以抵消。比如，臨時工機構能夠：

　　1. 快速提供熟練工，這有助於降低加班、招募及錄用方面的開支；
　　2. 僱用已通過篩選與培訓的勞工；
　　3. 經常向臨時工提供福利及全職的機會，以激發他們盡職盡力地工作；
　　4. 常在必要時提供受管理的員工的整批人馬。

　　從負面上看態度而言，臨時工往往訓練不當或不符合旅館的流程，造成這些人員的勞動生產力不如旅館本身的員工，而且經常需要對他們

進行更多的監管。多數旅館是在緊急情況下使用臨時工，作為權宜之計，而非正常的操作。

(三) 租用的員工 （Leased Employees）

如果客房部需僱用工作時間較長的勞務人員，調查租用員工的情況是有益的。介紹所僱用人員，然後將他們租給企業使用，並向這些企業收取僱用或租用員工的費用。一些企業甚至與員工租用公司簽訂合約。根據合約，企業將他們的員工「出售」給員工租用公司，後者再將員工租回給企業使用。企業在此獲得的好處是，人員租用公司提供相同的工作服務，但它承擔了付給員工福利的費用。員工租用公司也負責處理招募、選拔、培訓和工資發放等一切事宜。而員工從中得到的好處是，租用公司給他們更大的工作穩定感，並可得到小企業無法給予的福利待遇。在利用任何租用公司獲得勞務人員時，客房部經理務必要對該公司的證書做徹底審查。

(四) 課稅扣除

有些政府的計畫和方案，如美國聯邦政府「指定工種課稅扣除方案」，向僱用某些種類人員的雇主提供稅額抵免優惠。適用此方案錄用的員工，必須在獲得其所在地就業委員會機構確認自己系指定工種人員的證明後，方可被旅館錄用。為享受指定工種稅額抵免優惠，旅館必須保證所僱用的員工是非旅館業主的親屬或受扶養者，並且該員工以前未在此旅館工作過。

(五) 員工推薦計畫 （Employee Referral Program）

客房部或旅館可採納一種員工推薦計畫，以影響其員工去鼓勵他們的朋友或熟人來旅館求職。對自己工作滿意的員工可以成為旅館的最佳招募員。確實，好員工往往將好的人員推薦進來。

員工推薦計畫一般對向公司推薦新職員的員工進行獎勵。管理部門應在一開始就制定出獎賞的標準，說明獲得獎金的條件及如何將成功的推薦與推薦人連上關係。

第四節　技能培訓

　　保證部門員工獲得適當的培訓是客房部經理的主要職責之一，但不等於說客房部經理本人必須承擔培訓師的職責。實際上，培訓可由主管或才能出眾的員工來做。不過，客房部經理應該負責對本部不斷執行的培訓計畫。

　　多數經理與培訓師明白，培訓的目的是幫助員工學會做好工作的本領。可是他們中有許多人對什麼是最好的培訓方法心中無定見。他們常需要一個培訓的框架。四步培訓法（four - step training method）提供了這種框架。此方法中的四步指的是「準備、授課、實習與追蹤檢查」。

一、培訓準備

　　成功培訓的基礎在於準備，少了準備工作，培訓就沒有邏輯順序，可能把一些主要細節漏掉，還可能對培訓班產生極度的焦慮。在開始培訓前，對工作任務及員工的培訓需求要做一番分析。

(一)工作分析

　　工作分析（job analysis）是培訓員工與防止操作發生問題的基礎。它確定員工須掌握什麼知識，每位員工須承擔什麼任務，以及應達到的操作標準。不透徹瞭解每位員工該做什麼，就無法把培訓工作做好。

　　工作分析包括三個步驟：確定工作所含的知識（job knowledge）、編制任務單和編寫客房部各職位所含各項任務的細分表（job breakdown）。知識、任務單與細分表也形成了評估員工業績的一種有效系統。

　　透過對工作知識的認定，確立員工完成各自工作應瞭解的知識內容。員工想做好工作，就要瞭解住宿業，並認識自己所在的部門及職位。例如，在美國，客房服務員應具備全體員工應瞭解的知識，如血液攜帶的致病菌及美國殘障法；應具備全體客房部員工應瞭解的知識，如電話禮貌用語、職業安全與健康署制定的法規及保全工作；應具備客房服務員應知道的知識，如異常賓客情況及徹底清掃任務等。

　　任務單應反映出員工的全部工作職責。表3-2為任務單範例。注意該任務單上每一行均以動詞開頭。這種形式突出了行動，清楚指明員工應對什麼工作負責。要盡可能按照日常職責的邏輯順序排列工作任務。

　　任務細分表的格式可多種多樣，以適應個別旅館的不同需求和要求。表 3-3 是任務細分範例。細分表中包含了執行任務所需的設備和備品單、步驟、 做法及說明工作方法的要訣。

　　員工應瞭解將用什麼標準來衡量他們的工作表現。因此有必要對工作任務進行分解，並詳述有關的標準。為了作為操作標準，每項工作都必須是可以看得到，又可以量化衡量的。表 3-4 是在職員工的培訓需求評估範例，可用來對操作情況加以評估。客房部經理（或客房部主管經理）在進行季度業績評估時，只要在相對的格子裏打個鉤，就可對員工的表現做出評價。

表 3-2　任務單範例

任務單

客房服務員

1. 使用客房任務分配單
2. 領取所分配客房需要的賓客備品與設施
3. 領取所分任務房的清潔用備品
4. 保持布巾車與工作區域井井有條
5. 進入客房
6. 客房情潔前的準備
7. 開始清潔浴室
8. 清潔浴缸與淋浴區
9. 清潔抽水馬桶
10. 清潔水池與梳妝台
11. 清潔浴室地面
12. 結束浴室清潔作業
13. 清潔房內壁櫥
14. 舖床
15. 清理客房灰塵
16. 補充客房備品和用品
17. 清潔窗、窗簾軌與窗臺
18. 對客房做最後修整
19. 用吸塵器清掃客房並報告房況
20. 離開客房
21. 解決檢查中發現的清潔工作疏漏
22. 完成下班前的職責
23. 翻轉並輕拍床墊
24. 擺設或去除賓客特殊服務設施
25. 清潔多房的套房
26. 提供做夜床服務

表 3-3　工作細分範例

領取派房清潔作業使用的備品		
所需用具用品：儲放備品的清潔箱		
先選	**方法**	**須知事項**
1. 上班首先去客房部領取清潔用品箱。		與用品箱一樣，清潔用品箱也在客房部重新儲足用品。
2. 檢查箱內儲備的物品，確保將清潔的房間有足夠的清潔用品。	■ 備足了清潔用品的箱中可能下列物品： • 多功能清潔劑噴霧瓶 • 玻璃清潔劑噴霧瓶 • 家具上光劑 • 其他核准使用的清潔用化學物品 • 擦拭用海綿 • 硬毛刷 • 清潔用抹布 • 特殊的刷子(Johnny mop)	■ 你所在旅館 在你的箱中也可能有下列清潔用品： Johnny mop 是種特殊的刷子，用於清潔抽水馬桶。它可以汲水，並將抽水馬桶擦乾。
3. 下班前將箱子送回客房部，補足備品。		

資料來源：Hospitality Skill Training Series, Room Attendant Guide, (East Lansing, Mich: Educational Institute of the American Hotel & Motel Association).

(二)編制工作細分表

如果僅僅讓客房部的某個人去制定每項工作的細分表，這項工作恐怕永遠也無法完成，除非該部門非常小，只涉及有限的幾項工作。一些最好的細分表的完成，是由實際操作任務的人來編寫的。有大量客房部員工的旅館可成立工作標準小組來負責這項編寫任務。小組成員應包括部門主管、幾個有經驗的客房服務員以及公共區域的服務員。在較小的旅館裏，可讓有經驗的員工單獨完成這項任務。圖 3-1 概括了制定工作細分表的過程。

表 3-4　培訓需求評估表

現職員工培訓需求評估

目前員工工作表現如何？用此表對他們的工作加以評級

第一部分：工作知識

評估員工對下列論題相關知識的瞭解程度	與標準差距大	稍低於標準	達到標準	超出標準
全體員工應瞭解的知識				
高品質顧客服務				
血液攜帶的致病菌				
個人服裝與外表				
緊急情況				
失物招領				
回收利用流程				
安全操作習慣				
值班經理				
旅館基本情況單				
員工政策				
美國殘障法				
客房部全體員工應瞭解的知識				
與合作者和其他部門組成的團隊				
團隊作業				
電話禮貌用語				
保全工作				
客房部鑰匙				
職業安全和健康單位制定的法規				
安全正確使用清潔備品				
維修保養需求				
特殊清潔要求				
客房部庫存物品				

第二部分:工作技能				
評估員工對下列論題相關知識的瞭解程度	與標準差距大	稍低於標準	達到標準	超出標準
客房服務應具備的知識				
客房服務員是做什麼工作的				
優異業績標準				
小費分享				
異常客房情況				
徹底清掃任務				
房況代碼				
使用客房任務車				
領取分派清潔房使用的用品				
領取分派清潔房的清潔用品				
保持布巾車與工作區域井井有條				
進入客房				
清房前的房間準備工作				
開始清潔浴室				
清潔浴缸與淋浴區				
清潔抽水馬桶				
清潔洗水池與梳妝台				
清潔浴室地面				
結束浴室清潔工作				
清潔房內壁櫥				
做床				
清潔房內灰塵				
補充客房備品與用品				
清潔窗戶、窗簾軌與窗臺				
對客房做最後修飾				
用吸塵器清潔房間並報告房況				
離開客房				
彌補檢查中發現的清潔工作疏漏				
履行下班前職責				
翻轉並輕拍床墊				
擺設或去除貴客特殊服務設施				
清潔多房間的套房				
提供做夜床服務				

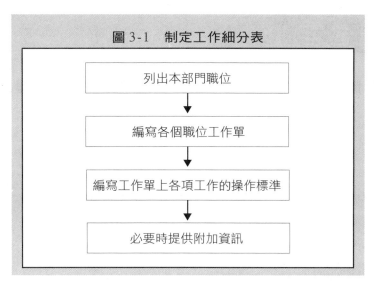

圖 3-1　制定工作細分表

列出本部門職位

編寫各個職位工作單

編寫工作單上各項工作的操作標準

必要時提供附加資訊

　　多數旅館機構擁有一本涉及政策規定與流程的工作手冊。雖然該手冊很少含有建立有效培訓與評估計畫所需要的詳細內容，手冊中部分內容對客房部標準制定小組成員，完成編寫部門職位工作細分表可能有些幫助。例如，手冊在流程部分包括了職務說明與工作規範，這些內容有助於標準制定小組編寫出工作任務單與操作標準。而手冊的政策部分可能是有用的附加資訊資料，可將它編入工作細分表中。

　　如果任務涉及使用設備，其工作細分表可能已出現在設備銷售商提供的設備操作指南裏。標準制定小組應該不必編寫諸如地面、擦拭器、濕形吸塵器及其他機械設備的操作標準，而可以僅僅讓員工參照（或附上）銷售商供企業內部培訓用操作手冊的有關章節內容。

　　編制工作細分表需透過編寫，說明員工完成該任務須採用的具體又可計量的工序操作標準，對每份客房部工作單上的每項任務進行分解。客房部經理至少應協助標準制定小組編寫兩三本部門職位操作標準。其間，客房部經理應強調，每份操作標準須具有觀察性和可計量性。若主管或經理只要在季度業績檢查欄內的「是」或「否」項打鉤就可評估員工的表現，則證明該評估標準是有效且實用的。

　　在標準制定小組編寫出兩三項工作細分表後，客房部其他的工作細分表應交由小組成員分頭去完成。在規定時間內，他們將完成的結果呈交客房部經理或其助理，後者將這些細分表收齊後，按統一格式列印出來（可能與表 3-3 範例類似），然後將列印的副本提供給小組全體成員。最後可召集他們開會，對本部門各個職位的工作細分表做認真詳細的分析。一旦細分表確定下來，就應該迅速在部門員工中加以使用。

幫助使用非英語的客房服務員提高工作效率的 5 種方法

作者：Mary Friedman

今天，在各處旅館的客房部裏，思想交流和溝通是富有挑戰性的。不論是對要求額外毛巾的客人，或是回應客房部主管要求用吸塵器清潔地毯，不懂英語的員工可能有一種相同的回答，即聳聳肩、微笑、不知所措。

然而這些不會說英語的客房部員工可能有著十分美好的品質，他們是清潔高手，工作積極性高，出勤率好，臉上掛著親切的微笑。下面幾種方法能幫助這些人成為我們隊伍中有價值的一員。

1. 至少僱用兩名

努力做到至少僱用兩名同一國籍的員工，以使環境對他們不那麼嚇人。有人做伴談天、一起用餐或學習做新的工作，會使他們感到寬慰和心安。

2. 讓員工感到容易溝通

在一家北方旅館，客房部主管隨身帶著印有不同語言的簡單要求抽認卡。當客房部服務員在日常工作中出現疏漏時，主管會指著卡片上的有關要求，說明如何除塵、如何使用吸塵器、更換床罩等各種操作任務。客房部的協調員說：「卡片很有效。當員工掌握了語言的使用技能和知識後，卡片就漸漸不用了。」

抽認卡很容易製作。當地學校、職業介紹所、圖書館或會雙語的員工都能幫助翻譯客房服務員工作單。有些旅館使用圖示方法，將主管的意圖傳達給員工。不論使用哪種方法，應對卡片做層壓薄膜處理，並置於每輛客房服務員的布巾車上。

3. 讓賓客感到容易溝通

使用非英語的員工對瞭解客人的要求往往感到困難。在一家西海岸旅館裏，員工們將這種溝通變得容易。全體客房服務員布巾車上都備有一塊寫字板，上面用英語和其他語言列出客人的主要要求，包括要求肥皂、毛巾和詢問方向。當客人走近服務員時，

他們只要指指寫字板上列出的內容，員工們馬上就可以設法滿足他們的要求。這使雙方的溝通更加個性化，更令人愉悅。「用了寫字板，賓客抱怨沒有了。」一客房部經理說，「我們讓賓客覺得沒必要給總服務台打電話了。」

4.開辦英語學習班

　　許多移民想學習說英語。當地多數教育與社區中心都專門為不同國籍的人學習英語口語（作為第二語言）開辦學習班。在州文化理事會及幾名有志氣的員工志願者的協助下，有家旅館決定在工作場所開辦英語作為第二外語的學習課程。每週上課三次，安排在上午上班前的時間。起初，員工們學習如何互相問候與打招呼，接著學習客房和餐廳用語；學校還教員工如何聽懂要求與為人指引方向。培訓班結束時，學員已能夠用英語談論自己的家庭和經歷。英語學習給學員帶來的益處還包括提高了他們的自信心。這種自信心提高了員工的勞動生產率，並使他們成為奮進的團隊中的一員。

5.向員工學習

　　去國外旅行的美國人清楚，當有人用英語對你說「早安」時所感受到的慰藉。當員工的主管學著用員工的語言對他們說「請」、「謝謝」、「晚上玩得開心」和「做得好」時，使用非英語的員工心中也會萌發出同樣的感情，員工的士氣會受到極大的鼓舞。

　　有位客房部經理手下的員工來自11個國家。「對他們的文化有個初步的瞭解是很重要的」，她說，「我們努力尊重他們的節日，認可他們的習俗，使他們能與其他員工一起分享他們的文化。花時間有興趣地聽他們講述他們的生活，激發出他們心靈中的忠誠，有助於提高團隊的戰鬥力。」

　　許多了不起的工人在工作中碰到的唯一障礙是不會說英語。客房部經理抽出時間讓這些人受教育，培訓他們，這不但提高了顧客滿意度，而且使員工因接觸新文化而更加充實。

資料來源：《居室年鑒》，第3卷第4期。

任務單是制定新雇員培訓計畫很好的工具。現實地說，不能指望新員工還未來上班，就曉得他們的全部工作。培訓前，你要仔細閱讀任務單。然後把工作按員工應學習掌握的時間先後分成三類：⑴在單獨任職前掌握；⑵任職兩周內掌握；⑶任職兩個月內掌握。

選幾項分在第一類的工作，將他們列在第一次培訓中學習。員工瞭解並掌握了這些操作方法以後，再在後面的培訓中教會他們完成剩下工作的技能，直到員工能勝任一切工作為止。表3-5是根據工作任務單及一份「須知」細目單編制的培訓範例。

在確定每次培訓課教學內容以後，查閱工作細分表。由於細分表列出了員工操作的一切步驟，也就明確說明了培訓課需要做什麼。因此，每項工作的細分表就是一堂培訓課的教學內容，或可作為自學用的學習指導材料。工作細分表可引導教學的進程，並確保重要內容或步驟不會在教學中被疏忽或遺漏。

員工必須瞭解的知識，一般寫在一張紙上。一次發給9項～10項知識材料，或工作細分表供新員工們學習。不要讓一名員工一次就閱讀所有的知識內容或工作細分表，這會讓該員工受不了，而且該員工也無法記住足夠的知識來把工作做好。

居室年鑒 THE ROOMS CHRONICLE

新客房服務員十日培訓一覽表

作者：Gail Edwards

以下是一些基本內容與做法，供那些準備編寫培訓方案，但又抽不出時間來做的客房部經理參考使用。這是專為沒有任何客房部工作經驗的新客房服務員設計的培訓一覽表。

雖然各個旅館對該表所列內容的編排順序會做改變，也可能增加一些特別項目（如陽台或廚房餐具），但他們是每位新客房服務員必須學習和掌握的基本技能。很多客房部主管建議，讓員工一次學習做一項工作，學習內容多了會使員工不知所措。例如，

教員工如何做床,就讓員工專心學習做床,直到獲得滿意的效果。
待床上的用品都擺放整齊後,再教給員工如何限制去布巾車取物
的次數,提高清潔房常規作業的效率。在培訓的前兩周中,通常
付給培訓師獎金。在新員工試用期內,他們不斷地培訓員工。

接受了全面性和不斷培訓的員工,將對你的投入做出許多倍
的回報。

資料來源:《居室年鑒》,第 3 卷第 4 期。

第一天 新生訓練 情況介紹	• 參觀一切公共場地、員工工作區與客房樣品房 • 陳述客房部目標與任務 • 介紹本部門員工 • 對工作表現的期望 • 工作時間表、考勤表、工間休息 • 安全操作流程(包括使用化學物品) • 保全工作流程(包括鑰匙保管) • 失物招領
第二天至 第五天 培訓師進行 操作技能 培訓	• 防護性設備的使用 • 取走用髒的布巾用品 • 清倒垃圾與煙灰 • 冰箱除霜 • 做床 • 整理坐臥兩用沙發 • 整理折疊床 • 檢查床下 • 清潔家具、抽屜、陳設的畫與窗台的除塵 • 清潔燈具,檢查燈泡 • 檢查電視遙控及頻道器材 • 清潔垃圾桶 • 清潔窗框與玻璃 • 清潔有裝飾的椅子 • 家具擺設 • 清潔與上鎖相鄰房 • 清潔電話機 • 校正數字鐘時間 • 擺放適當的書信用品 • 清潔浴缸、磁磚、鋁合金製品 • 清潔磁磚接縫水泥 • 清潔抽水馬桶、馬桶座圈、底座 • 清潔浴室牆面、地面 • 清潔梳妝台、洗臉槽、水流阻塞裝置 • 清潔梳妝台鏡子 • 清潔浴室燈具 • 折疊毛巾、面紙、衛生紙

第二天至 第五天 培訓師進行 操作技能 培訓	• 放置乾淨玻璃杯與冰桶 • 放置適當的浴室用品 • 何時更換衛生紙、肥皂 • 吸塵器清潔地毯 • 移動床鋪和家具 • 放置衣架與洗衣袋 • 檢查熨斗與熨板 • 清潔咖啡器並補充用料 • 清潔門上與牆面手指印 • 清潔通風孔及去除角落蜘蛛網 • 妥善安置窗簾 • 暖氣、通風與空調設備調節 • 改變房況記錄 • 續住客人特殊要求 • 有寵物客房處理流程 • 完成任務的次序 • 「請勿打擾」情況的處理 • 潔房時電話鈴響怎麼辦 • 清潔房間附近通道 • 清除吸塵器吸出的髒物 • 處理鑰匙 • 滿足賓客要求 • 限制人員進入客房 • 寫維修報告 • 記錄丟失的布巾用品或家具 • 失物招領 • 包裹件物品進出通行要求 • 遲到缺席處理程序 • 檢查規範 • 出入口使用 • 布巾車與備品看管 • 午餐休息流程 • 補足備品 • 賓客樓層安全規則 • 員工交往
第六天至 第十天	• 第五天結束時，培訓師應與客房服務員及主管，一起根據培訓一覽表對培訓進展情況做出評估，並聽取員工回饋意見，從第六天開始，分派給員工一小組房間的清潔任務（或許8間）。以後，每天增加2間的工作量，直到新員工能熟練地、有把握地操作為止。一般情況下，透過培訓師的指導，新員工在第二周結束前能達到每天清潔16間客房的水準。

㈣分析在職員工培訓需求

客房部經理有時覺得一名或幾名員工的工作有問題，但不知道問題到底在哪兒；或他們感到事情有點不對，卻無從知道改進工作該從何做起。對培訓需求做出評估，能幫助發現員工存在的缺點以及團隊的弱點。

要評估個別員工需求，可對該員工目前的工作情況做兩三天的觀察，並將觀察結果記入類似表 3-4 的表中。表中該員工得分較差的領域，就是進行針對再培訓教育的內容。

㈤制定部門培訓計畫

每年制定 4 個培訓計畫的想法不錯，即每 3 個月左右做一個培訓計畫。而在每季開始前一個月完成該計畫的制定是最佳選擇。

按照下列步驟為培訓課做好準備：

1. 認真溫習培訓課上要講授的知識內容及要使用的工作細分表。

2. 發給每位員工一份知識單與工作細分表。

3. 根據培訓物件及培訓方法制定培訓日程表。注意每次培訓課傳授有限的訊息量，使員工既能透徹理解又能記住這些內容。

4. 選擇培訓時間與地點。如果可能，將培訓安排在生意清淡時，並在合適的工作區進行。將培訓的日期、時間通知員工。

5. 練習試教培訓內容。

6. 將必要的示範用物品放在一起備用。

二、授課

精心編寫的工作細分表，為實施四步培訓法的「授課」這一步工作提供了全部所需的資訊。把工作細分表作為培訓的指南，按每份工作細分表上所列步驟的順序去做。每做一步，向員工示範和敘述該做什麼，並說明有什麼要注意的細節。

讓員工有時間做準備，讓他們透過任務單的學習，對自己要做的全部工作有大致的瞭解。如果可能，至少在第一次培訓課的前一天將工作任務單發給他們。每次授課前，至少提前一天將與授課內容有關的工作細分表發給新員工及在職員工，以供他們閱讀。然後每次在培訓課先向員工交代他們將做什麼，告訴他們教學活動需要多長時間，以及中間什麼時間休息。

表 3-5 培訓日程範例

建議採用的新員工培訓日程表

只有適應培訓者和受訓者共同需求的培訓日程表才是行之有效的。下面是建議採用的培訓日程表。仔細閱讀此表，必要時對它加以修改，以組織好培訓課。可能至少提前一天將與培訓課學習內容有關的知識材料及工作細分表發給學員學習。

第一天

　新生訓練情況介紹
　全體員工應瞭解的知識：
- 高品質顧客服務
- 血液攜帶的致病菌
- 個人穿著與外表
- 緊急情況處理
- 失物招領
- 回收利用流程
- 安全操作習慣
- 值班經理
- 本旅館基本情況單
- 員工政策
- 美國殘障法
- 客房服務員任務單

第二天

　溫習第一天學習的內容（必要時再安排一些培訓時間）
　全體客房部員工應瞭解的知識：
- 與合作者及其他部門形成的團隊合作的作業
- 電話禮貌用語
- 保全工作
- 客房部鑰匙
- 職業安全和健康單位制定的法規
- 安全正確使用清潔備品
- 維修保養需求
- 特殊清潔要求
- 客房部庫存物品

1～5項任務的工作細分表：
　　任務1：使用客房清潔任務單
　　任務2：領取所分任務房使用的便利物品
　　任務3：領取所分任務房的清潔用備品
　　任務4：保持布巾車與工作區井井有條
　　任務5：進入客房

第三天

複習第二天學習的內容（必要時再安排一些培訓時間）

客房服務員應瞭解的知識：

- 客房服務員做什麼工作
- 優異成績標準
- 小費分享
- 非正常客房情況
- 徹底清掃任務
- 房況代碼

6～12 項任務的工作細分表：

　　任務 6：清潔房前的房間準備工作

　　任務 7：開始清潔浴室

　　任務 8：清潔浴缸與淋浴室

　　任務 9：清潔抽水馬桶

　　任務 10：清潔洗臉池與梳妝台

　　任務 11：清潔浴室地面

　　任務 12：結束浴室清潔工作

第四天

複習第三天學習的內容（必要時再安排一些培訓時間）

13~21 項任務的工作細分表：

　　任務 13：清潔房內壁櫥

　　任務 14：做床

　　任務 15：房內撣塵

　　任務 16：補充客房備品與用品

　　任務 17：清潔窗戶、窗簾軌與窗臺

　　任務 18：對客房做最後修飾

　　任務 19：用吸塵器清潔房間並報告房況

　　任務 20：離開客房

　　任務 21：彌補檢查中發現的清潔工作疏漏

第五天

複習第四天學習的內容（必要時再安排一些培訓時間）

22~26 項任務的工作細分表：

　　任務 22：履行下班前職責

　　任務 23：翻轉並輕拍床墊

　　任務 24：擺設或去除賓客特殊服務設備

　　任務 25：清潔多房間的套房

　　任務 26：提供做夜床服務

員工在培訓師觀察下完成一房間的全部清潔工作

第六天

員工獨立清潔少量的房間

員工進步後，為員工增加工作量

一邊講解操作步驟，一邊做示範。讓員工看清楚操作動作。鼓勵想獲得更多資訊的員工提出問題。

保證有充分的時間授課，放慢速度，認真講解。對一時理解有困難的員工要有耐心，至少將全部操作步驟重複一次。做第二次示範時，提問員工，瞭解他們是否已經全明白了，必要時可多次重複這些步驟。

避免使用專門術語，如用railroad schedules指公共區域清潔員。使用新加入旅館業或新來旅館的員工能聽懂的詞語，以便於他們在日後能掌握那些術語。

三、實習

當培訓師與受培訓者，認為受培訓者已熟悉工作情況，並具有基本達到標準的能力時，受培訓者應試著獨立去完成一項任務。當場實習有利於良好工作習慣的形成。培訓課上，讓每位受培訓者表演課上講授的每一個操作細節，這會使培訓師明白受培訓者是否真的懂了，別總是想代受培訓者去完成這些操作步驟。

輔導工作對員工掌握工作技能與樹立必要的信心很有幫助。應對員工的正確操作及時給予肯定和讚許，發現有問題時，應溫和地加以糾正。在此階段養成的不良工作習慣，今後可能很難改正。應保證受培訓者不但能說明怎樣操作每項工作環節，而且瞭解每個環節要達到的目的。

四、結果追蹤

有很多方法可使員工接受培訓後更容易重回工作崗位。一些可選擇的方法包括：

1. 在培訓前後提供使用和示範新技能的機會；
2. 讓員工與他們的工作夥伴對培訓展開討論；
3. 提供機會就取得的進展與關心的問題進行不斷的、開放式的交流。

(一)繼續進行在職輔導

培訓能幫助員工學習新知識、掌握新技能及採取新的工作態度，而輔導（coaching）則側重於將培訓課學到的東西運用到實際工作中去。作為輔導員，應對員工在培訓課上學到的知識、技能和工作態度加以考驗與鼓勵，糾正他們的缺點，努力強化他們學到的一切。

工作上輔導須知：

1. 觀察員工操作，確保他們操作正確規範；
2. 時而提些建議，幫助糾正細小的毛病；
3. 圓融得體地指出員工操作中出現的大錯。一般最好選擇在較安靜的地點，且在雙方都不太忙的時間裏做此事；
4. 假如員工的操作方法不安全，應立即加以糾正。

(二)不斷提供回饋資訊

回饋就是告訴員工他們工作得怎麼樣。回饋分正面肯定和提供諮詢兩種形式，前者確認工作做得漂亮，後者指出不正確的操作行為，並告訴員工如何加以改進。

提供這兩種回饋時應注意：

1. 讓員工知道自己對在哪裡，或錯在什麼地方。
2. 若員工在培訓後工作出色，應加以肯定並讓他們知道這一點。這有助於員工記住學到的東西，也能鼓勵他們在工作中使用那些操作方法及相關資訊。
3. 如果員工沒有達到操作標準，首先對他們好的工作成績加以肯定和讚許，然後告訴他們如何糾正壞的工作習慣，以及改掉壞習慣的重要性。
4. 回饋要具體。敘述員工表現時要確切說出員工所說的與所做的事。
5. 謹慎使用詞彙。因為你想讓聽者覺得有益，而不是一種強制要求。不要這樣說：「詢問看似迷路的客人是否需要幫助時，你是按高品質服務標準去做的。但你對餐廳的營業時間應該是知道的。學學你的旅館情況介紹單吧」。而要說：「詢問看似迷路的客人是否需要幫助時，你是按高品質服務標準去做的。但你如果瞭解餐廳及其他設施營業時間，你可向客人提供更好的服務。我再給你一份旅館情況介紹單吧。」
6. 確定你聽明白員工所說的話。如說「我聽到你是說……」。
7. 確認員工聽懂了你的意思。如說「我不敢肯定我把事情都說明白了。我想聽聽你對我剛才說的怎麼看」。
8. 在作評論時，一定要誠懇，始終注意說話的技巧，做到通情達理。員工欣賞你對具體操作行為的坦率讚美。誰都不想受到批評而感到難堪或被奚落。
9. 告訴員工找不到你時他們可去哪兒求助。

諮詢 Gail——透過培訓，實現規範操作

Q 親愛的 Gail：

我怎樣才能使客房服務員的操作規範一致、符合標準呢？每個人似乎工作中都有自己的一套。

B. C.

A 親愛的 B.C.：

使客房部工作規範化的最容易方法是讓一名培訓師培訓所有的員工。假如你向該培訓師交待了客房應如何清潔的想法，該培訓師就能對所有員工進行良好工作習慣的強化培訓。你對所有人都應進行一對一的培訓（不只是對新員工），因為我們都需要進修與培訓。

其次，你應該有許多直觀輔助教具，如布巾用品與用品等正確擺放的圖片。圖片給人的印象比一串文字更深刻，更容易記住。

還有一個辦法是做檢查遊戲。你讓員工一個個去檢查一間有問題的客房，要求他們分別填寫檢查報告表。對檢查出該房間所有問題的員工給予獎勵。對不能發現該房間問題的員工繼續給予指導與幫助。習慣成自然，好的習慣是在不斷的重覆中所產生的。

資料來源：《居室年鑑》，第 2 卷第 4 期。

(三)評估

對員工的進步做出評估。將任務單作為評估內容，確認他們已掌握執行所有任務的技能。對欠缺的方面進行深入培訓，並提供更多的實習。

聽取員工的回饋意見，讓他們對受到的訓練進行評估。這有助於提高對員工的培訓效果。

保存各員工的記錄。追蹤各員工的培訓史，並在各員工的個人檔案中保存培訓日誌。

第五節 安排工作日程表（scheduling）

由於勞務成本是客房部最大的單項開支，保證每天安排適當數量的員工上班，就成為客房部經理擔負的最重要的管理職能之一。一旦安排的人員超過了工作需求，該部門就會產生人多於事的局面。人多於事造成過高的勞務開支，過高的勞務開支使旅館利潤下降。當上班人員安排過少時，該部門就會出現人手不足的現象。雖然人員配備不足減少了勞務開支，但由於工作達不到操作標準要求，造成賓客不滿意而損失業務，同樣也會導致旅館利潤下降。

要達到人員安排效率高，首先要確定客房部有哪些固定工作職位，哪些職位的設置隨住房率水準的高低發生變化。

固定的員工職位（fixed staff positions）指不受業務量大小影響而設置的職位。這往往是些管理性質和行政性質的職位。這指職位可包括：

1. 客房部經理；
2. 客房部副理；
3. 主管（日班）；
4. 部門職員（日班）；
5. 部門職員（下午班）。

擔任這些職務的員工一般每週上班至少 40 小時，不受旅館住房率水準的影響。

可變動的員工職位（variable staff positions）的數量隨旅館住房率的變化而變化。這些職位包括：

1. 客房服務員（日班與下午班）；
2. 清潔工（日班與下午班）；
3. 檢查員；
4. 大廳服務員。

這些職位安排的人員數量主要取決於前一晚客房租出的數量。通常，前一晚住房率越高，安排第二天去工作的員工越多。每一班對清潔工與大廳服務員的需求量，也可能受到諸如大小會議與宴會及旅館餐廳業務的影響。

為給客房部各員工職位安排「正確」的工作人數，客房部經理應制定一個人員配備原則。

一、員工配備原則

　　人員配備原則是人員工作日程安排與控制的工具，它使客房部經理在旅館處於某一住房率情況下，能夠確定客房部運作所需的工時、員工數量及估算的勞務開支。

(一)制定客房服務人員配備原則

　　下面陳述了一家虛構的 King James Hotal，制定日班客房服務員人員配備原則的具體步驟。該旅館有 250 間客房，提供中等價位服務。

　　第一步：確定旅館在具體住房率水準下需安排的職位工時總量。這可以根據勞動生產率標準（productivity standards）計算出來。假定該旅館日班客房服務員的勞動生產率標準為 30 分鐘左右清潔一間房，據此，可得出在旅館不同住房率情況下所需的日班服務員的工時總量。

　　例如，如果旅館的住房率為 90%，第二天需清潔的客房為 225 間（250間×0.9＝225），總共需要 113 個工時去清潔他們（225間×0.5＝112.5≒113）；如果住房率為 80% 時，將需要清潔 200 間客房（250間×0.8＝200）；清潔總工時為 100 小時（200間×0.5＝100）。

　　第二步：確定旅館在具體住房率情況下需安排上班的員工人數。人員配備原則反映的人數僅僅與全職職工有關。

　　既然勞動生產率標準為 0.5 小時清潔一間客房，King James Hotal，的一名日班客房服務員在一個班次 8 小時工作中，應清潔 16 間客房。據此，在旅館不同住房率情況下所需的全職日班服務員人數，可用租出房數除以 16 得出。

　　例如，如果旅館住房率為 90％，第二天需清潔 225 間客房，將 225間房除以 16，則得出需要 14 名全職日班服務員去清潔這些房間（225間÷16＝14.06≒14）；如果住房率為 80% 時，將需要清潔 200 間客房，這需要 13 名客房服務員去清潔他們（200間÷16＝12.5≒13）。

　　上班的客房服務員實際人數是有變化的，這取決於客房部經理安排上班的全職和兼職員工的人數。例如，如果旅館住房率為 90%，客房部經理可能安排 14 名全職客房服務員，或 10 名全職（每人工作 8 小時）與 8 名兼職員工（每人工作 4 小時）去上班。不管採用哪種安排，工時總數均大約為 113。

　　第三步：制定員工配備原則的第三步，是根據旅館具體住房率估算出客房部運作所需的勞務開支。只要將工時總數乘以客房服務員的每小

時平均工資數，就可計算出King James Hotal，日班客房服務員的勞務開支。假定每小時平均工資為6美元，且該旅館的住房率為90％，估算得出第二天日班客房服務員的勞務開支為678美元（113總工時數×6美元 ＝ 678美元）。在不考慮最終混合安排全職和兼職員工上班的情況下，在旅館90％的住房率下，旅館支付給日班客房服務員的勞務開支不應超過678美元。

(二)制定其他職位的人員配備原則

對客房部其他各種職位的人員配置，也必須做出類似的計算。假定King James Hotal的客房部經理審閱了其他全職職位的勞動生產率標準，並確定在每班8小時工作中：

1. 每80間租用房需配備1名檢查員，得出的勞動生產率標準為0.1（8小時 ＋ 80間房 ＝ 0.1）。
2. 100間客房租出後，需配備1名大廳服務員清潔公共區域，得出的勞動生產率標準為0.08）（8小時 ÷ 100間房 ＝ 0.08）。
3. 每85間租用房需配備1名清潔工，得出的勞動生產率標準為0.094（8小時 ÷ 85間房 ＝ 0.094）。
4. 每50間租用房需配備1名下午班客房服務員，得出的勞動生產率標準為0.16（8小時 ÷ 50間 ＝ 0.16）。
5. 每100間租用房需配備1名下午班客房服務員，得出的勞動生產率標準為0.08（8小時 ÷ 100間房 ＝ 0.08）。

將這些勞動生產率標準乘以租用房的數量，以確定該旅館在具體住房率水準下，各職位所需的工時總量。各職位所需工時總量除以8，就確定了第二天清潔旅館必須安排的全職員工上班人數。平均每小時工資數乘以所需的工時數，則確定了各職位的預測勞動開支。表3-6是King James Hotal各個員工職位的人員配備原則一覽表。

二、編制員工工作日程表

房務部做出的住房率預測連同員工配備原則，被用於確定每天客房部安排各個職位的「正確」工作人數。客房部經理們發現，下列做法有助於制定員工工作日程表：

1. 日程表應是整個工作周的日程表，一般將周日至週六界定為一個工作周；

2. 日程表至少應在下一工作周開始前 3 天張貼公布；

3. 休息日、假期及調休日均應在公布的周工作日程表中說明；

4. 目前一周的工作日程表每天應根據住房率資料進行複查，並做出必要的更動；

5. 張貼的周工作日程表副本可用於督察員工每日的出勤率。該副本應留作客房部永久保存記錄。

(一)各種各樣的工作時間安排法（Alternative Scheduling）

這些員工工作時間安排與一般的上午 9 點至下午 5 點的工作日安排不同。變化形式有兼職、彈性工作時間、濃縮性工作日程表及工作分擔。

1. 兼職雇員。兼職雇員可包括學生、年輕媽媽或退休人員，他們因各種原因無法去從事全職工作。雇用兼職人員可使企業在人員工作時間安排上增添靈活性，也能降低勞務成本，因爲這樣做使企業減少了在補助金及加班工資上的開支。

2. 彈性工作時間。彈性工作時間允許員工在不同的時間上班和下班。每班必須在一定時段有全體員工在場工作。每班的其他時間可靈活安排，員工可自己決定上下班時間。當然客房部經理必須保證客房全天運作的任何時間裏都有人員上班。彈性工作時間帶來的好處是高昂的員工士氣、高效率的勞動生產率和對工作滿意度的提高。而且旅館將更能吸引素質高的人員來店裏工作。

3. 濃縮性工作日程表。使用壓縮工作日程表可讓員工在短於通常的 5 天的工作周裏，完成等同的標準周工作量。較普通的一種做法是將每週 40 小時的工作壓縮在每天 10 小時的 4 天工作日裏完成。濃縮性時間表一般沒有彈性變化，但許多員工更願意接受每週 4 天非彈性時間表並加一天休息，而不要彈性的每週工作 5 天的時間表。雇主們認爲，濃縮性時間的好處是對求職者更有吸引力，員工士氣更高及低缺勤率。

4. 工作分擔法。該做法是由兩個或兩個以上的兼職者共同完成一份全職工作的職責。實行此法的員工一般在不同時間工作，但他們工作時間若部分重疊則較理想，他們可有時間交流。此方法可減低客房部人員的流動率與缺勤率，並增強員工的士氣。另外，即使工作夥伴中有一人離開不做了，另一人往往不會走，並能培訓新來的夥伴，這對客房部有益。

表 3-6　各種人員配備原則範例

住房率%	100%	95%	0%	85%	80%	75%	70%	65%	60%	55%	50%
租出房	250	238	225	213	200	188	175	163	150	138	125
客房服務員（上午）											
(勞動生產率標準＝0.5)											
工時	125	119	113	107	100	94	88	82	75	69	63
員工	18	17	16	15	14	13	12	12	11	10	9
勞務開支	$750	$714	$678	$642	$600	$564	$528	$492	$450	$414	$347
清潔工（上午）											
(勞動生產率標準＝0.08)											
工時	20	19	18	17	16	15	14	13	12	11	10
員工	3	2	2	2	2	2	2	2	2	2	1
勞務開支	$120	$114	$108	$102	$96	$90	$84	$78	$72	$66	$60
大廳服務員											
(勞動生產率標準＝0.07)											
工時	18	17	16	15	14	13	12	11	11	10	9
員工	3	2	2	2	2	2	2	2	2	1	1
勞務開支	$108	$126	$120	$114	$108	$102	$96	$90	$84	$72	$66
檢查員											
(勞動生產率標準＝0.09)											
工時	23	21	20	19	18	17	16	15	14	12	11
員工	3	3	3	3	3	2	2	2	2	2	2
勞務開支	$138	$126	$120	$114	$108	$102	$96	$90	$84	$72	$66
客房服務員（下午）											
(勞動生產率標準＝0.14)											
工時	35	33	32	30	28	26	25	23	21	19	18
員工	5	5	5	4	4	4	3	3	3	3	3
勞務開支	$210	$198	$192	$180	$168	$156	$150	$138	$126	$114	$108
清潔工（下午）											
(勞動生產率標準＝0.07)											
工時	18	17	16	15	14	13	12	11	11	10	9
員工	3	2	2	2	2	2	2	2	2	1	1
勞務開支	$108	$102	$196	$90	$84	$78	$72	$66	$66	$60	$54
工時總計	239	226	215	203	190	178	167	155	144	131	120
勞務開支	$1434		$1356	$1290	$1218	$1140	$1068	$1002	$930		$864
總計											

第六節　激勵

　　任何機構的管理部門都有責任創造有利於其員工事業進步與個人發展的環境。這包括對員工進行培訓、指導、教育、懲戒、評價、引導和領導等方面的工作。如果管理部門在這些基本職能方面疏於職守，員工們對機構的目標就可能採取被動、挑剔和無動於衷的態度。發生在員工中間的缺勤、低勞動生產率和高人員流動情況，反映了他們的這種情緒。

　　激勵員工的士氣是旅館經理面臨的主要挑戰。目前，勞務市場發生的變化及員工流動招致的高額成本，要求機構尋求途徑，將優秀員工留住。實現這一目標的一種方法是實行有效的激勵機制。

一、什麼是激勵

　　「激勵」（motivation）一詞可能有許許多多的定義。結合本章來看，「激勵」可描述為刺激人對某項工作、專案或主題興趣的藝術，它使被激勵者保持專注、謹慎、關切與負責的心態。激勵是一種終極結果，它滿足了與自我價值、價值觀及機構或部門的歸屬感相連的那些人類的需求。

二、激勵員工的方法

　　經理激勵員工的方法可有許多選擇。其結果應該使員工在從事某項工作中的自身價值感得到增強。對某項工作成功做出貢獻並得到認可與讚許的員工，很可能是士氣高昂的操作能手。下面介紹一些激勵員工的方法。

(一)培訓

　　肯定奏效的一種激勵方法是讓員工參與有效的培訓活動。培訓給帶員工一種強烈的資訊，即管理部門對他們在機構獲得成功十分關切，以至於對他們進行必要的教育與指導。培訓大大減低了員工在對自己所做的事缺乏認識和把握，或不瞭解如何使用合適工具或物品做好工作時產生的挫折感。有效的培訓既讓員工瞭解工作本身，也瞭解了應該使用的工具和物品。經理們應該捨得花時間做培訓，因為其結果會產生生產力與效率都更高的員工。尤其重要的是它造就了更易管理的員工。

(二)交叉培訓

交叉培訓簡單說就是教會員工做其專職工作以外工作的本領。它對員工與雇主都有不少好處。從員工角度看，交叉培訓防止員工產生被某件工作拴住的感覺，且讓他們學到更多的技能。而經理們則覺得培訓提高了對員工安排的靈活性。交叉培訓使員工有能力擔負更多種類的工作任務，員工們也變得對機構或部門更有價值。交叉培訓可以是一種很有價值的激勵方法，能掃除許多與員工成長和發展相關的障礙。

居室年鑑 THE ROOMS CHRONICLE

用肯定成績與給予獎勵的方法留住員工

作者：Mary Friedman

許多旅館目前面臨著客房服務員嚴重短缺的現象，他們為留住現有員工而竭盡全力。降低人員流動率的最佳方法是讓員工保持對自己職位的高滿意度。下面是一些想法。

自始至終

始終記住向員工提供完成工作的基本工具。定期購得庫存用品，確保布巾用品與化學物品的標準量得以維持。員工也需要進行培訓，使用直觀教具讓員工明白必須達到什麼工作要求。提供工作服，使員工顯得整潔又有精神。進行時與員工交流，通報到客、遷出客、團體客、貴賓等情況及旅館的目標。一對一地傾聽員工談論家庭、工作需求及他們的願望。

員工們喜歡較穩定的工作日程表，包括正常的休息日。

如果旅館經理讓員工加班，應向員工提出正式請求。應僱用兼職和週末工作的客房服務員，以讓正式職員在週末時至少有一天休息。如果可能，將用髒的房間放入第二天工作計畫，以穩定人員安排。

興奮的工作

許多旅館設立可用於兌換現金購物或換得旅館好處的獎勵積分。

獎勵標準可有一日無事故、意見卡獲高分、全勤及儀容整潔。有些旅館以客房檢查情況或客房零投訴為依據，來確定客房服務員的獎勵分。總經理至客房並為工作出色的員工發放獎金，是個好方法。

給員工的其他好處，雖花錢很少，但員工卻看得很重，如寄生日賀卡員工家裏、員工通訊登載員工家庭照片、大熱天送一瓶冷飲、繁忙的日子裏送一塊糖、標有員工姓名供員工給客人留言的便箋、色彩鮮豔的告示板、用名字稱呼員工、問候員工「早安」或「晚安」，以及真誠道一聲「謝謝你」。

多數旅館進行評選當月員工明星的活動。客房部經理應每月在本部提出一名應試者。即使該員工最後未能評上，但對其業績的認可是十分有意義的。

失物招領會給員工帶來樂趣。根據旅館準則，賓客若不來認領物品，物品就歸發現物品的員工所有。有些旅館允許客房服務員將客房中收集來的鋁盒罐頭歸自己所有。

愉快地下班

留住員工靠的是對他們工作的認可，事情就這麼簡單。對始終出色的工作做出肯定和認可既能給人快樂，又不花很多錢。一家旅館經理帶著客房服務員去打保齡球，員工中有越南人、柬埔寨人、老撾人、中國人、西班牙人和美國人。他們大部分從未摸過保齡球，或從來未見過玩保齡球。那天下午充滿了歡笑，相互挑戰，互相喝彩，互相支持，他們花掉的錢是微不足道的。幾個月來，他們不斷進行著這種活動。

資料來源：《居室年鑑》，第3卷第3期。

(三)認可

賓客的正面評價與再訪客業務是反映員工齊心協力滿足賓客需求所做努力的一面鏡子。經理們應將這種資訊傳遞給員工，作為對他們出色工作的一種肯定。圖表對激勵員工動力也很有效，它們讓員工直接地瞭解自己的業績與進步。書面客房檢查報告同樣有很強的推動力，得分高的客房服務員，可評為當月客房服務員明星或獲得某種經濟上的獎勵，以此肯定他們的成績。

㈣交流與溝通

交流是所有激勵機制的關鍵。不斷向員工通報本部門及旅館發生的事情能收到積極的效果。瞭解單位裏發生的事件，會讓員工更感到一種歸屬感和自身的價值。

編發部門通訊是保持上下資訊公開的極好方法。有些旅館允許員工編制業務通訊及發表他們自己的文章。這些報導或文章可與工作有關，或是個人性質的。論題可涉及：

1. 晉升；
2. 調動；
3. 新進員工；
4. 辭職；
5. 提高品質訣竅；
6. 特別表彰；
7. 當月員工明星；
8. 生日；
9. 婚慶；
10. 訂婚；
11. 生孩子；
12. 自帶食品的聚餐；
13. 晚會消息。

告示板是張貼日程安排表、機構內通報及其他有關資訊的地方，它傳遞著清楚明瞭的資訊。告示板設在員工都能去的地方效果最佳，並告訴他們每天去那兒看看。

㈤獎勵計畫（Incentive Programs）

幾乎所有員工都希望自己的工作獲得讚許。有時，對工作達到要求或特別出色的員工簡單說一句「謝謝你」，就給員工傳遞了一份真誠的感謝。有時候，這樣做還不夠。獎勵計畫是對工作出色的員工加以酬謝與肯定的最有效手段之一。在制定獎勵計畫中，應考慮幾項基本原則。經理們應該做到制定適合本部門或機構的獎勵計畫：

1. 概括該計畫的具體目的與目標；

2. 確定員工獲得表彰與獎酬的條件與要求;

3. 集思廣益設想出各式各樣的獎品。提請批准,獲得此活動的經費;

4. 確定開始執行計畫的日期和時間。確保全體員工參加這一活動,並儘量使活動富有樂趣。

獎勵計畫對員工的表彰與獎勵是基於員工達到某種條件的能力來確定的。經理們可考慮提供的獎勵有:

1. 表揚信;

2. 評價證書;

3. 現金獎勵;

4. 與總經理及部門負責人合影,將照片張貼在公共區域與旅館後臺區;

5. 舉行表揚宴會、大家自帶食品的聚餐及郊遊野餐;

6. 在旅館餐廳與受獎人一起兩人單獨進餐;

7. 禮品證書;

8. 在周邊城市或附近或公司經營的旅館裏,提供週末免費套房待遇;

9. 享受 30 天特免泊車權;

10. 表彰匾。

獎勵計畫形式多樣,方案各異,它是工資外對優異業績做出回報的最佳方法。旅館制定和建立獎勵計畫應創造出一種對員工、賓客與公司三方面均勝出的局面。這種獎勵應富有挑戰性,並能激發員工的競爭精神。

獎勵計畫蘊涵著驚喜的成分。班前會議或部門召開員工大會是宣布受獎者的最佳場合。宣布前應做些安排,宣布時讓受獎者對自己及自己的工作有一種特別美好的感覺。

一個好的獎勵計畫應是:

1. 表彰與獎勵優異的業績;

2. 激勵員工創造更高的生產力;

3. 透過提供一個鼓勵員工關懷賓客的工作環境,顯示機構做出使賓客滿意的承諾;

4. 對工作出色者表示感謝。

(六)工作績效評估 (Performanec Appraisals)

員工需要隨時知道自己的表現如何,從而對自己有穩固的工作感到安心,並瞭解老闆對他們的工作表現是滿意的。想一想下面發生了什麼事:

HOUSEKEEPING MANAGEMENT

居室年鑒 THE ROOMS CHRONICLE

培育客房服務員忠誠爲賓客服務

作者：Wanda Kittles

多年前，客房服務員僅僅被視作客房清潔工而已。現在，他們是旅館最重要的實體之一。

客房部經理必須清楚，不是業主、副總裁、總經理或是客房部經理，而是顧客付的報酬，如果賓客對服務不滿意，就不會有再訪客。如果沒有了再訪客，旅館生意就不會興隆。如果旅館生意不旺，客房服務員也就沒事可做了。

清潔客房

清潔客房是最重要的。假如客人認爲自己住進了一間骯髒的房間，不論他在旅館逗留期間受到的其他服務怎麼樣，都無法抹去他對旅館持有的那種負面印象。一定要讓客房服務員認識到，爲自己工作場所堅持品質標準而持有的自豪感是何等重要。其他用以激勵員工盡心盡責確保房間整潔的措施有：

- 給每位客房服務員發放印有員工名字的卡片，還可印上員工的相片，用作發給客人的歡迎卡；
- 不要頻繁更換員工的清潔作業區塊；
- 允許客房陳設個性化，如椅子或燈具的擺放，或毛巾的處置。

溝通

客房服務員必須懂得如何與賓客進行交流。經理應該爲有語言障礙的員工準備好翻譯卡片。賓客可能提出的許多基本要求，可用世界通用的符號或標誌在卡片上表達出來接上句後如對毛巾、洗髮劑或毛毯等用品的要求。

- 建立快速處理賓客物品需求的流程，如折疊床或熨斗等物品；
- 與賓客交往時必須使用禮貌和正式用語，如「是，夫人」、「請」、「您有事嗎?」及「謝謝您」等。適當的　穿著打扮也是必要的；
- 如果客人要求客房服務員晚些時候來，該服務員應詢問什麼時間

對客人方便。將答應的事記在任務單上，並實現做出的承諾。

追蹤跟進

必須要求客房服務員對顧客提出的要求做好後續工作。例如，如果一位客人要求上午10點前不被打擾，客房服務員必須將此要求告訴主管及其他有關員工。又如，一位客人要求上午8點前清潔其房間，經理應允許客房服務員調整工作時間安排，將客人要求的事做好。

交叉培訓

經理們應為客房服務員創造機會，讓他們從其他角度瞭解客人。業務清淡時，客房服務員應去櫃台待一天，以瞭解賓客對旅館的期望及櫃台員工為安排到客而對清潔客房提出的要求。相反，櫃台員工必須去體驗清潔客房的工作，從而理解客房服務員為快速整理客房而做出的努力。

情況通報會

每天與客房服務員開個短會是重要的。向他們通報團隊客人的來去情況、前一天旅館的業績如何，或貴賓光臨的消息。這樣員工就會更加投入地工作，參與到取悅客人的全方位努力。開會內容還可包括：
· 邀請銷售人員來談談他們對銷售的見解；
· 邀請總經理朗讀旅館所收到過的最好的讚美信件；
· 邀請老顧客談談入住一間潔淨無瑕的房間是一種多麼美好的享受。

旅館公司若對每個員工參加賓客服務培訓活動做出硬性規定，將確保員工清楚瞭解優質顧客服務的重要意義。有的客房部經理邁的步伐更大，他們在客房部服務員與賓客之間構建良好關係，既培育了員工的忠誠，也贏得了永久的客人。

資料來源：《居室年鑒》，第4卷第3期。

Sam向城裏一家大型會議旅館申請一份夜班清潔員的工作。在與客房部經理Doe先生的面談中，他對這份工作表現出很大的熱情，並保證旅館對他的服務會十分滿意的。Doe僱用他上夜班專門清潔樓面地磚。

Sam拼命工作以獲得老闆歡心。儘管樓面擦洗得乾淨漂亮，閃閃發亮，但尚有一個小小的問題，即自他受僱工作3個月來，從未聽到主管

對他的工作有過什麼評論。有一天,他決定僞裝自己的聲音打電話。電話轉接客房部後,他要求 Doe 聽電話。

「Doe先生」,他對接電話的客房部經理說,「我叫Jim,幾周前我看到你在報上登廣告,招募一名夜班清潔員」。

「是的,不錯」,Doe 答道。

當Jim問該職位是否有人塡補時,客房部經理說已有人做這份工作了。

「告訴我」Sam 要求道,「該員工表現如何?」

「那年輕人工作得挺棒」,Doe 熱情地說。「他的工作使旅館面貌產生了完全的變化。他的樓面保養技術是一流的,人人都喜歡他。他工作富有成效,他每天晚上上班都做得十分出色。」

「那太好了!」Sam 說。

居室年鑒 THE ROOMS CHRONICLE

客房部服務員列舉出經常抱怨的十大問題

作者:Gail Edwards

也許更多的旅館經理應努力以客房服務員的眼光去看待業務經營。下面是客房服務員自己說的讓他們反復思考的十大問題:

1. 布巾用品、用品及化學用品等的供應不足

沒有恰當的工具,我們如何能把工作做好呢?

2. 員工人手不足與員工缺勤

當本部門人手不足時,由於我們是生產工人,很多情況 下,除了做好自己那份工作外,還要去完成別人的工作。

3. 對我們使用的設備缺乏愛護

在我們休假的一兩天中,管理人員讓其他員工把我們 物品安放得整整齊齊的布巾車搞亂了。他們不是拿走了 車上的備品後不加補足,就是將布巾車裏的物品拿光。

4. 房間的周轉

在繁忙的時段裏,管理部門分配給我們的房間必須在下午 3 點半以前做好,但旅館結帳時間是下午 1 點鐘。當客人不走,或更糟的是,在我們清潔房間後他們又返回房間,在此時間段裏,

怎麼能指望我們把工作做得好呢？

5. 客房裏住客太多

管理部門允許房間超員住宿的情況。這很容易造成待清　潔客房中有兩張雙人床和兩張折疊床。結果工作時我們　必須在床上跳來跳去，站在折疊床上清潔梳粧檯，或站　在桌上使用吸塵器。那不正是地上有100磅衣物與一隻狗拴在了一張椅子上嗎！

6. 客房裏的新東西

我們在客房裏放置新雜誌，但沒有足夠的雜誌供所有的客房用。雖說對我們有承諾，馬上會送來更多新雜誌，但雜誌仍作為一項內容列在檢查單上，因一些房間沒有雜誌，我們被扣了。

7. 工作服

要求我們穿工作服上班，但發給的衣服不是線脫落，就是衣領上有一圈圈痕跡，不然就是衣服胸前有污跡，或是衣服大了兩號或小了兩號。

8. 垃圾遍地、骯髒不堪的房間

打開客房門，眼前是垃圾一片，床上用品散亂，浴缸裏留著髒水，汽水濺在牆上，地上是啤酒瓶。面前的景象　會讓任何人的好心情一掃而光。

9. 小費

傳統上大廳行李員及櫃台員工有小費，我們為客人服務30分鐘，卻往往拿不到小費，這太令人傷心。可是，當經理們將其他員工派到我們管的客房時，卻讓他們從我們照料了整整一星期的客人那裏拿取小費，這樣做沒有道理。

10. 得不到管理部門的尊重

僱用我們時，將我們帶入辦公室引見給經理。當時經理　歡迎我們加入他們的隊伍。但我們感覺自己不像是這個隊伍中的成員。平時經理不與我們說話，也不用名字稱呼我們，我們在旅館經營中也無足輕重。

資料來源：《居室年鑑》，第4卷第2期。

「你幹嗎問這個？」Doe 問道。

停頓了一下，Sam 友善地大笑著說：「因為我就是你僱用的 Sam。我只是想知道我做得怎麼樣！」

員工與經理的交流能影響員工對工作及自身形象的看法。業績評估是經理可用來激勵員工工作動力和士氣的最有效方法之一。該方法之所以如此有效的原因是：

1. 對員工的工作表現做出了正式書面的回饋意見；

2. 指出了員工工作中的優點與弱點，並提出了改進計畫；

3. 給經理與員工機會，去制定具體目標與取得理想結果的恰當時間；

4. 透過可能的晉升、加薪以及增加職責，對做出傑出業績者加以表彰與獎勵；

5. 在某些情況下，它也顯示出員工在工作職位上是否稱職。

良好的業績評估把重點放在員工的工作表現及他們可用於提高工作機能和業績的措施上。評估應是公正的、客觀的和使人增長見識的。雖說指出不足之處是重要的，但不必老是提它。評估對員工應是一段積極而有意義的經歷，評估活動結束後，員工該清楚地知道，自己在哪些方面比較強，哪些方面還有待於提升。

員工業績評估的方法多種且多樣。所有機構都必須根據自己的要求和目標，制定出適合自己的評估方案。

名詞解釋

各種各樣的工作時間安排(alternative scheduling)　不按照一般的上午9點至下午5點的工作日計畫行事，給員工安排不同的時間上班。變化的形式有兼職打工、彈性工作時間、濃縮性工作周計畫及工作分擔。

暫時停僱員工名單(callback list)　一份列有所有具備專門技能和懷有興趣的，或對填補某些職位感興趣的員工與求職者的名單。

輔導(coaching)　培訓的延續，它透過對員工正面的或糾正性的回饋，突出技能技藝、工作職責以及實際的觀察。

交叉培訓(cross-training)　對員工進行教育，使他們符合承擔一項以上職務的要求。

員工推薦計畫(employee referral program)　部門或旅館促使員工去鼓勵朋友或熟人來求職的方案。該方案往往對向旅館成功推薦人選的員工給予獎勵。

外部招募(external recruiting)　經理人員尋求外部人選填補空缺的過程，他們可能透過社區活動、實習計畫、使用聯絡網、臨時人員代理處或透過職業介紹所找到合適人選。

固定職位（fixed staff positions）　不論營業額大小，都必須設置的工作職位。

四步培訓班（four-step training method）　實施在職培訓計畫的一種培訓模式。四步指的是準備、授課、實習與追蹤跟進。

獎勵計畫（incentive program）　根據員工達到某種條件的本領大小對他們進行專門表彰與獎勵的計畫。這些計畫形式不同，方案各異，是工資報酬以外對員工優異業績做出回報的一種手段。

內部招募（internal recruiting）　經理人員在部門或旅館內部招募工作人員的過程。可使用的方法包括交叉培訓、接替計畫、張貼空缺公告及備存一份暫時停僱員工召回單。

工作分析（job analysis）　確定各職務對知識的要求，確定各職位須完成的任務，以及員工完成任務須執行的標準。

工作細分表（job breakdowns）　一項工作的詳細操作技術表格。

工作知識（job knowledge）　員工完成工作任務必須瞭解的資訊。

工作單（job list）　按次序確定一項工作主要職責的單子。

租用的員工（leased employees）　員工出租代理機構雇用並租給企業使用的員工。該機構就出租員工的成本定期給員工租用者開立帳單。

激勵（motivation）　刺激一個人對某項工作、專案或事物的興趣，促使其保持專注、謹慎、熱切的工作精神與高度的責任心。

建立聯絡網（networking）　與朋友、熟人、同事、夥伴、教師、顧問及其他人建立個人聯絡關係。

績效評估（performance appraisal）　經理定期對員工的工作表現做出評價及討論提高他們工作技能和業績可採取的措施的過程。

勞動生產率標準（productivity standard）　按操作標準的制定，在一定時間內員工必須完成的最低工作量。

招募（recruitment）　根據求職申請人的條件及職位提出的要求，尋求與篩選人選的過程。

工作日程安排（scheduling）　在各工作日分派合適數量的員工工作，並完成必要職責的過程。

人員配備原則（staffing guide）　確定所需工時數量的方法。

就業扶持計畫（supported employment program）　該計畫爲身體與精神上受損的個人，提供在正常工作環境裏工作的機會。

可變動設置的員工職位（variable staff positions）職位的填補與旅館住房率變化有關係的職位。

複習題

1. 客房部經理爲客房部配備人員將可能依靠什麼勞動力資源？
2. 什麼招募方法對部門或專案最有利？
3. 四步培訓法的最後一步是什麼？爲什麼它很重要？
4. 員工固定職位與員工可變職位的區別是什麼？
5. 制定人員配備原則的目的是什麼？
6. 舉出幾種選擇性的人員工作日程安排法。
7. 爲什麼交叉培訓受到旅館與員工的一致歡迎？它對旅館與員工有什麼好處？
8. 怎樣使用獎勵計畫激勵客房部的員工?
9. 爲什麼要進行業績評估？

客房部招募遇到的麻煩

Tim MacFarlane 在市中心一家有 200 間客房的商務旅館擔任總經理已有 6 周。在他還在熟悉和暸解該旅館及旅館人事情況時，一個需要馬上留意的部門引起了他的注意，那就是客房部。在那兒，潔房作業拖拉，上班員工短缺，客房部在給那些為獲得加班工資而拖延時間的員工發加班費。今天上午，MacFarlane 先生在辦公室召見了客房部經理 Helen Redman。

Helen 在該旅館擔任客房部經理一職已有 17 年，這期間她一直被人手不足所困擾，似乎沒有足夠的人願意當客房服務員。當她與 MacFarlane 先生面談時，她竭力向他表示，人員不斷流失而不得不頻頻招募和培訓新員工是客房部面對的難題。「很難找到願意擔任全職的人，Jesse 在這一點上與我持相同的觀點」。

「那讓他參加我們的討論吧」，MacFarlane 說。他讓秘書去找 Jesse。

Jesse Rodriguez 是旅館人力資源部主任，他在旅館工作時間差不多與 Helen 一樣長。他對 MacFarlane 先生說，Helen 講的沒錯，他也認為客房部的人員配備有困難。「你該看看我的廣告預算。我每週都在報上登一則廣告，但沒有一人來應徵。城裏的旅館都在尋找客房服務員。」

「可能我來此工作時間還不算長，但我清楚要把我們旅館辦成最好的旅館，我們必須得有優秀的人才，」MacFarlane 答道，「我要求你們倆積極想辦法。在一個將近 100 萬人口的城市裏，應該有足夠的優秀人員來我們的客房部，我將盡力幫助你們，你們需要我什麼幫助？」

討論題

1. Helen 與 Jesse 在為客房部招募一流的工作人員中，可有什麼創造性的事情？
2. Helen 與 Jesse 應要求總經理給予何種支援？

下列業內專家幫助編寫了這些案例：
Gail Edwards, Director of Housekeeping, Mary Friedman, director of Housekeeping, Radisson South, Bloomingdon, Minnesota, Aleta Nitschke, Publisher and Editor of The Rooms Chronicle, Stratham, NewHampshire.

4

HAPTER

庫存品管理

學習目標

1. 敘述客房部庫存物品的種類,說明為什麼保持足夠的標準量數量對有效的管理庫存品至關重要
2. 確定制定客房部各類布巾用品庫存標準量數量時應考慮的因素
3. 描述布巾用品有效庫存管理的程序
4. 說明如何確定員工工作服標準量數量,並敘述合宜的工作服庫存管理程序
5. 確認客房部涉及賓客借用物品的職責
6. 描述客房部員工使用的機械與設備的庫存管理程序
7. 說明怎樣確定清潔用備品標準量數量,並敘述客房部員工使用的清潔備品的庫存管理程序
8. 說明如何確定賓客用備品標準量數量,並說明控制賓客備品庫存的控制程序

本章大綱

- 標準量數量
- 布巾用品
  - 布巾用品的種類
  - 確定布巾用品標準量數量
  - 確 定何時更換布巾用品
  - 布巾用品庫存控制
  - 清點布巾用品實物庫存

- 工作服
  - 確定工作服的標準量數量
  - 工作服庫存品管理

- 賓客借用物品
  - 賓客借用物品的種類
  - 確定賓客借用物品的標準量數量
  - 賓客借用物品庫存品控制

- 機器與設備
  - 機器與設備的種類
  - 確定機器與設備的標準量數量
  - 機器與設備的庫存品控制

- 清潔用備品
  - 清潔用備品的種類
  - 確定清潔用備品庫存品標準量數量
  - 清潔用備品庫存品控制

- 賓客用備品
  - 賓客用備品的種類
  - 確定賓客用備品庫存水準
  - 賓客用備品庫存品控制
  - 印刷品與文具用品

客房部經理對兩類主要庫存品負有責任。可循環使用庫存品（recycled inventories）指那些使用壽命較有限，但在客房部運作中反覆使用的物品，這些物品包括布巾用品、工作服、賓客借用物品及一些機器與設備。非循環使用庫存品指那些在客房部日常運作中被消耗或用掉的物品，包括清潔備品、小型設備及賓客備品與便利品。

本章敘述客房部儲備的庫存品種類，並對如何確定各類庫存物品的標準量水準作了說明。本章還討論了庫存品管理的重要措施。

第一節　標準量數量

確定各項庫存物品的標準量數量，是實施有效庫存品管理的首要任務之一。標準量（par number）指須隨時備足以供日常客房運作的庫存物品標準數量。

可循環使用庫存物品與非循環使用庫存物品標準量的確定是不同的。客房部工作所需的可循環使用庫存品的數量與旅館其他功能的營運有關，例如，布巾用品的標準量數量取決於旅館的洗滌週期。旅館所需的非循環使用庫存品的數量與日常運作中不同的使用率有關，例如，某些清潔備品的標準量數量取決於他們在日常作業中消耗的速度。

可循環使用物品庫存水準是用標準量數量衡量的，或者說是支持日常工作所需物品量的倍數。非循環使用物品庫存水準是以介於最高需要量與最低需要量之間的幅度衡量的。當一項非循環使用庫存品達到該項物品規定的最低需要量時，就必須根據需要量重新訂貨，使該項物品庫存重新達到其規定的最高庫存量水準。

第二節　布巾用品

布巾用品屬於客房部經理管轄下最重要的可循環使用物品，也是僅次於勞務開支的第二大成本開支項目。因此須制定審慎而又周密的政策與程序，以對旅館的布巾用品庫存進行控制。制定並貫徹涉及布巾庫存品的儲藏、分發、使用及更換的控制程序，是客房部經理的責任。

庫存品清單體系能控制成本

作者：Mary Friedman

現在是週五的下午，快速檢查週末用的備品情況，然後，唉，忙亂地與供應商聯繫，落實一項重要的缺貨物品。聽起來很耳熟是嗎？應該採取庫存品定期（每週、每月、每季）進貨及維持庫存品標準量數量的方法，來減輕上述情況產生的壓力。

庫存品進貨的困難點在於組織工作，但一旦建立起有制序的體系，就很容易操作。優秀客房部經理的特點是既能將庫存備品維持在最低水準，又從不發生物品短缺的情況。貨架上的備品意味著錢的擱置，總經理欣賞那些能夠將庫存品維持在最低水準的部門經理。

· 建立中心儲物區儲存清潔備品、賓客備品及洗衣房備品等。對中心儲物區嚴加管理，只允許客房部指定人員進入。

· 合理有序地擺放物品，可根據字母順序、按供應商名稱或體積與數量等擺放。

· 在庫存品清單上將物品按儲放次序列出，內容包括物品供應商、每箱數量、物品單價等，從而使領取物品的過程快捷。注意下面的庫存品清單範例。

· 審視供應商可能提供的極廉價物品。他們常常讓你超量買下幾箱物品才給予價格折扣，好好分析一下，確保你這樣做不會造成將太多的錢「擱置在貨架上」。

· 設法將庫存品維持在最低需要量水準的同時，必須允許一個適當的從訂貨至交貨的間隔時間。從旅館發出訂單起，經過多少時間才能收到貨品？

· 對運費及其他供應商提出的附加費做調查。有些公司對達到一定數量的訂貨給予免費運送。其他公司同樣物品的價格稍高一些，但可節省運費。購置最低量物品時，盡可能找當地分銷商購買免費運送物品。

記住考慮所有的因素，權衡利弊。這些因素有特殊定價、從訂貨至交貨的時間、運貨成本、儲物空間以及消耗量。

庫存物品清單範例

1. 清點全部物品並將數量記入「初始庫存」欄下。

2. 挑選責任心強的員工記載所有物品的採購與進貨情況。新購得的物品須登入庫存品清單「本期進貨」欄後方。

3. 月底時（或任意時間）重新盤點存貨。清點庫房內各項物品，並將總數記入「庫存品總量」欄。將每項物品總數乘以該項單價，再將數字記入「庫存品總價值」。

4. 將「初始庫存」數量與「本期進貨」數量相加後，減去「庫存品總量」，得到本月用掉的物品數量。再分別乘以「每項物品單價」，並將結果登入「使用掉的物品價值」。

5. 將「使用掉的物品數量」除以庫存品使用期期間的租用房數量，得到「每間租用房用掉的物品數量」。現在可將得出的數字乘以下一期預測租用房數量，遂得出「預測物品需求數量」，並可以根據此數量接下去就可下訂單了。

庫存品清單範例

1. 物品	2. 供應商電話	3. 每箱物品（件）	4. 每項物品單價	5. 初始庫存	6. 本期進貨	7. 庫存品總量	8. 庫存品總價值	9. 使用掉的物品數量	10. 使用掉的物品價值	11. 每間租用房用掉的	12. 預測物品需求數量

資料來源：《居室年鑑》，第 1 卷第 2 期。

一、布巾用品的種類

客房部經理一般對三種主要布巾用品負責：床用、浴用及桌用的布巾用品。床上布巾用品有床單（各種尺寸與顏色）、成套的枕套及床墊襯墊或床墊罩。浴用布巾有浴巾、手巾、專用毛巾、洗臉巾及浴用布巾地墊。客房部也可負責儲存和分發旅館餐飲設施中使用的桌用布巾用品，包括臺布與餐巾。宴會用布巾是一類特殊的桌用布巾，由於其規格大小、形狀和顏色變化較大，這類布巾在庫存品控制系統中，可能需要與餐廳布巾分開儲放。布巾庫存品

管理的基本原則與程序，也適用於對毯子及床罩的管理。

二、確定布巾用品標準量數量

有效管理布巾用品的首要任務，是為旅館使用的各類布巾用品確定適當的庫存水準。重要的是要保證布巾用品的庫存水準，能滿足客房部平穩營運的需求。

布巾用品的庫存水準若定得太低，就會發生物品短缺現象。物品短缺影響了客房部的順利運作，使急著等待分配房間的客人感到不快，因為物品短缺使準備就緒的房間數量減少，並且因為布巾用品洗滌過於頻繁而縮短了使用壽命。雖然布巾用品庫存水準定得高時，客房部運作是平穩的，但管理部門將反對對布巾的低效率使用，他們反對把過量的資金擱置在過多的庫存品上。

為布巾庫存品制定的標準量數量，是滿足一般客房部運作需要的標準庫存品水準。一個標準量的布巾用品即為各類物品滿足所有客房一次配置所需的總量，它也稱作旅館配置（house setup）。

很明顯，標準量的布巾用品不足以維持有效的業務經營，布巾備品的數量應是滿足所有客房所需布巾一次配置量的數倍。「兩個標準量」的布巾用品，即為所有客房所需各類布巾一次配置量的兩倍布巾，以此類推。客房部經理必須確定幾個標準量的布巾才能支持客房部的有效經營。客房部經理在制定布巾用品標準量數量時，要注意三件事：布巾洗滌週期、布巾的更新及發生緊急情況。

旅館洗滌週期是確定布巾標準量數量最重要的因素。高品質的旅館每天更換和洗滌布巾用品，任何時間都有大量的布巾用品在客房與洗衣房之間流動。當客房部經理確立適當的布巾庫存水準時，必須從旅館最忙的日子去考慮洗滌的週期——可能旅館接連幾天達到 100 ％的住房率。假如客房部的店內洗衣房運作卓有成效，洗滌週期顯示客房部應保有三個標準量的布巾：一個標準量的布巾洗滌完畢，放入了儲備室，今日待用；第二個標準量布巾是昨使用的，今天待洗；第三個標準量布巾今天將從客房中換下，待明天洗滌。客房部經理還要把客人額外要求的布巾用品及折疊床、坐臥兩用沙發和兒童小床使用的布巾用品考慮在內。

使用外部商業性洗衣服務的旅館，其洗滌週期比使用店內洗衣房的旅館的洗滌週期稍長一些。旅館需儲備布巾的數量，將受到商業性洗衣

房取送服務頻率的影響。頻率越高，旅館因採用外部洗滌服務往來遞送布巾而需補充的布巾儲備量就越小。商業洗衣房服務一次的周轉時間為48 小時。這樣，客房部經理有可能需要再增加一個標準量的布巾，用於相抵旅館與外部洗衣房之間遞送的布巾。另外，有些商業性洗衣房在週末停止取送服務。這意味著需要有額外的布巾儲備，以滿足那些天的需要。

確定布巾用品標準量數量需考慮的第二個因素，是對破舊、受損或失竊布巾的更換和補充。由於旅館布巾損失情況各不相同，客房部經理有必要根據旅館以往歷史記錄，確定一個合理的布巾更換標準量數量。更換物品的需要量，可在研究與分析記載損失與更換需求的月度（季度或年度）庫存品報告後加以確定。根據經驗做出的估計是儲存整整一個標準量的新布巾用品，以作為一年裏更新布巾的儲備。

最後一點是客房部經理必須有應急準備。停電或設備故障會造成旅館的洗衣房停止營運，洗滌週期中布巾運轉也被終止。客房部經理可決定儲備一整個標準量的布巾，使客房部在緊急情況下仍能平穩正常地運作。

因此，旅館的洗滌週期、布巾更新需求以及緊急情況物品儲備等諸多因素表明，旅館至少每年應保持 5 個標準量的布巾用品儲備。使用外部洗衣房服務的旅館還須再增加一個標準量的布巾，以相抵運送中的一個標準量的布巾。

表 4-1 說明一家擁有 300 張加大床的旅館所需特大號床單的標準量數量計算方法。在此例中，旅館隨時須備足的布巾庫存量為 3,000 條特大號床單。旅館使用的其他各類布巾也需要做出類似的計算。

表 4-1　標準量計算範例

本例是一家旅館制定特大號床單標準量存貨水準使用的計算方法。該旅館使用店內洗衣服務，且為 300 張加大床各配備兩條床單。

300 張加寬床×2 條床單(每床) = 600(每個標準量)

客房內一個標準量	1×600 = 600
樓層壁櫥內一個標準量	1×600 = 600
洗衣房一個標準量（用髒的布巾）	1×600 = 600
更新用儲備物一個標準量	1×600 = 600
緊急情況備用一個標準量	1×600 = 600
總　　數	3000

3000 床單 ÷ 600 床單／標準量 = 5 個標準量

三、確定何時更換布巾用品

　　旅館應每日更換租用房的床單嗎？或最好每兩三天換一次床單嗎？隨著環境保護運動在美國的進行，有些旅館經理要求客房部經理實行隔一天更換床單的做法。一方聲稱旅館價格上漲，且顧客的期望值提高；另一方則提出，環境意識和責任感增強了，帶來了更大的好處。在這種情況下，旅館能為所有的人創造出一種雙贏的局面嗎？

　　在最近的調查中，受調查者中有一半人說，他們早就實行每隔兩天或三天更換床單了。由於各類旅館在受調查者中都有代表，這種決策似乎並非取決於價格水準。

　　旅館管理部門必須對採用什麼政策做出抉擇。有些旅館會每天更換租用房的床單，其他旅館採用在床上或在門把手上放卡片的方法，讓客人自己做出選擇，客人可在卡上指明是否要更換床單。其他還有些旅館下令每兩天或三天給賓客換一次床單，且不就此事與客人打招呼，或聽取他們的意見。

　　在這一決策中，沒有很多不同的正反面意見。首先，要考慮的問題是賓客需要什麼。鑑於以優異的服務方式贏得再訪客及換來正面的口碑宣傳是旅館員工的首要任務，權衡賓客對此問題做出的回饋是重要的。雖然最近實行隔一天換床單做法的旅館聲稱，確實有顧客向他們抱怨，

但大多數賓客對拯救環境、減少使用水與化學物品的做法表示支持。旅館必須傾聽他們店內客人的聲音。其次，應考慮實行何種程序才能既保證客房清潔過程令人滿意，賓客又不易覺察到這種品質控制的存在。第三，要考慮在勞動力、化學物品或能源方面節約的成本，是否能彌補因賓客投訴、賓客提早遷出重做房間，或為維持進行其他工作而造成的額外開支。據報，有些旅館因此每日勞動生產力提高了 1.8 間客房。但許多旅館說這方面沒有什麼變化。

經營中產生的一些問題包括：

1. 對那些已受過每日更換床單培訓，或那些面臨懲戒行動或解僱的客房部員工，必須重新加以培訓。雖然大部分客房服務員對不需要更換每張床單的做法表示歡迎，但與客人溝通確定哪張床換床單、哪張床不換床單，這可能是困難的。旅館若僱用不大會英語或一點都不會說英語的員工，就面臨著更大的溝通上的難題。

2. 必須構想出一種記錄哪些床換了床單，哪些床只是整理而沒換床單的方案。該方案必須使用代碼，用它來識別雙床房間中各床的床況。該方案必須對預期延住但提早遷出客人的情況有所防範。該客房服務員（如果還未離開旅館）應回房間重新做床，並換上乾淨的床單。如果該服務員當天已下班，必須有人去重新做好那張床，至此該房才能列為乾淨的空房。

3. 如果床上布巾用品只是隔日進行更換，就須制定一種方法，在客房服務員每日工作單上註明當日哪些床要更換用品。這件事可由編寫晨間報告者去核對每位延住客人的到店時間及主要情況，或標註更換床單的房間時完成。

4. 由於一些旅館發卡給客人，讓他們在卡上註明是否要更換床上用品，客房服務員必須在任務單上標記床單是否換過。如果客人在營業時間過後回房，並抱怨床單沒有更換，員工須迅速去重新做床，隨後去核查當日日誌，對投訴一事做出調查。

5. 要求更換床單的日子裏，若客房服務員發現床單不夠乾淨，應能做出判斷與決定。例如，床單上沾有化妝品是否要更換呢？枕套上若有墨水跡該怎麼辦？

6. 由於多數旅館想讓客人感覺床上用品已經更換，他們把床罩蓋過

枕頭。另一種做法可以讓床是做過夜床的樣子，給客人一種溫馨的感覺，而且讓員工知道床單沒有換過。

7. 如果員工選擇讓客人決定是否換床單，就應仔細選擇資訊卡或門上掛卡使用的語言。有些團體提供附帶材料，如美國旅館與住宿業協會提供的材料中有專為毛巾設計的卡片，囑咐客人若還要使用該毛巾，就將毛巾放回到架上。另一種卡是床單卡，這些卡片通常經過壓膜處理，以延長使用壽命。上面印有英語、法語、德語、日語和西班牙語等文字說明。

床單不加更換的比例因旅館而異，它取決於平均住店時間的長短及客人的類別。例如，若旅館客人的平均住店時間為 2.8 天，且規定每三天換一次床單，那麼事實上該旅館政策是只在客人遷出後更換床單。

總經理需要知道這一規定的改變會對旅館的營運產生什麼影響。在客房清潔作業勞動生產率可相對保持不變的情況下，有些旅館預計布巾用品使用壽命可延長 15 ％，且使用外部洗衣服務的成本可下降 9 ％。實際上，真正的節約來自於布巾洗滌。「生態研究」（Ecolab）做的一次全國性調查顯示，旅館客房布巾用品洗滌的平均成本是每磅 0.232 美元，這些成本係數是在洗衣房最大效率運作下得出的。鑑於一條特大號床單約重 1.8 磅，一條雙人床單為 1.2 磅，一隻枕套為 0.3 磅，因此至少有減少 3 磅洗滌量的空間，或者說每間房差不多可節約 1 美元。

對員工來說，最要緊的是誠實對待自己，誠實待客。是考慮保護環境的問題嗎？或是出於盈利的目的嗎？賓客用敏銳的目光觀察旅館改變政策的動機。如果他們沒看到在其他方面（諸如燈泡、循環使用物品或控制提供、通風與空調系統的感應器）有一致的環保行動，他們可能不贊成減少服務內容。賓客會僅僅因為沒給換床單就停止在一家旅館住宿嗎？我們能預期客人在預訂電話中問「你們每天換床單嗎？」我們會看到「我們每天都換床單」這樣的廣告嗎？不可能吧。

其實，如果旅館進行適當的培訓活動，定出縝密的營運程序，做出相關的環保努力，就能節約很多加侖的水、許多噸的洗滌劑及大量的能源。如果賓客支持這種努力，這就是一種雙贏的結果[III]。

四、布巾用品庫存控制

為有效地管理布巾庫存品，客房部經理需制定出規範的實施細則，

以此確定布巾用品的儲藏方法、地點、發放時間、分發物件，以及如何透過洗滌週期監督與控制布巾用品的流動。

　　若要對每日進出洗衣房的布巾進行正確統計，客房部經理需要與洗衣房經理進行合作。與洗衣房經理的有效溝通，能幫助客房部經理發現布巾用品的短缺或過量情況。

(一)儲藏

　　旅館裏大量的布巾備品在客房與洗衣設施之間不停地流動，洗淨的布巾用品在使用前應至少在儲物處放置 24 小時。這有助於增加布巾的使用壽命，並使耐久定型布巾的皺痕得以舒展平整。客房部主儲藏室、洗衣房附近的分發室，以及客房服務員容易拿取物品的樓層布巾壁櫥，是布巾用品存放的地方。

　　布巾儲存室需要比較乾燥且通風良好。室內的存物架應光滑平整，不會發生勾拉布巾纖維的情況。布巾應按種類有序排列。室內要有足夠的空間，避免造成布巾擠壓與擁擠狀況。布巾儲存室應該上鎖，要建立規範的鑰匙控制程序，對主儲藏室內未曾使用過的新布巾用品，應採取專項安全措施。

(二)分發

　　在所有樓層布巾壁櫥中維持樓層布巾標準量（floor par）數量，是布巾控制的有效方法。樓層的一個標準量指某一樓層布巾壁櫥所轄的所有客房一次配備各類布巾所需的布巾數量。應制定出布巾標準量，並將它貼在每層樓的布巾壁櫥上。建立分發程序能確保每日工作開始時，各樓層的壁櫥裏已備好其標準量的布巾用品。

　　櫃台製作的住房率報告，可用於確定各布巾壁櫥布巾分發的需求量。根據這一報告，客房部經理可開出布巾分發單，指出各壁櫥需補充多少布巾恢復供第二天用的標準量儲備。該單子被用作補足樓層標準量的布巾申領單。該單送交洗衣房經理，洗衣房經理將所需量的乾淨布巾留出，並將多餘的清潔布巾存放在洗衣房布巾分發室中。

　　有些旅館要求客房服務員對客房中更換送洗衣房清洗的各種髒布巾用品的數量做出記錄。表 4-2 是用於此目的的工作單範例。客房中領取的布巾用品總數，應與住房率報告的資料相一致。

表 4-2　布巾用品控制表範例

送洗衣房的客房布巾用品		
日期＿＿＿＿＿＿		
物　　品	顏　　色	數　　量
枕套		
特大號床單		
大號床單		
對床床單		
浴室地墊		
浴巾		
手巾		
洗臉巾		
客房服務員＿＿＿＿＿		

　　日班結束時，由客房部一名夜班人員將洗衣房經理留出的補充布巾用品放入樓層布巾用品壁櫥，從而使各個壁櫥恢復到標準量儲備水準，以滿足第二天工作需要。主管們可對壁櫥進行抽查，確保規範程序得以執行。這樣，每日只需分發使各樓層布巾用品壁櫥達到標準量儲備所需的布巾用品。

　　更新的布巾用品也需要有專門的工作程序。任何因破洞、撕裂、污跡或使用過久被判爲不適宜再用的乾淨布巾，都不應放入客房使用，也不應將這些受損的布巾放入盛放髒衣物的籃內。而應該由客房服務員將其放入專門的棄物箱中，送到主儲藏室或客房部辦公室去。然後，填寫布巾更新申領專用表格，詳細說明布巾類別、受損的性質、來自哪個布巾壁櫥及發現布巾受損情況的客房服務員姓名。洗衣房經理將據此增加第二天樓層布巾的分發量，以滿足布巾更新的需求。

乾淨但受損的布巾應單獨放置，並送交洗衣房經理（或其他適當人員），來決定這些物品是否已不能使用或可以進行修補。所有判定不能使用並丟棄的物品均需做出記錄。表4-3是丟棄布巾記載表範例。它可用作庫存品管理的一項重要手段。布巾用品丟棄記錄應保存在洗衣房工作區內，供分揀受損物品的員工使用。該圖設置了供記載丟棄布巾用品的具體種類與數量的欄目。在該期期末結帳時，將註明日期的表格送交客房部經理。客房部經理對記錄進行審核，並在清點實物庫存時，將表上所列的總額轉入庫存品管理布巾用品總表。

桌用布巾庫存控制程序的設置，應與客房布巾用品庫存控制程序大致相同。應制定各餐飲設施使用的一切桌用布巾的標準量儲物水準，每晚應統計用髒的布巾用品，並應開列送洗衣房洗滌的物品清單。洗衣房經理與客房部經理都可利用該清單實施控制，並把它作為第二天分發物品的憑據。各餐飲設施應每日補充一次桌用布巾，將儲備量恢復到桌用布巾標準量水準。特殊活動所需的布巾可在每晚的統計單上註明，並將其列入第二天的桌用布巾遞送單上。

五、清點布巾用品實物庫存

對在使用的與儲存的一切布巾的實物存量進行清點，是布巾庫存管理中最重要的內容。每月應做一次徹底清點，每季至少應進行一次實物庫存清點。一般情況下，該項工作放在各個月度結算期末進行，以此向客房部經理提供重要的成本控制資訊，客房部經理需要這些資訊來對客房部的預算實行監督。

透過定期實物庫存清點，客房部經理獲得在用物品及認定丟棄、遺失或需要更新的物品的正確數量。這種控制對維持周密的預算，確保客房部備足庫存滿足旅館布巾用品需求來說，都是不可缺少的。旅館對布巾備品儲備的補充，是以各項實物庫存為基礎的。

通常，客房部經理與洗衣房經理一起清點實物庫存。大型旅館可能由其他客房部員工幫助清點布巾備品。旅館庫存清點多數由員工小組完成，一人點數，另一人把各類布巾用品數量登入庫存清點單上。習慣的做法是，旅館的審計主任或財務部代表參與抽查清點結果，並確認最終實物庫存報告正確無誤。清點工作結束後，最終的報告送交旅館審計主任或總經理審核後備案。

表 4-3　丟棄布巾記載表範例

丟棄布巾記載表

客房部服務員（縮寫字母）＿＿＿＿　總經理（縮寫字母）＿＿＿＿　截止期＿＿＿＿

日期	浴巾	手巾	洗臉巾	浴室地墊	淋浴簾	雙人床單	特大號床單	雙人枕套	特大號枕套	雙人枕頭	特大號枕頭	雙人毯子	特大號毯子	雙人床墊襯墊	特大號床墊襯墊	雙人床床罩	特大號床床罩	兒童小床床單
丟棄物總數																		

（續）表 4-3　丟棄布巾記載表範例(上表背面)

丟棄方法				
物　品	丟棄處理方法		物　品	丟棄處理方法

備註：_____

_____

_____

填表人_____

　　（客房部經理）

資料來源：Holiday Inn Worldwide.

　　庫存清點應包括放在各個點的全部布巾用品。客房部經理應將庫存清點安排在客房與洗衣房之間的布巾流動可中止的時候進行。一般是指洗衣房工作已經結束，所有客房已換上乾淨的布巾，所有樓層壁櫥內布巾儲備也已恢復到標準量水準的一段時間。同時，應將所有運送骯髒布巾的滑道封停或關閉，避免布巾再有流動。

　　查明旅館裏可能發現布巾用品的所有場所。客房部經理對任何一處都不能疏忽。這些地點有：

　　1.布巾主儲藏室；

　　2.客房；

客房部後勤與顧客服務

　　他們面臨著一場挑戰。緩慢的電梯招來客人的抱怨，且損失了旅館的再訪客業務。海灘旅館的一組員工群策群力，尋找解決問題的辦法。

　　小組成員來自櫃台、客房部、訂房部、保全部、電話總機室、維修部與行李服務部。他們發現旅館自身運作程序造成了電梯擁塞的情況。賓客想乘坐電梯時，搬運員正在用電梯遞送布巾用品。透過調整工作時間，把運送備品的工作放在上午 7 點以前進行，這樣電梯在早上高峰期間可讓給賓客使用。

　　但小組沒有結束他們的工作。他們現在在各層樓的儲物庫。雖然樓層裏有壁櫥，但全被旅館收藏的諸如財會檔案和過時的行銷宣傳小冊子占滿了。小組發動大家奉獻出業餘時間，參與壁櫥的清理工作，對櫥內空間的使用重新安排，還建起了層架。他們還根據客房服務員的個人愛好，將壁櫥區域漆成不同顏色，增添了不少樂趣。

　　總經理說：「你們所做的一切，提升了顧客滿意度，提高了員工勞動生產力，這對旅館意味著 8 萬 4 千美元的收入。員工功不可沒」。

資料來源：《居室年鑑》，第 2 卷第 1 期。

3. 樓層布巾壁櫥；

4. 客房服務布巾車；

5. 骯髒布巾箱或遞運滑道；

6. 洗衣房儲物架；

7. 流動布巾卡車或布巾車；

8. 拼裝成的折疊床、帆布床、坐臥兩用沙發、童床等。

　　客房部經理應制作一份供記錄各個點各類布巾用品清點結果的清點單。清點單的上方應列出日期、地點及清點人員的姓名等欄目，左邊一縱欄列明所清點的各類布巾品名。在列出布巾品名時，客房部經理應正確區分物品的種類、規格、顏色及其他特點。另外，如果清點單上物品排列次序與存物架上物品放置順序一致，清點過程將變得快速而容易。表 4-4 是記載樓層布巾用品室及相應的客房服務員布巾車上的布巾用品數量的清點單。

表 4-4　布巾用品清點單範例

庫存清點單				
客房布巾用品				
姓名		日期		樓層
物　　品	壁　　櫥	布巾車 1	布巾車 2	布巾車 3
枕套				
特大號床單				
大號床單				
浴室地墊				
浴巾				
手巾				
洗臉巾				

　　兩人小組使用該清點單就可完成各布巾用品點的實物庫存清點工作。一人點數並報出某項布巾的數量，另一人將數量記入標準清點單的相對應欄內。若有第三個人，則可對清點結果做一抽查，確保正確無誤。

　　在完成清點工作並把所有標準清點單填寫完畢後，客房部經理應將單子收齊，並把總額登入庫存品控制總表中。得出總額後，可將布巾清點結果與前一次庫存清點結果做一比較，從而查明實際的布巾使用量，並確定更新物品的購置需求。

　　表 4-5 是布巾用品庫存品控制總表範例。第一部分第 1 行列出旅館布巾備品的全部庫存物品。所列物品的順序應與標準清點單上布巾用品排列的順序相一致。

　　第 2 行標明前一次實物庫存清點的日期。客房部經理應將前次庫存品清點記錄登入此行。

　　第 3 行用於記錄前次實物清點以後收到的新布巾用品的數量。這些資料應將收到後開箱的布巾用品與已投入使用的新布巾用品都計算在內。

第4行是目前擁有的前一次實物清點後的庫存量（第2行）與新近收到的布巾用品數量的總計（第3行）。

第5行記載已知的上次實物清點後丟棄的布巾用品。查看布巾用品丟棄記錄（見表4-3）就可獲得這些資料。

經理將小計（第4行）數字減去丟棄布巾用品數字，就獲知現有各類布巾用品的總數。各類物品預期的總數被記入表中第6行。

第二部分記載各布巾用品地點統計得出的各類布巾用品的總數。這些總計數字，即為標準統計表上列出的各個地點各項布巾用品總計的轉登數字。第15行是各個地點各項布巾用品的總量。這些數字顯示旅館各項布巾庫存品現有的實際數量。

第三部分有助於客房部經理對庫存品實物清點的結果做出分析。將相關的預期數量（表中第6行）減去各項布巾用品（表中第15行）計得的總數，客房部經理就可確定各項物品損失的確切數量。這一數字載於表中第16行。布巾損失量即為上次庫存品清點總計（加上新購得的物品量）與本次清點數量的差額。儘管實物清點反映出布巾損失的數量，但未顯示造成損失的原因。如果發生期望數量與實際數量差異很大，有必要做進一步調查。

客房部經理在每次實物清點後，應確保布巾用品標準量水準恢復到原先制定的多種布巾用品的標準量水準。每類布巾的標準量數量載於表中第17行。這些數字表示各類布巾必須始終維持的標準庫存品數量。客房部經理將相關的各項布巾用品的標準量數量（第17行）減去現有各類布巾品的實際數量（第15行），可確定恢復各項物品標準量水準所需補充的數量。這些數量錄入表中第18行。再將這些數字減去已訂購但還未收到的布巾數量（第19行），客房部經理能確切知道他還需要訂購多少物品才能將各項布巾的標準量儲備補足。這一結果則記入表中第20行。通過實物清點，客房部經理能確定什麼布巾以及各類布巾因損失須補充的數量，並維持確定的布巾標準量水準。

表 4-5　布巾用品庫存品控制總表範例

地點＿＿＿＿＿＿		客房部布巾庫存品		製表＿＿＿＿＿＿			
地點編號＿＿＿		總經理（姓名首字母）＿＿＿		清點日期＿＿＿			

第一部分 1. 物品							
2. 上次庫存品清點日期（　）							
3. 新布巾品登錄							
4. 小計（2、3 兩項相加）							
5. 記載的丟棄物品							
6. 總計（4、5 兩項相減）							
第二部分 7. 儲藏室							
8. 儲藏室							
9. 儲藏室							
10. 布巾用品室							
11. 洗衣房							
12. 布巾車上							
13. 客房內							
14. 折疊床、童床上							
現有物品總計 15. 第 7 項至第 14 項之和							
第三部分 16. 布巾損失（第 6 項減第 15 項）							
17. 標準量儲備數量							
18. 需補充量（第 17 項減第 15 項）							
19. 訂購量							
20. 還需訂購量（第 18 項減第 19 項）							

資料來源：Holiday Inn Worldwide。

庫存品控制總表製作完畢後，應將它與布巾用品丟棄記錄（表4-3）一併呈交給旅館總經理。總經理核實並起草報告後，將它轉送財務部門。旅館財務部門將向客房部經理提供有關每間租出房的使用、損耗及開支的重要成本資訊。該資訊對確定與監理客房部的預算是有助益的。

餐飲部桌用布巾的實物庫存清點工作，應大致按客房布巾用品清點方法進行。遵循同樣的總體原則與程序，並使用同樣的總表形式。應為各個餐飲點製作庫存品單，包括宴會場所，將旅館使用的桌用布巾用品按種類、規格與顏色詳細開列出來。庫存清點工作應安排在洗衣房桌用布巾往來流動可以停止的時候進行，且這時各個餐飲點的布巾儲備充分，達到了原定的標準量水準。按照與客房布巾用品實物清點程序相同的步驟進行操作，即可計算出桌用布巾用品的總庫存量，客房部經理就可確定補充儲備的需求。

第三節 工作服

旅館許多部門的員工是穿著工作服上班。有時，各部門自行負責提供本部門使用的各種型號與規格的制服庫存品。但在更多情況下，是由客房部來負責整個旅館使用的工作服的儲藏、發放和管理。這可能是一項紛繁複雜的職責，在大旅館中尤其如此，那裏有大量的工作服，其種類、數量及規格多種多樣。

一、確定工作服的標準量數量

要確定應有多少種類與規格的工作服可能是很困難的。此項工作之所以棘手有很多原因，例如不同的部門需求、工作服規格要求的不一致性、不可避免的人員流動及不可預測的事故造成的損毀等。

客房部經理可根據各個部門負責人提供的資訊，確保把足量的各類工作服投入使用。為了制定各類工作服標準量水準，經理須知道每一部門有多少人著工作服上班，各需要哪種服裝，以及工作服換洗的頻率。規格大小問題可這樣處理，即在第一次給新員工發工作服時，量體裁衣，定制服裝。

制定標準量水準要考慮的另一個因素是洗衣房處理工作服所需的周轉時間。工作服標準量水準的高低，很大程度上取決於工作服需要洗滌

的頻率。例如，假如工作服每週僅洗一次，每週就得給每位員工發5件工作服。在這種似乎不大可能的情況下，每位員工在週末開始時，將用5件穿髒的衣服去換5件乾淨的衣服。如果把換衣服當天員工的工作服統計在內，須給每位員工保有11件工作服的標準量。

更可能採用的一種方案是基於制服每日洗換的原則，即每日用一件髒衣服換一件乾淨衣服。這樣，至少須有3個標準量的工作服。即員工們身上穿的工作服為一個標準量，另一個標準量的工作服送洗衣房洗滌，第三個標準量服裝供交換髒衣服時發給。與每週洗滌一次工作服相比，每日洗滌的做法更加可行，且成本較低。所有員工都有一件備用的乾淨工作服在手（另一件已穿在身上），以備日間工作所需。工作服儲藏室可安排員工在每日各個班次上班時為員工調換工作服。

客房部經理可能認定保有5個標準量的做法更合理些。這樣手頭上有充足的儲備應付新員工的需求，並有餘地滿足現有員工更換工作服的要求。5個標準量的儲備也能保證在出現事故或不測損毀時，有足夠的備用服裝滿足應急之需。

客房部經理可能還須考慮旅館各個部門穿著制服人員的需求。由於前臺員工始終是公眾注意的對象，他們整天保持整潔的外表顯得格外重要。因此，客房部經理可能要給前廳部員工維持更高的工作服標準量水準，這些人更需要頻繁地更換衣服。同樣，由於衛生對直接接觸食物的旅館員工來說如此重要，廚師、餐飲服務員及其他廚房工作人員可能每日更換兩次工作服。

在許多旅館裏，員工們自己負責保養工作服。然而，法律規定對自己洗滌工作服的員工必須給予補償，因此，旅館使用店內洗衣服務對工作服做統一洗滌，就能減少這方面的開支[2]。

二、工作服庫存品管理

一切工作服都應由工作服儲藏室發放並加以管理。應提供足夠的空間供儲存不同規格與數量的工作服，而且整個儲藏室應安排得井然有序。工作服應按不同的部門加以分類，以避免員工們在上下班時，因需要用髒衣服換取乾淨衣服而造成忙亂與時間的耽擱。客房部經理須為工作服的控制與管理制定具體的操作程序。要建立適當的程序，做好髒衣服收取工作，並向工作服儲藏室與洗衣房提供收取物品的記錄。工作服

儲藏室服務員應每日向洗衣房遞交當日洗滌的工作服記錄單。

　　為了對工作服加以控制，多數旅館規定必須拿髒工作服換取乾淨的工作服。有些旅館的做法是憑部門經理簽署的專用申領表格給員工發放工作服。

　　員工交還工作服應給予收條。如果使用交換的方法，換給的乾淨工作服即是收條。若是第一次發放工作服，全體員工都應書面簽收衣服的數量和種類。類似表4-6的卡片可用於此目的，並可留作各個著工作服員工的檔案。這種工作服控制卡片可由工作服儲藏室保存，或由員工所在部門存檔。有些旅館也將工作服領取記錄放人員工人事檔案。記載員工使用工作服發放情況的總表應由客房部加以保存。

表 4-6　工作服庫存品控制卡範例

工作服庫存品卡

姓　　名＿＿＿＿＿＿　　　　　　日　期＿＿＿＿＿＿

職　　務＿＿＿＿＿＿　　　　　　部　門＿＿＿＿＿＿

工作服＿＿＿＿＿＿　　　　　　編　號＿＿＿＿＿＿

　　我清楚我對所發工作服負有全責，且在我變動工作職位或離開公司時，將歸還全部工作服。我同意公司有權在我遺失這些衣物或因非正常使用導致工作服受損而需作修補時，由此造成的損失費可在我工資中扣除。同時，我明白任何時候不得將工作服攜出旅館。

員工簽名＿＿＿＿＿＿

客房部經理簽名＿＿＿＿＿＿　　　　　　日　期＿＿＿＿＿＿

　　發放工作服時，員工就對工作服的保管、保養與管理負起全責。當員工不再受僱於旅館而離開時，應交還其所保管的所有工作服。工作服儲藏室服務員應向財務部書面陳述，說明員工是否妥善歸還了發給的全部工作服；否則，該員工最終的工資單上將扣除因未交還工作服而須做出賠償的款額。

　　客房部經理對保證一切工作服處於良好保養狀態負有責任。穿著工作服的員工們最清楚自己衣服需作什麼修補。他們可使用簡單的修補需求單告訴工作服儲藏室服務員要修補什麼。員工在用髒衣服換乾淨工作

服時，應將此需求單填好。儲藏室服務員應把修補標籤掛在通常掛乾淨衣服的地方。標籤上列有員工的姓名、號碼、部門、工作服名稱、修補要求、收到衣服日期及該衣服需交還的日期等資訊。該髒衣服洗淨送還後，上述標籤提醒工作服儲藏室服務員將此衣服送去修補。假如受損的工作服已無法修補，客房部經理應將此工作服判為不宜再用，將其換掉。如同丟棄布巾的情況一樣，丟棄工作服的記錄應由客房部經理保存。

清點全部工作服的工作至少每季應進行一次。布巾用品實物清點工作的普遍原則同樣適用於工作服的清點。清點工作服時，工作服儲藏室應予以關閉，以防止人員的流動。應把有關發放工作服給員工保管及工作服因受損已不能使用的記錄作為參考資料。清點工作服時，應考慮所有地點，包括員工更衣室。一般情況下，工作服清點工作是在旅館所有部門的協助下進行的。

客房部經理可使用工作服庫存品控制表，獲取各個類別與規格的旅館工作服的正確統計數字，表 4-7 為該表的範例。對比現有的數量與上次清點獲得的資料，客房部經理可確定已遺失或丟棄的工作服的數量和類別。這樣，年度工作服使用率就可根據季度工作服清點結果而得出。比較現有的數量與各類工作服的標準量水準，就可確定工作服更新的數量與種類的需求。

表 4-7 工作服庫存品控制表範例

數量	規格	工作服	單價	數量	規格	工作服	單價
		制服著裝服務				櫃台	
		行李員短上衣				前廳部男士套裝	
		行李員長褲				前廳部男士背心	
		行李員領結				前廳部男士領結	
		停車場服務員短上衣				前廳部女士套裝	
		停車場服務員長褲				前廳部女士領帶	
		停車場服務員襯衫					
		停車場服務員領結					

第四節　賓客借用物品

　　向旅行者提供所需的各種常用設備是旅館的一項賓客服務內容。它根據賓客的要求出借物品，且不收費。通常客房部負責儲備、出借及收回賓客借用物品。

一、借用物品的種類

　　各個旅館向顧客出借的物品種類有所不同。一般出借的物品包括熨斗、熨衣板、針線包、吹風機、鬧鐘、童床、床板及變壓器。其他物品有電熱墊、熱水瓶、冰袋、剃刀、電動刮鬍刀、捲髮器、不引起過敏的枕頭、加熱毯、羽絨蓋被、折疊行軍床及玩橋牌的桌椅。另外，供賓客使用的物品還有手杖、T字形拐杖與輪椅。

二、確定賓客借用物品的標準量數量

　　旅館出借給賓客的物品種類通常取決於旅館的服務水準及一般客戶的需求。而出借物品的庫存量取決於旅館的規模及預期的賓客需求量的大小。賓客借用具體物品的頻率，因旅館的類別、住房率水準、賓客當日到店與遷出的模式及旅館某一時間段住宿客人的類別的不同而不同。客房部經理需要與旅館總經理和市場行銷部合作，確定旅館賓客借用物品的種類與數量。客房部經理有責任為滿足賓客的要求備足物品，做好借用物品的供應工作。

三、賓客借用物品庫存品控制

　　客房部經理要制定各種程序，這些程序涉及保存賓客借用物品庫存品的正確記錄，應按賓客的要求，追蹤出借的物品，以及確保借出的物品及時歸還。

　　客房部經理應有本部儲存的一切賓客借用品的完整無誤的清單。庫存品記錄上反映出每項物品的名稱、製造商、供應商或售貨商、購買日期、貨價、保修及存放地點的資訊。記錄還註明各項物品的標準量數量。當破舊物品不再使用及新的物品投入使用時，該賓客用品庫存品總表應不斷更新。

　　有必要制定對賓客借用物品的發放及使用情況追蹤的具體政策與程

序。程序的制定將根據旅館通常接待的客戶的性質及旅館過去借用物品遺失或被竊的記錄來完成。不論使用哪種方法去追蹤出借物品,都必須在控制旅館損失及提供優良賓客服務這兩個方面取得一種平衡。

客房部經理可使用如表 4-8 所示的記錄簿對賓客借用物品要求加以監督。用它記載借出物品的種類、客人的房號及要求的物品、借出物品和歸還物品的時間。同時還註明預期客人結帳遷出日期,這有助於追蹤如特殊枕頭與床板這樣的物品,這些物品通常在客人住店期內出借和使用。客房部經理透過該記錄簿的使用,就可推測何時要求借物的賓客人數最多,何時要求借用某項物品,以及不同物品借用時間的長短。該記錄簿還有助於客房部經理追蹤使用物品的地點,並確保所有物品得以歸還。

表 4-8　賓客借用物品記錄簿範例

日期	房號	要求借用物品	接到電話		遞送		取回	
			時間	誰	時間	誰	時間	誰

有些旅館要求賓客簽借用物品單。當員工把借用物品送至客房時,應在簽單上記錄物品的種類、賓客姓名和房號及物品送達的日期和時間。員工應讓借用者簽名。另外,有些旅館要求借用物品的客人付押金。押金大小視借出物品而定。在此情況下,員工將出借物送至客房時,應向客人說明,如果發生借用物品不能歸還的情況,押金款將記入其住店帳內。有些旅館規定,不享受價格優惠的預付客人須交付現金押

金方可借用物品。此種情況，應要求客人去櫃台付押金。客房部人員或行李員決不能擅自收取或處理現金押金。

押金收據應送至櫃台，放入客人帳單中，但此時不應將押金數額登入帳單。借用物品歸還後，切記將此收據從帳單中抽出，並馬上銷毀。不然，客人雖然歸還了借用的物品，其帳上仍可能有一筆借用物品的帳。

其他一些有關控制賓客借用物品的程序也應視作是必要的。如果可能，應給每一位借物品的客人打一個追蹤電話，確認客人已收到物品，並詢問是否需要別的幫助。當物品送至賓客房內時，應要求客人當日晚些時候電話通知客房部去取回物品。如果客房部幾個小時後仍未接到客人的電話，應給客人打個電話，查問借用物品是否使用完畢。多數情況下，借用物品不應過夜不還。

應定期檢查各項借用物品，保證物品處於正常狀態且可以安全地使用。物品出借當日也應測試，確保客人使用該物能達到預期的目的。對破舊、受損或破碎的物品，應根據需要加以更新。

第五節　機器與設備

客房部經理應負責確保客房部員工擁有適當的工具來完成所分配的任務。這些工具包括清潔客房及公共區域所需的主要機器與設備。所有的機器與設備必須保養完好，以便員工能安全和有效地使用。客房部經理應對機器與設備的管理制定使用的方式及程序。

一、機器與設備的種類

客房部員工在日常工作中使用各種各樣的機器與設備。客房服務布巾車是較常見的員工使用的基本工具之一。為完成各項清潔任務，員工也可能使用多種吸塵器，包括客房吸塵器、背負式吸塵器、通道吸塵器、空間吸塵器、電動掃帚及濕型吸塵器。地毯清潔設備、堆物升降機及旋轉式地面清潔刷也是地面妥善保養工作所不可或缺的。另外，洗衣房設備、縫紉機及各種垃圾處理設備可由客房部加以保存與管理。

二、確定機器與設備的標準數量

旅館內部須持有的設備數量與種類將取決於旅館的規模與清潔需

求。客房部經理可能選擇租用而非購買那些專用性強且無經常使用價值的設備。設備需求還受到客房的數量及位置、地面與牆面塗料的種類以及洗衣房規模的影響。

在旅館總經理的幫助和指導下，客房部經理可確定儲備什麼機器與設備及每類設備機器需儲備的數量。他同時應保存一份完整的清單，列出客房部儲存的一切機器與設備。

三、機器與設備的庫存品控制

對客房部儲存的主要機器與設備實行控制，需要有正確的庫存品記錄，需要建立物品發放程序及保證儲物區的安全。

庫存品卡片體系是一種有效的庫存品控制方法。應為客房部使用的每件主要機器或設備建立庫存品卡片。卡片上應明確記載物品名稱、型號與序號、製造商、供應商、購買日期、貨價、預期使用壽命（一般以小時為單位）、保修資訊及本地維修點資訊。這些內容有助於確定一件設備應何時進行更換。卡片上應列出旅館擁有的與該機器一起使用的所有附件。任何庫存品中有的備件（軟管、皮帶等）也應一一列出。卡片上還應註明這些設備、附件及備件的準確儲存區或工作區域。

維修要有記錄，並將記錄與相應的庫存品卡片一起歸檔。維修記錄簿上應記載相關資訊：物品送修日期、什麼問題、維修者姓名、修理情況、更換的零件、修理費用及該物品已停止使用的時間。這些記錄有助於確定向維修代表交待器械存在的問題。客房部經理還可根據這些記錄，估算維修費用及機器與設備因維修而造成的停工期。

設備發放程序確立後，應建立設備日誌簿，記載發放及歸還的一切設備。日誌上應註明日期、發放的設備名稱、發給誰、設備在旅館何處使用及歸還的時間。理想的做法是在一中心地點發放所有的設備，配備一名員工負責簽發工作。領取設備者應在領取與歸還時分別簽名備案。

儲藏室儲存主要機器與設備的條件，應考慮安全問題。機器與設備閒置時，應將其妥善存放並關門上鎖。決不允許將店內設備攜出旅館。機器或設備供給其他部門使用時，客房部經理應做詳細記錄，並對借出設備進行追蹤，確保得以歸還。

所有主要機器與設備的實物庫存品清點工作應每季進行一次。應確定一個清點的時間，此時一切設備將存放和閉鎖在儲藏室裏。清點時應

查看庫存品卡片，並核實所有物件的準確儲放地點。清點所有的附件與設備，並將結果記在相應的庫存品卡上。最後，應對一切機器與設備做一測試，確保其處於良好的狀態。

第六節　清潔用備品

清潔用備品與小型清潔設備是客房部非循環使用庫存品的一部分。在客房部日常經營中，這些物品被消耗或用掉。對一切清潔用備品的庫存實行控制並確保其得到有效使用，是客房部經理的一項重要職責。客房部經理必須與本部門員工共同努力，確保清潔材料的正確使用，並遵循成本控制的程序。

一、清潔用備品的種類

客房部工作的完成須使用各式各樣的清潔用備品與小型設備。基本的清潔備品有多功能去污劑、消毒劑、殺菌劑、碗碟洗滌器、窗戶清潔器、金屬擦亮劑、家具上光劑及擦洗墊。

日常須使用的小型設備包括塗抹器具、掃帚、乾拖把、濕拖把、拖把絞乾器、清潔用提桶、噴霧瓶、橡皮手套、眼睛保護罩及清潔用擦布與抹布。

二、確定清潔用備品庫存品標準量數量

由於清潔用備品與小型設備是非循環使用庫存品的一部分，因此，其標準數量與客房部日常運作中這些物品的消耗率密切相關。一項清潔用備品的標準量數量實際上是介於兩個數字——最小儲備量與最大儲備量之間的一個數字。

最小儲備量（minmum quantity）指始終應備存的最小物品購置件數。清潔用備品購置件數以一般物品運輸的容器為單位，諸如箱、紙盒或桶。現有的清潔用備品數量決不能低於為該項物品確定的最小儲備量。

最小儲備量的確定基於該項物品的使用要素。使用要素指某項非循環庫存物品在一段時間內用掉的數量。客房部運作中清潔備品的消耗率是確定這些非循環使用物品庫存數量的主要因素。任何清潔用物品的最小儲備量，是透過將從訂貨至交貨間隔的時間中，所需使用的物品數量

與該項物品安全庫存數量相加確定的。從訂貨至交貨間隔的時間中所需使用的物品量（lead- tine quantity），是指從下備品訂單到實際收到訂貨之間所用掉的購置物品的數量。過去的購買記錄能顯示送達某種物品訂貨需花的時間，客房部經理既要明白供應商送貨須花費的時間，也要清楚旅館要花多長時間去處理購物需求及下訂單。某種清潔備品的安全儲備數量，指的是在各種情況下客房部為平穩運作必須在手頭始終保有的購置物件的數量，這些情況包括發生緊急事件、物品損壞、送貨意外遲延等。將安全儲備所需的物品件數與訂貨至交貨間隔的時間中須用的物品數量相加，客房部經理可確定始終須備存的最小物品購置件數。

　　各項清潔備品確定的最大儲備量（maximum quantity）是指始終備存的最大物品購置件數。客房部經理在確定清潔用備品最大庫存數量時，要考慮幾項重要的因素。首先，必須考慮客房部現有的儲物空間有多大，供應商是否願意為了向旅館定期送貨而使用自己的倉儲設施儲放這些物品。其次，要考慮某些物品的貨架期。如果物品儲存的時間過長，產品的品質與效用將下降。第三，最大儲備量不應定得太高，以免旅館大量現金浪費地擱置在過量的倉儲物品上。

三、清潔用備品庫存品控制

　　清潔用備品的庫存控制應建立嚴格的發放程序，該程序規範產品從主儲藏室至樓層清潔用壁櫥，也要求掌握主儲藏室現有產品的正確數量。

　　客房部經理可為樓層壁櫥制定一個標準量數量系統，客房服務員都從這些壁櫥中取物補充自己的布巾車（無此類壁櫥的旅館通常在一個班次的開始時，發給客房服務員一日的清潔用備品需求量的物品）。根據不同住房率情況下各種清潔用備品的使用率，客房部經理可確定各樓層工人區的物品標準量數量，從而使各工作區獲得供一周使用的充足的清潔用備品。可將清潔用備品從主儲藏室發往各樓層工作區，使各樓層工作區的物品儲備達到規定的標準量數量。客房部經理對發放過程中物品發放量的追蹤，就能監視物品的使用率，發現使用量不足或過度使用的情況。對樓層清潔用壁櫥可定期進行檢查，以保證標準量數量得以維持。樓層清潔壁櫥內備品短缺，檢查客房時就會發現很多缺陷，從而為賓客帶來不便，且因為客房服務員為完成任務四處尋找清潔用物品，又造成工時的損失。一旦標準量數字確定後，客房部經理應定期進行核查

和調整，使其適應營業與住房率發生的變化。

　　客房部經理要確保所有儲存的設施是安全的，讓全體員工嚴格遵守標準的發放程序。爲各項清潔備品制定的最小庫存量與最大庫存量要求，應張貼在儲藏各項物品的儲物架上，使客房部經理對現有清潔備品數量是否充足一目了然。

　　一切清潔備品的永續盤存帳（perpetual inventory），常與標準量儲存系統一起使用。永續盤存帳提供補充壁櫥申領物品的記錄。這兩種體系的結合，使客房部經理能夠對人員完成清潔任務所使用的供應物品實行嚴格的控制。當主儲藏室收到新購置的物品，以及物品發往樓層清潔作業區時，永續盤存帳上對清潔備品的數量做出更動。一旦永續盤存帳上顯示某一備品的現有數量降到重新訂貨警戒水準時，可要求重新訂購充足數量的物品，使儲備恢復到最大儲備量水準。

　　各個旅館的儲藏室應定期進行實物清點工作。每月對一切清潔備品的實物盤存，使客房部經理能夠確定訂購物品的數量。消耗迅速的物品之實物清點頻率需更高。表4-9所示的實物清點記錄單可作爲一切清潔備品的清點工作單。透過對各項物品的最低庫存數量與最高庫存數量的確認，以及核點各儲存地點現有物品的總量，客房部經理就能輕易地確定各項物品須訂購的數量，將這些備品的儲備恢復到規定的最大儲備量水準。清點記錄單上物品開列的順序若與庫房架上實物安排順序一致，清點工作就能快捷容易地完成。

表 4-9　庫存品記錄單範例

假日旅館庫存品記錄單

旅館＿＿＿＿＿＿＿　　　　　　　接洽者＿＿＿＿＿＿＿

庫區編號＿＿＿＿＿＿　　　　　　記錄者＿＿＿＿＿＿＿

部門＿＿＿＿＿　日期＿＿＿＿＿　審核＿＿＿＿＿＿＿

　　　　　　　　　　　　　　　　頁碼

物品名稱	標準單位	最大量／最小量	庫存品				庫存品總量	單價	總成本
			儲藏室	1	2	3			

資料來源：Holiday Inn Worldwide.

　　客房部經理透過記載清潔用品的購置與發放情況，可對各項庫存品的實際使用率實行監督。表 4-10 可供客房部經理確定各項清潔備品與設備的預期庫存品量。前次實物庫存和清點結果列於表中下月庫存品起點一欄。這一欄的數字將加上月度物品購買量，但要減去發放的物品量。總體數量（或終極庫存品一欄）即為估計的各庫存品本月月底的儲存量。實物庫存清點結果可與月底估計庫存品量做一比較，兩者的差額為該月清潔備品與設備遭受的損失量。如果發現此差額過大，客房部經理應進行調查，查明物品儲存、發放及記錄控制等環節的工作是否正確地執行。

圖 4-10　庫存物品估算表範例

	月份＿＿＿＿＿			
客房備品與設備庫存品估算單				
物　　品	起點庫存品量＋購買量－發放量＝終極庫存品量			
清潔備品				
多功能去污劑				
噴灑液				
玻璃清潔器				
廢紙簍內墊				
地毯洗滌劑				
污跡洗淨劑				
清潔用擦布				
擦拭用海綿				
工作手套				
眼睛保護罩				
設備				
拖把				
掃帚				
簸箕				
吸塵器				
桶				
刷碗用毛刷				
地毯清洗機				
窗刷				

HOUSEKEEPING MANAGEMENT

第七節　賓客用備品

　　旅館向賓客提供各種多樣的客房備品與方便用品，以滿足他們的需求與住店的方便。通常客房部經理負責儲備、發放及控制這些物品，並保證這些庫存品儲備充足。

一、賓客用備品的種類

　　旅館日常提供的賓客用備品的種類與數量，多半取決於旅館的規模、接待的客戶與服務水準。客房部負責的賓客用供用品與方便用品一般包括浴皂、洗面皂、馬桶座墊紙、衛生紙、面巾紙及衣架。其他備品有眼鏡、塑膠盤、水罐、冰桶、火柴、煙灰缸與廢紙簍。有些旅館可能向所有客房提供乳液、洗髮精、護髮劑、浴用海綿、淋浴帽、淋浴墊、針線包、擦鞋布、拋棄式拖鞋等物品。提供的物品還可能包括洗衣袋、實用塑膠袋、衛生袋、指甲銼刀及薄荷糖。另外，定期分發的物品還可能有筆、信箋信封及各種印刷物品，諸如「請勿打擾」標誌、防火須知、客人意見表及旅館或地區行銷宣傳材料。

二、確定賓客用備品庫存水準

　　各個旅館都有其客房賓客用備品配置要求。一個標準量的客房備品指旅館一次配置所有租出客房所需的各項物品的數量。客房部經理根據租出客房預報資訊，可確定下一個月配置客房所需的各項賓客備品數量。不過，由於賓客備品是旅館非循環使用庫存品的一個部分，因此物品使用率是確定庫存品數量的最重要因素。表 4-11 是 3 項賓客用備品月度標準量庫存品需求範例，它是根據該月租出房預測做出的。該圖還顯示該月這些備品在該月期間的實際使用情況。注意實際使用量可能遠大於根據房間配置需求量預定的標準儲備量。如果這些賓客用備品的庫存數量僅僅根據租出房標準量配置需求量來做出，就會導致嚴重的物品短缺。

　　與清潔用備品一樣，旅館的賓客用備品與便利品庫存量是透過確定最小庫存品量與最大庫存品量來設置和控制的。確定旅館賓客用備品庫存最小量與最大量時，須考慮住房率與物品使用率等因素。就拿香皂為例，看看如何確定它的最小與最大庫存量。

　　最小與最大量是以物品購置件數來計算的，因此，通常首先確定一

個標準包裝箱含多少塊肥皂。現假定每一箱含 1,000 塊浴皂。

　　第二步，計算旅館在營業高峰期間平均每日消耗掉多少塊肥皂。當然，這取決於租出房的數量及每日每間客房用掉該項物品的數量。假定旅館高峰期間客房平均租出量為 200 間，且每日每間房用掉 1 塊肥皂。那麼，旅館客人每日將用掉 200 塊肥皂。

　　第三步，確定旅館客人用掉一個標準箱的肥皂需要的天數。因為每箱內有 1,000 塊肥皂，且每日旅館將用掉 200 塊肥皂，因此 1 箱肥皂可供旅館使用 5 天。這表示每 5 天將用掉 1 箱肥皂。

　　第四步，確定始終應備存的整箱肥皂的最低件數。賓客備品的最小量，是根據從訂貨至交貨間隔的時間中，需使用的物品數量與該項物品已確定的庫存量之和來確定的。假定客房部經理確定肥皂適當的有保障的庫存量是 1 箱肥皂，或 5 天的供應量，該經理知道肥皂的貨架期較短，就確定 5 天的供應量已足以應付各種緊急情況、毀損情況或遲延交貨的情況。要確定訂貨與交貨間肥皂的需求量，客房部經理須考慮從旅館處理購物申請到批准購物申請要花多少時間，以及供應商要花多長時間處理並送達所購的物品。假定客房部經理確定後者花 5 天時間處理好訂單並交貨。由於 5 天的肥皂使用量是 1 箱，客房部經理將最小庫存品量定為 2 箱（1 箱有保障的庫存量+1 箱訂貨到交貨期間使用量=2 箱）。這樣，當肥皂只有 2 箱庫存量時，就須重新訂購肥皂了。

　　第五步，確定肥皂最大庫存量，或始終應備存的整箱肥皂的最高件數。除對儲存空間及節省旅館庫存品現金開支的考慮外，影響肥皂最大庫存品量的主要因素是訂購該物品的頻率。最大庫存品量的計算是透過將兩次訂購間的天數除以 1 箱肥皂可使用的天數，再加上最小庫存品量得出的。假定客房部經理每月訂購一次肥皂，兩次訂購間隔 30 天，由於 1 箱肥皂可使用 5 天，30 天就會用掉 6 箱肥皂。加上前面已確定的最小肥皂庫存量為 2 箱，這樣，肥皂的最大庫存量可確定為 8 箱。

　　在肥皂箱數降到庫存品最小量時，客房部經理應下肥皂的訂單，使庫存品水準恢復到最大量水準。當肥皂備品只剩下 2 箱時，客房部經理應訂購 6 箱肥皂，從而使庫存品達到 8 箱的最高水準。

圖 4-11 　賓客用備品標準量庫存與實際使用量比較

賓客用備品 月度標準量庫存			
物　　品	每間租出房潛在使用量×	預測租出房數量=	標準庫存品需求
洗髮精	1.0	×　　450	= 450
浴用海綿	1.0	×　　450	= 450
小塊肥皂	1.0	×　　450	= 450

一個月實際使用量					
物　　品	每月潛在使用量	租出房	潛在消耗量	實際消耗量	差額
洗髮精	1.0	×　450 =	450	370	<80>
浴用海綿	1.0	×　450 =	450	513	63
小塊肥皂	1.0	×　450 =	450	752	302

　　所有的賓客用品與便利品的最小與最大庫存量可使用類似的方法加以確定。影響計算結果的主要因素是：住房率水準、物品使用率、儲物空間、可使用的現金以及重新訂購備品的頻率。

　　應根據需要，密切注意和調整賓客用備品的庫存品水準與使用率。出於對某些因素的考慮，客房部經理可能會對賓客用備品與便利品的最小與最大庫存量做出調整。住房率的季節性變化是需要考慮的因素，住房率低時，備品的需求就下降了。由於各個月份的住房率可有差異，客房部經理可以根據住房率預報，計算出每月賓客用備品與便利品的標準量水準。

　　有些物品的標準的包裝量也會影響最小與最大庫存品量的確定。例如，淋浴帽可能以每箱 1000 頂的量出售。考慮該物品價格如此低廉，客房部可能認為過量儲備的後果遠不如短缺這項物品的後果嚴重。

　　有些諸如酒杯等賓客用備品，實際上是可循環使用的庫存品。這類賓客用備品的標準量水準，應採取類似計算客房布巾用品及其他可循環使用物品庫存品標準量的方法來加以確定。單從清潔週期的角度看，至少需要為客房儲備 3 個標準量的酒杯：一個標準量的乾淨酒杯，已包裝

並準備發放；另一個標準量的酒杯在客房中使用，用髒了待回收；還有一個標準量的酒杯在清洗中，洗淨後將發給下一次使用。考慮到偷竊、破損及客人可能要求增加酒杯等因素，客房部經理可能決定需要儲備4至5個標準量的酒杯。

三、賓客用備品庫存品控制

由於大部分賓客用備品屬旅館非循環使用庫存品，因此其控制方法與控制清潔用備品的方法大致相同。即採用建立標準量水準、進行實物清點工作及保存記錄的做法。其控制的原則和採集有關物品使用率及庫存品水準資訊的程序，與控制清潔用備品的情況基本一致。

居室年鑑 THE ROOMS CHRONICLE

採購中的事實與訣竅——洗髮精與乳液

· 冠以店名的瓶裝便利用品常常在賓客心中留下長久的印象。賓客不只是在住店期因使用這些物品而記住了店名，回家後還會經常將這些瓶子充填後供以後的旅行使用，這樣，旅館的名字將一遍又一遍地印在賓客的腦海裏。

· 接待住店時間較長客人的旅館瞭解到，訂購瓶裝便利用品以供客人使用許多日是划算的。接待住店時間較短客人的旅館會發現，向他們提供一次性使用的小包裝用品更加合算。

· 若訂購洗髮精與護髮劑，訂購洗髮與護髮二合一的產品則可以省錢。而護髮洗髮精只比平常的洗髮精略貴一點。

· 訂購瓶裝便利用品時須謹慎，避免訂購可能引起賓客過敏反應的物品。

· 決定是訂購普通型的還是名牌洗髮精或乳液時，可先要求供應商提供測試樣品，讓旅館員工與選擇的一些常客進行試用。供選擇的產品在水分含量、品質、產生泡沫能力、氣味及出液難易程度上各不相同。

· 多數銷售商或是提供使用絲網印刷術在便利用品瓶上印製旅館標誌與廣告語的服務，或將這些東西印製在貼在瓶上的標籤上。

· 大宗購買瓶裝便利用品能享受價格優惠。訂購特大宗貨品時，貨品單價可能削減5％或更多。

· 接受訂購的物品時，一定要對瓶裝物品進行抽樣稱量，確保符合訂單要求。

HOUSEKEEPING MANAGEMENT

瓶裝便利用品		
(價格為許多供應商 1996 年 6 月報價的平均價格)		
瓶裝便利用品價格		
產　　品	普通產品	名牌產品
1 盎司裝洗髮精	0.24 ／瓶	0.26 ／瓶
1 盎司裝護髮劑	0.24 ／瓶	0.26 ／瓶
1 盎司裝護髮洗髮精	0.26 ／瓶	0.28 ／瓶
1 盎司裝手用／體用乳液	0.24 ／瓶	0.26 ／瓶
0.25 盎司袋裝洗髮精*	0.08 ／袋	0.12 ／袋
0.25 盎司袋裝護髮劑*	0.08 ／袋	0.12 ／袋
0.25 盎司袋裝護髮洗髮精*	0.09 ／袋	0.13 ／袋
0.25 盎司袋裝手用／體用乳液*	0.09 ／袋	0.13 ／袋
(*名牌產品包裝量為 0.4 盎司)		
註：所含價格為近為宜。		

資料來源：《居室年鑒》，第 4 卷第 5 期

　　除了確立主儲藏室與樓層服務壁櫥的標準量水準外，多數旅館還制定出配置客房服務員布巾車的標準量水準。表 4-12 是為 12 間～14 間客房服務的服務員布巾車配置賓客用備品的標準量範例。向客房服務員發放賓客用備品與便利用品的管理程序，將取決於這些物品的發放方法，即採用的是每日從主儲藏室按已定的布巾車標準量發放，還是每週或按其他週期給樓層服務區域發放規定的標準量水準的物品。這兩種情況下的控制程序是一樣的。即住房率水準與物品使用率決定標準量水準的要求，且僅僅發放補足標準量儲存水準的物品。如表 4-13 這種控制表可用於對主儲藏室發放的賓客用備品數量實行監督。

表 4-12 客房服務員布巾車物品配置標準量範例

小塊肥皂	12	火柴	12	大塊肥皂	6	鉛筆	12
洗髮精	12	針線包	3	浴用海綿	12	明信片	6
浴帽	6	保全卡	3	洗衣袋	12	信封	12
普通筆記本	6			印有抬頭的信箋	12	雜誌	3
送餐服務菜單	3			防火須知	3	意見卡 12	

圖 4-13 賓客備品發放控制表範例

賓客備品需求單				
物　　品	儲物標準量	重新訂貨警示量	需求（與標準量同）	需求物品成本
肥皂(塊)	1箱	1/2箱		
手巾紙	1箱	1/2箱		
衛生紙	1箱	1/2箱		
浴帽	100	50		
火柴	6箱	3箱		
筆	1箱	1/2箱		
記事本	2包	1包		
鉛筆	1箱	1/2箱		
「請勿打擾」標誌	30	15		
玻璃杯	1箱	1/2箱		
客房文件夾	30	15		
廢紙簍	6	2		

HOUSEKEEPING
MANAGEMENT

四、印刷品與文具用品

印刷品與文具用品是和其他賓客用備品與便利用品一起發給客房的。雖然旅館行銷部門通常與這些物品的設計、生產直接有關，但這些物品的發放及庫存品水準是由客房部負責確定的。

旅館供賓客方便使用的印刷品可有信紙、筆記本、明信片、平信或航空信箋與信封、電話留言單、電傳電報單，甚至記載社交活動的桌曆。提供的物品還有「請勿打擾」標誌、防火與其他緊急情況須知、客房餐飲服務功能表、地圖、地區餐館或景點小冊子、電視節目單、賓客意見表或旅館服務評價表等。

印刷品與文具需要變化或更換的頻率將影響其最小與最大庫存品水準。有些印刷品反映客房較穩定的特色，這些物品不必頻繁改變或重新設計，且除了發生損壞或破舊不適宜再使用的情況，很少去更換他們。這類物品包括緊急情況須知、電話、電視、取暖與空調系統等設備的使用指南等。這些印刷品的庫存水準可能取決於物品印製成本的高低。

一些印刷品需每天更換，如電視節目單或特別活動日曆。其他如客房餐飲服務菜單等物品的更換頻率可能較低。這些印刷品的內容一旦過時，過量的庫存品就成了廢品。

其他使用壽命較有限的印刷品，涉及旅館服務的促銷小冊子與小廣告傳單。行銷部門通常有重新設計與更換這些宣傳物品的計畫。客房部經理要與行銷人員密切合作，確定這些物品所需要的庫存品水準。

文具用品諸如筆記本、印有抬頭的信箋、信封及明信片的標準量儲存水準的確定方法，與處理非循環使用庫存物品的一般做法相同。確定其最小與最大庫存量水準時，要考慮住房率、物品使用率、保障供應水準、從訂貨至交貨間隔的時間中需使用的物品量及採購計畫等因素。

居室年鑑 THE ROOMS CHRONICLE

採購中的事實與訣竅——肥皂（塊）

在美國，多數肥皂的成分含 80% 的動物油與 20% 的椰子油及色素、香料和濕潤劑。椰子油與棕櫚油合成的肥　皂更接近天然產品，但價格也更高。植物油可用作替代品，以避免使用動物性的衍生物品。

- 普通肥皂的成分一般與名牌肥皂的成分相同（可能成分比率有所不同），但價格較便宜。但客人有時青睞名牌產品。
- 精製的「法式凹凸花紋」皂去除了微粒間的氣體。這種濃縮型肥皂較其他肥皂耐用。
- 丙三醇皂由動物油脂提煉中的副產物與椰子油製成。這種昂貴的半透明皂以其含有的滋潤成分及美麗外形而出名。但由於其濕潤劑易揮發，貨架期較短。
- 洗手皂一般比除臭皂含有更多的濕潤劑，後者含有止汗劑與香料。
- 紙包裝皂的包裝費用最低。勞動密集型且價格較高的包裝有紙盒包裝、綿紙包裝及透明包裝。
- 接待住店時間較長的客人的旅館將發現，訂購較大塊肥皂供客人多使用幾天是划算的。反過來，接待住店時間較短客人的旅館向客人提供小塊肥皂則更為合算。
- 訂購10箱以上物品時，肥皂貨價一般已含貨運費用（與每箱箱內所裝皂數量無關）。
- 加上定制的標誌，至少得訂購2.5萬塊肥皂，才能抵付肥皂模具制版的成本。

測試肥皂	特別提醒

測試肥皂

對肥皂加以測試，用肥皂洗手並觀察：

- 肥皂有含砂的感覺嗎？砂樣感覺是添加滑石粉以增大配方造成的。
- 泡沫性是否強？泡沫是肥皂內含椰子油成分產生的。
- 泡沫對皮膚會產生滑爽感或乾燥感嗎？滑爽感來自於肥皂中的濕潤劑。
- 高品質肥皂不會在貨運中發生斷裂或在使用中裂成小塊。正確的肥皂壓制技術與避免掺入滑石粉能防止產生肥皂斷裂或碎裂的現象。

特別提醒

塊型肥皂在價目上常以「No.1/2」、「No.1.25」等分類。注意，這些規格號碼可能與肥皂的盎司數不相等。一般情況下，肥皂的盎司數等於規格數量的80%。旅館訂購肥皂時，必須寫明盎司數，以免產生混淆，確保所訂物品符合要求。

規格號碼	盎司
1/2	0.4
3/4	0.6
1	0.8
1.25	1.0
1.5	1.25

資料來源：《居室年鑒》，第4卷第2期。

![註 釋]

[1]該節改編自《居室年鑑》第4卷第4期第4頁-第5頁的一篇
文章。訂閱諮詢電話：603-773-9207。

[2]根據美國公平勞動標準法，如果清潔用開支使雇員的周工
資降至最低工資標準以下，雇主必須負責清洗工作服或給自
己洗滌工作服的員工以補償。

![名詞解釋]

樓層布巾用品標準量（floor par）　某一樓層布巾用品壁櫥爲配置所有客
房而需備存的各類布巾用品的數量。

旅館配置（house setup）　滿足所有客房一次配置所需的各類布巾用品的
總量。也稱作一個標準量的布巾用品。

庫存品（inventory）　商品、營業用供應品及旅館營運中，其他供日後使
用的儲存品。

發放（issuing）　從儲藏室向指定使用正式物品申領單的人員發放庫存
物品的過程。

從訂貨至交貨間隔的時間中所需使用的物品數量（lead-time quantity）從下
備品訂單到實際收到訂貨之間所用掉的購置物品的數量。

最大量（maximum quantity）　始終應備存的最大物品購置件數。

最小量（minimum quantity）　始終應備存的最小物品購置件數。

非循環使用庫存品（non-recycled inventories）　客房部日常運作中消耗掉或
用掉的庫存物品。非循環使用庫存品包括清潔備品、小型設備、賓客
備品及便利用品。

標準量（par）　手頭必須有的支持客房部日常運作所需的某項庫存品的
標準數量。

標準量數量（par number）　手邊必須有的支持客房部日常運作所需的某

項庫存品的標準量的倍數。

永續盤存帳系統（perpetual inventory system）　一種記載收到與發放物品的庫存品系統，該系統隨時提供有關庫存品水準與銷售成本的資訊。

接收物品（receiving）　接收所訂購的或預期的商品，並做出記錄。

可循環使用庫存品（recycled inventories）　客房部運作中供多次使用但使用壽命較有限的庫存物品。可循環使用物品包括布巾用品、制服、主要機器與設備及賓客借用物品。

保障性庫存（safety stock）　在各種情況下始終保證客房部平穩運作所必須備足的物品購置件數，這些情況包括緊急事件、物品毀損、交貨意外遲延或其他。

複習題

1. 將可循環使用庫存品與非循環使用庫存品做一對比。他們分別有些什麼物品？
2. 確定可循環使用庫存品的標準量水準的基本前提是什麼？對非循環使用庫存品來說又是什麼？
3. 制定布巾用品標準量水準應考慮的 3 個因素是什麼？
4. 客房部經理與洗衣房經理共同採用哪些常用方法來對布巾用品庫存品加以控制？
5. 進行實物清點工作的主要好處有哪些？實物清點應有怎樣的頻率？
6. 造成工作服標準量水準難以確定的因素是什麼？
7. 庫存品卡上該列出一件主要機器或設備的何種資訊？
8. 最小量與最大量的含義分別是什麼？
9. 描述如何一起使用最小量與最大量這兩種概念對非循環使用庫存品加以控制。

5

CHAPTER

控制開支

學習目標

1. 確認與預算規劃有關的客房部經理的職責
2. 說明客房部經理如何將營業收支預算作為控制的一種工具
3. 確認房務部損益報表上受客房部開支影響的項目
4. 說明客房部經理在預算規劃過程中如何估算部門的開支
5. 確認客房部經理在控制開支中可採取的 4 種行動
6. 描述客房部經理對採購所負的職責，並確認在確定年度布巾用品採購規模中應考慮的因素
7. 確認在考慮把清潔服務工作外包給承包商時，客房部經理應處理的問題

本章大綱

- ● **預算的過程**
  - 預算的種類
- ● **制定營業收支預算計畫**
- ● **利用營業收支預算進行管理**
- ● **營業預算案與損益報表**
  - 旅館損益報表
  - 客房部損益報表
- ● **開支的預算**
  - 薪水與工資
  - 員工福利
  - 外部服務
  - 館內洗衣房
  - 布巾用品
  - 營業用備品
  - 工作服
- ● **控制開支**
- ● **採購制度**
  - 布巾用品更新
  - 工作服更新
  - 採購營業用備品
- ● **資本支出預算**
- ● **外包與內部清潔作業**

　　既然客房部並非創造收入的部門，客房部經理為實現旅館營利目標所負的主要職責是控制部門的開支。除了控制部門的薪水與工資外，庫存品是客房部經理實施成本控制措施的一個主要領域。

　　本章敘述了預算的過程，並說明客房部經理職責範圍內的業務開支預算是如何確定的。本章還檢視了客房部經理實行控制所擔負的職責，並討論客房部經理在制定資本支出預算方案中所產生的作用。

第一節　預算的過程

　　營業收支預算案大略說明了一家旅館的營利目標。制定營業收支預算的目的是將經營成本與預期收益結合。年度營業預算細分成財政年度的每月營業預算。另外，各個部門將制定自己的月預算計畫。這些預算計畫涵蓋了各個責任區域，並指導本部門如何為實現旅館營利目標做出貢獻。

　　預算實質上是一種計畫，它對預算期間內旅館的預期收益及為實現這一收益目標所需的開支都做出了預測。客房部經理在預算的過程中負有雙重責任。首先，客房部經理參與了預算制定的過程，這就需要根據客房銷售預報資訊，並向房務部經理與總經理報告客房部的費用開。其次，由於預算反映的是一個年度的經營計畫，客房部經理必須確保部門的實際開支與預算開支相符，也和實際住房率水準相稱。

　　作為計畫，預算並非是一成不變的。它需要根據無法預測的或變化的情況做出調整。如果客房銷售未達到預期目標，那麼，分配給不同部門的費用就要做出相應的調整。假如住房率高於預期水準，則需要安排增撥費用，並將其納入修訂的預算案中。如果出現預期外的費用開支，則要評估此情況對整體預算計畫產生的影響。可能有必要為旅館確定新的方法，使旅館實現其財務目標。

　　作為計畫，預算也是業務經營的準繩，它為經理們衡量經營是否成功提供了標準。透過比照實際開支與分配給部門的經費，客房部經理可追蹤本部門的營運成效，並對部門在預算內實行支出的能力加以監督。

一、預算的種類

　　旅館的財政資源管理實行兩種預算方案：資本支出預算案與營業收

支預算案。兩種預算的差別主要在於所涉及的開支類別。

　　通常 500 美元以上的公司資產支出項目屬資本支出預算（capital budget）內容，用這些支出購買的物品，在正常業務經營中一般不被刪掉。而且，他們的使用壽命在一年以上。購置家具、固定裝置與設備是一般的資本支出（capital expenditures）。客房部的資本支出可能用於購買客房服務員的布巾車、吸塵器、地毯清洗機、堆高機、旋轉式地板刷、洗衣房設備、縫紉機及垃圾處理設備。另外，初始期大宗購買的可循環使用庫存品，諸如布巾用品、毛巾、毯子與工作服，均屬於資本預算專案，因為他們有較長的使用壽命，且在正常運作中不會被刪掉。

　　營業收支預算計畫，預報旅館某一時期日常經營的收益與開支。業務開支（operating expenditures）是旅館在正常業務經營中，為了營利而引起的成本開支。客房部最昂貴的經營成本是發給員工的薪水與工資。非循環使用庫存品（諸如清潔備品與賓客備品）成本也視作經營成本。

第二節　制定營業收支預算計畫

　　預算過程早在預算期開始前就啟動了，年度營業收支預算的制定過程往往需要幾個月的時間。計畫的制定需要收集資訊、寫出初步計畫、重新檢視旅館目標及做出最後調整。整個過程都離不開全體管理人員的參與和密切的合作。

　　營業收支預算一般按財政年度制定，年度營業收支預算也概述了年底的預期結果。旅館制定財政年度內的每月營業預算方案，這使經理們對預期收益與相對開支的季節性差異能更清楚的瞭解，也為經理與部門領導監督實際效果提供了重要工具。

　　規劃預算的第一步是預測客房的銷售量。這有兩方面原因：一是客房銷售為各部門的營運創造了收益；另一個也是更重要的原因是各部門多數可預期的開支以及部門可控制的開支，與住房率水準有非常直接的關係。客房部的情況更是如此，那裏的薪水與工資開支及可循環使用與非循環使用庫存品的使用率，都隨租出客房的數量波動而發生變化。客房部經理確定各類開支水準的主要依據，是「每間租出房的成本」。一旦知道預期的住房率水準，就可根據每間租出房成本計算法，確定如薪水、工資、清潔備品、客房備品、洗衣房及其他方面的開支。

　　住房率預測報告通常由與旅館總經理有密切工作關係的前廳部經理制定。該預測不但參考過去的住房率水準（及預算期內住房率高低的分布情況），也酌參行銷部提供的相關特殊事件、廣告與促銷活動對客房銷售產生的影響。有些旅館更製作來年每日住房率水準的預報。

　　一旦有了住房率預測報告，那些成本隨住房率水準浮動的部門就能預測出本部門的成本，並向總經理與財務總監遞交制定的預算案，以供管理部門對遞交的預算計畫進行分析，並做出調整，使計畫呈現出旅館的目標。這些計畫常常再附上總經理、財務總監的評價及修改建議後還給部門主管。這種回饋意見主要反映了上級管理者對在維持適當服務水準的情況下，實現利潤最大化及支出控制的關心。

　　透過確定與銷售量相關的開支水準，預算實際上反映了旅館可提供的服務水準。有鑑於此，部門主管有必要報告預算的修改會對服務水準產生什麼影響。這一點對客房部經理尤其重要。如果上級管理部門將遞交的預算額降低了，客房部經理應確認指出開支的縮減將造成哪些服務被取消或服務規格降低。

　　當部門主管修訂預算計畫並提出新內容來回應對上級的修改意見時，這種回饋與討論不斷地反覆進行。這種來回的溝通過程使意見最終達成一致。最終的預算計畫呈現出對業務經營的預測、旅館的目標，以及對全體的約束。各部門承諾在有限預算內經營業務，並對旅館總計畫做出自己的貢獻。營業收支預算計畫批准後，部門操作有了標準，業績評估也將以此作為標準。

第三節　利用營業收支預算進行管理

　　營業收支預算是監督某一時期經營情況的有效控制工具。旅館財務部門每月做出的財務報表，能報告每一類開支的實際費用。財務報表與營業預算表的形式大致相同，實際開支列在預算開支旁，這種報表使客房部經理能夠根據預算目標與限制，對部門營運情況的好壞實行監督。

　　控制客房部開支就是將實際開支與預算進行比較，以及對兩者的差異進行評價。客房部經理做此比較時，應先確認預測的住房率水準是否真正實現了。如果租出的房間數低於預測數，那麼客房部的實際開支應出現相對的減少。同樣，如果住房率高於預測水準，將可預期客房部開

支出現相對的增加。不管哪一種情況，開支變動與住房率的變化應該一致。客房部經理對部門開支控制的能力大小，應依據各類租出房在每間預期開支額內的營運業務狀況做評估。

　　實際開支與開支出現小差異並非意外，也不必大驚小怪。但出現嚴重差異時則需調查產生這種情況的原因。如果實際開支遠大於預算額，而預期住房率與實際情況一致，這時客房部經理有必要好好尋找問題的根源。除找出本部門超出預算的原因外，客房部經理須定出計畫，改變超支的情況，使開支恢復到預算要求的水準。例如，可能有必要重新審核員工工作安排流程，或對標準操作與流程實行更嚴密的監督。其他可採取的步驟包括對客房部使用的產品效能與成本進行評估，尋求更好的替代物品。

　　即使客房部經理發現本部門開支遠低於預算開支，也未必是值得慶賀的事，它可能說明所提供的服務水準低於原預算方案的要求。任何實際開支與預算開支間的嚴重差異都應留意，並查出原因。及時對這種差異進行識別與調查，是客房部經理就營業預算方面行使的最有價值的工作之一。

第四節　營業預算案與損益表

　　營業預算案與損益報表在形式上相同。損益表說明某一結算期間內經營的實際效益，認定所得的收益，並一一列出該期發生的開支情形。損益表與營業預算案的不同之處在於，前者說明已結束的這一時期內的實際經營效果，後者表明當期內或下一期預算的經營效果。一個是實際發生情況的報告，另一個是對未來將發生的情況之預測或計畫。營業預算是為某一結算期做出的方案，它預測或預期該期結束時損益報表將顯示的實際結果。預算中呈現的旅館計畫是否成功，取決於預測的數字與期末損益報表數字的一致程度。

　　在預算規劃過程中，上級管理部門從各個部門收集資訊，來為整個旅館制定計畫。這一預算採用下期損益表的形式，預測當前或未來經營效果的損益表（與報告實際結果的損益表相比），常被稱作預期損益表（pro forma income statements）。

HOUSEKEEPING
MANAGEMENT

一、旅館損益表

損益表提供了旅館某一時期經營成果的重要財務資訊。該時期可定為一個月或更長，但不能長於營業年度。由於損益表提供的是某一時期的純收益，因此，它是最高管理部門用於評估經營成功與否最重要的財務報表之一。雖然客房部經理可能永遠不會直接使用旅館的損益表，可是，該報表的部分內容是靠客房部提供的翔實資料所完成的。

表 5-1 的損益表，因它綜合反映了旅館整整財務運行的情況而被稱作匯總表。表中經營部門欄下第一行是房務部資訊。將該損益表期間內房務部產出的純收益額減去發放的工資，相關開支及其他開支，就得出房務部創造的收益額。房務部支付的工薪總額與其他開支包括：工資、薪水及付給客房部與前廳部人員、預訂部代理人與工作服著裝服務人員福利的開支。由於房務部非商品部，就不存在從純收益額中扣除銷售成本的問題。

旅館收益中心中最大的單項收益產出者常常是房務部。從表 5-1 的資料看，這一年中房務部獲得收益 1,414,843 美元，占總收益（1,682,209 美元）的 84.1 %。鑑於房務部通常是旅館的主要收入來源，客房部又是房務部的一個主要開支戶，客房部經理對旅館整個財務狀況產生重要的作用。

二、客房部損益表

旅館損益表僅僅提供概要的資訊，各個損益中心製作的部門損益表則提供了詳細內容。他們被稱作附表，是旅館損益表的附表。

表 5-1 中將客房部報表列為附表 1，該附表見表 5-2 範例。表 5-2 顯示的有關房務部的純收益、工資發放與相關開支、其他開支及收益等項資料，與表 5-1 經營部門欄下客房部所列的資料是相同的。

客房部損益表的格式與列出的具體欄目，將因各旅館的需求而異。下面簡要描述客房部損益報表列出的一般欄目。該表第一欄為該期客房銷售的收入。第二欄是折讓，指收入中應扣除的回扣、退款與多收款。在記載客房銷售額時，這些資料往往還是未知數。折讓往往在日後加以調整，且可能在預計損益表上沒有在預算欄下列出。

純收入由總收入減去折讓得出。記入旅館損益表的是客房銷售業務的純收入數字。

表 5-1　損益匯總表範例

					Holly Hotel	

損益匯總表

年度截止期 20XX 年 12 月 31 日

經營部門	附表	純收益	銷售成本	工資發放與相關開支	其他開支	收益（虧損）
客房	1	$1,834,450		$292,495	$127,112	$1,414,843
食品	2	640,682	231,395	261,233	78,152	69,902
飲料	3	408,458	125,225	147,127	31,254	104,852
電信	4	102,280	120,088	34,264	3,174	(55,246)
其他營業部門	5	126,000	20,694	66,552	13,462	25,292
租金與其他收入	6	122,566				122,566
營業部門總計		3,234,436	497,402	801,671	253,154	1,682,209
無法分配的營運支出						
行政與一般開支	7			195,264	133,098	328,362
行銷	8			71,650	64,086	135,736
旅館營運與維護	9			73,834	49,274	123,108
公用事業費	10				94,624	94,624
無法分配的營運支出總額				340,748	341,082	681,830
總計		$3,234,436	$497,402	$1,142,419	$594,236	
扣除無法分配的營運支出後的收入						$1,000,379
租金、財產稅與保險	11					161,476
利息、折舊與分期攤銷及稅前的所得						838,903
利息支出	12					384,306
折舊與攤銷	13					292,000
資產出售收入						21,000
稅前收益						183,597
所得稅	14					66,095
淨利						$117,502

表 5-2　房務部損益報表範例

Holly Hotel
房務部損益報表
年度截止日期 20XX 年 12 月 31 日　　附表 1

收入

客房銷售	$1,839,500	
折讓	5,150	
純收入		$1,834,450

開支

薪水與工資	$245,218	
員工福利	47,277	
工資總額與相關開支		292,495

其他開支

佣金	5,100	
承包合約服務	10,853	
賓客交通	20,653	
洗衣房與乾洗	14,348	
布巾用品	22,443	
營業用品	23,015	
預訂	20,419	
工作服	4,211	
其他	6,070	
其他開支總額		127,112

開支總額		419,607
部門收入(虧損)		$1,414,843

　　客房部經理直接參與了房務部損益表所列的許多開支項目的支出事宜。報表上所列的最大單項開支是薪水與工資。客房部人員的勞務成本是併入這一總額中,總額中還包括了房務部全體員工的工資支出。這一

費用項目包括了固定工資、加班工資、休假工資、離職金、獎勵工資、假日工資與員工紅利。

員工福利一欄的開支通常由人事部或會計部門統計得出。它包括工資稅、與員工有關的保險費、養老金及其他相關的人員開支。客房部享受的福利開支含在此欄內。

客房部經理對其他開支欄下的許多項目負有直接責任。他們包括：
1. 承包合約服務；
2. 洗衣房與乾洗；
3. 布巾用品；
4. 營業用備品；
5. 工作服。

承包服務開支包括外包公司清潔旅館大廳與公共區域、擦洗窗戶以及對房務區域提供滅菌與消毒服務的費用。客房部經理決定採用外包清潔服務帶來的利弊，將在本章末加以討論。

洗衣房與乾洗服務開支指店外與館內兩個方面的開支。它包括乾洗帷簾與窗簾，以及洗滌或清潔房務區域的遮篷、地毯與小毛毯。旅館內部設施引起的一切開支均列在此欄開支內（薪水、工資與福利除外）。洗衣房本身業務經營所用的一切備品的開支，以及為保持洗衣房清潔衛生而使用的備品開支均包括在內；另外，與洗衣單、表格、維護手冊及館內洗衣房人員辦公用品有關的印刷與文具費用也包括在內。最後，洗衣房員工工作服購買費或租用費，與洗滌及縫補工作服的費用一併記入該欄總開支項中。許多旅館使用單獨報表詳細列出該欄開支的一切費用。布巾用品開支項包括床單、枕套、毛巾、洗臉毛巾、浴室地墊、毯子及其他布巾庫存品的更新或租用費用。

營業用備品項開支包括賓客備品、清潔備品及印刷品與文具用品的開支。一切賓客用品與清潔備品屬客房部經理管轄範圍，這些庫存物品由客房部保管。

工作服開支包括客房部全體員工工作服購置或租用費用及其他相關開支。

其他開支一欄下有些費用項目不屬客房部經理管轄範圍。佣金指付給外部人員的酬金，諸如為旅館招徠客房業務的旅行業代理人。賓客交通車輛費包括與接送旅館賓客有關的交通費用。預訂開支包括預訂服務

與開啓中央預訂系統的費用，包含電話、電報與電傳電報的開支。收入報表中未列入且常見的其他開支包括有線與衛星電視、免費賓客服務、賓客重新安置、通信與培訓費用。

在預算規劃過程中，房務部經理從客房部經理處獲取有關客房部職權範圍內的開支訊息，而且對預期開支在客房銷售預測收入額中所占的比例進行評估尤感興趣。每一項可控制成本都可視爲幾分收益。房務部經理將對各種費用設立標準比例，該比例被視爲與產出收益相符的合適開支水準。該經理將要求所有預計的開支都不超出各類開支標準的支出比率範圍。該經理也可能對以往的開支比例加以改善，並把改善後的比例應用到有選擇的開支種類中去，相信透過更好的培訓和更嚴密的監督及更嚴格的控制，能導致更高的效率。該經理的目標是透過最小的開支來實現部門收入最大化，同時能保持或提高服務的水準。實現這一目標的關鍵在於客房部經理對預期開支的周密分析，以及提出對調整預算會如何影響服務品質的意見。

指導客房部經理工作的營業預算，以房務部每月損益表的形式出現。預算期內各個月份的收入與開支預測，將集中呈現出房務部經營計畫的目標。客房部經理將對客房部職責範圍內的開支控制負有責任。隨著預算期的往前推移，將產生月損益表，在原預算額旁標示出實際的收益額。

表 5-3 是一併顯示預算預測額及實際結果的月度客房預算報告。其中最後兩欄反映實際收益額與預算額的差額及兩者的百分比差異。收益額與預算額差額基於下面情況可分爲順差與逆差兩種類型：

	順　　差	逆　　差
收入	實際收入大於預算收入	預算收入大於實際收入
支出	預算開支大於實際開支	實際開支大於預算開支

例如，房務部人員 1 月份實際發放薪水與工資爲 20,826 美元，而預算發放額爲 18,821 美元，兩者差額爲 2,005 美元。該差額在表上加了括弧，這表示它爲逆差。然而，如果收入項目出現順差，開支上的逆差（如工資發放出現逆差）未必是不良情況，相反，它可能僅僅說明旅館服務的客人數量超過了預計數量，從而使開支額增大。

百分比差額由收益與預算額的差額除以預算額得出。例如，表 5-3 顯示的純收入 7.61 ％的差額是由收益額與預算額的差額 1,1023 美元除以

預估純收益額144,780美元後乘以100得出的。

　　事實上，房務部經營的一切實際結果與預算報告上的開支預測額都會是不同的。因為任何預算過程無論如何周密，也不是完美的，出現這種情況並不令人意外。客房部經理不應去分析所有的差異。只有嚴重的差異才需要在管理方面進行分析和採取行動。總經理與財務總監應把確定嚴重差異的標準告訴客房部經理。

表 5-3　客房部月度預估報告範例

Holly Hotel
預算報告－客房部
20XX 年 1 月份

	實際額	預估額	差異 $	異 %
收入	$156,240	$145,080	$11,160	7.69%
客房銷售	437	300	(137)	(45.67)
折讓	155,803	144,780	11,023	7.61
純收入				
開支				
薪水與工資	20,826	18,821	(2,005)	(10.65)
員工福利	4,015	5,791	1,776	30.67
工資總額與相關開支	24,841	24,612	(229)	(0.93)
其他開支				
佣金	437	752	315	41.89
承包合約服務	921	873	(48)	(5.50)
賓客交通	1,750	1,200	(550)	(45.83)
洗衣房與乾洗	1,218	975	(243)	(24.92)
布巾用品	1,906	1,875	(31)	(1.65)
營業用供應品	1,937	1,348	(589)	(43.69)
預訂	1,734	2,012	278	13.82
工作服	374	292	(82)	(28.08)
其他	515	672	157	23.36
其他開支總額	10,792	9,999	(793)	(7.93)
	35,633	34,611	(1,022)	(2.95)
開支總額	$120,170	$110,169	$10,001	9.08%
部門收入(虧損)				

HOUSEKEEPING
MANAGEMENT

第五節　開支的預算

　　預算的過程以預測客房銷售額為開始。由於部門損益報表上各種開支的水準因住房率的變化而變化，一切經營預算都取決於住房率預估的正確性。

　　在預算規劃初期，房務部經理將向客房部經理提供年度住房率預測報告，並細分到月預估期內的住房率水準。該資訊可用如表5-4這種形式反映出來。房務部經理使用歷史資料以及旅館經營部門提供的資訊，預測出各個預估期的住房率。圖中第2欄將預期住房率轉換成確切的租出房預期數量。房務部經理把預期租出房數乘以平均房價，可預測出客房銷售的預期收入。預測收益是房務部經理營運性預計的最重要的內容。一切開支的預計是否適當，將以各類開支創造的收益比率來衡量。

表 5-4　客房銷售預測一覽表

	預估期	住房率	租出房數	平均房價	客房銷售總額
	1.				
	2.				
	3.				
月	4.				
	5.				
	6.				
	7.				
	8.				
	9.				
份	10.				
	11.				
	12.				

　　對客房部經理來說，房務部經理預測報告中有關客房預期銷售總額的資訊倒並不那麼重要，重要的是報告中對各個預算期內租出房數的預測。這是因為幾乎所有客房部經理職責下的開支水準，直接取決於客房部的租出房數量。

當客房部經理預測各類開支的某一水準時，就要知道：(1)每間租出房的各類開支費用(2)各個預估期的預測租出房數。此時，預算過程只是涉及將每間租出房的開支與預期住房率水準聯繫起來。

一、薪水與工資

客房部的薪水與工資開支和客房部下列職位有關：客房部經理與副經理、檢查員、布巾用品室服務員、客房服務員、清潔工、大廳服務員及其他客房部經營人員。

根據人員配備原則，客房部經理可確定各類工作需要有多少個工時，才能確保本部門在不同住房率情況下的平穩運作。在為營業預算制定工薪開支計畫時，客房部經理可結合考慮人員配備原則與住房率預測報告，確定各個預算期的人員配置需求。客房部經理在確定各類工作所需的工時數後，可將工時數乘以該職位的平均小時工資，得出該類工作的預期開支。將計得的一切職位的預期開支匯總，就得出了各個預估期的工資開支總額。客房部與發放薪水的相關開支，可平均攤入各月度預算期中去。客房部經理預測薪水與工資開支時，有必要對任何計畫的薪水與工資的提升，以及對旅館定下的生活費用津貼的調整做出解釋。

二、員工福利

員工福利的計算取決於預期計畫工時數、涉及的工種及旅館有關員工福利的政策。這一開支項的福利種類可包括帶薪假日或休假的費用、員工餐費、工資稅、醫療或保險費用，諸如養老金的社會保險及員工派對或社交活動。客房部經理在人力資源部或財務人員的幫助下，可確定員工的預算開支水準。

三、外部服務

假如旅館聘用外部承包商擔任重要的清潔工作或提供洗衣房乾洗服務，這些開支就平均攤入整個預算中。客房部經理可參考現有的合約或過去的發票，確定預算開支水準。

四、館內洗衣部

在制定洗衣部開支預算中，客房部經理要與洗衣部經理密切合作。

房務部提出的住房率預測報告，連同旅館員工配備原則，將作為確定洗衣部人員有關薪水、工資、福利的一切開支的依據。

　　旅館內部洗衣部的經營開支直接與用髒待洗的物品數量有關，反之，它也是旅館住房率水準的一個應變數。因此，可根據每間租出房的洗衣房開支歷史資料，對客房布巾用品與工作服的洗滌成本做出預算。將每間租出房的洗衣部開支乘以各個預估期預測的租出房數量，就得出一預算期內的洗衣部預期開支額。

五、布巾用品

　　客房部布巾備品雖然可循環使用，其使用壽命畢竟有限。在一年中，舊物品不斷因丟失、損毀或破舊而無法使用，新物品就要購置與補充。更換新布巾用品的開支需放入預算計畫中。

　　客房部經理從每月布巾用品實物清點中知道，現有布巾庫存品可維持多長的時間，也知道需重新訂購多少布巾用品才能保持適當的庫存品標準水準。布巾用品實物清點的結果交給總經理，而總經理按慣例將結果報告轉交給旅館財務部門。反過來，財務部門定期處理這些資訊，並提供有關每間租出房的物品使用率、物品丟失情況及費用開支的有價值的資料。客房部經理可依據每間租出房更新布巾用品的費用資訊，預測出營業預估期內布巾用品的開支。將每間租出房布巾用品的更新開支數乘以預期的租出房數，就得出將編入營業預算的布巾用品開支額。

六、營業用備品

　　客房部營業用備品開支項目包括非循環使用的庫存品，如賓客用備品與便利用品、清潔用備品及小型設備。與客房部其他類開支一樣，客房部經理可根據每間租出房的開支，制定這些物品的開支預算。

　　賓客用備品有筆、信箋信封、火柴、肥皂、洗髮精、衛生紙與面紙、衣物袋及旅館為提供客房賓客方便使用而提供的其他便利用品。一間租出房的賓客用備品開支額，也就是配置一間客房的標準量物品的開支額。賓客用備品的預算額是透過將每間租出房的開支額乘以預算中預測的租出房數量來確定的。

工錢：流向何處？

作者：Gail Edwards

客房部浪費在支付工錢的常見原因，是員工為來回跑動與尋找備品而浪費了時間。改正的辦法是改進部門的組織工作。

跑動的時間是指員工把時間花在了某個地方，而非花在任務的完成上。例如，客房服務員可能因為分配清潔的客房位在不同樓層或不同棟，而不得不跑來跑去轉換工作地點。或許是長時間的等待電梯讓他們無法快捷到達工作區域，或者工作區離休息室得走上好一段路。造成跑動時間過多的其他原因，有客人遲延退房離店、服務員要重新去整理原本已完成任務的區域，以及督導將服務員派回客房清潔不符合要求的房間。

公共區域清潔員也存在跑動過多的問題，給他們分配的任務的順序就可能意味著過分跑動要花掉不少時間。

員工必須有合適的工具，工作才能有效率。當他們把時間浪費在尋找備品上，旅館支付的工錢就沒有價值。例如：

• 員工是否為了找一件沒有污跡的枕套在一大堆枕套裡翻找？
• 員工在吸塵器中，挑出一只能正常工作的吸塵器嗎？
• 員工為給布巾車裝上備品要花去半個小時嗎？
• 客房服務員在洗衣房站著等候烘乾機烘乾毛巾嗎？
• 房服務員要回客房部去拿衛生紙、火柴、肥皂等物品嗎？

就公共區域清潔員來說，時間常常浪費在執行不同任務時須變換設備。例如，清潔員從客房部取走一隻吸塵器，可是10分鐘後又回來取掃帚與畚箕，然後又回來拿擦拭輪。如此等等的情況是否發生過？

• 向櫃台人員說明，在較低住房率期間，旅館賓客房間分配的隨意性意味著把工錢浪費在員工不必要的跑動上了。因此要建立一種　方案，盡可能將可供房限制在預先確定的區域中，同時又保證向　客人提供不同種類的客房。
• 住房率低時，不要安排清潔某一區域的零星散房。過一兩天，待該區

域待清潔房達到一定數量後，再派服務員去清潔。

- 吩咐全體客房服務員待在自己的作業區內，使用電話提出備品需求。非急用物品放待休息時間去取。

- 急需物品應由指定的「應召」者（洗衣房工人、公共清潔員或佩帶呼叫器易於聯絡的其他人）遞送。

- 使客房服務員的上班起始時間與工間休息時間錯開，這有助於解決電梯繁忙時，員工不能迅速趕到工作區的問題。錯開上班時間也能顧及賓客要求早些清潔房間的問題及處理遲延退房離店的情況。

- 確保客房服務員的培訓實踐，使他們回館上工的情況減少到最低限度。

- 在洗衣房實施品質管制計畫，根除將不乾淨的布巾用品發往各個樓層的可能性。

- 對吸塵器實行防護性維護，確保其工作正常。定期購買新機器代替破舊的吸塵器。

- 保持充足的布巾用品標準量。經常會發生這樣的情況，即布巾用品短缺造成的勞務開支會大於多購買一個標準量布巾用品所花的錢。就此情況向管理部門提出提議。

- 分派 1 名夜間清潔工為客房服務員布巾車補充布巾用品、衛生紙、手巾紙與玻璃杯。

- 每天早上在中心儲物區備好分發給客房服務員的備品或便利用品小筐。服務員們將這些籃筐放上布巾車即可立即開始潔房工作。必要時可在中午時間重新補充這些籃筐。

- 安排公共區域布巾車，以便放置那些使用最頻繁的物品。

- 在物品儲放點放置公共區域設備，從而最有效地利用清潔員的時間。

- 安排公共區域工作任務不但要著眼於地點，還要考慮到任務的類別。

- 密切注意剝奪員工時間的情況，想辦法加以解決。

資料來源：《居室年鑑》，第 1 卷第 3 期。

清潔用備品不但包括化學去污劑、擦亮劑與洗滌劑，也包括日常使用的小型設備，如塗抹器、刷子、拖把、提桶、噴霧瓶及各種清潔用擦布。客房部經理遵循庫存品管理的流程，就能有效追蹤在不同住房率水準情況下，各種清潔用供應物品的使用率情況。將每月使用掉的購置物品的開支額除以該月租出房的數量，就得出每間租出房各項清潔用庫存品的開支。再將各項清潔用庫存品的開支匯總，即得出每間租出房清潔用備品的開支額。將這一數字乘以該預算期預測的租出房數量，也就有了營業預算所需的清潔用備品開支額。

七、工作服

　　營業預算中必須有工作服購置及更新的經費。另外，工作服的洗滌或乾洗費用以及所需的縫補費用也可能要在營業預算中給予考慮。工作服與布巾用品都是可循環使用庫存品。不同的是，後者的使用率與更新需求是容易預料的，而預算期內的新工作服的需求，取決於人員的更替數量與新員工人數等因素。客房部經理應保存一份關於本部門各類工作服庫存品的詳細表，為營業預算規劃及日後的工作服購置，提供有用的資訊。該資訊資料應對各類工作服的各種衣物（如襯衣、罩衫、長褲、裙子）加以細分。人力資源部可提供制服著裝人員數量，由於同一職位的男女服裝可能不同，有時成本也不一致，因此，客房部經理也要把各種職位上男女員工的人數考慮進去。

　　客房部經理做工作服購置預算時，可使用一些經驗法則。這些經驗法則雖然可能有用，但必須記住，不同旅館工作服的標準量水準是不同的。

　　客房部經理首先應對每人成套的工作服做出預算，然後為每人增加一套乾洗的工作服預算。由於水洗會大大縮短工作服的使用壽命，因此採用水洗方法，要為每人增加兩套工作服的預算。最後一條法則是為廚師另加三套工作服的預算。考慮到全年的工作服更換計畫，客房部經理應將購置新工作服的成本攤入預算期內的月份中去，逐月添置工作服。

　　確定工作服的修補成本時，客房部經理既要考慮修補材料的成本，也要考慮主管或縫紉工為修補花費的時間成本。

　　客房部經理在估算工作服修補成本時，可從歷史修補記錄與修補工作生產率標準記錄中獲得有關的資訊。

第六節　控制開支

　　對客房部開支加以控制，是指確保實際開支與營業預算中的預計開支相符。爲此，客房部經理可採用4種方法：正確的記錄、有效的工作日程表、認真的培訓與監督以及有成效的採購。

　　保持正確的記錄與識別庫存品管理中的問題是控制開支的第一步。正確的記錄使客房部經理得以對物品使用率、庫存品成本及在執行規範清潔流程中出現的差異實行監督。

　　有效的工作日程表，使客房部經理對薪水與工資以及有關員工福利成本的控制有了可能。在制定客房全體員工的工作日程表中，應重視遵循旅館的人員配備原則。因爲人員配備原則是基於客房住房率水準的，它確保了人員的開支與住房率一致。同時，鑑於保持良好的服務水準需要充足的人員安排，這使客房部經理很少有不按人員配備原則辦事、減少員工上班的人數。客房部經理可以保證在全體員工的工作安排中，始終遵循旅館人員配備原則中認定的要求。根據預測住房率水準對每週工作日程安排做調整，是客房部經理的職責。

　　不能忽視培訓與監督在成本控制中的作用。旅館人員配備原則提出的建議是基於一種假設，即某種操作標準與勞動生產率標準始終得到貫徹。有效的培訓能迅速使新成爲操作的行家，這就大大縮短了從新手到老手這段勞動生產率處於低水準的過程。密切觀察和經常性的監督及舉辦進修班等，可保證操作標準與勞動生產率標準的認真執行，許多標準還在貫徹過程中得到了改善。最後一點，有效培訓與監督是控制庫存品開支的重要一環。例如，對員工正確使用清潔備品加以培訓，可改善物品的使用率，延長其使用時間，這就降低了每間租出房的清潔備品成本。

　　有效能的採購方法，爲客房部經理控制本部門開支提供了最大的空間。確保旅館的錢花得其所，確保購得物品發揮最大價值，這是客房部經理的重任。

第七節　採購制度

　　有效率的採購方法對客房部經理控制本部門開支意義重大。事實上，客房部經理職權範圍內最能控制的開支，是該部門管理下各種庫存物品的開支。庫存品管理流程讓客房部經理清楚何時需要購買物品，以及各項物品需購置的數量。但在對購買什麼、向誰購買及如何採購等事

宜做出決定前，客房部經理需經過認真仔細的考慮。

　　雖然採購工作可能由旅館採購部門完成，但購買數量與規格是由部門領導列出計畫後交採購部的。客房部經理訂購部門物品時，須填寫並簽署如表 5-5 的訂購單。然後該訂購單需經財務總監與總經理審核批准。客房部經理應對購買的一切物品的名稱、數量與購買地點提出建議。雖然不同旅館對採購有不同的處理與批准流程，但評估物品的需求、採購的時間要求、數量要求及採購地點的選擇，則是部門領導的職責。客房部經理在購置客房部所需物品時，須瞭解如何獲得最大的價值。

表 5-5　訂購單範例

訂購單

訂購單編號＿＿＿＿＿＿＿

訂購日期＿＿＿＿＿＿
付款方式＿＿＿＿＿＿
發貨地＿＿＿＿＿＿

售貨商號名稱＿＿＿＿＿＿
　　　　（供應商）

目的地名稱＿＿＿＿＿＿
　　　　（食品經營服務之名稱）

＿＿＿＿＿＿＿＿＿＿＿

＿＿＿＿＿＿＿＿＿＿＿
　　　　（地址）

＿＿＿＿＿＿＿＿＿＿＿

＿＿＿＿＿＿＿＿＿＿＿
　　　　　　　　（地址）

發貨日期＿＿＿＿＿＿

訂購數量	名稱	✓	件數	單價	總數

總計金額＿＿＿＿＿＿＿

重要說明：本訂單確認以上述條款、本訂單背面條款及在此附加或指明的條款為限定條件。銷售商提出的任何附加條款與條件將不予接受。

＿＿＿＿＿＿＿
簽名

一、布巾用品更新

除薪水與工資外，布巾用品是客房部第二重大開支。旅館第一次購買的物品，對以後物品因丟失或破損不能使用而需要更新的成本有很大影響。布巾的種類、尺寸大小與顏色對最初購買或更新物品的開支均有影響。彩色的布巾用品一般更昂貴，而且因為反覆洗滌後造成褪色，故使用壽命不及白色物品長。

實物清點記錄向客房部經理報告現有庫存品可維持的時間，及保持標準量庫存水準尚需訂購的各類物品數量。布巾用品一般每年採購一次，每季安排直達貨運將物品送抵旅館。客房部經理的這種安排利用了供應商的儲物設施，保存了旅館的可儲物空間，同時能定期收到更新使用的庫存品。

採購年度布巾用品購置方案還能節約大量資金。布巾用品經紀人為購物提供方便快捷的方法，但價格貴。大宗訂購物品常常能享受較低的物品單價。每年有計劃地採購布巾用品，也使大型連鎖旅館能夠直接從廠家訂購布巾用品。雖然這些訂單的交貨期較長，但旅館節約了布巾用品經紀人為處理訂單與安排運送物品向旅館索取的附加費用。不可預料的緊急需求則可以透過布巾用品經紀人來幫助解決。

布巾用品購置數量，是透過評估旅館為保持適當的布巾用品標準水準，所引發的季節性購物需求而確定的。可使用布巾庫存實物清點的結果資料，計算出布巾用品的年消耗率。該消耗率顯示出布巾用品或因為正常使用造成的磨損、毀壞、丟失，或因為偷竊造成的消耗量。據此資訊，客房部經理可用下列公式確定每年布巾用品的購置規模：

每年訂購量＝標準量儲存數量 － 現有的布巾用品數量

客房部經理應對備品與布巾製品認真加以挑選，確保旅館所購物品貨真價實。要著重考慮產品是否合適，是否切合旅館的需求，是否經濟實惠。對布巾用品來說，除價格因素外，選擇產品時更應考慮是否能達到預期使用壽命，這是確定該產品是否經濟的條件。布巾用品在其使用壽命週期中的洗滌費用往往超過他們的最初購置費。

布巾用品的使用壽命是根據其失去適用價值前，能承受洗滌的次數來衡量的。價廉的布巾用品經過有限的洗滌就破損了，這會損害賓客對

旅館品質的看法，使布巾用品的年使用率增高，從長遠看增加了開支。選擇布巾用品的主要標準應是耐用性、對洗滌的考慮及購買價格。為對可選購的布巾用品做出評估，可使用下列公式計算出布巾用品的每次使用成本：

$$每次使用成本 = \frac{購置成本 + 使用壽命期內的洗滌成本}{使用壽命期內的使用次數}$$

布巾製品在使用壽命期內的洗滌成本是這樣計算的：將該項物品的重量乘以旅館每磅布巾用品的洗滌成本，再乘以該項物品在因過度磨損不宜再使用前所能承受的洗滌次數。

接收新訂購的布巾用品時，應核對訂單並檢查運抵的物品，確保物品數量與品質均符合要求，並應馬上送布巾用品至主儲藏室儲存。不馬上使用的新購物品應與主儲藏室中已置入使用的物品分開存放。

旅館中一切新購布巾庫存品的接收與發放是個永續的過程。就是說，要對主儲藏室現有的各類布巾用品不斷進行清點。庫存品記錄應顯示出布巾的種類、具體物品、價格、儲放點及訂購與接收的日期。在布巾用品投入使用以替代破舊、丟失或失竊的物品時，應對永續盤存記錄上的物品數量做出相應修改。

客房部經理按需要投放新布巾用品，以保持各項物品的標準水準。日常運作需用的新布巾用品，一般根據實物庫存清點的結果每月發放一次。也可能因更替丟棄物品的需要，在兩次實物清點之間發放。有些旅館根據以往物品使用率情況，按預訂的時間間隔，將預訂數量的新布巾用品投放使用。新布巾用品投放使用的順序應遵循「先入庫先投放」的原則。未投入使用的新布巾用品應由客房部經理掌管，存放於主儲藏室或別的安全地方。

二、工作服更新

破舊的工作服需要更新。客房部經理要制定一個新工作服發放或替換工作服的程序。接收受損的或丟棄的工作服及發放新工作服時，可在員工工作服卡上註明。庫存品卡上應註明日期，員工應在卡上簽名。

旅館裏一切未使用的新工作服的接收、儲存與管理一般由客房部經理掌管。該經理也負責新工作服的放置，以確保滿足一切需求，保證有乾淨的工作服供替換，並使洗衣房不因過重的洗滌任務而超負荷運轉。

　　購置更新工作服的主要標準是耐用性、使用壽命與布料的品質。價格是第二位考慮的因素。另外，衣服的舒適性、實用性與易保養性也很重要。應購置新工作服以保持確定的工作服標準量水準。比較現有的布巾數量與確定的標準量水準，客房部經理就清楚更新用工作服訂購的數量。

三、採購營業用備品

　　為贏得大宗採購的折扣，有些連鎖旅館使用全國性集中採購制度來購置客房部使用的主要物品。其他旅館可能實行聯合制，共同採購常用物品，以享受大宗採購的優惠。但多數情況下，旅館在客房部經理直接參與下，單獨採購營業用備品。

　　可根據庫存品追蹤表開列營業用備品的清單，以供客房部經理定期採購物品時使用。庫存品管理流程顯示，為保持備品的標準量水準，應具備的採購頻率與數量。庫存品記錄能顯示出物品的使用率與每間租出房的成本。該資訊是建立有效採購制度的基礎。按周密的採購流程運作，客房部經理就能幫助旅館控制開支，同時又能保證維持充足的備品水準。

　　客房部經理採購任何產品前，應取得產品樣品進行測試，檢驗是否符合規格要求。確定產品是否經濟划算，不能光看價格如何，產品的適用性、品質、易操作性及儲存要求也很重要。

　　決定一項採購主要看產品的價值，而非價格。同樣的洗滌效果，使用廉價去垢劑的量，要比使用較貴的去垢劑的量大得多，從長遠看，使用後者可能更省錢。最要緊的是要把錢花得有價值。

　　選擇合適的銷售商常使客房部經理能更好地發揮採購系統的效能。他需要貨比三家，比較不同銷售商提供的條件，為定期購買的產品落實供應商。他應對報價提出盡可能明晰的具體要求，如貨品重量、品質、包裝、規格、濃度、數量及交貨時間。

　　對可選擇的供應商做評價時，客房部經理應關心供應商能給旅館帶來什麼利益。對供應商來說，他們應好好瞭解旅館客房部的運作，應對自己銷售的產品瞭若指掌，並能提供產品樣本，甚至提供產品使用培訓。這些都十分重要。客房部經理選擇幾家供應商，讓他們分別提供賓客用備品、清潔用備品與紙製產品的做法並不罕見。透過限制供應商的

數量，客房部經理可精簡採購過程，減少書面工作，更有效地利用時間。另外，只與有限的供應商做業務，常能實現更大宗的購買，獲得更高的大宗採購折扣，因而價格更低廉，還能得到更好的服務。

選擇供應商時還要考慮他們是否有倉儲地為旅館存放購買的產品，是否能在旅館需要產品時將其直接運抵旅館。這樣，客房部經理既可隨時採用較為省錢的大宗採購物品的方法購物，同時又解決了旅館有限的倉儲問題。

客房部經理在重新訂購經營用備品的過程中，應定期對現有物品的可適用性重新做出評估。可透過與使用這些產品的客房部員工交談的方法，找出產品存在的問題，從而對產品的品質或功能做出新的考慮。經過產品功能的測試，客房部經理確定現有產品的規格是否需要做出改變。調查市場上可替代的產品，將其性能、耐用性、價格和價值，與旅館已使用的產品進行對比。

可使用工作單對物品使用率與各類營業用庫存品的成本實行監督。表5-6是追蹤各種化學去污劑使用情況的工作單。化學物品使用月報表上指明了各項產品的銷售商、產品名稱與用途。月實物清點報告向客房部經理提供各種化學去污劑消耗的數量。將該數量乘以物品的單價，得出本月該產品耗費的總成本。將該總成本除以租出房數，得出每間租出房使用該產品的成本。將各件物品的容量（如加侖、罐、品脫、夸脫）換算成常規使用量（如盎司），再將用掉的物品的件數乘以常規量數量，得出各產品消耗的總量。這樣，不同包裝容量的產品就有了可比較性。使用統一量度計算出實際使用量後，客房部經理可將此使用量除以租出房數，就可確定每間租出房的各種產品使用量。這樣，化學物品使用月報表使客房部經理得以對不同產品完成同樣任務的效能情況做出比較。透過比較每間租出房的成本與不同產品在每間房的消耗量，客房部經理可評出較省錢的產品，並據此決定採購何種產品。

表 5-6　化學物品使用月報表

20XX 年 4 月 租出房共計 29608 間									
銷售商	產品	擬定用途	用量	單價	合計	每間租出房成本	單件包裝量	物品總件數	每間租出房用量
Johnson	G. P. Forward	多功能去污劑	108 加侖	$3.60	$388.80	$0.0131	128 盎司	13,284	0.4669
Johnson	J - Shop 600	油污去除劑	39 加侖	4.95	193.05	0.0065	128 盎司	4,992	0.1686
Johnson	Freedom	地面除污劑	48 加侖	8.24	396.52	0.0136	128 盎司	6,144	0.2075
3M	Trouble Shooter	特殊區域除污劑	15 罐	6.01	90.15	0.0030	23 盎司	345	0.0017
Johnson	Complete	合成地板蠟	142 加侖	6.60	937.20	0.0317	128 盎司	18,176	0.6139
Johnson	Fortify	透氣性地面密封物	67 加侖	7.70	515.90	0.174	128 盎司	8,576	0.2897
Johnson	Snap Back	拋光噴霧劑	0.5 加侖	7.45	3.73	0.0001	128 盎司	64	0.0022
Johnson	Conq - R - Dust	乾拖把處理劑	2 加侖	10.95	21.90	0.0007	128 盎司	256	0.0086
SSS	Waterless Cleaner	木地板去污劑	35 加侖	8.90	311.50	0.0105	128 盎司	4,480	0.1513
SSS	Traffic Wax	木地板蠟	5 加侖	12.30	61.50	0.0021	128 盎司	640	0.0216
Johnson	Rugbee Dry Foam Shampoo	地毯洗滌劑	17 加侖	11.99	203.83	0.0069	128 盎司	2,176	0.0735
SSS	SSS De-foamer	汽車清潔劑	6 加侖	14.53	87.18	0.0029	128 盎司	768	0.0259
Johnson	Rugbee Carpet De-odorizer	粉末除臭劑	3 罐	3.65	10.95	0.0004	24 盎司	72	0.0024
P - C	Odor-Out - Carpet	粉末除臭劑	24 罐	7.12	170.88	0.0058	32 盎司	768	0.0259
Core	Unbelievable	地毯污跡去除劑	70 品脫	3.04	212.80	0.0072	16 盎司	1,120	0.0378
SSS	Gum Re-mover	焦油、口香糖污漬去除劑	61 罐	2.88	175.68	0.0059	12 盎司	732	0.0247
P - C	Kilroy	塗鴉去除劑	3 罐	4.54	13.62	0.0005	15 盎司	45	0.0015
Zep	Once Over	牆面與塑膠布去污劑	27 罐	3.13	84.51	0.0029	22.5 盎司	607.5	0.0205
P - C	Purge	浴室抽水馬桶去污劑	1 夸脫	4.79	4.79	0.002	32 盎司	32	0.0011
Butch-	Glad Hands	出皂機皂液	12 加侖	9.17	110.04	0.0037	128 盎司	1,536	0.0519
SSS	Sani - Fresh	出皂機皂液	67 盒	3.88	259.96	0.0088	32 盎司	2,144	0.0724
Johnson	Lemon Shine Up	家具上光劑	35 罐	2.04	71.40	0.0024	15 盎司	525	0.0177
3M	Stainless Steel Polish	金屬去污劑	52 罐	4.25	221.00	0.0075	21.5 盎司	1,118	0.0378
3M	Tami - Shield	黃銅器去污劑	43 瓶	5.58	239.94	0.0081	10 盎司	430	0.0145
	Vinegar	中和劑	26 加侖	1.05	27.30	0.0009	128 盎司	3,328	0.1124

資料來源：Opryland Hotel, Nashville, Tennessee.

第八節　資本支出預算

客房部的多數庫存物品是按月購買的。這些開支在營業預算中表現為同期收入項的開支。客房部對大件機器與設備的購置並不包含在營業預算中。這種開支較大、使用壽命較長的物品的購置，是編入資本支出預算中去的，因為它們涉及旅館額外的資本投資。

資本支出預算按年度制定。它要求客房部經理確定本部門購買機器與設備所需的資金。但他必須能對任何資本需求提出正當的理由。雖然這些需求可以是現代化或改建計畫的一部分，但更多情況涉及的是現有機器或設備的更新需求。

通常大件機器與設備的更新需求是因無法修復某項器械而產生的。但客房部經理可根據各項器械的使用頻率，以及設備製造商與供應商提供的預期物品可使用時數，對客房部各項器械的使用壽命做出客觀的預測。但應該明白，這些物品的高使用率將使其達不到供應商保證與估計的物品使用壽命。

客房部對購買設備要有長遠的打算。大件機器與設備的購買需花費旅館的資金，因而應做出計畫。盡可能找一家能提供快捷有效機器維修服務的供應商，這很重要。若沒找到這樣的供應商，客房部經理就要訂購充足的更換零件，以便旅館自行維修設備。

客房部經理應推薦使用保持客房與公共區域整潔美觀的合適種類、品質與數量的設備。客房部需要能不斷使用但又最少需要維修的設備。成本效益是重要大事，物品的價格始終要和物品品質與耐用性一併考慮。

第九節　外包與內部清潔作業

許多外部承包商向旅館提供各式各樣的清潔服務。差不多一切清潔任務都可找外包商來完成，包括洗衣與乾洗、地面清潔保養、外部窗戶清潔、天花板清潔、磚石結構清潔及洗手間固定彎形管的水垢清除與擦洗。除以上工作任務外，旅館甚至可將整個客房部的經營外包給承包商。

越來越多的情況是需要做出一個重要決定，即是採用外包服務承擔清潔任務，還是旅館內部人員來完成這些工作。處理這一問題的依據常常是既要能對開支實行最佳控制，又要保證一切必要任務得以完成，且

符合品質標準。在許多情況下，這一問題涉及對資本支出預算與營業預算這兩個方面做出的考慮。

工資與材料是月開支，是可以預算的。而啓動一項館內清潔計畫所需要的設備屬於資本支出開支，是突然引發的開支。通常情況下，除機器與設備的初期成本外，旅館實施館內清潔計畫所產生的月開支小於外包清潔任務的月度支出。同時，許多客房部經理認爲，由於對清潔人員可實行更多的管理，館內人員的工作品質高於外包人員的工作品質。

客房部經理可能被要求說明，透過館內清潔計畫節省開支，需多長時間才能回收機器與設備引發的初期成本。將購買所需設備的資本支出總額除以每月可節省的費用，客房部經理可算出需要幾個月才能回收初期的投資。在確定館內清潔作業產生的月開支時，要考慮薪水與工資開支、員工福利開支、材料與備品開支、培訓費與監督管理費用。初期投資是否可行，以及是否值得採用每月節省開支的方法收回這筆投資，要由旅館高層管理部門甚至最後由業主們做出決定。

在一些情況下，人們認爲每月節省的開支與初期成本相比是太微不足道了。在另一些情況下，清潔任務具有非常專業的性質，或這些任務並非經常有的，此時實行館內清潔方案就既不合理也不具有成本效益。還有些情況是月度外包開支會小於實行館內自行作業完成同樣任務所產生的開支。在對是否需要外包清潔服務的評估中，總會產生兩種相反的意見。

有時因各種原因，客房部經理會被賦予安排外包商來提供一些清潔服務的職責。選擇合適的外包商是首先碰到的問題，客房部經理至少應要求 3 位不同的外包商提供估價單。外包商對公共區域清潔任務的報價，是基於清潔區域實際面積而定的。只有在測量確切的面積後，客房部經理才能有可比較的費用報價。至於洗滌任務，報價是根據乾洗衣物的重量或件數計價的。報價單也具體說明進行該項服務的理想頻率及衣物收取與送還的時間。不管外包何種清潔任務，客房部經理獲得費用報價時，應考慮到仔細界定的需求、精確的工作說明與確認的服務頻率等事項。應向各承包商提交相同的詳細計畫書，以確保獲得他們提供完全可進行對比的報價。

應對各承包商過去與現在的客戶都做一番調查，瞭解他們對所接受的服務的品質與效率的看法。應評估外包商在當同業內的聲譽與能力，

這與當地機關頒發的證書相比對。參觀承包商的業務場所可有助於深入瞭解他們所從事的業務活動。

選定承包商後，重要的是在書面合約中清楚界定所要求的服務性質與頻率。有關描述任務、頻率與操作要求的用語必須盡可能做到清晰明確。所有合約均應把取消合約的條款列入。某些合約還應列入懲戒條款，以確保合同條款的切實執行。

清潔任務外包以後，必須對外包商的工作品質實行監督。客房部經理的常規檢查及與外包商的定期會商，能使前者及時發現問題並討論相關的問題。書面檔中應詳述所給的任務與完成任務的日期。對外包商送達的發票也必須仔細查看，在確認發票正確無誤後，再遞呈財務部供支付報酬用。

雖然使用外包清潔服務在旅館業界呈上升趨勢，客房部經理仍應定期進行評價，看看是否有充分理由採用館內服務代替外包服務，以作為一種節省開支的工具。在透過每月經營節省開支地把機器與設備的初期投資收回後，館內服務帶來的成本降低效果與控制的增強，常常能給旅館帶來很大的好處。

居室年鑑 THE ROOMS CHRONICLE

外包清潔作業能扭轉局面嗎？或旅館應省點錢？

作者：Mary Friedman

旅館不論大小，有時一些清潔工作要求助於外部。這種情況的產生可能是員工缺乏必要的設備、備品、時間或旅館缺乏所需的作業人員。

此時就需要外包清潔工的幫助。不管你對他們是否喜歡，他們在旅館業內扮演著一個重要角色。一些較常見的外包工作有擦洗窗戶、洗滌地毯、廚房清潔、夜班公共區域清掃與整修後的環境清掃。以下是外包作業簽約前要考慮的一些事情。

使用外包清潔工的好處：

• 他們一般提供在專業領域受過良好訓練的技術工人；

- 他們提供一切所需的備品與設備；
- 他們提供統一制服的工人，並負責工人的一切工資與福　　利；
- 這些工人連續工作直至完成任務；
- 他們對工作的效果負責。

　　使用外包清潔工的缺點‧工人們不是旅館的代表，可能缺乏與賓客交往的技能；

- 工人們可能在指定工作時間中缺勤；
- 外包清潔員可能達不到旅館的品質標準。

　　使用外包清潔工須知

1. 至少獲取 3 家報價。保證各公司投標前派一名代表來旅館參觀與瞭解工作的專案。要求這些公司列出將使用的設備與備品。
2. 只與那些有良好聲譽的並被推薦的公司合作。他們至少應具有 5 年的業內服務經驗。
3. 徹底核實推薦的資料，並去其他工地實地觀察。
4. 瞭解各公司工人接受培訓的情況。
5. 將旅館預期完成工作的時間寫入合約。
6. 將旅館預期的品質要求寫入合約。
7. 查清工人、賓客、旅館員工與資產的保險條款。
8. 接待來上班的工人，審視工作要求與範圍。
9. 工作初始期去工地巡視，確保工作符合旅館要求。
10. 工程完工時去仔細查看結果，對外包商的工作進行檢查。
11. 決不要預付報酬。

　　　　　　　　　　　資料來源：《居室年鑑》，第 3 卷第 5 期。

 名詞解釋

資本支出預算（capital budget）　爲獲得設備、土地、建築物與其他固定資產而制定的詳細計畫。

資本開支（capital expenditures）　用於在正常運作中一般不被用掉、使用壽命超過一年、價值在 500 美元以上的物品的開支。

損益報表（income statement） 關於經營利潤的報告，包括歲入與本報表期內創造收入帶來的開支。

營業預算（operating budget） 旅館運營中各部門創造收入與引發開支的詳細計畫。

業務開支（operating expenditures） 正常業務經營中為創造收入引發的開支。

預計損益表（pro forma income statement） 預測當前或未來經營成果的報告，包括已獲得的收益與本報告期內創造收入引發的開支。

附表（schedule） 為旅館財務報表提供詳情的報告。

討論題

1. 客房部經理在預算過程中負有哪些基本職責？
2. 資本支出預算與營業收支預算的區別是什麼？
3. 為什麼住房率水準預測在預算規劃過程中如此重要？
4. 如何將營業收支預算作為控制開支的一種工具？
5. 營業收支預算表與損益表有什麼關係？
6. 客房部經理制定部門預算中可能面對一些什麼支出（或部門開支項目）？
7. 哪兩種因素有助於客房部經理預測各類開支項目的開支水準？
8. 客房部經理可使用哪4種基本方法去控制開支？
9. 客房部經理在購買經營用備品中負有什麼基本職責？
10. 在決定是否採用外包清潔任務的做法時，應對哪類情況做出評估？

個案研讀

危害匪淺的房況差異

上午 10 點，Hotel Commodore 總經理 Herbert McMurtry 召集旅館前廳部經理、客房部經理和總工程師開會。McMurtry 先生很失望，因為那天上午的報告顯示，有 6 間空房記在一兩天前已離店的客人名下。這種差錯已變得司空見慣。

McMurtry 威嚴的身影在小會議室裏出現，他宣布開會。「我要謝謝大家上午來這兒開會。我有一些事情要講，當然我不想耽誤你們的工作。哎！」他停了一下，皺起了眉，「Todd 在哪兒？」

McMurtry 的話音剛說完，前台經理 Todd 闖了進來。「McMurtry 裏先生，很抱歉，我遲到了」Todd 說道，「我去處理了另一起討厭的房況記錄與實際不相符的事情。」

「這正是我想跟大家談談的事。」McMurtry 先生接著說。「因為房間空著收不到錢，我們旅館的收益在流失，這使我十分不安。還有更糟糕的，上星期我不得不對付 Spencer Spinet 公司的一位十分惱怒的 Spencer 女士，她搭乘飛機從紐約遠道來到我們旅館，卻住入了一間不乾淨的房間。她是我們的住高價房的常客。而現在她很可能會把這筆生意帶給別人了。我已經不止一次去面對這種投訴了。我想知道這兒出了什麼問題。我感覺你們部門之間缺乏溝通。如果任其發展下去，將會影響到旅館的利潤，還有你們的獎金。」

Todd 立刻大聲說道，「嗯，多數情況是因為客人的疏忽，他們結帳離店時不通知櫃台，才出現房空著收不到錢的情況。有時他們在預期離店日期前好幾天就走了。我們按原先的訂房給他們結帳。如果他們稱自己提前離了店，我們要給他們補償。可他們的房間空著沒有租出，我們倒了楣。我認為每天下午應實地去查看所有房間的實際租用情況。」

客房部經理 Isabel 馬上應答道：「這很難說，Todd。你要考慮增加的勞務開支及需要更多員工的問題。遇到較大問題時，檢查房間只能是掩蓋更大問題的治標不治本的方法。得有更好的方法來解決問題。我們可想想辦法如何督促客人把離店的資訊告訴我們。也許客房部員工會有些辦法。」

「我不瞭解空房收不到錢的事」旅館總工程師 Tomas 說，「但我認為只要人人都按既定的流程去處理不能出租的客房，我們就不會有客人住入未準備就緒房間的問題的」。

　　「哦，得了吧」，Todd 插嘴道，「我在派房中有壓力，坦率地說，我覺得維修保養工作速度太慢。如果有可能出現客滿的情況，我的員工就去檢查尚不能出租的房間。若有間房看上去不錯，我就把它租出去了。」

　　McMurtry 惱怒地向 Todd 看了一眼。「儘管我們不能讓空房閒置著，但將不能租出的房派給客人，這顯然不是好的經營之道，Todd」，他強調說。「憑你的員工去粗略地檢查一下房間，是不能保證他們能發現房間有什麼問題的。我們需要較富有經驗的人去檢查房間。」

　　Tomas 表示贊同，他說：「還記得那次迴紋針製造商協會在城裏開會，我們將管子漏水的房間租給客人的事嗎？該客人遷入時，那房間處於不能出租的房況，但由於當時旅館已客滿，我們還是將那間房用上了。結果衛生間裏積了 2 英寸深的死水，我們不得不將該客人遷移至另一家旅館。」

　　「來參加這次會議前，還有個問題與你碰到的房況不一致的情況有關，Todd」，Isabel 又說：「我的員工中午前清潔好的房間在一小時後就被列為不乾淨的房間，這是怎麼回事？」

　　「如果客人遷入房間後感到不滿意」，Todd 回答道並努力不顯示出自己是在辯解，「我將他們轉入其他房間。電腦設置的程式就將原先分派的房間判為不乾淨的房間。」

　　「但我知道那些客人中有些人根本就沒去看過房間」Isabel 答道。「他們就在櫃台改變主意的。如果櫃台會自動將那些房間重新定為乾淨的空房，這對大家都好。」

　　「我明白你的意思」，Todd 說，努力顯出耐心的樣子，「但我的員工真的也很忙，如果我們在電腦上不斷地切入變換，這會干擾我們其他的工作。最糟的事就是我自己在打電腦，而讓客人在一邊等著。」

　　McMurtry 迅速對 Todd 講的最後一點做出了回應。「不錯，但是急急忙忙讓客人住進未準備好的房間，或讓他們等候實際已準備就緒的房間，這也是沒有好處的。」

　　談話變得激烈起來，McMurtry 先生明白，若他不打斷他們，他們會談論一整天的。「我們已談了很多看法，現在我要大家回去至少達成 3 個解決這些問題的方案，今天晚些時候把行動計畫交給我」。話畢他把經理們打發走了，等待他們帶來挪開旅館前進障礙的好消息。

討論題

1. 對減少旅館出現因房況不一致、空著房無收益的現象,你有何建議與方法?
2. 旅館內的不同部門可透過何種合作來解決房況資訊出現的矛盾?
3. 就前廳部如何消除房況與實際情況不符的問題提出建議與方法。

個案研讀

黃金地段為何不生財

擁有 600 間客房的 Knightstrest Hotel 以接待商務旅客為主,它靠近機場和繁忙的政府中心,地段極佳。雖然很少有滿座的情況,生意倒也不錯。然而業主們對旅館的毛利情況一直感到失望。總經理 Nancy Wood 認定造成財務收益不能令人滿意的一個因素是客房部的開支太離譜。她向客房部經理 Sue Miller 提過這件事,她們一致同意聘用客房部顧問 Bonnie Hansen 對旅館的客房部運作做一考察。

Bonnie 開始了在旅館的諮詢工作,她首先問 Miller 經理旅館是如何訂購備品的。Miller 經理解釋說,旅館每兩周發一次常規訂單,購置物品以替代「假定是」已用掉的物品。

在旅館各處走動時,Bonnie 注意到一些事情。主儲藏室的門是開著的,所有的客房服務員都可以進入,並且自己為布巾車裝上備品。雖然各輛布巾車上裝的備品的數量差別很大,但整個旅館裏多數服務員的小箱子裏存放著同樣牌子的清潔備品 (Miller 對 Bonnie 的解釋是,這些物品全都是從廉價商品店購得的,能省不少錢)。一些客房服務員對 Bonnie 說,由於主儲藏室裏時常發生物品短缺的情況,她們有時在布巾車上額外多裝些備品。有些布巾車上的品牌物品是 Bonnie 在主儲藏室未見到的。Bonnie 還注意到,各樓層布巾用品壁櫥裏裝滿了客房備品,事實上,幾乎角落都儲放了備品,連電話總機設備房裏也放。有些備品放置時擠壓得太緊,已被損壞。尤其是印有旅館標誌的文具用品損壞嚴重。

Bonnie 巡視了所有的客房,發現房間裏使用著同一種高品質的備品。在延住房中,每天都有未曾使用的新香皂與洗髮精。她看到一客房服務員

在塑膠貼面上使用家具上光劑。該服務員對她說，這是她的風格。「他們要求我們只用水擦」，該服務員解釋道，「但我的做法香味好。」她還說旅館提供用於清潔浴缸的化學物品不會形成泡沫皂液，因此她與許多其他服務員將客房用的洗髮精摻入，以達到更好的清潔效果。

在一整天的觀察中，Bonnie 發現客房部員工只使用 3.0 立方厘米的大垃圾袋，許多袋子僅僅裝了半袋子垃圾就扔掉了。在廚房裏，她發現員工們戴著印有旅館標誌的淋浴帽。她注視著來回奔跑取用備品的公共區域清潔員 Tom Harper。Tom 先是看到地上有一點泥土，於是他去拿拖把與水桶。弄乾淨地上的泥土後，他發現了油煙燻髒的窗戶，就回去歸還拖把與水桶，然後取來了窗戶清潔備品。後來，他又離去，幾分鐘後拿著吸塵器回來了。吸塵器無力地工作著，顯然袋子裏髒物已滿溢。

Bonnie 在巡視中看到有幾名員工在休息時間閱讀《今日美國》。Miller 對她解釋說，旅館為每間客房訂了一份《今日美國》。Bonnie 還注意到，幾乎全體員工包括經理們，都使用印有旅館標誌的記事本，而記事本是客房用品。

Bonnie 在去總經理辦公室與 Wood 女士交談的路上，看到每個行政辦公室裏都設有咖啡機，而每個人似乎都在使用客房用的單份咖啡備品，費用當然是記在客房開支帳上的。Bonnie 看到許多桌上放著客房手用潤膚液的瓶子，還有手巾紙盒、筆和檔案夾。她在客房部主儲藏室中見過這些物品。

討論題

1. Bonnie 在與 Wood 和 Miller 經理談話時會指出客房部存在什麼問題和缺點？

2. 她對這些問題和缺點會提出什麼樣的建議？

這些案例的編寫是在業界專家的創意和幫助下完成的。

Gail Edwards, Director of Housekeeping, Mary Friedman, director of Housekeeping, Radisson South, Bloomingdon, Minnesota, Aleta Nitschke, Publisher and Editor of The Rooms Chronicle, Stratham, New Hampshire.

6

安全與保全

學習目標

1. 確認與客房部員工常規作業有關的安全流程
2. 描述對一項工作做安全分析的步驟，確認安全培訓計畫的基本要素
3. 辨識別客房部運作中常用的清潔用化學品
4. 說明美國職業安全和健康法案條例與旅館經營之間的關係
5. 說明在客房部經營中如何遵循職業安全和健康法案的危害通報與教育準則
6. 確認客房部在控制鑰匙失竊與失物招領流程方面承擔的保全職責
7. 描述旅館在處理諸如爆炸物威脅與火災的緊急事件中負有的職責

本章大綱

- ## 安全
  對保險與法律責任的關注
  員工士氣與管理層的關注
  潛在的危險狀況
  工作安全分析
  安全工作培訓

- ## 客房部常用的化學物品
  水
  浴室去污劑
  多功能去污劑

- ## 安全防護設備

- ## 美國職業安全和健康法案條例
  工作區域
  人員疏散出口
  環境衛生
  標誌與標牌
  急救
  血液攜帶的致病菌
  美國職業安全和健康署的檢查

- ## 美國職業安全和健康署的危害通報與教育準則
  開列危險化學品單
  向化學品供應商索取材料安全資料單
  給所有化學品盛器貼上標籤
  編寫危害通報與教育計畫

- ## 保全
  保全委員會
  可疑的行動
  偷竊
  爆炸物威脅
  火災
  鑰匙管理
  失物招領
  客房清潔

本章由由任職於 Widener University, Chester, Pennsylvania 旅館與餐館管理學院副教授，Sheryl Fried 撰稿並提供。

Rita 正在用一種氨水基去污劑，洗刷污跡斑斑的抽水馬桶。雖然她用力地擦洗，但無法將污跡去掉。她再倒入一些這種去污劑，仍不見效。最後，她伸手取過裝了含氯漂白劑的罐子，往馬桶裏倒入一點漂白劑，然後俯身繼續擦洗。

這一情節強調了客房部化學品使用上的一個極為重要的課題，即對安全與有效地使用化學物品進行適當的培訓。Rita 不知道氨水與漂白劑混合後，會產生致命的毒氣，這很可能會致她於死地。

安全與保全是旅館經理的兩大職責。賓客期望能在一個安全的、沒有危險的地方住宿、聚會、用餐和娛樂，而且他們有權得到合乎法律的合理照料。客房部人員能幫助滿足賓客的這種期望，在一些情況下，他們在旅館的安全與保全體系中產生很大的作用。

在旅館業務經營中，安全（safety）指工作環境的實際狀況。保全（security）指的是對偷竊、火災與其他緊急情況的防範。本章重點討論旅館經營中對安全與保全的需求，簡略說明客房部通常使用的化學物品，旅館在貫徹實行聯邦職業安全和健康法案的一系列標準中必須採取的行動，還討論了安全與保全問題對客房部人員會有怎樣的影響。

第一節　安全

維修部與客房部是旅館最易發生事故和傷害的部門。原因之一是他們都是勞動密集型的部門，很多旅館的客房部與維修部比店內其他部門聘用更多的人員。另一個原因是這兩個部門都涉及體力工作與設備的使用，這加大了發生事故與傷害的危險性。

為了減少安全上的風險，客房部經理必須知道潛在的安全隱患，制定防範事故的流程，安全應是首要的考慮。經常不斷的安全培訓活動，對確保旅館一切區域保持安全的狀況是有益的。這種培訓計畫的制定，要求管理部門必須明白法律上對工作環境做出的規定，確切地說，那些法規對客房部人員會產生怎樣的影響。

減少事故，省下金錢

作者：Wendell H. Couch

　　多年來，事故引發的開支從盈虧報表上一個不起眼的數字，變成成功經營者能夠並且必須加以控制的一筆開支。它之所以成為重要的問題，原因在於醫療費用的上漲，以及社會上出現希望透過訴訟迅速致富的個案日益增多。成功控制了事故開支的經理們發現，關鍵在於事防範。

　　員工透過觀察瞭解他們的主管們的真正興趣所在。關心事故防範的經理很快就得到了員工們的回應，員工用行動表明杜絕事故對他們同樣重要。經理們應該做到：

· 與已經發生事故的員工交換意見；
· 聽取員工有關事故防範的意見；
· 一發現事故開端或隱患，就著手解決存在的問題；
· 要求其他部門經理與主管將安全資訊列入各次會議內容；
· 讓員工拿到事故引發的開支款項。

　　同樣重要的是向員工灌輸安全生產與工作的思想。這可以透過多種途徑來實現。下面推薦幾種方法。

定期進行安全教育　成立各部門至少有 1 人參加的安全委員會。該委員會應做到：

· 評論與檢討事故報告；
· 調查旅館潛在安全隱患；
· 向管理層與其他部門領導提出報告；
· 向員工分發培訓資料。

　　安全委員會應允許所有員工表達他們對安全的關切。會議紀錄應在旅館各處顯眼地方予以張貼。

增強安全意識　花費較低的獎勵計畫是提高員工安全意識的一個成功做法。常見的有「安全賓果有獎遊戲」計畫，它將旅館員工分成由各部門員工組成的兩個隊進行競賽，不能由同一部門的員工組成一個隊。每位員工發給一張賓果卡，每天進行抽號並公

布。員工可在自己卡上做出相應的標記，誰首先出現卡上的號碼與公布的號碼相同，誰就贏了這一局並獲得一份獎品。倘若一旅館員工受傷，他所在隊的隊員都得中止參賽，直到下一輪重新開始競賽。該遊戲激勵員工們注意工作安全。

經反覆證明，若旅館經理表現出對安全的關心，他能與員工們談論安全問題，並營造出一個安全意識氛圍，安全方面的支出就會下降。

資料來源：《居室年鑒》，第 2 卷第 6 期

一、對保險與法律責任的關注

從醫療、法律與勞動率生產標準的角度分析，人們對不安全的工作環境可能要付出高昂的代價。許多與工作有關的事故的結果是丟掉了工作。同時，工作受傷的員工可能要求給予治療。有些事故可能引發大量而且昂貴的醫療費用。

接連不斷的員工事故常造成責任保險與醫療保險開支的增加。不安全的工作條件，也會導致旅館被罰款或控告。即使受傷害的員工與賓客不控告旅館，責任保險賠付率已夠高了。如果一段時間內有很多工人提出賠償要求，整體員工賠償（workers' compensation）率也可能上升。所有這些費用加在一起就不是個小數目。換言之，不注意安全的工作習慣，久而久之會為旅館造成可觀的開支。

二、員工士氣與管理層的關注

不安全的工作條件對員工士氣產生負面影響。若員工總是為不安全的工作環境而擔心，他們就不可能充分發揮出他們的才能。整體來說，不安全工作的條件不糾正，就無法鼓勵員工的士氣。

員工的健康與福利應該是管理階層最關心的事項之一。他們是旅館擁有的最重要資產之一。經理想要員工提供高品質的服務，就必須善待員工，尊重員工。對員工在安全工作環境之工作權利的尊重，是個良好的開端。

三、潛在的危險狀況

不論是日常工作還是困難的工作，經理與員工必須共同努力，去消除一切工作活動中的危險因素。關鍵是在危及員工、賓客與旅館前及時發現隱患。經理必須培養員工識別潛在危險狀況的能力，採取適當的糾正措施，保持警惕又認真仔細的員工是旅館對事故的最好防禦。

濕滑的地板與走道最易發生事故。散亂堆放物品的地面或將清潔設備置放在外面通道，都會招致傷害的發生。不正確的提舉重物的方法與一下子提舉或搬移過重物品，都可能對員工的身體造成危害。客房部員工發生的最多見的傷害有扭傷、勞損及摔倒。

居室年鑑 THE ROOMS CHRONICLE

背部活動基本要領

作者：Mary R. Fisher

背部損傷是工作中最常見的事故。不論我們從事何種工作，我們都在不斷地使用背部，很容易對背部造成傷害。背部由骨骼、椎間盤、韌帶、腱與肌肉組成。因為這些身體部分都得協調一致工作，我們需要明白姿勢與正確的物品提舉法的重要性。

姿勢

良好的姿勢不但能防止傷害的發生，也能防止出現肌肉疼痛、背部僵直和神經緊張的現象。良好的姿勢其實很容易做到，它指的是保持背部（頸、胸與胸以下部分）自然曲線處於平衡狀態。

站立時務必記住「堆放」原則。在你擺出正確姿勢的時候，你的耳、肩、臀、膝與踝是疊成一條直線的。因此當人們從側面看你，並從你的耳部向下畫一條線時，這應該是一條直線。與你可能受到的教育相反，挺胸與將下巴向前伸的姿勢無益於健康。坐在桌前時，將你的臀部靠緊椅背，並把腳平放在地上。每隔一小時左右站立一次，伸展一下腿腳，這能防止你的背「鎖定」在一個固定

的姿勢裏。

最佳的睡眠姿勢是側睡，膝部微微向胸部彎曲。俯臥姿勢最不可取，因為身體下陷於床墊時，使背部處於非自然彎曲狀態。

提舉物品

移動箱子、提起一大堆布巾用品或搬動檔案箱時，千萬要注意採用正確的提舉物品的姿勢。安全的提舉方法指的是保持背部挺直、維持平衡的中心，讓有力的腿部肌肉來完成提舉動作。提舉物品前，考慮一下自己是否需要機械輔助或工作夥伴的幫助。如果你覺得自己做得來，記住下列幾項重要的步驟：

1. 收起骨盆腔。提起重物時將腹部肌肉收緊，這有助於背部處於平衡狀態。

2. 下蹲。千萬別彎腰，蹲下去有利於激發腿部的強壯肌肉去完成提舉重物的工作。

3. 抱緊提舉的物品。抱緊物品，使其盡可能貼近身體，然後將腿伸直站起來，抱緊物品時注意務必不使背部彎曲。

4. 避免扭曲。脊柱發生扭曲就會增加其負擔。務必使腳、膝與軀幹朝向同一個方向。採用嬰兒旋轉整個身體改變方向的走路方法，而不用扭曲身體的方法改變你的方向。

5. 清潔通道障礙。邁步堅實，保證走道暢通無阻。從頭部上方取物品時要使用梯凳或梯子，避免過度伸展手臂而發生扭傷。試一下物品的重量，將它拖向你，然後抱緊取下。如果可能，把它往下傳給等在一邊的搭檔。將手伸入箱子或容器時，注意雙腳開立與肩齊寬，膝部微微下彎，然後彎曲臂部往下蹲。將膝部貼住容器的邊緣以幫助支撐身體。

記住，用安全的方法提起重物，遠比採用不安全的方法提起重物花的時間要少。因此，為什麼不注意安全操作和使用正確方法去做這些事呢！

資料來源：《居室年鑒》，第 2 卷第 6 期。

事故與傷害並非不能避免。遵循下列 3 項簡單原則，員工們就能營造出一個安全的遠離事故的工作環境。

　1. 別慌忙，從容不迫地做事。沒有工作需要你如此緊急地不顧安全地去完成它。

　2. 立即糾正不安全工作條件。如果你自己無法糾正這種不安全或危險的工作條件，立刻向主管報告。

　3. 從一開始就注意安全地工作。全體員工都必須安全作業、安全工作。

　一切住宿機構都應有一份安全條例。安全規則應成為客房部安全計畫的組成部分。這一計畫激勵員工培養和保持安全的工作習慣。表 6-1 是客房部區域安全規則範例。

　客房部員工在任何日子裏都會參與重物提舉、攀爬梯子、操作機械與使用危險清潔用化學品的工作。所有這些工作都含有危險的因素。下面是針對如何安全有效完成這些任務所提出的一些指導意見。

(一)提舉物品

　客房部常有提舉重物的任務，員工們在完成徹底清掃的任務中也必須搬動家具。

　若提舉諸如袋子、箱子與容器時採用不正確的方法，就可能導致扭傷或肌肉拉傷或背部傷害。反過來，傷害又可造成丟失工作、長期的痛苦與折磨。員工在提舉含尖刺物或碎玻璃的垃圾或髒布巾用品時，也會發生割傷與擦傷的情況。員工們應知道所有情況下要注意的問題，並採取專門的預防措施。表 6-2 概述了客房部人員安全提舉物品的方法。

　員工們在完成諸如開啟窗戶的客房部工作中也要小心仔細。若碰到窗戶卡住打不開，或開啟十分費力的情況，服務員絕對不能使用擊打的方法或使勁拖拉窗框，硬推或硬拉窗戶可能導致背部損傷或被碎玻璃割傷。若窗戶卡住不能開啟，服務員應求得幫助。維修部門通常使用潤滑油或透過修理窗框來解決問題。還應提醒客房服務員不要亂堆或亂拉重物，如他們使用的布巾車與大捆的洗滌物品。這些不正確的動作和提舉重物的情況一樣會造成傷害。

表 6-1　旅館的安全規章範例

客房與客房部區域：安全規章

- 見安全規章總則（第一部分）。
- 不讓玻璃碎片掉入布巾用品。
- 注意包裹住的碎玻璃。
- 及時將刮鬍刀內髒物倒淨。
- 走道上不能有電線。
- 不將床罩堆在地上。
- 決不在電梯間內抽煙。
- 將煙缸置於梳妝台而不放在床邊，以免客人產生在床上吸煙的念頭。
- 電梯內不要超載。
- 布巾車進出電梯間要小心。
- 工作中使用正確的清潔設備。
- 不將客房服務用托盤留在賓客走道上。
- 在走廊上靠右行。
- 拿著尖鏡的物品時，將尖頭朝下，別對著自己。
- 決不使用椅子或箱子代替梯子。
- 將碎玻璃與金屬廢物放入適當的容器內。
- 迅速去除易絆腳與滑跌的危險狀況。
- 上下樓梯使用扶手。
- 將有問題的電線、插頭插座及未予檢驗的電器情況立即向主管報告。
- 任何電器接入電源前須檢查電線與插座是否完好。若發現破損或磨損或發生冒火星的情況，別硬把它接入電源。將該電器退回並要求更換。
- 跪下前查看地毯或地磚上有無碎玻璃。若發現有碎玻璃，先用掃帚掃去，再使用手提吸塵器清潔。處理玻璃要戴手套。
- 將碎玻璃倒入維修房的專用箱內。
- 煙灰都要倒入抽水馬桶，不要倒入廢物桶內。
- 發現賓客抽煙不慎的情況要報告，如燒壞了地毯或床罩，地面上有燃滅的火柴棒等。
- 從桶內往外拿垃圾要戴手套，以免垃圾裏有碎玻璃或刮鬍刀片。
- 在公共區域與行李房放置行李時要小心謹慎。
- 提拿行李要力所能及，不要一次提拿太多。
- 撿起樓梯或地面上不該有的異物。
- 等駛入的汽車在停穩後再給予開門。
- 確保等旅客的手與腳離開車門後再關上車門。
- 知道輪椅與擔架放置的地方。
- 瞭解處理賓客受傷與生病的程序。

資料來源：Hotel duPont, Wilmington, Delaware.

表 6-2　安全提舉重物的準則

1. 提舉前查看物品。不要提舉任何兩手不能合抱的物品，或拿著會擋住視線的物品。
2. 提物前尋找突起的部位，提舉垃圾物或大捆的布巾用品時尤其應這樣做。這些突起物常包含尖狀物品或碎玻璃，千萬要小心以避免受傷。
3. 提舉物品時，將一隻腳靠近物品，另一隻腳稍往後分開，保持身體平衡。
4. 保持背部與頭部平直。由於背部肌肉往往不如腿部肌肉有力，別靠背部肌肉的力量提舉物品。
5. 膝部與臀部稍彎曲，但不要彎腰。
6. 使用雙手，並在抓舉物品時用整隻手。
7. 使用腿部肌肉提起物品。
8. 使物品緊靠身體，避免身體發生扭曲。
9. 如果感覺物品太沈或難以抓住，或物品擋住了視線，則放下物品。
10. 將物品放下時，不要使用背部肌肉，而要使用腿部肌肉的力量，遵循舉物程序進行操作。

(二)梯子

　　清潔天花板或附近區域或清潔燈泡等，都可能使用梯子。做某項清潔工作時，要根據高度要求與立足處的實際情況選擇梯子。檢查梯子的穩定性並查看梯子的橫檔是否結實，不要使用破損或有毛病的梯子，而應將它打上標記，讓它淘汰，並向客房部有關主管或維修部門報告情況。

　　梯子有多種，從小梯凳到 28 英寸的伸縮梯。梯子一般為木制、鋁制或其他金屬製成。在靠近或接觸電器設備的地方作業時決不能使用金屬梯，磁磚地面上或廚房區域應使用防滑的橡皮底腳梯子。在所有情況下，地面都應乾燥乾淨。

　　梯子必須有足夠的高度，使服務員在梯子上工作時不必過分伸展手臂。決不要站在梯子的最高一級橫檔上，如果不站在最高檔手就無法工作，這說明梯子太矮，不能做這件工作。放置梯子時，梯子的足部至少要離牆有梯子高度的 1/4。例如，梯高 12 英尺，則梯足離牆應有 3 英尺的距離。決不要將梯子靠在窗戶或凹凸不平的表面上，如果可能，當你在梯子上時，讓另一位員工站在梯邊用腳抵住梯子的足部，並用手穩住梯子。

　　上梯子前測試一下梯子的穩定性。梯子應能夠平穩地著地和靠牆。始終做到面向梯子上梯，手腳要乾燥。別拿可能影響使用一手或雙手的物品或工具上梯。梯子下方應劃出警示區，提醒賓客與員工勿從梯下經

過。迷信者可能認為從梯下走過很不吉利，這種舉動也是很不安全的。其他有關梯子的標準事宜將在本章稍後部分陳述。

(三) 機器

員工經認可並經過培訓後才能操作機器與設備。多數設備、機器與電動工具都附有使用說明書。員工在獨立作業操作機器與設備前，可能需要額外培訓和有指導員的操作實習。

許多電動工具需帶保護罩或防護裝置，使用中不應該將其去除。員工還可能需要佩戴護目鏡或手套，一切保護裝備都應按使用要求配戴。

設備與機器運作時，一定要有人看管，不能擅自離開。用畢後應將其關停，並妥善存放，決不能使用運轉不正常的設備或機器。與有關主管或維修部門聯繫，報告出現的問題，使問題儘快得以解決。

(四) 電器設備

使用電器須特別當心，即使是客房部常見的電器如吸塵器，如果操作不當或在不安全的條件下工作，也可能傷害人或造成致命的後果。旅館業使用的電器設備與機器應得到保險業者試驗站（Underwriters Laboratories）的認可。該試驗站是個獨立的非營利組織，它對電器設備進行測試。測試的目的是為了保證電器設備不會造成火災或發生觸電事故。被認可的設備包裝、說明書或標籤上印有帶圓圈的兩個縮寫字母「UL」。多數從零售商或批發商處購買的設備是符合保險業者試驗標準的。

員工決不能站在水中使用電器設備，手上有水或穿濕衣服時也不能使用電器設備。靠近可燃液體、化學物品或蒸汽使用電器設備也是不安全的，電器設備冒出的火花可能引發一場火災。

電器設備冒火花、冒煙或起火時應立即予以關閉。如果可能且安全，應拔下電器的電源插頭，服務員無論如何都不應試圖重新開啟該項設備，應將設備故障向有關客房部主管或維修部門報告。

電器配線與連接部分應做定期檢查，電器連接處鬆動或電線裸露後就不應該再使用。決不能用拖拉或使勁猛拉電線的方法拔下插頭，因為這樣做會使電線與插頭的連接處出現鬆動，造成冒火花與短路的情況。正確的方法是抓住插頭，輕輕地將它從插座上拔下。

使用電器時，不要使電線經過人潮過多的地區，如走道中心或出入口。但這不一定都能做到，尤其碰到如在走廊裏吸塵的時刻，此時應將

電線靠近牆腳，並在工作區放置警示牌。如果該設備將固定在一處使用較長的時間，用膠布將電線固定在地面上，並在固定的電線上放置警示標誌。

有時候要使用接線板來延長線路，這尤其會發生在插座離工作區較遠的時候。使用接線板前要檢查有無電線裸露的情況。接線板延長線有多種，並非都適用於旅館業的情況。當地的消防部門能確定哪些接線板延長線符合地方、州或聯邦防火規章制度的要求。

清潔客房中，客房服務員應注意檢查電燈、電器與其他固定裝置是否有電線磨損、連接處鬆動及插座鬆開的現象。裸露電線有可能導致人員觸電、受傷，甚至死亡。應檢查電源插座與開關的蓋子，並確保其蓋合妥當，無裂開或破損情況。若有此種情況發生，客房部服務員不應試圖自己去修復，而應把潛在的問題向客房部有關主管或維修部報告。

(五)化學品

許多客房部員工會在日常工作中接觸危險的化學物品，這些強力去污劑，使用中只要佩戴適當的防護物，是相對無害的；可是一旦使用不當，這些本來是很有用的化學品就可能引起操作者噁心、嘔吐、皮膚出現皮膚疹，引發癌症、失明，甚至造成死亡。

旅館所有區域的清潔作業均使用化學物品，包括浴室、廚房和地面。危險化學品也用於殺滅昆蟲與老鼠，有些情況下，旅館要使用有毒物質疏通浴室堵塞管道及其他管道裝置，危險有毒化學品的使用常常是不可避免的。

不斷地進行化學品安全使用培訓工作是基於兩個原因：一是不當使用化學品能在短時間內造成嚴重傷害；二是新員工（尤其在人員流動率很高的旅館裏）需要立即培訓。

四、工作安全分析

迎接新員工介紹會與不間斷的培訓，常常是傳遞安全資訊的最佳管道。編制與使用客房部安全手冊也是極好的教育手段，該手冊應詳述客房部的不同工作，並向員工就安全正確地執行各項任務做出指導。設計安全手冊的第一步是對工作進行安全分析。

工作安全分析（job safety analysis）是一份詳細列明客房部所有工作職責的報告，工作單為分析本部某項職位的潛在危險提供了基礎。各項

分析可與工作細分表內容並列編排，將安全指導與潛在危險列在第3欄目。

例如，客房服務員的任務可包括吸塵器吸塵、清潔浴室、服務員布巾車儲放物品與清倒垃圾。各項任務又細分成一系列步驟。為客房吸塵可包括下列步驟：

1. 對吸塵器作安全性能檢查。
2. 去除房間角落與地毯邊縫的髒物。
3. 將吸塵器插入離房門最近的電源插座。
4. 吸塵打掃所有區域。
5. 拔除吸塵器電源插頭，妥善捲繞電線，將吸塵器放回布巾車。

應該扼要寫出完成各項步驟的安全與規範操作法。步驟1「檢查吸塵器安全性能」的「怎麼做」部分可這樣表述：

1. 清潔當日第一間房前，檢查確定吸塵器的髒物袋是否已清空髒物。
2. 如果髒物袋是滿的，更換或清空。
3. 立刻去除吸塵器電線打結或纏繞的情況，因為會引起短路。
4. 出現火花、煙氣或起火，應立即關閉吸塵器。
5. 將需要修理的吸塵器送至客房部。

最後，該分析單的安全指導部分，列出了員工完成某項工作步驟時可能遇到的任何危險。

例如，針對吸塵器檢查的安全要點可以是：

1. 任何時候安全都是第一位的，如果設備看似有點不對勁、不安全，要向主管報告，使用前必須將它修好。
2. 不要使用電線發生毀損的吸塵器，不然可能傷害你，或短路造成火災，當心別讓吸塵器電線絆腳。
3. 站在水中或手和衣服潮濕時，決不能使用電器，如吸塵器。

完整的工作安全分析應涉及客房部全部工作與任務，應把分析做成小冊子的形式，每位員工應獲得一份有關於他們在旅館承擔的各種任務的相關資料。

只給員工分發工作安全分析材料是不夠的，不能指望員工一定會閱讀它。客房部經理應示範和說明各項任務。培訓結束時，員工應簽名聲明自己明白了工作分析與規則的內容。該聲明書上還應包括不遵循工作

安全分析指導原則操作，須承擔的安全違紀後果。

五、安全工作培訓

安全培訓從工作第一天開始，客房部新生訓練情況介紹必須含旅館安全規章制度的介紹。員工必須瞭解旅館對他們在安全方面的要求，從而能更安全地完成工作。

良好的安全政策是以員工為出發點。它陳述安全工作與員工和旅館的利益息息相關。它應該是一種總括整個旅館的安全宗旨，而不只是針對客房部的。表6-3是旅館新生訓練介紹會上介紹的安全宗旨範例。

表 6-3　安全宗旨範例

 杜邦旅館安全宗旨

杜邦旅館全體員工把安全放在首位。所有傷害與事故可透過有效的安全計畫加以杜絕是杜邦旅館的宗旨，也是我們的共識。旅館制定的安全計畫十分強調以員工為本，員工的充分參與是計畫制勝的關鍵。我們教育員工安全是一種生活方式，不是下班了就把它丟開，而要把它帶回到他們的家庭中去。

安全在杜邦旅館確實有幾層含義。在談論我們的安全計劃時，我們可能指下列的任何情況：

- 員工工作實習；
- 工後安全；
- 生命安全；
- 設備安全；
- 安全管理；
- 食品衛生；
- 保全；
- 傷害預防。

這些領域綜合起來就是杜邦旅館的安全宗旨。

資料來源：Hotel duPont, Wilmington, Delaware.

新生訓練介紹會上也應該介紹具體的安全規章制度與流程。新生訓練會是分發安全資料的好時機。這種資料可以是新生訓練資訊袋的一部分，也可以是單獨的小冊子。有些新生訓練小冊子上在各個邊上留有空白，讓員工簽上姓名的縮寫字母與日期。強調員工接受並理解這些規定

與資訊的重要性。

　　新生訓練會不是安全培訓的終結。全體員工至少每月應參加一次安全教育活動。這些會議可用於討論新的安全規則及如何正確使用新的設備。定期安全教育也應作爲新舊職員的進修和培訓課。複習日常的安全流程，並使之不斷完善。

　　培訓過程初期 一通常是上任的第一天或第二天一員工應學習法律規定的具體的安全工作條件，尤其與有害化學品使用相關的部分。下面概述了安全使用化學品的規則。

第二節　客房部常用的化學物品

一、水

　　水是大部分清潔溶液中的基本物質。出乎意料的是水也是使用中最需慎重對待的東西，因爲一城、一州或一國的自來水都不是一樣的。水吸收礦物質會影響其清潔或對清潔劑的反應能力。

　　水中的一些常見礦物質包括鈣、鐵、硫磺和磷酸鹽。鈣能抑制洗滌劑的清潔能力，從而需使用更多的洗滌劑才能達到清潔的目的。鐵與硫磺會引起物品褪色，硫磺還有雞蛋的臭味。而磷酸鹽能確實加強某些洗滌劑的清潔能力，從而能減低洗滌劑的使用量。

二、浴室去污劑

　　客房服務員有時使用氨水基或氯基化合物清潔浴室。而這些常用的清潔化學品是不應該混合使用的，這一點很重要。氨水決不能與氯基、氟基或溴基化學去污劑合用。一旦混用，就會產生出強烈的毒氣。例如，將氨水與氯混合於水中，會產生致命的碳酸氯毒氣。

　　如果可能，客房部經理應購買和使用氨基去污劑，或是氯基、氟基的或是溴基的去污劑。向客房服務員只提供一種去污劑，基本上就消除了混合使用的危險。然而，由於服務員要清潔各種各樣物品的表面，有時就無法做到只購買使用一種去污劑。因此加強培訓，提高員工的防範意識是防禦化學品潛在危險的最好辦法。

三、多功能去污劑

現在市場上有許多種多功能去污劑。顧名思義，這些去污劑可用於清洗牆面、擦洗地板、清潔浴缸與淋浴器，甚至可清洗窗戶與鏡子。多功能去污劑一般是濃縮型的，可根據不同清潔需求加水加以稀釋。有些多功能去污劑含添加劑，這限制了它們的使用範圍。下面對一些常用的添加劑加以討論。

(一)磨料（Abrasives）

磨料含砂物質，用於去除厚重的污垢與上光劑。磨料可安全地用於不銹鋼、磁磚與幾類瓷器表面的清潔。不過，它能損傷諸如大理石或玻璃鋼這種較軟的表面。多數專家告誡，旅館不要使用能損壞磁器與合成纖維表面的磨料。

(二)酸（Acids）

弱檸檬酸與醋可用於清潔玻璃、青銅與不銹鋼製品。

(三)鹼（Alkalies）

猶如在洗衣房使用的情況一樣，鹼或鹼基清潔劑加強了去污能力，還具有消毒能力。多功能去污劑中鹼的 pH 值一般在 8~9.5 之間。pH 計（pH scale）用於測量一物質相對於水的酸度或鹼度。pH 值為 7 是中性。酸的 pH 值在 0~7 之間，但小於 7，0 度為最高酸度。鹼的 pH 值在 7－14 之間，但大於 7，14 度為最高鹼度。

(四)油污去污劑（Degreasers）

油污去污劑（也稱乳化劑或穩定劑）是用於清潔各種各樣油膩與污漬的產品。溶劑具備許多去除油污的功能。

(五)除積垢劑（Delimers）

它用於去除使表面模糊、生垢和（或）變色的礦物積垢。

(六)除臭劑（Deodorizers）

除臭劑或室內清新劑用於消除室內清潔劑的氣味。有些清新劑會在客房中的物品表面上留下薄薄的霧狀物，應避免使用。不要每天使用清

新劑,否則其強烈的氣味會使人難以忍受。另外,不少粉狀清新劑含玉米澱粉,這會引來昆蟲。

(七)殺菌劑(Disinfectants)

殺菌劑殺滅細菌與黴菌,含殺菌劑的去污劑一般價格較高。這種額外開支常常是不必要的,因為並非所有表面都需要滅菌。對於旅館業來說,使用一種好的多功能去污劑,再配以妥善的清潔、沖洗與乾燥的程序,往往就足夠了。

(八)玻璃纖維去污劑(Fiberglass Cleaners)

許多較流行的浴缸和淋浴設施是玻璃纖維制的。市場上有清潔玻璃纖維的專用去污劑,不用亂擦就能清潔這些設施。

(九)金屬去污劑(Metal Cleaners)

一些油劑金屬去污劑將油漬去除後,會在金屬表面留下一層薄薄的保護層,該保護層常常沾上手指印,當去污劑再沾到衣服上,它會損傷多種布巾。水基金屬去污劑避免了這些問題,且效果不錯。

(十)潤濕劑(Wetting Agents)

潤濕劑破壞了水的表面張力,水滲入到塵土下,會使塵土脫離物品表面。

第三節 安全防護設備

客房部員工可能使用一些有防護設備要求的化學品。個人防護設備可用於眼、臉、頭和手的防護,有時能防護全身。使用危險與有毒化學品時應有防護設備。為防止工作和設備使用中飛濺物傷身,也應使用防護設備。

稀釋清潔用化學品或混合泳池清潔用化學品時,可能需要戴上手套、護目鏡或面罩。化學品製造商必須對使用產品需要哪種裝備做出明確說明。

清潔頭部上方諸如天花板上通氣口區域時,可能需要佩戴護目鏡與防塵口罩。打掃滿是塵埃的地方也需戴上口罩,口罩能遮住員工的嘴和鼻子,使其不會吸入灰塵與其他飄浮的細微顆粒。

第四節　美國職業安全和健康法案條例

美國聯邦政府對工作區域與經營場所有安全方面的規定。該法案於1970年生效，旨在保護在工作場所工作的工人。法案內容廣泛，頒布了多種行業的安全規則與操作原則，旅館業也不例外[1]。

該法案提出的標準涉及客房部員工的各方面。規定著重於員工的工作場所、工作中使用的材料及其他安全問題。這些標準的制定主要是為了保護員工，而非賓客。不過某些標準涉及有關賓客安全的領域。

下面僅對該法案涉及旅館經營的規章部分加以討論。經理們若要詳細閱讀和瞭解法案制定的標準，應與地方職業安全和健康署或美國勞工部聯繫。

一、工作區域

職業安全和健康法案標準涉及諸如通道、儲藏室與服務等區域。它要求保持工作區整潔衛生，也要求門廳、通道與樓梯安裝扶欄。四梯級以上的樓梯須至少安裝一個欄杆。

該法案還涉及這些區域裏的輕便梯，規定確認要求梯子必須結構良好，不能不適當地改變其結構。要修理的梯子應妥善貼上標籤，規定還涉及腳手架、活動梯和塔樓。

二、人員疏散出口

職業安全和健康法案標準要求出口需有明顯標誌，法案詳細規定標誌的尺寸大小以及指示燈的亮度。出口及通往出口的通道上不應有物品擋住視野或被物品堵塞，出口不能因門被關閉，致使員工或賓客無法從火災中逃脫。通往出口的路線須清楚標示，以便人員在緊急情況下迅速找到求生之路。

法案標準根據出口數量、可用防火設施及建築結構情況，強制性規定每個房間允許容納的人數限制，具體資訊可參見該法案標準。

所有旅館都必須編寫緊急逃生方案，確認緊急情況的逃生路線與行動流程。方案中應具體說明緊急情況下旅館員工的職責與應處的職位。旅館管理人員應能憑藉這些方案，使人員從旅館安全疏散，並能在緊急事件及善後工作中查尋全體員工的下落。在處理流程中，應確認列出發

生緊急情況與火災時應首先報告的物件，方案還必須制定員工或地方服務機構擔負的救援與醫療職責。

該法案也要求旅館列出職務名稱與可聯絡的人員名單，以便深入瞭解情況或要求他們解釋緊急情況處理方案下的有關職責。該名單可以把客房部經理與客房部的主管人員包括在內。

三、環境衛生

職業安全和健康法案標準對衛生有相當詳細的要求，涉及的方面包括廢物處理、員工盥洗設施及用餐場所與食品要求。

(一)廢物處理

職業安全和健康法案確認指出，所有盛放廢物的容器必須能防止洩漏，並加上緊密的蓋子。這些容器必須保持衛生，清潔廢物時不能對公眾健康造成威脅與危險，廢物應經常處理或定期清除。

(二)盥洗設施與淋浴間

職業安全與健康署規定，盥洗設施應保持乾淨，每間浴室必須有冷熱水供應，要提供洗手皂或去污劑；還應在員工方便處設置洗手巾、紙巾或暖風乾燥機。該法案甚至根據員工人數與男女性別比例，對住宿企業強制性規定洗手間的數量。

若員工有必要在上班前後或上班期間沖洗淋浴，雇主提供的物品必須與盥洗設施中要求的物品相同，還要提供個人使用的毛巾。該法案標準要求在同性別的員工中，每10人應配備一間淋浴間。

(三)用餐場所與食品要求

該法案禁止在盥洗室場所用餐與喝飲料，也不允許在含危險或有毒化學品的區域如儲藏室中用餐。

如果要企業向員工提供餐食，該法案標準則要求其提供無發生變質的有益食品。要在乾淨衛生的情況下製作、供應和儲存食品，謹防污染。

四、標誌與標牌

出於安全的考慮，該法案標準要求設置專門的標誌。客房部需要三種不同的標誌：危險、小心與安全須知標誌。同時還使用事故防禦標牌，警示員工注意潛在的危險情況。

(一)危險標誌

危險標誌僅用於有即刻發生危險的區域，它們指明眼前的危險，人們必須十分當心，如發生腐蝕性液體溢出就應樹立危險標誌。該法案標準統一規定危險標誌的顏色為紅黑白三色。

(二)警示標誌

警示標誌提醒人們防範潛在危險，若地面因灑落了水，或拖把拖地後變得潮濕時可使用警示標誌。應將這些標誌置放於靠近水桶與拖把的地方，以便容易取用。警示標誌的顏色為黃黑兩色。

(三)安全須知標誌

安全須知標誌為綠白兩色或黑白兩色。在某一區域需要有整體安全提示時使用。如可將其設置在倉儲區，禁止員工在那裏吃喝或抽煙。

(四)事故防禦標牌

事故防禦標牌是暫時設置的，它提醒員工注意某一潛在的危險情況以及出了問題的設備。如在吸塵器磨損的電線上放一塊這種標牌。標牌上應寫上「不准啟動」、「有問題設備」或「故障」。這種標牌並非是完美的警告牌，只是用作對某一潛在的不安全因素的臨時解決辦法。它們應是紅底白字或紅底灰字，這些標誌應儲放在靠近電器設備、梯子與客房部其他工具的地方。

五、急救

職業安全與健康署規定雇主應向職員提供就近醫護人員的服務。也許旅館有自己的醫生或護理站，如果旅館本身無醫護人員，雇主應指定地方醫療機構或地方醫生，以處理因工受傷人員。

應備存經諮詢醫生核准的急救品，且可以很方便地使用。如果員工工作時使用腐蝕性材料，應備有適當的設施，以便發生事故時用來濕潤或沖洗眼睛、臉面與身體。腐蝕性清潔液通常用於清潔廚房濾器、換氣罩及烤架。

六、血液攜帶的致病菌

為保護員工免於感染疾病（包括B型肝炎和愛滋病），職業安全和健康署要求員工符合血液檢查的標準。為此，他們公布了一份易於各家旅館根據需要做出修改的指導原則，詳細規定了必須執行的填空式要點。

旅館的一項中心任務是根據工作場所實際情況，制定出接觸控制方案。以下是血液攜帶的致病菌標準的要點。該署提供的指導小冊子對下列要求提供了實例。

1. 雇主應書面陳述對貫徹執行接觸控制方案的堅定態度，努力為全體員工提供一個安全健康的工作環境。
2. 雇主應發文指定負責監督與實施接觸控制方案各項事宜的人員。
3. 雇主必須確定各項職務潛在接觸血液與其他傳染源危險的情況。這應該成文，並應包括可能導致員工接觸它們的具體工作種類與程序。
4. 雇主應定出一個計畫，對可能發生的員工接觸加以控制，並確認說明將要實施的培訓與流程。這可以包括提供防護設備、編寫諸如客房發現了針筒怎麼辦、如何處置帶血的布巾用品等培訓內容。

七、美國職業安全和健康署的檢查

客房部經理應知道，該署稽查員有權對旅館進行檢查，而且這種檢查往往不事先通知。檢查有可能遭到拒絕，但他們可能帶著法院授權令回來，對旅館進行檢查。當他們出示合適證件來到旅館時，一般以允許他們檢查為好。

稽查員可能想就旅館、設備與記錄檔案進行檢查。除職業安全和健康檔案材料外，他們可能要求看到職業安全和健康的標語張貼在醒目的地方。該項檢查也可包括安全委員會的報告、環境抽查及與個別員工單獨交談。管理層代表（或許是客房部經理）應陪同稽查官員一起檢查。

職業健康和安全法案是一套廣泛涉及保護各行各業職工免受不安全工作條件侵害的法規。聯邦政府經常修訂或擴充這些法規，並告知雇主新規定何時貫徹與生效。

該法案法規要求旅館雇主告訴員工，在工作中使用的化學品可造成的風險及向雇員提供安全使用化學品的培訓，該法規稱作危害通報與教育準則（HazComm Standard）。旅館遵循這些規章辦事，就能獲得切實的利益。一項調查顯示，旅館業全體員工中有 9.7 ％的人遭受工傷。據估計，實施危害通報與教育計畫若能防止一起這種事故，就能收回該項計畫的成本[2]。

再則，不執行該法案危害通報與教育準則所付出的代價是昂貴的。一項違規的罰款可達 1000 美元，而有一位員工不穿工作服就可能是一項違規。目前職業安全與健康署每次去旅館檢查都做出述評。另外，各州可能有同樣嚴厲的化學物品安全法規，或比該署更嚴厲的法規。

該署要求旅館在貫徹危害通報與教育準則中採取五項步驟：

1. 宣讀該準則。
2. 列出旅館使用的危險化學物品。這包括對使用的化學品進行實物清點；與採購部門核實，避免發生疏漏；建立危險化學品檔案；制定保證該檔案及時更新的流程。
3. 從旅館使用的化學品的供應商處獲得材料安全資料單（material safety data sheet），並發給有關的員工。
4. 確保一切化學品容器上妥善貼上標籤。
5. 制定並貫徹危害通報與教育的方案，在方案中對材料安全教育資料單及加貼標籤流程做一說明，並向員工介紹危害與防護的措施。

一、開列危險化學品單

旅館可指派專人儲存旅館使用的所有化學物品，或由部門領導負責儲存他們使用的化學品。表 6-4 是職業安全與健康署提供的庫存品單，可用它編制出危險化學品單。

表6-4 危險化學品與材料安全數據單索引表

危險化學品單與材料安全數據單索引		
危險化學品	作業/使用區域（可選）	檔案中的材料安全數據單

材料安全資料單與標籤上的各個化學品名稱應列入庫存品表。還可以列入該化學品的常用品名或商標名稱。客房部危險化學物品使用單上可列有：

1. 噴霧器中的物質；
2. 腐蝕劑，如洗衣房用強鹼；
3. 洗衣房用（乳化劑）去污劑；
4. 洗滌劑；
5. 可燃材料，如去污劑與上光劑；
6. 地毯或洗衣房用的殺真菌劑與黴菌殺滅劑；
7. 地面密封物、除漆劑與上光劑；
8. 殺蟲劑。

不只是從製造商購得的溶劑與化學品應列入單子，任何在某些工作中產生的危險物質也應列出。

材料安全資料單上會列明某項化學品是否有危險性。這可以從物品標籤上的文字加以識別。可查看標籤上諸如「當心」、「警告」、「危

險」、「易燃」、「可燃」或「腐蝕」等字眼。

　　如果無法得到某種化學品的材料安全資料單，或該資料單上沒有指明該化學品的屬性，職業安全和健康署建議將該物質作爲危險化學品處置。

　　有些化學品未在危害通報與教育準則中提及，急救站的摩擦醇就是一例，因它是供員工個人使用的物品。同樣，供個人使用和不經常使用的消費品，如普通潤滑油，也未列入該準則。

　　危險化學品單將是旅館安全教育計畫內容的一個部分，必須隨時向員工提供該單，並建立該單的更新程序。

二、向化學品供應商索取材料安全資料單

　　一旦危險物品庫存目錄編制完畢，該庫存品負責人應核查所列各項物品的材料安全資料單是否已歸檔。如果旅館有某種化學物品的安全資料單，該負責人可在表 6-4 庫存品單上最後一欄內打鉤。如果沒有該化學品安全資料單，旅館必須與化學品製造商聯繫並取得該資料單。表 6-5 是寫給廠商要求安全資料單的樣函。

表 6-5　索要材料安全數據單信函範例

Orange Grove Hotel
1234Leisure Avenue
Vacationland, FL 12345

Acme Hotel Products
5678 Industrial Park Way
Chemical City, NJ 54321

親愛的敬啟者：

　　你們知道職業安全和健康署要求雇主就化學品危害或其他危險品向員工提供培訓。為使員工培訓得以順利進行，我們需要你們提供的一項產品的安全數據資料。你們對此事的迅速關切對保持我們員工的安全水準是不可或缺的。請在前寄給我們＿＿＿＿＿＿＿的安全數據資料。

誠摯問候

客房部經理

Catherine Smith

應仔細檢查所有材料安全資料，確保資料完整，內容清楚明瞭。如果這些資料不充分，就難以做好有關化學品危害的員工培訓，該庫存品負責人應聯絡生產廠家，要求提供更多資料或做出說明與澄清。

材料安全資料單可由危險區、原料區或工作區登記備案——不論用何種方法歸檔，目的是讓員工在緊急情況下能容易地獲得這些資料，且在每個班次期間都能得到，不應在日班或夜班期間將這些資料放在閉鎖的地方。

許多生產廠家使用職業安全與健康署製作的材料安全資料表。表6-6是該表的副本。有些生產廠家自行製作這種表。

表6-7是這種表的範例。製造商製作的合乎要求的這種表格須包含下列資訊：

1. 化學品品名；
2. 有害成分；
3. 物理與化學特性；
4. 火災與爆炸危險資料；
5. 反應性資料；
6. 對健康的危害；
7. 處理與使用化學品的安全措施；
8. 控制措施。

(一)化學品品名

職業安全和健康署要求製造商列出物質的化學名稱與通用名稱。該表還必須包括製造商的名稱與地址及電話號碼，以便在緊急情況下獲得資訊與幫助。

(二)危害成分

製造商必須列出化學品中的有害成分。

(三)物理與化學特性

化學品的物理與化學特性有助於勞動者透過外觀與氣味去辨識他們。這能加強勞動者對化學品性狀的理解，並提醒他們採取必要的預防措施。

表 6-6　材料安全數據單樣例（職業安全和健康署）

材料安全數據單 可用於貫徹執行職業安全和健康危害 　通報與教育原則 29 CFR 1910.1200 具體要求須查閱原則	美國勞工部 職業安全和健康署（非強制性表） 　美國管理和預算局批准文號 1218-0072	◇

品名（與標籤和物品單上相同）	注意：不允許留著空格不填。任何物品無法填寫或缺乏有關資料，則應在空格中註明。

第一部分

製造商名稱	緊急電話號碼
地址（門牌號、街、城市、州或郵遞區號）	諮詢電話號碼
	填表日期
	填表人簽名（任意）

第二部分——危險成分／品名資訊

危險成分（具體化學品名；普通名稱）職業安全和健康署 PEL 政府工業衛生學家會議最大限值其他建議限值%（可選）

第三部分——物理／化學特性

沸點		比重（H2O ＝ 1）	
氣壓（毫米汞柱）		熔點	
氣密度（空氣壓力 ＝ 1）		揮發率（丁基醋酸鹽 ＝ 1）	
水溶性			
外觀與氣味			

第四部分——火災與爆炸危險數據

燃點（使用方法）		易燃	爆炸下限	爆炸上限
滅火手段				
特殊消防程序				
異常火災與爆炸危險				

（地方複製）	職業安全和健康署 174.1985 年 9 月

第五部分——反應性數據				
穩定性	不穩定		應避免狀況	
	穩定			
不相容性	（應避免混合的物質）			
危險分解作用或副產品				
危險聚合作用	可能發生		應避免狀況	
	不會發生			

第六部分——有害健康數據
進入人體途徑：　　　吸入？　　　皮膚？　　　咽下？
致癌性：　正常溫度和壓力？　國際癌症研究機構專論？　職業安全和健康規定？
發生接觸後症兆與症狀
病情 一般因接觸而加重
緊急與急救程序

第七部分——處理和使用化學品的安全措施
物質釋放或溢出時採取的措施
廢物處理方法
操作與儲存時採取的預防措施
其他預防措施

第八部分——控制措施		
呼吸系統的保護（說明種類）		
通風方法	局部排放	特殊方法
	機械排放（常規）	其他
防護手套		護目
其他防護服裝或設備		
工作／注意保健		

第2頁

圖 6-7　製造商的材料安全數據單範例

材料安全數據單

BUTCHERS

製造商名稱：	The Butcher Company	00611
地址：	120 Bartlett Street	HMIS 評級
	Marlborough, MA 01752 - 3013	衛生 1
		可燃性 0
電話：	(508)481-5700	反應性 0
製單：	Bonita C. Patterson	
製單日期：	1988 年 12 月 1 日	

品　　名

通俗名稱：溫泉去污劑

適宜裝運名稱：危險等級；危險物證號：無

成　　分

主要危險成分	CAS 編號：	％	最大極限
四鈉乙烯二胺四乙酸			
(Tetrasodium ethylenediaminetetraacetic acid)	64~02~8	1~3	未定
硅酸鈉	6834~92~0	1~3	未定

SARA 第 3 章第 313 節和第 40 號聯邦規章條例第 372 節通告：

本產品所含成分目前不受通告支配。

物理與化學性質

沸點：212°F　　　　　　　比重：1.05　　　　氣壓：未確定

容量揮發百分比：92　　　氣密度：未檢出　　蒸發率：未確定

水中溶解度：完全溶解

外觀與氣味：發亮呈綠色的液體；藥草香味

燃點：>200°F (T.C.C.)　滅火方法：不適用

特殊消防程序：本產品非易燃物品

異常火燃與爆炸危險：布徹公司未有所聞

反應性數據

穩定性：穩定　應避免狀況：Butcher 公司未有所聞

不相溶性：Butcher 公司未有所聞

危險的分解產物：正常可燃物

危險的聚合作用：不會發生

應避免的狀況：Butcher 公司未有所聞

危險數據
發生接觸後的徵兆與症狀 　　該產品直接接觸眼睛會有刺激作用。長期或反覆接觸皮膚可能有刺激作用。 　　對已患的皮膚病可能有加劇作用。 列為致癌物或可能致癌的化學品：無
緊急與急救程序
1. 吸入。將吸入者移至空氣清新處。 2. 眼睛接觸。用水沖洗眼睛至少 15 分鐘。求助醫生。 3. 皮膚接觸。用水沖洗。若刺激情況加重，求助醫生。 4. 咽下。大量喝水。不要引發嘔吐。求助醫生。
特別防護
呼吸系統防護：在保持通風良好的情況下不需要防護。 防護手套：在長期或反覆接觸的情況下，戴橡皮手套或其他防護手套。 眼睛保護：在可能接觸眼睛的情況下，戴防化學品濺出護目鏡。
特別防禦措施及溢出／洩漏處理程序
操作與儲藏：操作中保持良好的個人衛生習慣。重新使用前清洗污染的衣服與設備。 溢出或洩漏：清除溢出物前參見以上危險數據訊息。使用拖把或濕型吸塵器將其 　　　　　　取走做適當處理，用水沖洗污染區。 廢物處理：按聯邦、州和地方法規加以處理。 　　本數據單提供了有關在正常情況下處理與使用本產品的最新數據和最佳意見。 任何違反本數據單要求使用本產品或將本產品與任何其他產品混合使用，或與其 他程序結合使用，責任由使用者自負。

資料來源：The Butcher Company, Marlborough, Massachusetts.

㈣火災與爆炸危險資料

　　在培訓員工處理化學品緊急情況中，極為重要的一點是瞭解化學品是否會起火和（或）爆炸，以及在何種條件下會發生這些情況。職業安全和健康署要求製造商對消防流程與滅火的物質（手段）提出建議。製造商還應註明任何異常火災或爆炸的危險。

(五)反應性資料

製造商必須提供有關化學品的穩定性的資訊。穩定性的化學品在正常情況下不發生燃燒、蒸發、爆炸或以其他方式產生反應。材料安全資料單應陳述在何種條件下，該化學品會變得不穩定。例如極端的溫度與震動能引燃某些化學品。

(六)對健康的危害

在材料安全資料單上，必須列明該化學品會如何進入人體（進入的途徑），以及它會造成的短期與長期的危害。短期危害（acute hazards）指會立即對使用者產生影響的危害，而長期的危害（chronic hazards）指長期反覆使用該化學品後，會對使用者產生影響的危害。另外，製造商必須根據國家毒性物品規劃（NTP）、國際癌症研究機構（IARC）或職業安全和健康法案（OSHA）的規定，列明該化學品是否是致癌物品、是否會加劇其他的病情，並說明若發生與該化學品嚴重接觸時，應採取何種緊急與急救措施。

(七)處理與使用化學品的安全措施

化學品製造商必須提出有關搬運、儲存與化學品處理的忠告，還須包括發生灑漏情況時的正確處理方法。

(八)控制措施

必須對如何安全使用化學品做出扼要的說明。製造商可以建議使用者戴上防護手套、護目鏡或穿防護服裝，或使用防護設備，還要說明什麼是良好的工作和健康的習慣。

三、給所有化學品盛器貼上標籤

除了材料安全資料外，化學品製造商還要為化學物品製作適當的標籤。職業安全和健康署要求雇主對這些標籤的完整性與正確性進行查驗。標籤應包含下列內容：化學品名稱、危險警告及製造商的名稱與地址。如果化學品上沒有標籤，雇主必須按照材料安全資料單內容自行製備標籤，或要求生產廠家提供標籤。

危害通報規定提出加貼標籤的要求，是為了向化學品使用者提供一種「早期預警體系」。標籤必須註明在符合職業安全和健康法案規定的

條件下，正常使用該化學品，可能對身體和健康產生的危害（要把事故或不適當使用化學品可能引起的一切危險都列出來幾乎是不可能的）。例如，標籤上不能只簡單地寫上 四個字「避免吸入」，而必須說明吸入該化學品有什麼後果。不過，標籤內容過於詳盡，使用者則可能抓不住要領。

為使標籤易讀易懂，有些旅館使用顏色、字母與編碼組合的一套標籤體系。例如，紅色標籤可指該化學品對身體有害，字母F可指該化學品可燃，而數字四可指較嚴重的危害（四級為等級表上最高一級）。旅館必須透過培訓使員工對旅館使用的標籤體系瞭若指掌。

職業安全和健康法案的條文還要求雇主，務必使自己的員工一絲不苟地，將倒入化學品的容器分別貼上標籤，以免發生混用。在有些州中，供使用者倒入化學品後即刻使用的輕便容器則不必貼用標籤，其餘各州對一切輕便容器都要求貼上標籤。應釐清各個州對標籤的具體要求，建立旅館的標籤體系。

四、編寫危害通報與教育計畫

旅館僅僅對工作中須要使用化學品的員工實施危害通報與教育專案的培訓。他們不必對日常工作中不接觸化學品的員工進行此項培訓，如櫃台人員、行李員、財務人員及其他人員。

講座、科教片與錄影帶都可作為員工培訓的部分內容。不過，培訓中必須安排時間讓員工提出問題和進行討論，並幫助他們做到學以致用。旅館只須花少量的錢就可得到聯邦政府提供的一整套危害通報與教育學習資料。資料中含材料安全資料單上常出現的大量用語和術語。可寫信給下列位址索取該套資料，資料編碼為 929-022-00000-9。

文獻部
政府印刷所
華盛頓市 20402-9325
電話（202）783-3238

美國國內旅館業界有不少成功有效的危害通報與教育方案。本章末尾的附錄審視了 Arizona 州 Sheraton Scottsdale 度假旅館編制的危害通報與教育計畫。

旅館經營中對人和財產提供安全保障，是一項綜合性任務。它包括賓客安全、鑰匙控制、周邊地區管理等。住宿業業務不盡相同，各自有各自的安全需求。

安全工作應視作一項管理手段，它也是一項管理工具。不管旅館是否要一大批安全人員，或是需要一個或幾個店內安全主管人員，都要對安全的功能與作用做確認界定並付諸實行。旅館整個管理人員和主管人員都應參與旅館安全準則的制定。

此處內容僅對安全工作做一初步介紹，且只涉及與客房部有關的部分。旅館管理部門應向法律顧問進行諮詢，確保旅館這方面工作與現行法規相一致[3]。

一、保全委員會（Security Committee）

有些旅館透過建立委員會制定保全工作準則，並使其不斷完善。該委員會應由旅館主要管理人員，包括部門領導組建立而成。主管們與一些經選擇的按時計酬的員工也能提供重要的保全資訊，從而增強該委員會的工作成效。

編制保全手冊及培訓與知識傳授計畫，是保全委員會議事日程上的主要內容之一。這些材料與計畫應涉及賓客安全、鑰匙控制、照明、緊急流程及保全記錄。但該委員會必須對這些內容不斷加以更新和修訂，以滿足旅館不斷變化的需求。

該委員會應每月召開會議，對旅館的保全計畫與方案實行監督。委員會其他職責通常還有：

1. 監督與分析一再發生的保全問題，提出解決方法；
2. 對諸如偷竊、破壞公物事件和店內發生的暴力行為做記錄；
3. 實行安全抽查與旅館巡查活動；
4. 對安全事故做出調查。

居室年鑑　THE ROOMS CHRONICLE

客房部員工安全注意事項

1. 將一樓層客房通用鑰匙佩在腰間或繫於帶上或袋中，以免不經意將其留在布巾車上或房內

2. 不要為賓客打開房間門鎖。要求客人出示身份證件，並與服務台或旅館保全人員電話通報此事。

3. 若在客房內發現珠寶、現金、槍支或血跡，離開房間並請主管加以處理。

4. 向維修部門報告有關燒壞的燈泡、破損的窗鎖、電池缺電及其他安全問題。

5. 任何時候儲物區、壁櫥與滑運道應保持上鎖。

6. 在客房內設置顯見易讀的詳實的安全與保全須知材料。

7. 千萬別將賓客私密資訊（如含賓客姓名與房號的分房單）置於公眾面前或放在布巾車上。

資料來源：《居室年鑑》，第1卷第3期。

　　保全委員會應與地方員警機關保持暢通的資訊交流。地方員警機關能就保全培訓與旅館安全基礎實務提供良好的諮詢與幫助。

二、可疑的行動

　　提供住宿的企業雖然面對公眾服務，卻具有私人使用的性質。旅館經營者有責任對店內人員的行動加以監督，必要時甚至實行控制。有鑑於此，旅館應制定政策，以應付與處理那些不請自來的不相干人士。

　　允許進入客房區域的人員有賓客、賓客的來訪者及授權在該區域工作的員工。客房部員工可成為旅館，尤其是在客房區域的一支有效的保全力量。應透過培訓讓他們有能力察覺可疑的行動，以及那些不相干的或行為不端的人。假如看到有人在店內遊蕩、查看房門、敲門或看似神色慌張，應引起懷疑並上去加以詢問。

接近這些可疑的人時應小心謹慎。若員工感覺受到威脅或有危險時，不要靠近他們，而應退至安全區域，如儲藏室，然後鎖上門並向櫃台或保全部門撥電話報告情況。

員工若決定上前詢問可疑的人員，應採取禮貌的方式。服務員應上前詢問對方是否需要幫助，但注意不要把談話拖長。對方若稱自己是旅館的客人，該服務員可要求對方出示房間鑰匙。若對方表示自己未住在此店或拿不出房間鑰匙，服務員應向對方說明旅館的政策，並向對方指明櫃台的方位。然後服務員應觀察對方是否朝櫃台走去了，再向櫃台或保全部門去電話通報情況。

旅館員工本身會引起類似的安全問題，對不在指定工作區域出現的員工應加以制止，詢問他們是否需要幫助。根據對方的回答與態度，確定是否應向保全部門或客房部主管報告此事。

員工的朋友與來訪者不應獲准進入客房區或員工更衣室。旅館管理部門應指定一區域，供員工的朋友或來訪者等候求見，該政策也有助於減少潛在的偷竊現象。

三、偷竊

旅館經營中無法杜絕所有員工與賓客的偷竊現象，可是管理部門透過減少發生偷竊的機會，如門未上鎖、缺乏庫存品的控制及顯見的粗枝大葉的態度，可以降低旅館家具、固定裝置、設備與紡織品的失竊數量。

(一)賓客偷竊

不幸的是，旅館屢屢發生賓客偷竊的現象。有些賓客偷竊現象被視為是促銷的一種形式。多數旅館認為賓客會將那些有旅館突出標誌的物品拿走，諸如火柴、筆、洗髮水、煙缸與針線包。整體來說，提供這些物品是為了顧客的方便，也確實是旅館使用的一種促銷方式。然而，毛巾、浴衣、垃圾桶與畫，不屬此行銷計畫的內容，旅館也不想讓賓客把這些東西帶走。這些物品的丟失，會給旅館經營增加很大的開支。

為減少這些物品失竊事件的發生，有些旅館對客房內的毛巾堅持點數。櫃台對客人要求額外毛巾一事加以記錄，客房服務員第二天清潔房間時也記下房間內的毛巾數。客房服務員及時發現毛巾的丟失，能為旅館及時把丟失毛巾的帳款記入客帳以爭取得時間。

有些旅館有別的方法，他們將諸如毛巾、浴衣與皮制檔夾放在自己

的禮品店中出售。客人願意去購買這些物品，這可能減低這些物品失竊的可能性。另外，出售這些物品也為向客人收取丟失物品的賠償金確立了標準。減少賓客偷竊發生的其他可行方法有：

盡可能少用印有旅館名稱標記的物品，多數客人拿走毛巾或浴衣是為了將他們留作紀念，並非真的想偷竊。減少旅館使用印有旅館標記的物品降低了這些物品對客人的誘惑。

將儲藏室緊閉並上鎖，別讓客人去儲藏室拿取任何物品。存放於布巾車上的方便用品也應置於一個安全的地方，或置於上鎖的小房間中。賓客在通道上看到布巾車上部放著洗髮水與肥皂，能在幾分鐘裏輕易拿走夠家中一年使用的這些物品。

將客房的一些用品與裝置固定或拴在合適的表面上。若將小物品放入一隻手提箱內，且又沒有將它用釘子釘住，沒有用膠水粘住，也沒用螺絲釘拴住或將它固定在牆上，它就成了賓客偷竊的極佳目標。物品的移動性越大，就越容易被挪動和拆下拿走。所有畫框、鏡子和牆飾品都應好好地固定在牆上。房中應放置無法放入手提箱或包袋的大型臺燈。昂貴的物品諸如電視機應用螺栓固定或配以警報器，一旦發生物品被搬動的情況，櫃台或保全部門就能獲得警報信號。將諸如電視機等物品的產品序號進行登記，以及在表面不顯眼的地方刻上旅館的名稱，都不失為有效的保全措施。

許多豪華旅館出於維護某種形象的考慮，對諸如鬧鐘、電視機遙控器或書籍等物品不採取任何保全措施。這並不是說他們沒有發生偷竊的煩惱。然而，這些旅館對於失竊的物品，賓客須以高額的賠償來彌補旅館的損失。但話說回來，客房服務員潔房時仍需清點房中物品，若發現物品丟失，就向櫃台、保全部門或有關部門通報情況。

關好窗門。客房越靠近停車場，房中物品越可能丟失。一個發生在旅館的典型事例是，一樓的一間客房中的 75 磅重的木框鏡子竟然被拆下從房間後窗中取走了。該鏡子又大又重，要從旅館大廳正門攜出是不可能的，但鏡子卻在毫無察覺的情況下，輕易從客房窗中取出裝上小汽車被帶走了。這一事件給人的教訓是，對一樓所有窗戶採取安全措施。注意拉上玻璃滑門。這樣小偷就無法任意打開這些門窗。如果可能，要對客人可進出其房間的出入口的數量加以限制。

(二) 員工偷竊

減少員工偷竊現象的發生，要靠管理部門確立規範，並身體力行，為員工做出表率。一個將旅館牛排拿回家做烤牛排吃的經理，要求員工不要偷竊旅館的食品、布巾用品與其他財產，這會有什麼效果呢？管理部門也要詳細制定涉及員工偷竊的規定。員工手冊應確認說明偷竊旅館財產引發的後果。若旅館確認規定員工偷竊被抓住後將受罰與罰款，就必須切實加以執行。但管理部門實施這些規定時應嚴加注意，不能對任何員工加以歧視。

經理們對旅館求職者應先加以篩選，應全面調查他們的背景，這包括審查求職者是否有前科。但在提問或做調查前，要查看地方、州與聯邦政府的有關法律，確保所採取的篩選應聘者的方法是合法的。

良好的庫存品控制流程也有助於旅館控制偷竊。任何儲存物品出現異常的或原因不明的數量變化都應有詳盡的記錄。例如，有家旅館每月都發生一定量的衛生紙丟失的現象。透過細緻而又嚴格的庫存品控制方法發現，原來客房部一名員工在每次發運衛生紙時拿走一箱，並將箱中的衛生紙一卷卷賣給停車場的員工夥伴。

一個好的做法是對客房部備品，包括衛生紙、備品與布巾用品，實行月度盤存清點。如果儲存物品的數量與物品使用率不符，或架上的物品儲量特別小，物品就有可能是被員工偷走了。月度物品清點結果應向員工公布，尤其是發現物品短缺後應讓員工知道這一情況。

儲存的物品應有記錄，此外，失竊或丟失的物品，包括客房中丟失的，也要做記錄。記錄中應包括該客房的服務員姓名及任何其他可進入該房的旅館服務員工的名字。比如，客房服務的服務員去該房間送過餐，記錄中就應有該服務員的名字。

所有儲藏室的門均應上鎖，儲藏室應安裝自動關閉與上鎖裝置，且定期更換門鎖，以減少偷竊發生的可能性。

若旅館條件允許，管理部門應指定員工的出入口。入口處應燈光充足，保全力量充足，且日夜上班。員工入口處可設立保全處，以便對來去的員工實行監督。

員工應該清楚什麼物品可攜入或攜出旅館，管理部門可建立攜入旅館物品寄存憑證制度和包裹攜出旅館制度。如果員工得到許可將旅館物品攜出旅館，就應該給該員工發放主管或有關經理簽署的通行證。

　　仔細選出一個區域專供員工停放車輛，同樣有益於控制旅館物品丟失的情況。該區域良好的照明既能減弱偷竊的誘惑，也使天黑後員工下班來這兒取車變得更加安全。不應將員工停車區安排在緊靠大樓的地方，因為這樣為偷竊物品的員工，把偷竊的財物轉移到自己車上創造了便捷的條件。

　　假如旅館很大，或人員更替率很高，員工之間又不太熟悉，就可能需要發放旅館員工身份證章，以防止陌生人冒充旅館員工進入旅館作案。

四、爆炸物威脅

　　客房部處理爆炸威脅的流程應列入旅館保全手冊的內容。客房部在這方面的作用通常是協助搜尋有可能是炸彈的一切可疑物件。

　　搜尋地點及方法將由旅館接到爆炸威脅的具體情況而定。電話舉報者或信件提供的資訊，可為人們該去搜索的地點或該尋找何種炸彈或何種可疑物件提供線索。搜索地點常包括樓梯、壁櫥、煙缸、垃圾容器、電梯、出口處及窗臺。在光線很差的區域可使用手電筒幫助照明。

　　搜索隊員工尋找那些一般在一區域中見不到的物件。客房部人員在這方面有優勢，因為他們的日常工作使他們對旅館的許多區域非常熟悉。一旦發現可疑物品，不應該用手觸摸或搬動，應立即向搜索隊負責人或有關主管報告。最好親自去報告，或使用電話彙報情況。避免使用廣播、對講機或攜帶式呼叫器進行聯絡，因為有些炸彈對這種聯絡產生的聲波很敏感，從而引發炸彈爆炸。

　　如果搜索完一輪後什麼也沒有發現，搜索人員應在指定區域重新聚集。在整個搜索流程完成以後，應發出危險解除信號。管理部門自然為賓客、員工及旅館財產免受任何真正的威脅而感到欣慰。

　　有炸彈威脅的消息常常不向賓客通報，因為許多炸彈威脅只是威脅而已。然而，有炸彈威脅時仍應啟動緊急流程，以防萬一真的出現緊急情況。一般不將向賓客通報情況一事列入緊急流程之中，通報放在搜索活動結束後進行。如果員工在搜索爆炸物時，確實引起客人的疑問，該員工應注意回答方法，以免造成客人不必要的猜疑或恐慌。

　　安全與保全小冊子中，應包括旅館在確實發現爆炸物或店內發生爆炸時的人員疏散計畫，還應包含緊急醫療服務的內容。假如發生炸彈爆炸，客房部員工應遵循有關流程，協助救援活動的進行。所有炸彈威脅情況都應向地方員警部門報告，員警接到後，旅館應按員警人員的指示行動。

五、火災

　　根據不同的燃燒物質可將火災分成四種級別。A級火災涉及木製與紙製產品。B級火災涉及易燃液體、油脂與汽油。C級火災是電器火災。D級火災一般與旅館經營無關，它指可燃金屬造成的火災。

　　旅館裏的許多火災是多種可燃物一起燃燒。一場大火由A級可燃物引起，繼而引發B級與C級火災，這種情況並不罕見。

　　火災由多種原因引起。一些火災因事故或機械引發，其他由縱火造成。1980年代發生在旅館的幾場火災造成了人員的死亡。據查，造成兩起最嚴重火災的原因分別是電器故障和縱火。

(一)火災探測系統

　　由於旅館火災帶來的不幸與災難的影響力大，涉及面廣，州和聯邦立法機構透過法案，對旅館經營提出更多更高的防火安全要求。要求包括安裝煙霧報警器、火勢控制系統與報警器。

　　煙霧報警器。煙霧報警器常見於旅館的客房之中。有些由電池驅動，獨立於旅館的報警系統。其他煙霧報警器是硬接線的，具有固定線路。一旦啓動，不但房間內或周邊地區聽到警報聲，櫃台或維修部的控制板上也會發出警報聲。

　　煙霧報警器透過檢測煙霧而啓動。它分兩種類型：光電煙霧報警器與電離作用煙霧報警器。前者的啓動是因爲報警器中的一束光受到煙霧的干擾或被煙霧隔斷所致。後者也因爲檢測出煙霧而啓動，然而警報聲是由兩個電極板的離子導電性因煙霧而發生變化引發的[4]。

　　煙霧報警器可在非火警的情況下啓動。長時間淋浴和淋浴器出水很燙產生的大量蒸汽以及賓客抽煙產生的煙霧，有時也會啓動這些報警器。

　　火勢控制系統。火勢控制系統含用水滅火的噴水裝置。這種裝置一般由高溫啓動而非煙霧。因此，煙霧報警器工作時，噴水裝置並不一定會啓動噴水。該裝置的噴水頭通常置於客房天花板上或附近、客房部儲物壁櫥、洗衣房及其他的公共區域。由於噴水頭突出天花板或牆面幾英寸，員工在清潔噴頭周圍時須格外小心。清潔作業中一旦噴頭遭破損或被敲掉，就會啓動火警警報，並將無數加侖的水噴灑入這一區域。

　　消防拉手窗。火災警報可由煙霧報警器、高溫報警器、噴水裝置系統以及使用消防拉手窗設施來發出。消防拉手窗設置於公共區域，如大

廳、走廊及靠近電梯與出口的地方。拉手窗通常以紅色警示，人們在使用時須打破玻璃或拉動拉杆來啓動消防警報。員工們應知道拉手窗的位置，並懂得在發現火警或大量煙霧時，如何啓動拉手窗發出警報。

(二)消防安全培訓

火災發生時，客房部員工可能參與賓客與其他員工的疏散工作。在某些情況下，可能要求他們對大火未波及的客房進行搜索，確保所有賓客撤離旅館。任何消防安全計畫都應重視培訓工作，讓員工在緊急情況下，知道如何冷靜地以專業人員的姿態去應對發生的一切。

消防安全培訓也要教育員工在發現火情時，如何報警及應採取的措施。培訓計畫還應包括緊急逃生程序，及客房部人員參與幫助賓客疏散工作的基本職責。培訓也應說明在完成人員疏散後，如何清點全體員工人數。這就要事先告訴員工在店外的集合地點。

由於火災中的人員傷亡多數是因煙霧窒息與有毒氣體所致，他們並非被火燒死，因此應向員工示範如何從煙霧充斥的通道或房間逃生。在逃離煙霧彌漫的房間時，應將身體貼近地面前進，並用濕毛巾捂住嘴和鼻子。應教育員工決不在火災發生時使用電梯，堅持使用防火通道或樓梯逃離旅館。

應教育員工如何撲滅發生在垃圾桶或有限區域的小火。不同的手提滅火器能撲滅不同種類的火災。表 6-8 列出了經核准使用的滅火器種類。多數旅館擁有 ABC 型滅火器。這種滅火器對住宿企業中發生的絕大多數火災有效。應告訴員工滅火器放置的位置，並透過培訓讓他們學會使用方法。

職業安全和健康署頒布了有關緊急處理與防火計畫的消防安全培訓標準。較之職業安全和健康法案及地方防火安全法，員工培訓更能使旅館多方面受益。首先，它爲旅館員工提供了更安全的工作環境。其次，受過良好培訓的員工爲賓客安全提供了更有力的保證，而這可成爲旅館的一個賣點。第三，消防安全培訓這一措施對發生過火災事故的旅館來說，是一種法律上的自我保護。對員工加強培訓顯示出旅館管理部門對防火安全採取了預防措施，沒有疏忽懈怠[5]。

(三)防火材料

火離開燃料燒不起來。旅館裏的可燃物有床、布巾用品、帷簾和清

表 6-8　滅火器的種類

滅火器類別	A 水劑（含阻凍劑）		AB 水膜泡沫與 FFFP	BC 二氧化碳固態化學	BC 固態化學品 Purple K Super K Monnex	BC 膠基卡式 Cartridge	BC 鹵化型 1211/1301	ABC 多功能固態化學品	ABC 卡式 Cartridge	ABC 鹵化型 1211 1211/1301
釋放方法	內壓式	唧筒式	內壓式	自噴式	碳酸氫鉀內壓式		內壓式	內壓式	卡式 Cartridge	內壓式
可用規格	2.5 加侖	2.5-5 加侖	2.5 加侖（3 加侖）	5-20 磅（50-100 磅）	2.5-30 磅（50-350 磅）	4-30 磅（125-350 磅）	1-5 磅	2.5-20 磅 50-350 磅	5-30 磅（125-350 磅）	5.5-22 磅（50-150 磅）
橫向射程（約數）	30-40 英尺	30-40 英尺（30 英尺）	10-25 英尺（30 英尺）	3-8 英尺（3-10 英尺）	10-15 英尺（15-45 英尺）	10-20 英尺（15-45 英尺）	10-16 英尺	10-15 英尺（15-45 英尺）	10-20 英尺（15-45 英尺）	9-16 英尺（20-35 英尺）
釋放時間（約數）	1 分鐘	1-3 分鐘	50-65 秒（1 分鐘）	8-15 秒（10-30 秒）	8-25 秒（25-60 秒）	8-25 秒（25-60 秒）		8-25 秒（20-60 秒）	8-25 秒（25-60 秒）	10-18 秒（30-45 秒）
操作程序與滅火劑的局限性	電導體。須防凍（含阻凍劑的除外）。可燃液體與油脂上使用將促使火焰蔓延。		電導體。須防凍。在諸如酒精這種可溶於水的可燃液體上使用無效，除非商標標牌另有說明。	在高濃縮狀態下將火悶熄。避免觸及角狀噴口。大風情況下效力受限。	淨化環境。無適用於精密電子設備。在狹小區域內能見度很低。		避免使用高濃度的；避免的無謂的使用。	淨化環境。電子設備會受損。在狹小區域內能見度很低。對深層的滲透力有一定的限力。		避免使用高濃度的；避免的無謂的使用。
	注意：氣溫低於 40OF 或高於 120OF 時			限：在華氏零下效力下效，效果嚴重下降。				注意：懂懂固態化學品可燃煤氣與可燃液體有效；ABC 多功能固態化學品滅火器不可用於深油炸鍋滅火。		

資料來源：Adapted from the National Association of fire Equipment Distributors, Selection Guide to Port　able Fire Extinguish-
ers, Chicago, Illinois.

潔用化學物品。一個周全的防火方案要求旅館盡可能購買和使用防火的布巾與材料。防火材料是根據火焰擴散率分級，最低一級稱零級。地方、州和聯邦法規可能對各種材料的最低防火級別做出認定。地方消防部門也可能提供有關阻燃布巾與材料的資訊資料。

六、鑰匙管理（key Control）

適當的鑰匙管理流程對保護客人的隱私與安全十分重要。管好鑰匙能減少賓客和企業內部偷竊的發生，這也保護了旅館的利益。客房部管理的鑰匙主要有四種：緊急鑰匙、萬能鑰匙、儲藏室鑰匙與客房鑰匙。

(一)鑰匙的種類

緊急鑰匙（emergency keys）能開啟旅館裏所有的客房，即使客人已雙重鎖上的房間也不例外。這些鑰匙應放在安全的地方。有些旅館在店外保存一把緊急鑰匙。這種鑰匙只在緊急情況下分發與使用，如發生火災，或遇到客人或員工被反鎖在房內，必須立刻得到援助的情況。多數客房部人員並非每天使用緊急鑰匙。

萬能鑰匙（master key）也能開啟不止一間客房。根據鑰匙開門的範圍可將其分成 3 個層次。第一層次為總鑰匙，它可開啟旅館每一間客房，許多時候還包括客房部的儲藏室。如果賓客已將門插上插鎖，萬能鑰匙將無法將門打開。緊急情況下必須讓員工進入旅館某些或全部區域時，萬能鑰匙就會派上用場。為此目的，萬能鑰匙由櫃台保存。第二層次的萬能鑰匙為片鑰匙。這種鑰匙能開啟旅館一個區域內的房間。可能給檢查員分發不止一把這種鑰匙，使他們能去檢查多個客房服務員的工作。

最低層次的萬能鑰匙為樓層鑰匙。通常給客房服務員使用，以開啟客房完成分配的潔房任務。若服務員須在不同樓層或區域進行清潔作業，則可能得到多把這樣的鑰匙。樓層鑰匙一般能開啟供該層樓使用的儲藏室，除非該室使用的是專用鑰匙，或須使用另一把萬能鑰匙開啟。

客房鑰匙（guestroom keys）是分發給客人用的。這種鑰匙只能開啟單個客房，但在一些情況下，它可開啟其他鎖著的區域，如游泳池。賓客鑰匙不用時存放在櫃台。

(二)鑰匙管理程序

可建立日誌對萬能鑰匙的分發使用進行監督。記載內容應包括日期、時間及某把鑰匙簽收者的姓名。對每次借得與歸還萬能鑰匙的員工，都應要求他們在日誌上簽名或簽上姓名的縮寫字母。分發鑰匙者對每次鑰匙的收發也要簽名作證。表6-9是鑰匙管理日誌範例，在較大的旅館中，布巾用品室服務員負責分發和保管客房服務員使用的鑰匙。在較小的旅館裏，此項工作可由客房部經理或櫃台承擔。

圖 6-9 鑰匙管理單範例

鑰匙管理單

日期＿＿＿＿＿＿＿＿　　　　　　　　　　　頁次＿＿＿＿＿＿＿＿

鑰匙編碼	姓名	簽名	借出時間	分發者	收回時間	簽名	接收者

資料來源：Holiday Inn Worldwide

　　員工拿到鑰匙後應始終隨身攜帶，爲了不將鑰匙遺忘在什麼地方，使用鑰匙帶、腕套或項鏈是不錯的方法。無論何時都不應該將鑰匙放在布巾車的上部、客人房內或不安全的地方。員工決不應該將其借給客人或其他員工使用。簽收鑰匙的客房服務員應對鑰匙負責，決不能讓它被攜出旅館。最後一點，客房服務員決不應該使用萬能鑰匙爲客人打開房門。若客人要求服務員爲他開門，該服務員應該禮貌地向客人解釋旅館的規定，並讓他去櫃台解決問題。

HOUSEKEEPING MANAGEMENT

　　如果客人把鑰匙遺留在房內，客房服務員也有責任將鑰匙收回。許多旅館在客房服務員布巾車上安置帶鎖的箱子，以存放客房鑰匙。若沒有這種箱子，在把這些鑰匙送回櫃台前，應將其保管好，決不能丟放在布巾車的上。若鑰匙是在通道裏或公共區域被發現的，應立即通知櫃台，可將鑰匙送回櫃台或先將其放在帶鎖的箱內。

(三)丟失或被偷盜的鑰匙

　　鑰匙丟失或被偷盜為旅館的安全帶來問題。一旦鑰匙出現丟失的情況，惟一解決的方法是更換相關房間的鑰匙。更換房間鑰匙既很昂貴又費時，如果涉及較高層次的萬能鑰匙，情況更是如此。

(四)鑰匙卡系統

　　不少旅館使用鑰匙卡系統，此類門鎖由普通門鎖與特殊的作為鑰匙開啟門鎖的塑膠卡片組成。這種塑膠卡片看似打孔的信用卡，有些卡片上有一條磁帶。該系統用電腦給卡片進行編碼後，卡片就可開啟門鎖。

　　購買鑰匙卡系統的初期費用高，不過，投入使用後，若發生卡片丟失或被偷盜的情況，更換鑰匙卡的流程簡單、快捷又省錢。只要使用電腦為各個房間編制出新碼就行，而無須更換門鎖。

　　電腦控制的卡式鑰匙系統可以製作萬能鑰匙，也可以將其廢除。若客房服務員負責清潔不同樓層的房間，該服務員只需一把萬能鑰匙開門就行了，無須帶上好幾把樓層的萬能鑰匙。

七、失物招領

　　客房部常常處理失物招領事宜，供失物招領的物品應置於一處安全的地方，且限制人員接觸該處物品。每個班次應安排一名員工兼管該處工作。

　　在大型旅館裏，此項工作可能由布巾用品室職員處理。在較小旅館中，則可能由客房部經理或櫃台人員掌管。員工一旦發現客人有物品遺留，應馬上將物品交給失物招領處，絕不能將這些物品留在不安全的地點，如客房服務員布巾車上。

　　對送到招領處的客人遺留物應在日誌上做登記，掛貼標籤，然後置於安全的地方。標籤可標上號碼，以利查詢。日誌上應記載發現物品的日期與時間及發現者的名字。日誌上還應有空間記錄是否有失主認領及

認領的時間。表6-10是失物招領日誌範例。

表6-10 失物招領日誌範例

失物招領日誌

物品編號 (並非必需)	發現日期 與時間	物品說明(包括顏 色、大小,品牌等)	發現地點 ／房號	發現者	處理情況(若已寄還 失主,記入客人地址)	經辦人	日期

資料來源：Holiday Inn Worldwide.

居室年鑑 THE ROOMS CHRONICLE

失物招領——一項不可或缺的服務

作者：Mary Fredman

每家旅館都有失物招領處，它是有著獨特的色彩，能強烈地煽動著人們的情感以及有著令人著迷的物品的地方。

它不是由客房部掌管，就是由保全部門管理，這是一條極為重要的聯絡旅館與賓客的地帶。每天，世界各地旅館的賓客可能沒拿個人物品就離開了旅館。發現這些物品，將其存放在安全處，並妥善歸還給認領的失主，這就是旅館員工的職責。建一個失物招領處十分容易。

· 選一個地點收取丟失的物品，不管這些物品來自客房、會議

室還是餐廳；
- 失物必須安全地存放於可上鎖的壁櫥或區域，嚴格限制人員進入與接觸；
- 教育員工把這些物品送到失物招領處，貴重物品必須立即加以意；
- 失物應放入明淨的塑膠袋中，注明發現物品的地點、日期及發現者的名字；
- 每天結束時，登入編號的空白登記冊中。登入內容應包括對物品的簡要描述及發現物品的地點；
- 序號應與安全壁櫥內的盒子的編號相一致，以便於查找物品；
- 貴重物品如珠寶、錢包、航空機票或汽車的鑰匙，應該存入旅館的保險箱內。

雖然有些州要求旅館通知客人已找到其失物，但多數旅館出於保護客人隱私的目的，採取不主動聯絡客人的方法，直到客人查詢和向旅館提出詢問為止。

客人來電話問及丟失物品時，讓經管人員答話。若失物招領處已下班關門，應記下完整的電話留言，內容包括對失物的描述、來電者的住址與電話號碼。管理該處日誌的人員應迅速回電，核實客人所丟的物品與已發現物品是否相符。若發現兩者情況不相符合，應將來電詢問的情況認真記入日誌，以便日後發現此物時與客人聯繫。

許多旅館採用「貨到付款」的方法歸還客人物品，但是該想到客人已在旅館花了幾百美元，再說旅館承擔這點郵費也是良好服務的一種表現。同時一定要給失主寫一封信。不論用何種方法歸還失物，日誌都應注明有關物品是如何處理的。

失物處理標準程序一般有這樣的規定，即如果失物在 90 天內無人認領，該失物歸發現失物者所有。如涉及貴重物品，須遵循更嚴格的規定來操作。多數部門為能替失主尋回失物而感到自豪，他們追蹤調查失主詢問的次數與物歸原主次數的比率。有些在將衣物歸還失主前還對衣物進行洗滌和熨燙，顯示出旅館優異的服務水準。

失物招領處壁櫥是塊令人感興趣的空間。這兒放著假牙、毛皮外套、色情雜誌、一瓶瓶未喝完的烈酒、太陽眼鏡、洗髮精。不久前，有人將一隻雪貂送交到旅館部門，不錯，只一會兒就有客人急不可耐地來電話，詢問他的愛物。

從小小的客棧到大旅館，失物招領處可以憑自己優異的運作機制和服務深深地打動客人。

資料來源：《居室年鑒》，第 2 卷第 4 期。

所有失物應至少保留 90 天，若 90 天後無人認領，由管理部門決定
對物品妥善加以處理。有很多旅館將未認領的失物，捐給當地的慈善機
構，重要的是要保證旅館有關失物招領的規定，與地方和州的法律相一
致。

八、客房清潔

　　為維護賓客與員工的安全，做好客房區域的保全工作十分重要。客
房服務員應對客人財物表現出尊重的態度。他們不應該私自打開客人的
行李或皮包，也不應該窺探梳粧檯或壁櫥中客人的物品。有些旅館甚至
有規定，禁止服務員擅自移動房內賓客的財物，要求他們只在客人物品
的周圍進行清潔作業。

　　鑑於客人有時將貴重物品與個人物品置於枕套內或床墊之間，服務
員取走床上布巾用品時須格外小心。客人喜歡掩藏貴重物品的其他地方
有壁櫥頂部和燈檯下。

　　客房服務員清潔作業時若發現下列情況，應立即與主管、保全部門
或櫃台取得聯繫：

　　1. 任何槍支武器；
　　2. 受法律管制的物品或毒品；
　　3. 未經批准使用的炊具或不安全的電器；
　　4. 惡臭味；
　　5. 患病客人；
　　6. 大量現金或貴重珠寶。

　　在清潔作業時，客房門應打開（除非旅館另有規定），並將布巾車
推至客房門口，使別人無法從外面進入房間。若此時客人要求進入，服
務員應禮貌地詢問客人的名字，並要求出示房間鑰匙。如果客人沒有鑰
匙，服務員應告訴客人與櫃台聯繫。決不能允許客人進入房間隨便看
看。當然也要向客人解釋這是旅館的規定，目的是為了賓客的安全。

　　如果員工在潔房中途必須離開房間，出去時應將門鎖上，決不能在
無人照看的情況下讓門敞開著，即使該員工只是出去一會兒，也應遵循
此規定。

　　潔房作業結束後應關好所有窗戶和玻璃門，並查看客房門是否確實

已鎖上。

遺憾的是客房內客人物品出現丟失時，賓客常常為此事指責客房服務員。這就更有理由要求客房服務員留意賓客財物的安全，杜絕偷竊事件在客房內發生。整體來說，警惕而又認真仔細的員工能促進旅館營造出令人安心和安全的氣氛，讓賓客在旅館度過一段平安而又快樂的時間。

註　釋

[1][2]This discussion on OSHA is adapted from Raymond C. Ellis Jr. and the Security Committee of AH&MA, Security and Loss Prevention Management (East Lansing, Mich: Educational Institute of the American Hotel & Motel Association, 1986), Chapter 9

[3]This Discussion is adapted from Ellis, Security and Loss Prevention Management. The information provided is no way to be construed as a recommendation by the Educationa Institute of the American Hotel & Motel Association or the AH&MA of any industry standard, or as a recommendation of any kind, to be adopted by or blinding upon any member of the hospitality industry.

[4]Brian Ledeboer and A. H. Petersen Jr., Detect, Control Fires Before They Become Infernos, Power, June 1988, p.27.

[5]Walter Orey, Full Fire Protection Requires Diligence, Hotel and Motel Management, January 12, 1987, p. 32

名詞解釋

短期危害物（acute hazard）　可即刻造成傷害的東西。如接觸皮膚會造成灼傷的化學物品。

長期危害物（chronic hazard）　長期使用可能造成傷害的東西。如在長時間內反覆使用後，可能會引發癌症或造成器官損傷的化學物品。

緊急鑰匙（emergency key）　旅館裏能開啟所有客房的鑰匙，即使客人已雙重鎖上的房間也不例外。

客房鑰匙（guestroom key） 開啓單間客房的鑰匙（雙重鎖上的房間除外）。

危害通報與教育準則（HazComm Standard） 是職業安全和健康署做出的規定。它要求雇主把工作中使用的化學物品可造成的有關危害的資訊告訴員工。

工作安全分析（job safety analysis） 詳細列明客房部全體員工各項工作任務的報告。各項任務還細分成一系列工作步驟。每項工作步驟裡附有如何安全操作的訣竅與意見。

鑰匙控制（key control） 旅館裏透過嚴密監督與追蹤鑰匙的使用，以減少賓客與旅館內部偷竊及其他安全事故發生的過程。

萬能鑰匙（master key） 能開啓所有未雙重鎖上的客房的鑰匙。

材料安全資料單（material safety data sheet, MSDS） 由化學品製造商提供的有關某一化學品資訊的表單。

職業安全和健康法案（Occupational Safety and Health Act，OSHA）保護各行各業工人免受各種各樣不安全工作條件威脅的一整套條例。

pH 計（pH scale） 它用於測量一物質的酸度或鹼度。根據 pH 計標度，pH 值爲 7 是中性。酸的 pH 值介於 0-7 之間；而鹼的 pH 值介於 7-14 之間，但大於 7。

安全（safety） 使工作場所工作的人免遭傷害、危害或損失的工作條件。

保全（security） 工作場所中對偷竊、火災及其他緊急情況的防範。

保全委員會（security committee） 由主要管理人員與選擇的員工參加，負責旅館安全計畫和方案的制定與監督實施的委員會。

保險業者試驗站（Underwriters Laboratories） 一個獨立的非營利的組織，它對電器設備與裝置進行測試，目的是保證這些設施沒有缺陷，不會引發火災或觸電事故。

員工補償（Workers' compensation） 員工受僱期間因受傷必須給予賠付的賠償金。

複習題

1. 員工為防範事故與傷害可採取的 3 項簡單措施是什麼？

2. 為什麼有必要為安全使用清潔用化學品制定一個不斷進行的培訓計畫？

3. 客房部員工經常使用的化學品有哪些？它們分別有什麼功能？

4. 員工使用化學品時可使用哪些種類的安全設備？

5. 職業安全和健康法案的目標是什麼？舉出該法案涉及旅館經營的 3 個領域。

6. 比較危險、小心和安全須知標誌的基本用途。

7. 為什麼說危害通報與教育準則對雇主與員工都有好處？

8. 材料安全資料單來自何處？該資料單包含哪種資訊？

9. 職業安全和健康署對化學品容器上的標誌有何要求？為什麼為化學品容器貼標籤很重要？

10. 哪 3 種方法能使旅館減少賓客偷竊事件的發生？減少員工偷竊事件發生的方法又是什麼？

11. 旅館經營中需要哪 3 種火災探測系統？

12. 客房部在旅館控制鑰匙的努力中能有什麼作為？

13. 客房服務員在清潔客房中發現哪 4 種情況或物品時應向自己的主管或安全部門報告？

附　錄

The Sheraton Scottsdale Resort 的危害通報與教育計畫

　　為確保本旅館遵照職業安全和健康署制定的危害通報與教育準則與第 29 號聯邦規則條例第 1910 條、1200 條款辦事，The Seraton Scottdale Resort 已頒布一項公司政策。本計畫的目的是為了實現本公司目標，即為全體員工提供一個安全與健康的工作環境。本目標的完成將透過：

- ・建立危害物質資料庫；
- ・透過培訓讓員工理解材料安全資料單的內容；
- ・透過培訓讓員工理解和讀懂標籤上的資訊；
- ・提供全面的危害物質培訓方案；
- ・列出度假區內可能發生接觸危害性物質的地方。

度假旅館安全委員會主席代表總經理負責本計畫的協調工作。

危害物質資料庫／材料安全資料單

　　在此計畫中，第 29 號聯邦規則條例第 2 章第 1910 條，列出的所有有毒有害物質都將編入目錄。各項編入目錄的物質都將從製造商處獲得一份材料安全資料單。完整的資料庫將由保全部門保存，內容包括有害物質目錄、材料安全資料單原件與簡寫材料，以及有害物質儲存區域清單。

　　由所有入編物質資料與涉及各工作區全部材料安全資料單組成的部門資料庫，將由部門經理保管並提供給員工使用。部門經理應負責訓練員工如何閱讀和理解材料安全資料單所提供的資訊。

　　安全委員會主席應負責根據職業安全和健康法案條例的要求，對資料庫內容加以修訂與補充。

貼標籤

　　製造商送來的所有物質將由各部門經理加以檢查，確保其標籤無誤。各部門經理還應對分裝有害物質的容器貼上正確標籤一事負責，儲存危害性物品的所有區域將張貼警示標誌。

培訓

　　所有在工作中需使用有害物質的新進員工，將透過部門經理對他們的培訓，掌握各種物質的使用方法並瞭解其潛在的危害。當化學品編目中增添新產品時，必須對員工進行新的培訓。每位員工都將獲得製造商有關保護措施的所有建議，並在培訓中學會使用。

　　各項培訓計畫將包括如下內容（但並不限於這些內容）：

- 物質對身體的危害；
- 物質對健康的危害；
- 保護程序；
- 物質的正確使用；
- 容器的適當處理；
- 中心資料庫設置的地點及如何閱讀材料安全資料單；
- The Seraton Scottdale Resort的危害通報與教育計畫及該計畫對員工有什麼意義。

　　每期培訓班結束時，將對員工進行考核，保證人人都對本計畫有充分的理解。

危害通報與教育培訓：客房部

　　本培訓班的目的是提高員工的安全意識及對客房部正確使用化學品重要性的認識，從而減少本旅館事故發生的數量。安全委員會認為，舉辦本培訓班將為我們的員工創造一個更好、更安全的環境，它顯示了我們對員工與旅館利益的關切。

客房部培訓計畫提綱

培訓時間：1小時-10小時

A.培訓計畫簡介

　　1.學習內容；

　　2.取得什麼成果；

　　3.如何用評估體系進行評估。

B.培訓提綱

　　1.詳細瞭解危害通報與教育準則的條文；

2.認真閱讀材料安全資料單內容；

3.討論放置與索取危害通報和教育計畫的化學品單（材料安全資料庫）書面資料的地點和方法；

4.詳細瞭解標籤，學習如何閱讀標籤；

5.確定並使員工熟悉危險物質儲存的區域；

6.詳細瞭解正確操作、使用和處理化學品的程序；

7.討論安全設備：安全委員會主席

    a.滅火器

    b.橡皮手套

    c.足尖部閉合的鞋

    d.護目鏡；

8.解釋對身體與健康的危害；

9.討論產生危險操作的區域與情況；

10.識別工作區存在的有害化學品；

11.討論什麼是適當的緊急流程；

12.對接受培訓的員工進行測驗；

13.說明評估體系；

14.培訓總結發言；

15.答疑。

客房部授課計畫

學習目標成果：

1.實現本公司為全體員工提供一個安全和健康的工作環境的目標；

2.滿足員工「有權知道」有關工作場所化學品危害的要求；

3.提供工作中安全使用化學品的方式方法；

4.識別化學品的危害；

5.提供正確的事故應對措施。

做什麼	怎樣做	備　註
1. 詳細瞭解危害通報與教育準則的內容。	讓一名員工大聲朗讀旅館危害通報與教育計劃，討論該計畫。	引導員工對危害通報與教育計劃及該計畫對他們與他們工作的重要性作簡要的討論。
2. 認真閱讀材料安全數據單。	拿出一份製造商的材料安全資料單及相應的簡明數據單。讓一名員工朗讀簡明數據單。一起討論製造商的資料單與簡明數據單。	對製造商的材料安全資料單與簡明資料單進行全面的講解。就這兩種資料單在中央資料庫與部門資料庫存檔一事向員工做一說明。指出部門資料庫任何時間對各個班次的員工開放。
3. 討論放置與索取危害通報與教育計畫的化學品單的地點與方法（材料安全資料庫）。	認清中央資料庫在保全處及部門資料庫在客房部經理辦公室的位置。	說明資料庫設在何處很重要，它有助於人們找尋化學品的有關資訊、危險品標誌與安全使用及操作注意事項等內容。教育員工一旦發生事故，立即向主管報告，以便進行適當處理。
4. 詳細瞭解標籤，學習如何閱讀標籤。	分發標籤樣本。 a.閱讀標籤上的用法說明。 b.請員工闡述標籤內容。討論如何正確給化學品分裝容器貼標籤。	強調瞭解所用化學品名稱的重要性，按標籤使用說明進行操作非常重要。討論從何處獲得標籤上沒有提供的其他資訊。
5. 確定並使用員工熟悉危險物品儲存的區域。	讓員工列出儲存化學品的所有區域。提供明顯標出儲存區域的簡圖。讓員工列出的儲存區與該圖進行對比。	強調瞭解化學品儲存地點的重要性。討論適當的儲存條件及其重要性。
6. 詳細瞭解正確操作、使用和處理化學品的程序。	讓員工根據區域用途把所有化學品加以分類。參看材料安全資料單，獲得有關適當處理化學品、保全設施與安全操作的說明。詳細瞭解正確使用化學品的程序與安全措施。	充實員工對已在使用的化學品的知識。

做什麼	怎樣做	備 註
7.討論安全設施： 　a.滅火器； 　b.橡皮手套； 　c.足尖部閉合 　 的鞋； 　d.護目鏡。	使用直觀教具學習正確使用滅火器及瞭解滅火器放置的地點。討論適宜的防護服裝。	強調瞭解滅火器使用方法的重要性。著重指出防護服著裝有助於防範傷害的發生。
8.解釋對身體與健康的危害。	分發說明對身體與健康的危害的資料。大聲朗讀並討論其對員工的工作有什麼關連。	保證員工能分辨兩種不同的危害。
9.討論產生危險操作的區域與情況	集體自由討論，列出有潛在危險的區域。討論這些區域之所以危險的理由。舉例可包括濕滑的地面或發生在閉合場所的大火。討論如何規避危險，如何用拖把拖乾溅濕的地面和在通風良好的區域工作。	強調安全人人有責。採取適宜的預防措施可保護員工或可能防範賓客事故的發生。
10.識別工作區存在的有害化學品。	討論什麼是化學品危害的徵兆，如氣味，或身體的反應，如嘔吐與頭疼。	查看材料安全資料單。告訴員工在哪一欄下可獲得此資訊。
11.討論什麼是適當的緊急程序。	讓員工參見材料安全數據單。指出哪部分涉及事故的發生。討論如何應付事故。討論主管在報告事故發生中的作用。	弄清保全處的位置。強調將事故情況及時通知主管的重要性，強調處理事故報告的重要性。這既是為了保護員工，也是為了保護旅館。
12.員工進行測驗對接受培訓的。	給應試員工發試卷，對試卷做一說明，包括答題的時限及考試合格的要求。解釋萬一考試不合格怎麼辦。	員工必須取得良好的成績才能透過考試。如果未透過考試，員工必須重新參加培訓。試卷答題時間為30分鐘。

做什麼	怎樣做	備 註
13.說明評估體系。	使員工熟悉評估體系如何運作： ・該體系是他們的工作細分表／評估表的一部分內容； ・透過每天觀察，對他們的工作進行評估； ・將根據在他們工作區域發生的事故次數對他們做出評價。	強調適當的追蹤檢查與評價很重要。員工可就工作中是否運用正確的方法使用化學品的情況做出自我評估。
14.培訓總結發言。	複習培訓及安全意識的重要性。強調這種意識有助於為大家創造出更好的工作環境。	對培訓材料做簡要回顧，包括已討論與示範的所有專案。這有益於強化培訓效果。
15.Q & A	回答並談及員工關心的問題。鼓勵員工就旅館安全措施問題提問並解答。	留出充分時間解答員工可能提出的一切問題，回答他們所關切的問題。隨時準備向員工提供幫助。

客房部危害通報與教育計畫測驗試題

1. 哪種反應說明有危害性化學品的存在？
   a.嘔吐
   b.大笑
2. 中央材料安全資料庫設在何處？
   a.客房部辦公室
   b.保全處
3. 你應去何處填寫事故報告單？
   a.人力資源部
   b.保全部
4. 化學品處理培訓的物件應該是誰？
   a.主管
   b.員工

c.主管與員工

5.轉貼標籤資訊有何重要性？

　　a.確保安全使用

　　b.知道瓶內裝有何物

　　c.確保安全使用與知道瓶內裝有何物

6.哪類事故應向有關部門報告？

　　a.所有事故

　　b.僅指嚴重的事故

　　c.沒有

7.誰應該做混合化學品的工作？

　　a.員工

　　b.主管

　　c.僅僅是接受過培訓的人

8.為什麼應重視閱讀化學品標籤？

　　a.防止事故發生

　　b.瞭解化學品的正確使用方法

　　c.防止事故發生及瞭解化學品的正確使用方法

9.列出3個部門化學品儲存區。

　　a._____

　　b._____

　　c._____

 個案研讀

耳環丟失案

　　Quick Stop Motel規模小，員工不多。40年前，高速公路穿城而過，而它是該城建起的第一家旅館。

　　當一位客人向Juanita走近時，她抬起頭朝他微笑道，「Tills先生，午安。」

　　「我敢說你覺得今天下午太好了！」Tills先生對著她吼叫。「你一生中最好的一個下午，是嗎？」

「先生，您？」Juanita 問道，臉上帶著困惑的表情。

「噢，一臉的無辜相！」他帶著嘲諷的口吻說。「我猜你根本不知道我妻子耳環的事。」

Juanita睜大了眼睛，緩緩地搖搖頭。「先生，我不明白您說的話。」

「耳環，你偷了我妻子的耳環。昨晚她取下耳環放在房間裏的，可今天下午耳環不見了，這發生在你潔房之後。假如你現在把耳環交出來，或許我不會把此事告訴你的主管。」

Juanita 又搖搖頭說，「先生，我沒偷東西！我不是小偷！」

「那麼你願意告訴我耳環的去向嗎？顯然，你的感覺不至於如此遲鈍，竟會讓吸塵器吸走價值 1,000 美元的一對鑽石耳環吧！」

「先生，不，我……」

「不可能！」Tills 先生厲聲斥責道，「我馬上去找櫃台，你可以相信，若我找不回耳環，我要從你的工資裏拿走這1000美元的！」

Tills 先生轉身朝櫃台踩著重重的步子蹬蹬地走了，把心煩意亂氣得幾乎發狂的 Juanita 甩在一邊。她迅即丟下布巾車，徑直朝客房部辦公室走去。她走進儲藏室，客房部經理Cindy在那裏正與客房部副經理Chandis 一起檢查庫存品。

「有個客人剛才罵我是小偷！」Juanita 沖著她就喊。

Cindy 放下寫字夾板，這時的 Juanita 幾乎要哭出來或尖叫起來。Cindy 早就希望旅館有自己的保全官員來處理這樣的事件。這會兒這種心願又冒了出來。她一邊示意 Chandis 跟她走，一邊輕柔地對 Juanita 說，「我們去辦公室坐下來談吧，你可以說說發生了什麼事。」

三人很快回到了客房部經理辦公室，Cindy 在 Juanita 旁坐下，Chandis 坐在經理桌後的椅子上。

「好吧，Juanita，你看起來很苦惱。出了什麼事？」Cindy 問道。

「Tills 先生說我偷了他妻子的耳環，還說要從我的工資中拿走 1,000 美元。要是我得付出 1,000 美元，那我怎麼養家呀？我要工作好幾個月，才能償還他這筆錢！這對我不公平！我沒拿任何東西，你知道我不會拿任何東西。我已為這家旅館工作了 20 年，誰也不曾喊過我小偷！我沒有必要忍受這件事，我受不了啦，我要辭職！」

Cindy 拿起筆記本說，「Juanita，我理解你很氣惱。假如有人說我是小偷，我也會和你一樣生氣的。這麼說，Tills 先生稱自己妻子的價值 1,000 美元耳環丟掉了？」

Juanita 點點頭。「我當然生氣——大家都會聽到這件事，都會說我是小偷。」

「哎，我不會叫你小偷的，Juanita。鬆口氣吧，讓我問你幾個問題，這樣我們可設法把事情理出個頭緒來。你今天上午去 Tills 夫婦房間潔過房嗎？」

「去過，可我根本沒見過什麼耳環！」

「這就是說，你在那兒潔房時耳環並不在房間？」

「我怎麼知道耳環在不在房間呢？我又沒有翻過他們的錢包或他們的手提箱。」

「你幾點去那兒清潔房間的？」

「大約是上午 9 點半。我看見 Tills 夫婦走出房間去吃早餐，就打算在他們回來前將他們的房間清理好。」

「你當時注意到他們房間周圍有異樣情況嗎？有別人進入該房間或試圖開門進去嗎？」

「我不能確定」Juanita 答道。「不過 Evans 當時在大廳的對面做床，也許他可能注意到什麼。我在那層樓裏只做泳池邊的房間。當時有個籃球隊員住大廳那邊的房間。」

「好。你給 Tills 夫婦清房時，移動過他們的手提箱嗎？或拉開過抽屜嗎？」

「讓我好好想想」，Juanita 說著閉上了眼睛。「那是我做的第二間房。他們把化妝包放在床上，因此我把它移開放在床頭櫃上，這樣我才好做床。」Juanita 把眼睛重新睜開，「我沒有拉開抽屜——我從不在有客人住的房間做那種事。你告訴過我們不要做那事。」

就在 Cindy 要問她另一個問題時，電話鈴響了。Chandis 迅即拿起話筒以終止那煩擾的鈴聲，隨後把話筒給了 Cindy。「Cindy，櫃台 Mark 給你的電話，說要馬上與你談談。」”

「對不起，Juanita，請稍等一會兒，我很快接個電話」，Cindy 抱歉地說道，一邊接過話筒。「早安，Mark，有什麼事嗎？」

「Cindy，我們有位房客 Tills 先生在我這邊。他告訴我你的一位客房服務員偷了他妻子的耳環。」

Cindy 歎了口氣，朝 Juanita 望去，Juanita 臉上的悲傷漸漸變成了憤怒。「我知道這件事了，Mark。那位客人對你怎麼說的？」

「昨晚 Tills 先生的妻子取下耳環後將其放在抽屜中一個未曾使用

的煙缸裏。今天下午她想將耳環戴上，卻發現耳環不見了。Tills 先生相信耳環被客房服務員拿走了。我要告訴你他說那服務員長得什麼樣嗎？」

「不必了，Mark。Juanita 就在我辦公室裏。Tills 先生今天上午與她談過」，Cindy 說道，心想阻止 Mark 告訴他那憤怒的客人可能拋出的詆毀 Juanita 的言辭。Juanita 開始小聲抱怨那位客人上午與她說話的腔調。Cindy 還在與櫃台通話。「Mark，Tills 先生還站在你那兒嗎？」

「是的，他還在」，Mark 答道。

「那好，我就來。你讓他在一間辦公室坐一下，我和他可以離開大廳去談談。」

「好的，Cindy。我去告訴他。謝謝」，Mark 說著隨即掛斷電話。

「Juanita，你先去平靜一會兒吧，如果你願意。然後繼續去完成你的房間作業吧。我去與 Tills 先生談談。下班前我會把結果告訴你的。」

討論題

Cindy 對此事的調查應採取什麼步驟？

該案例的編寫是在業界專家的創意和幫助下完成的。

Gail Edwards, Director of Housekeeping,Mary Friedman, director of Housekeeping, Radisson South, Bloomingdon, Minnesota,Aleta Nitschke, Publisher and Editor of The Rooms Chronicle, Stratham, New Hampshire.

任務細分表

安全與保全

本部分所提供的程序只用作説明，不應被視為是一種推薦或標準，雖然這些流程具有代表性。請讀者記住，每個旅館為適應實際情況與獨特需要，都擁有自己的操作流程、設備規格和安全規範。

HOUSEKEEPING MANAGEMENT

遵循鑰匙管理程序

所需用具用品：樓層鑰匙、鑰匙櫃、萬能鑰匙、緊急鑰匙、筆、剪刀、
　　　　　　　樓層鑰匙日誌及鑰匙丟失日誌。

步　　驟	方　　法
1. 了解你旅館使用的各類鑰匙與鎖具。	
2. 向客房服務員發放樓層鑰匙。	□ 每分發一把樓層鑰匙，要在樓層鑰匙日誌上簽名，讓客房服務員在日誌上簽收，並讓另一名員工見證此過程。 □ 客房服務員絕不能將樓層鑰匙借給賓客或另一位員工使用。
3. 每班次下班前收取鑰匙，然後送交櫃台。	□ 使用樓層鑰匙日誌簽發鑰匙，並讓客房服務員簽收。 □ 將鑰匙歸還櫃台。
4. 管理總鑰匙與片鑰匙。	□ 授權出借總鑰匙與片鑰匙的人員因旅館而異。 □ 授權出借總鑰匙與片鑰匙的員工所遵循的出借步驟因旅館而異。 □ 授歸還總鑰匙與片鑰匙的員工所遵循的歸還步驟因旅館而異。
5. 管理緊急鑰匙。	□ 用扭曲或彎曲的方法或使用剪刀將緊急鑰匙櫃密封條斷開，打開鑰匙櫃。 □ 開啟封口的信封，取出需用的鑰匙。 □ 將緊急鑰匙交給合適的人員。 □ 假如你授權使用緊急鑰匙，緊急情況處理完畢後將鑰匙放回緊急鑰匙櫃中。
6. 處理丟失鑰匙。	□ 將鑰匙丟失情況記入鑰匙丟失日誌。 □ 應記入的內容包括： 　·日期； 　·客房服務員姓名； 　·丟失鑰匙的原因。 □ 向主管報告鑰匙丟失情況。
7. 假如發現一把鑰匙，立即將它送回櫃台。	
8. 清點樓層鑰匙。	□ 每兩周清點一次樓層鑰匙。 □ 清點樓層鑰匙的步驟因旅館而異。
9. 與維修部聯絡重新補充鑰匙。	

對偷竊與破壞企業財產行為做出適當的反應

所需用具用品：地方有關偷盜的政策資料、客房／場所庫存品單、家具庫存品單、項目鑑定單、地方有關破壞公共財物政策資料、筆、紙、交班日誌或值班日誌。

步　　驟	方　　法
1. 建立或回顧有關處理櫃台搶劫或偷竊賓客與員工財物的地方政策。	
2. 對偷竊事件報告做出回應。	☐ 向主管報告情況。 ☐ 遵循地方程序辦事。 ☐ 對偷竊報告做出反應的步驟因旅館而異。 ☐ 向保全部門通報情況。
3. 若適宜，保護好犯罪現場。	
4. 列出被竊物品。	☐ 詢問員工或賓客丟失了什麼。 ☐ 在週邊區域搜尋丟失的物品。
5. 查核丟失的物品是否標有序號。	☐ 查核家具庫存清單與客房庫存品清單，了解旅館擁有的物品。
6. 帶領保全去偷竊現場。	
7. 重新學習有關處理破壞公共財物的地方政策。	
8. 尋找破壞公共財物的跡象。	☐ 注意發現： • 打破的玻璃； • 牆上的塗鴉； • 戳破的輪胎； • 毀損的消防設備。 ☐ 向主管報告破壞公物的跡象。
9. 對破壞公共財物事件做調查。	☐ 向客房與員工詢問有關事件的情況。 ☐ 查清： • 肇事者是誰； • 週邊巡邏頻率是否太低； • 是否是以前不滿的客人或現在的客人或員工因某種原因導致破壞行為的發生。
10. 確保公物遭受的損毀得以立即修復或清除。	

HOUSEKEEPING
MANAGEMENT

步　　驟	方　　法
11. 破壞公物事件發生後，立即在日誌簿上加以妥善登記。	□ 登記的內容包括： • 涉嫌者； • 發生的事件； • 發生的地點； • 反應與採取的行動； • 其他重要的訊息。 □ 用鋼筆書寫所有內容。 □ 登記完畢後簽署姓名縮寫字母。

對可疑人物做出適宜的反應	
所需用具用品：筆、交班日誌或值班日誌。	
步　　驟	**方　　法**
1. 留心那些可疑的人或不速之客。	□ 注意發現下面幾種人： • 看似緊張或疑懼者。 • 不斷回頭張望者； • 在一處耽擱很久者； • 在平時無人進出之處出現的人； • 非正常時間出現在某一區域的人； • 行為詭異、躲躲閃閃的人； • 企圖進入限制出入區域者； • 無人陪伴或帶領的人。
2. 接近可疑者。	□ 應在自己安全不受威脅的情況下接近可疑者。若你感覺不安全，向保全部或其他員工求助。 □ 走近可疑者並說明自己身分。保持平靜，說話有禮。不要對可疑者發出恐嚇。 □ 詢問此人是否需要幫助。問此人是否是旅館的客人。假如對方說自己是旅館的客人，要求對方出示房間鑰匙。 □ 假如對方非旅館客人，向對方說明旅館的規定，指引對方去櫃台諮詢。 □ 假如對方未經允許進入該區域，向對方說明本區為限制出入區。客氣地請對方離開該區域或旅館。 □ 假如對方是未經允許進入某一區域的旅館員工，詢問對戶有什麼事。提醒對方本區限制出入，務必讓對方離開本區。

步　　驟	方　　法
3. 帶領未經同意進入限制區域者離開該區。	□ 與未經同意進入限制區域者一起去出口。 □ 避免推拉他們。 □ 假如他們拒不離開，電話報告有關人員。
4. 確保做好該區域的安全保衛工作，防止閒人進入。	□ 向櫃台報告發現可疑者。 □ 將此情況記入日誌，包括有關該事件的所有細節。
5. 發現可疑者要報告。	

對火災做出適宜反應

所需用具用品：旅館緊急程序方案、火災報警器、電話機、廣播設備、客房出租報告、滅火器、萬能鑰匙、筆、值班日誌、萬能鑰匙日誌與交班日誌。

步　　驟	方　　法
1. 要求主管與你一起複習旅館緊急程序。	
2. 假如發現煙霧或火苗，啟動報警器。	□ 就近去火警拉閘站報警。 □ 如果適宜，大喊「失火啦」。
3. 使用電話或廣播向櫃台、消防部門和其他合適人員報告火警。	□ 櫃台可向相關人員通知火警。火警警報器可能會自動向消防部門報警。弄清楚旅館的報警器是否也能自動向消防部門報警。
4. 努力撲滅小火災。	□ 如果滅火是安全而輕鬆容易的，且你受過正規的消防培訓，努力去將火撲滅。 □ 撲滅小火災的步驟因旅館而異。
5. 疏散該區域人員。	□ 按照旅館制定的策略與方法從危險區域撤離。疏散路線應明顯地張貼在每間客房和每一層樓。
6. 防止火災蔓延。	□ 假如時間允許且沒有危險，關上門窗，關掉電器。 □ 不要鎖門。
7. 前往自己的工作區域。	□ 待在與起火處保持安全距離的地方。

步　　驟	方　　法
8. 按照緊急處理人員指示行事。	
9. 將一套萬能鑰匙或緊急鑰匙交給消防隊長。	
10. 在日誌上記錄你將萬能鑰匙或緊急鑰匙交給了消防人員。	
11. 告訴你的主管你把萬能鑰匙或緊急鑰匙交給了消防人員。	

對急救與急病做出適宜的反應	
所需用具用品：電話機、急救箱、筆、交班日誌或值班日誌。	

步　　驟	方　　法
1. 迅即對情況做出評估。	□ 弄清問題是什麼。確定此人受傷還是患病。 □ 努力識別重要症狀，但不要花太多時間分析細節。 □ 假如患者出現流血或流出其他體液，使用防護設施。避免直接接觸體液。
2. 立即派人求得緊急醫療援助。	□ 撥打 911 電話或適宜的地方急救號碼。 □ 向誰撥打救助電話一事因旅館而異。 □ 說出你的正確位置，並盡可能詳細報告緊急事件的有關情況。
3. 在醫療救助人員到達前對受傷者提供幫助。	□ 告訴受傷者救助人員將很快到達。 □ 讓受傷者平靜： • 輕聲地說話； • 使用關切的聲調說話； • 以尊重的態度對待受傷者。 □ 盡可能讓受傷者感到舒服些。 □ 讓受傷者保持安靜。不要搬動受傷者，除非待在那兒有危險。 □ 詢問受傷者是否要求助他們的親人或朋友。 □ 設法把發生的事弄清楚。受害者提供的細節將有助於醫療人員對他們的救助。 □ 不讓旁觀者靠近現場。 □ 尋找醫療警戒標牌或繩帶。

步　驟	方　法
4. 如果合適，提供一些基本急救工作。	□ 假如你受過訓練，立即對受傷者施行急救。受過訓練的人才能實施諸如心肺復甦的急救術。不懂急救的人去施行急救只會造成適得其反的後果。只有那些血流不止、需要維護呼吸或休克者需要施行急救。與當地醫療機構聯繫急救培訓事宜。 □ 急救箱放置的地點因旅館而異。
5. 向趕到的醫療人員講述具體情況。	
6. 需要時對醫療人員提供幫助。	
7. 事後盡快將事件記入日誌。	□ 記錄應包括所有重要細節。 □ 用鋼筆做記錄。 □ 在記錄旁簽署姓名。

對自然災害做出適宜反應

所需用具用品：自然災害緊急計劃、氣象報告、緊急備品、惡劣天氣使用的裝備與防洪設備。

步　驟	方　法
1. 了解何處能查到防禦各種自然災害的緊急計劃。	□ 緊急計劃放在何處因旅館而異。
2. 暴風雨來臨前密切注意氣象報告。	□ 弄清楚何時需要將潛在危險通知賓客與員工。 □ 遵循地方有關氣象警報與風暴警報的處理程序。 □ 收聽廣播台與電視台的氣象廣播。 □ 將氣象警報與風暴警報通知維修部與保全部。 □ 讓旅館住客了解風暴移動情況。
3. 完成你肩負的職責。	□ 按主管或地方緊急事件處理當局的指示行事。 □ 保持冷靜。 □ 指派的職責因旅館而異。發出風暴警告期間的職責可包括： • 給窗戶裝上風暴防護百葉窗，以保護賓客免遭飛來的玻璃片或其他東西的襲擊； • 大風來臨時，將可移動的物件，如椅子、垃圾箱與桌子搬入屋內； • 用膠帶或填縫材料將窗和門封閉。

HOUSEKEEPING MANAGEMENT

步　　驟	方　　法
4. 了解緊急備品存放的地點、何時取用及如何使用。	□ 緊急備品存放地點因旅館而異。 □ 緊急備品可包括： • 防水電筒與電池； • 食品與水； • 沙袋； • 工具。 　緊急計劃幫助你： • 保護賓客與員工； • 保護旅館財產； • 在自然災害降臨後做出更快捷的反應。 □ 檢查攜帶式收音機，確保其工作正常。 □ 確保緊急照明設備處於良好狀態。 □ 採集任何需用的設備。
5. 將錢財、重要文件和其他貴重財物存放在不透風雨的安全地方。	□ 存放錢財、重要文件和其他貴重財物的地點因旅館而異。
6. 將所有有害材料存放於安全的地方。	□ 必要時將旅館所有煤氣閥關閉。 □ 需安全存放的有害材料因旅館而異。 □ 安全存放有害物質的步驟因旅館而異。
7. 應付洪水。	□ 一旦發生場所進水或淹水，電話通知維修部門。 □ 與其他部門合作： • 發放惡劣天氣下適用的裝備； • 第一次警報發出後，設置大型防洪水泵； • 準備好防洪設備； • 安裝任何增加的水倉泵； • 清除低窪區域可能丟失或受損或可能阻塞水倉泵的任何物品； • 當水達到設障水位時，建立防洪屏障； • 在適宜地點放置沙袋。 □ 防洪設備因旅館而異。
8. 對地震做出反應	□ 關掉整個旅館的煤氣閥與水閥。但不要關閉消防噴水系統水閥。
9. 如果適宜，疏散賓客與員工。	□ 隨時向賓客提供風暴移動消息。 □ 告訴賓客與員工撤離旅館的最後時限、向何處撤離，以及離風暴襲擊估計還剩下多少時間。 □ 確保大家都在指定安全區得到庇護。 □ 在危險未結束以前不讓大家離開庇護場所。

對設施故障做出適宜反應

所需用具用品：電話機或廣播設備、電梯間電話或內部通話系統、電梯鑰匙及「故障」標記。

步　　驟	方　　法
1. 與有關人員進行聯絡。	□ 發生設備故障後需聯繫的人因旅館而異。可能與櫃台、消防部門或維修部門聯繫，這取決於故障的類型及旅館的政策。 □ 假如電話壞了，用廣播或親自報警。
2. 向你聯繫的人說明發生的情況。	□ 向你聯繫的人提供下列情況： • 你的姓名與電話號碼； • 出事地點； • 設施故障的類型； • 陳述故障情況。
3. 對落掉電線的處理。	□ 與主管、櫃台與消防部門聯繫。 □ 陳述情況並告訴掉落電線的地點。 □ 保護現場，以免非緊急人員進入現場。 □ 等待緊急人員到場。
4. 對電力故障的反應。	□ 向有關人員報警。 □ 報告設備故障或其他可能的原因。 □ 去櫃台報告。 □ 快速但安全地行進。 □ 幫助在黑暗中走動的人。引領他們去房間、大廳或疏散地。 □ 告訴賓客有關情況。讓他們非絕對必要時不要離開房間。 □ 提醒客人為防火災發生，不要點燃火柴、蠟燭等物。 □ 關掉或拔下電器插頭，保護好貴重財物。 □ 遵循旅館的慣例應對電力故障。
5. 處理電梯故障。	□ 弄清楚電梯被困在哪兩層樓之間。 □ 透過電梯電話或內部通話系統與困在電梯間的人聯絡。假如電話或內部通話系統壞了，通過電梯井對電梯箱內的人呼叫。但不要進入電梯井。 □ 再三向乘客保證，使之相信他們是安全的。 □ 詢問乘客發生了什麼事。要求他們詳細說明情況，這有助於維修人員或電梯公司人員修復電梯。 □ 告訴乘客正在採取的修復措施，並要求他們保持冷靜。

HOUSEKEEPING MANAGEMENT

步　　驟	方　　法
5.處理電梯故障。	☐別企圖將乘客從電梯相撤離，讓消防部門或電梯公司處理此事。 ☐向維修部門電話陳述發生的情況。讓乘客隨時了解正在採取的措施及解決問題可能需要的時間。 ☐在對電梯進行檢查與復修復前防止人們使用電梯。如果可能，將電梯鎖定並貼出「故障」標記。
6.對其他設施故障做出反應。	☐處理鍋爐、空調器及電話系統故障的程序與方法因旅館而異。

處理危害性物質

所需用具用品：材料安全數據單、手套、護目鏡、標誌、標籤、口罩、防漏容器　、打字機與個人防護設備。

步　　驟	方　　法
1.找出並閱讀材料安全數據單。	☐材料安全數據單存放處因旅館而異。
2.安全使用清潔用化學品。	☐使用清潔用化學品時戴上手套與護目鏡。 ☐按清潔用化學品的使用與儲存說明行事。 ☐用適當標籤清楚標誌所有噴霧用瓶。 ☐不要換用噴霧噴頭。
3.決不要混合使用兩種化學品。	
4.只在儲藏室或後台區域進行化學品的稀釋工作。	
5.將危險性物質放在防漏容器內，並蓋上緊密的蓋子。用適當的方法將其處理之。	
6.所有化學品容器都要貼上正確無誤的標籤。	☐在標籤上打印或寫上化學品名稱、危害警示語以及製造商名稱與地址。 ☐並包含正常使用時，該化學品對身體與健康的危害的內容。

步　　驟	方　　法
7. 危害性物質發生濺灑時應立即報告。	□ 向誰報告化學品濺灑事故因旅館而異。 □ 報告內容包括： • 姓名和電話號碼； • 告知發生濺灑的地點(大樓、樓層等)； • 發生濺灑的日期與時間； • 濺灑的物質； • 濺灑物質的特性(可燃、腐蝕、有害等)； • 濺灑量； • 濺灑源與造成濺灑的原因； • 濺灑物可能向何處流淌及採取的措施； • 對人體與環境可能帶來的危害； • 傷害的程度(如果已發生)。
8. 疏散受染危險區的賓客與員工。	
9. 控制溢出危害物質的蔓延。	□ 只有受過訓練並在安全的情況下，才能去控制溢出有害物質的蔓延。 □ 運用培訓中學到的方法去做。 □ 佩戴與使用適當的個人防護設備。

7

館內洗衣部門的管理

1. 列出飯館內部洗衣部門在業務規劃中需考慮的因素
2. 陳述旅館常用的不同種類布巾用品的一般洗滌原則與注意事項
3. 概述館內洗衣部門作業流程中有關布巾用品的處理步驟
4. 陳述布巾用品洗滌作業中常見問題產生的原因與解決方法
5. 認識布巾洗滌週期中水洗階段使用的化學品的種類與功能
6. 辨識館內部洗衣部門可能使用的各類機器與設備
7. 描述館內洗衣部門作業的人員配備與員工工作日程安排

本章大綱

在家中或洗衣店洗滌衣物可能不是件令人喜愛的工作，但並非難事。每週一次，你整理出一籃要洗的衣物，選好洗滌劑並適當調節洗衣機，然後就是烘乾衣物，完成折疊。但設想一下，每天要洗滌一卡車的衣物，你就會對住宿業洗衣部門的規模有個初步的概念。那兒除了洗滌量大，還要保證洗滌後的衣物外觀佳、氣味好、觸感也好，並定時將其送走。再想想布巾用品（床單、毛巾、桌布及其他布巾）是客房部的第二大開支專案，你就會明白良好的洗衣部門管理是住宿業成功的基本條件。

一些旅館沒有開設館內洗衣部門，採用館外承包洗衣服務的方法，由館外洗衣部門向旅館定期提供布巾用品洗滌服務。旅館既可以擁有自己的布巾用品，也可以租用洗衣部門提供的布巾用品。

而今，旅館開設館內洗衣部門是業界的一種發展趨勢，為此，本章重點討論館內洗衣部門的管理。內容涉及館內洗衣部門場地規劃、各種布巾洗滌程序、洗衣部門布巾洗滌流程、典型的機器與設備，以及對人員配置的考慮。

第一節　館內洗衣部門的規劃

根據旅館需要而巷設計的館內洗衣部門才是最佳的，如果可能，旅館裏與洗衣業務相關的旅館各區域的代表，均應參與館內洗衣部門的初期規劃工作。以下是規劃中應考慮的一些重要問題：

1. 要求館內洗衣部門具有多大的衣物處理能力（洗滌量）？洗滌量一般以磅計算。洗滌的磅數應與客房住房率水準及餐點飲料的餐具（包括臺布、餐巾）套數相對應。因此設計的洗滌量應能應付營業高峰期的需求。巷

2. 館內洗衣部門應佔有多大的場地？場地的規模將取決於洗滌需求量、設備數量與手邊儲備的布巾用品保有量等因素。許多旅館為今後可能的發展留有空間。

3. 須購買多少設備？洗滌量決定滿足旅館洗滌需求所需的設備數量。購買何種設備，通常取決於旅館使用的布巾用品的種類，對節能與節水的考慮也可能影響設備採購的決定。

4. 開設洗燙服務嗎？提供洗燙服務要求購置乾洗設備，並為洗燙人員設置單獨的場地。

其他規劃中應考慮的重要事項是，旅館的規劃及提供的服務類型。小型旅館（150 間房以下）的洗滌需求差異很大。在提供經濟型旅館服務的小旅館裏，館內洗衣部門的場地可在 400 平方英尺～800 平方英尺之間。附設餐飲設施提供中等價位服務的旅館，可能需要 1500 平方英尺～2000 平方英尺的館內洗衣部門。小型旅館館內洗衣部門平均每年處理的衣物重量為 4 萬磅，它擁有洗衣機、脫水機和乾衣機。小型旅館靠使用免熨燙布巾來縮減洗滌的時間。然而，免熨燙布巾經多次洗滌後將失去了不起皺的特點，為使布巾有良好的外觀，常需要使用布巾熨平機將衣物熨燙平整。

中型旅館（150 間～299 間客房）可提供從經濟型到豪華型的服務。附設餐飲設施的旅館，一般比只提供有限或中等價位服務而不經營餐飲業務的旅館使用更多的布巾用品。一個中型旅館的館內洗衣部門，洗滌的衣物每年可達 150 萬磅。館內洗衣部門所占的面積可從 2000 平方英尺～3000 平方英尺到 6500 平方英尺～7000 平方英尺不等，進而有空間容納具折疊功能的布巾熨平機、蒸汽熨斗（steam tunnel）或蒸汽櫃（Steam cabinet）及洗燙服務設備。

大型.旅館（300 間客房或以上）的館內洗衣部門，可占地 8000 平方英尺～18000 平方英尺，每年洗滌衣物可多達 850 萬磅。這種大型洗衣部門使用的設備，比小型洗衣部門的設備更先進。

一、洗滌布巾用品

現在市場上的布巾用品有了更多的選擇，正確選擇布巾用品也比以往顯得更為重要，因為它直接影響館內洗衣部門的經營成本。

1960 年代推出的合成纖維織品引領免燙床單的開發，由於這種床單免除或減少了對熨燙的要求，許多旅館進而能使用館內洗衣部門的服務，不再從館外獲得這種服務。使用免燙布巾用品的旅館還發現，這種布巾較全棉布巾更為耐用，良好的耐用性降低了布巾用品的更換率（目前依然如此）。

織品從全天然纖維（如羊毛與棉花）製造，到各種人造纖維織品（如聚酯纖維與尼龍）都有。絕大多數旅館選擇的是混紡製品，因為混紡製品比全天然布巾容易照料，且舒適度相差不大。

然而，免燙布巾用品不能完全達到賓客對全棉製品所瞭解與期望的

基本特性。例如,聚酯纖維餐巾的吸濕性比全棉餐巾差,又因為棉纖維會吸附污物,而聚酯纖維又易藏污納垢,因此滌棉(polycotton)製品易髒難洗。再者,使免燙布巾不起皺的樹脂易失去作用,且在高溫下被洗掉。樹脂還會使漂白劑中的氯殘留在纖維中,使纖維的強度減弱。

居室年鑑 THE ROOMS CHRONICLE

降低經營洗衣部門的開支

作者:Gail Edwards

　　洗衣部門在無謂地浪費金錢嗎?對下列建議加以考慮,就可對這一重要區域的經營做出評估和改進。

- 要求化學品公司對洗衣設備的運行速度及洗潔液配置加以審核,確保洗滌週期的長度、水溫與化學品用量符合最大效率運作的要求。
- 使化學品庫存量保持運作最低要求量,從而限制儲藏室架上擱置的金錢。
- 使用化學品自動出料設備,確保化學品用量正確,限制化學品對使用人員的危害。
- 制定時間對設施進行預防性維修,以避免引起重大損失和混亂等故障的發生。
- 購買有益於消除事故的設備,如帶有彈簧承載升降機的洗衣部門布巾車,它使員工減少彎腰,並使提舉物品變得容易。
- 必要時提供護目鏡、手套、護背及合適的鞋。
- 保持棉絨收集器清潔,這不但有助於加快乾衣的速度,更是為了消除火災隱患。
- 安排好員工的工作時間,保證及時向賓客提供清洗完畢的布巾用品。記住在非尖峰時間操作設備能節約能源開支,還能限制高峰時間賓客熱水的使用量。另外,洗衣部門晚間作業有個好處,它使旅館在賓客最多的時候,客房部依然向他們敞開大門。
- 不斷進行化學品與布巾用品處理的培訓工作。一個根本的任務是要達到職業安全和健康法案有關血液攜帶的致病菌及其他危害性物質的準則。還要進行培訓,對工作中使用的各項化學品的材料安全資料單進行學習。

- 就各項任務對洗衣部門員工進行交叉培訓，這樣，員工在輪班時，就能減少肌肉扭傷或拉傷的事故發生，還能使所需的員工人數保持在最低水準。
- 創造性地安排工作時間表，使員工得到實惠。例如，允許每週4天工作制、半天工作制或週末停工歇業。
- 對全體餐飲人員進行培訓，以遏止餐廳經營中濫用布巾用品的情況。
- 每月或每季正確清點庫存品，並始終保持3個標準量的布巾庫存品。標準的做法是，1個標準量的織品在客房使用，1個標準量織品在洗衣部門清洗，還有1個標準量織品在洗衣部門與客房間流動。
- 檢查布巾用品的運送情況，保證物品在運至洗衣部門的途中不被弄髒（遭輪子壓碾、被人踩髒、混凝土污跡等）。
- 保持布巾處於流動狀態。骯髒的織品久放不洗會發霉，洗畢的織品不及時進行乾燥處理也會長出黴菌。而乾燥的物品久放不予折疊會產生折痕，不加熨燙或不重新處理就無法去掉這些折痕。

　　記住化學品公司樂意核查這5個重要的作業環節（時間、溫度、機械運作、化學品功能與工作程序），以確保洗衣部門運作取得佳績。這些重要的供應商在員工培訓方面，同樣能給予有益的幫助。

資料來源：《居室年鑒》，第2卷第6期。

表 7-1　布巾用品的一般保養

纖維類別	清潔方法	水洗溫度	含氯漂白劑	乾衣機控溫	熨燙溫度	特殊儲放要求
丙烯酸纖維	洗滌	溫熱	可用	溫熱	中	無
棉	洗滌	熱	可用	熱	高	乾燥
滌棉	洗滌	熱	可用	溫熱	中	無
尼龍	洗滌	熱	可用	溫熱	低	無
聚酯纖維	洗滌	熱	可用	溫熱	低	無
羊毛	乾洗	溫熱	不可用	溫熱	中（加蒸汽）	防止衣蛾侵害；不要用塑膠袋儲存

混合纖維材料應按製造商建議加以照料。

(一)棉

棉纖維的牢固度好，而水時牢固度會增強。其吸濕性極佳，還可以上漿，用來製作餐巾與臺布特別好。既可以水洗又可以高溫熨燙，但它確實有縮水性（第一次洗滌時會有 5 ％～15 ％的縮率）。與聚酯纖維布巾相比，棉織品的保色率較低。

礦物質對棉纖維有害，礦物質由微細的礦物粒子（稱作離子）與氧混合形成。不少水源中含有天然離子，礦物質的破壞作用強調了館內洗衣部門使用好水源的必要性。

(二)羊毛

就毯子的選料來看，許多商業旅館已不再青睞羊毛製品，這是因為其耐用性不及某些合成材料製品，而且摸起來可能有不舒服的感覺。其牢固性在纖維中屬於最差，遇水時牢固度變得更差；也有縮水性，並且較易發生纏結。因此，對羊毛毯進行過度的清洗，會很快把羊毛纖維給毀了。但羊毛織品確實比某些普通纖維織品更耐髒，吸濕性也佳。

(三)丙烯酸纖維

該纖維重量輕，不縮水。其強度與棉纖維相仿，但遇水時強度減弱。由於丙烯酸纖維織品將水氣吸附在表面，需較長時間才能晾乾。

(四)聚酯纖維

聚酯纖維的強度在普通纖維中位居前茅，且遇水時強度不變。它快乾，不起皺，也耐髒，但聚酯纖維在高溫烘乾與熨燙時易受損。聚酯纖維與聚酯纖維混紡織品是製作工作服、圍裙及其他衣服的好材料。但做餐桌用布略遜一籌。

(五)尼龍

尼龍不論是乾是濕，其強度都很大。它易洗快乾，但是不耐熱。

(六)混紡纖維

很多旅館使用滌棉混紡織品，這些織品在初期洗滌後強度增加，其特性取決於混紡纖維的量與種類。混紡纖維在洗滌水溫較高時，可能受到損害——水溫高於 $180°F$（$83℃$）的溫度——或在高溫烘乾時可能受損——指高於 $165°F$（$74℃$）的溫度。

二、挖掘洗衣部門巨大節能潛力

　　旅館洗衣部門絕對是耗能很大的部門，它消耗的能源是旅館裏其他區域能耗的5倍。有很多方法既可以節能，又不影響洗衣部門的正常運作。

　　洗衣部門乾衣系統的耗能位居洗衣部門首位，一般的洗衣部門配有4組燃氣乾衣機，每一組每小時耗能高達20萬個英（制）熱單位（BTUs）。換句話說，開動這4台乾衣機僅僅一小時所耗費的能量，等於8個一般家庭整整一個冬季取暖所需的能量。

　　首先將乾衣機放在洗衣部門一角靠近外牆處，建一個充氣室將洗衣機的頂部與四周圍住，這樣設備周圍的熱量就不會擴散出去，從外面進入乾衣機的空氣先有一小段預熱過程。這不失為一種簡便易行的熱能回收方法。

　　乾衣機充氣室還供給乾衣機燃氣燃燒所需的外部空氣，供燃燒所需的空氣進氣口必須大小適當，這一點十分重要。乾衣機每有 5000 個英（制）熱單位（BTUs）燃氣熱能的輸入量，就應配置約0.5平方英寸截面積的自然空氣進氣口。用地方法規對此配置要求進行資訊查證時，通常當該進氣口截面積是必要截面積的4倍時，外部冷空氣大量進入乾衣機充氣室，這會導致乾衣機的效率顯著降低。

　　另外，還要考慮安裝自動調節風門，一旦關停乾衣機，就自動切斷外面空氣進入。該項成本約為350美元，投資回收期為3年～4年。

　　要求總工程師每年對於洗、乾衣機的火焰做幾次檢查，從乾衣機後部觀察，該火焰應微呈藍色且火勢穩定，若火焰略呈黃色且火勢不旺，說明燃燒率低，這可能是燃燒室區域的髒物與棉絨或燃燒室內燃氣所含物質的積垢所致。乾衣機燃燒室每年至少應拆卸，並使用小鑽頭與鋼絲刷徹底清掃一次。

　　大多數乾衣機以提供固態電子點火裝置作為標準配置。假如旅館安裝的是舊式乾衣機，可要求地方燃氣公司用電子點火裝置換掉立式控制器。這樣做的首次成本約為每台乾衣機150美元，投資回收期為1年。

　　記住，出於對安全的考慮，多數消防法規要求乾衣機區域與充氣室保持整潔。另外，可參考洗衣部門操作手冊，獲得有關乾衣作業所有適宜方法與技術的資訊。

(一)洗衣部門照明

在照明度 50 英尺以上照明良好的洗衣部門，工作區裏工作的員工，能提高工作效率。多數洗衣部門的照明設備由老式的普通型螢光燈裝置構成，長度在 4 英尺～8 英尺之間。聯邦政府能源政策與保護法規定，這種老式照明用具必須更換成新型的 T-8 型螢光燈。這種節能燈使用的電子整流器使照明能源消耗下降約 20%。可與地方的電器供應商商談此項燈具的改裝事宜，也可要求把所有出口標誌燈更換成 2 瓦發光二極體新型節能照明燈具。

洗衣部門常有閒置的時候，因此很適合使用移動感應式照明燈具。這種燈具在人們離開該區域時能自動關閉，該項目首次成本約為 200 美元，投資回收期不到 1 年。

如果洗衣部門區域較小，可能更適合使用開關式移動感應裝置。安裝簡便，直接安置在現有燈具開關中就行。這些裝置在該區域不使用時也能立即自動將燈關閉。該項首次成本約 25 美元，不到 1 年可將投資成本收回。

(二)水的加熱與溫度

最近在對提供有限服務的旅館進行帳目的審查中發現，其洗衣部門與客房使用同一種供水系統。由於洗衣部門與廚房用水須達到 140°F 的水溫，因此旅館客房不得不使用同樣溫度的水。然而這樣做既昂貴也不安全。職業安全和健康法案與美國旅館與住宿業協會都提出建議，在客房中採用 115°F～120°F 的家用熱水溫度。我們極力推薦這些旅館為洗衣部門與廚房安裝第二套用水加熱系統，進而使各個區域的用水都達到適當的溫度。

(三)多種多樣的節能方法

良好的維修計畫是洗衣部門節能的關鍵。例如，一隻漏水龍頭每年浪費的水費與排污費可達 100 美元。洩漏蒸汽的氣閥既浪費了蒸汽又耗費了處理蒸汽的化學品，從而降低了系統的效率。工程部門對這些常見的問題應予以特別關注，將其記錄在案，並編入相關的預防性維修計畫。

洗衣部門操作手冊對如何有效運行設備提供了詳盡的資訊，其中頭條資訊是設備的適當載荷。假如旅館間或洗滌量很小，在洗衣部門中安裝一台家庭型洗衣機與乾衣機可能是明智之舉。

旅館可享受特殊公用事業費率，該費率鼓勵夜間使用能源。對使用全電動設備的旅館洗衣部門來說，建立夜間作業制特別有益。在所有情況下，當洗衣部門完成一天的工作後，一定要關停所有設備，並將加熱與通風設備調至停工所需的狀態[1]。

第二節　館內洗衣部門布巾洗滌流程

所有洗衣部門的運作都有個基本週期。這種週期含下列幾個步驟：

1. 收取用髒的布巾用品；
2. 向洗衣部門遞送用髒的布巾用品；
3. 分類；
4. 裝載洗衣機；
5. 洗滌；
6. 甩乾；
7. 乾衣；
8. 布巾整理；
9. 折疊衣物；
10. 儲存；
11. 向使用區運送布巾用品。

圖 7-1 為這一過程的簡圖。客房部經理或洗衣部門經理應制定出每一步驟的工作，程序，以避免二次污染布巾情況的發生，延長布巾的使用壽命，並使洗衣部門運作做到高效且低成本。

一、收取用髒的布巾用品

潔房的客房服務員應從床上與浴室收取用髒的布巾用品，並將其直接放入客房服務布巾車上的髒衣物存放袋中。收來的物品絕對不要堆放在地上，以免被人踩踏而造成進一步污染或損壞。將髒衣物直接放入髒衣物袋，可防止客房服務員用這些髒毛巾、床單、餐巾或其他物品去擦乾溢出物或擦去污跡。員工決不能將布巾用品當做清潔工具使用。因為不當使用布巾將會造成永久性的破壞——導致更新物品開支的增高。

一些旅館的客房服務員，遵循骯髒布巾用品預揀程序進行操作，這可能只是簡單地將特別骯髒的布巾的一角打個結，以利於洗衣工容易地

將其挑揀出來。客房服務員也可根據布巾污染類型進行分類,然後將其放入有專門標記的塑膠袋中。有些旅館發給客房服務員含去污劑的噴霧瓶,讓他們在將這些布巾用品放上布巾車時,對污跡進行處理。在餐飲設施點上,餐廳員工在收拾桌子後,把用髒的布巾集中放在一起。由於餐具容易與布巾用品夾雜在一起而被丟入盛放髒布巾用品的大籃中,餐廳員工應仔細收取桌上的所有物品。有些製作餐具的金屬可能會在布巾留下永久性的污跡。桌子收拾完畢後,餐廳員工應即刻對著廢物盛器抖動餐巾與臺布,清除掉在上面的碎屑與食物。然後將其放入裝髒布巾用品的大籃,等待送往洗衣部門。

二、向洗衣部門遞送用髒的布巾用品

用手提或用小車將布巾用品送往館內洗衣部門。手提布巾的員工應當心別讓布巾拖地,避免加重污染。布巾拖地會為員工帶來安全問題,員工有可能被拖曳的布巾絆倒。有些旅館使用布巾用品軌道運送布巾。

布巾用品小車不應有可能鉤破或撕裂物品的突出物。布巾車應能移動自如,且使員工在為布巾車裝卸布巾時,不必過分彎腰和拉伸手臂。工人應當心別使布巾車或軌鉤破布巾,造成布巾細微的撕裂。

三、分類

館內洗衣部門應有足夠的空間,供一日洗滌量的衣物存放,又不至於影響與減緩洗衣部門區其他的作業活動。髒布巾用品應根據其弄髒的程度及布巾結構類型來分類,其目的都是為了防止造成布巾不必要的磨損。清潔用的抹布應分開單獨洗滌,決不能與供賓客使用的布巾一起清洗。

㈠按受污的程度分類

按受污程度分類時,洗衣工將布巾分成輕度、中等與嚴重污染三類。嚴重受污的布巾需用重度洗滌液配方,洗滌時間較長。中等或輕度受污的布巾則採用較溫和的洗滌液配方,也不需要長時間反覆地洗滌(床單一般分在輕度受污類,枕套則分在中等受污一類)。

若不按受污程度分類,所有布巾都要用重度洗滌液配置進行洗滌的話,將造成輕度受污布巾處理過度,替布巾帶來不必要的磨損。按受污程度分類洗滌,還減少了需反覆洗滌才能去除污跡的布巾的數量。

圖7-1 館內洗衣房布巾洗滌流程

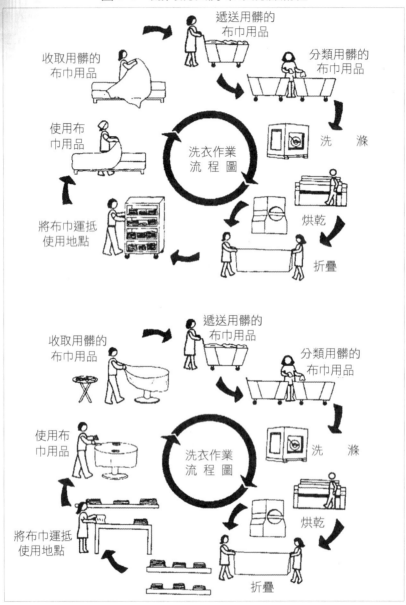

資料來源：On Premises Laundry Procedures in Hotels, Motels, Healthcare Facilities, and Restaurants (pamphlet). (St. Paul, Minn.: Ecolab, Institutional Products Division), undated.

　　分類當然可能導致一次洗滌量不足的次數太多，而造成能源與水的浪費。然而，重度受污的布巾若不及時清洗，污跡會洗不掉或產生布巾毀掉。爲此，一些館內洗衣部門，透過配置幾種不同容量的洗衣機來解決這個問題。這樣，較小洗滌量的布巾也能得到及時清洗，又不至於浪費水與能源。

(二)按布巾結構類型分類

　　不同纖維、不同織法與不同顏色的布巾，需要使用不同的洗滌液配方和不同的洗滌方法。按類型分類布巾確保類似的布巾能使用正確的溫度及洗滌液配置進行洗滌。例如，羊毛與編織疏鬆的布巾，要求使用溫和的洗滌液配方與輕柔的攪動，彩色布巾不應使用含氯漂白劑進行洗滌。未使用過的新彩色布巾應挑出來單獨清洗幾次，以免發生褪色而影響到其他布巾。有些特殊物品如圍裙，應置於尼龍袋中洗滌，避免造成纏結。

　　有些館內洗衣部門購置不同的洗衣機洗滌不同的布巾。例如，旅館只有少量的全棉布巾需用熱水清洗，就可用較小的洗衣機來處理，這樣可以節約能源與水的成本。

　　按布巾結構類型分類布巾，包括布巾種類的分類，如毯子、床罩、餐廳布巾用品及毛圈布巾。由於毛圈布巾的整理過程相同，因此所有毛圈布巾可分在同一組中。餐廳用布巾用品則很可能塊都沾上了污跡。

四、裝載洗衣機

　　洗衣機處最大限度載荷時的工作效率最佳。洗衣機論磅分類，如 50 磅級洗衣機、35 磅級洗衣機等。此重量指乾淨的乾燥布巾用品的重量。因爲床上布巾用品用髒後一般是乾燥的，所以 50 磅級洗衣機應載荷 50 磅的床單。但毛圈布巾用髒後往往是濕的，濕毛圈布巾增加的重量可達乾時重量的 40％。洗衣機裝載濕毛圈布巾怎樣算是滿負荷呢？製造商的建議是，裝填至離頂部留出一手掌的寬度時爲滿負荷了。

　　不適當的載荷會耗費大量金錢。例如一台 50 磅級洗衣機若每天處理 500 條毛巾，操作者可將毛巾分 7 次裝載，每次裝載 71 條毛巾，或分成 10 次裝載，每次裝載 50 條。假定一次裝載量的洗滌需花掉 1 美元成本的化學品，滿負荷裝載每天就可節約 3 美元，或每年僅僅化學品一項就可節約 1095 美元。再把增加 3 次裝載的勞動力成本及時間與能源成本計算進去，顯而易見，適當地裝載洗滌物品能節省下可觀的金錢[2]。

五、洗滌

布巾用品分類完畢後，洗衣部門工人將布巾一包包集攏，然後送交給洗滌工。布巾裝機前應過磅，確保洗滌工不發生裝載過量的情況。過磅對衡量館內洗衣部門洗滌產出量也是重要的。

在一些旅館，洗衣部門工人在洗滌布巾前對受污的布巾進行預處理。可是這種預處理很花時間，並可能增加大量的勞務開支。因此，多數館內洗衣部門利用放入化學品的洗衣機作業來清洗布巾用品。

今日，現代化的洗滌設備可能讓一名習慣於在家中用洗、沖、烘乾三步曲洗衣機的無經驗新工人不知所措。館內洗衣部門的洗滌設備要求工人對多達 10 種洗滌過程進行選擇，還要選擇好洗滌劑、肥皂和布巾調理劑。回答 5 個基本問題將使這些選擇不再困擾我們，並有助於確定某一批布巾的正確洗滌程序。這 5 個問題如下：

1. 正確洗滌某項物品需多長時間？重度受污布巾洗滌的時間較長，輕度受污物品洗滌的時間較短。洗滌時間設置不當，將造成洗滌不乾淨或引起布巾不必要的磨損，而且既浪費能源又浪費水。
2. 洗淨物品所需的水溫是多高？整體來說，洗衣工人應考慮從低不從高，為節省能源選擇允許的最低溫度。不過，有些洗滌劑與化學品只在熱水中發揮應有的效力，且某些污跡的清除需要較高的溫度。例如，洗滌油污的水溫應在 180℉～190℉ 之間（83℃～88℃）；洗滌中度污跡的水溫至少應有 160℉（72℃）。廚房抹布與布巾用品的洗滌溫度應為 140℉（60℃）。
3. 使污跡脫離布巾需要多大的攪動力度？洗衣機的攪動會產生擦洗與揉淨的作用。攪動無力——這往往是超負荷裝載造成的——導致洗滌不充分。超負荷裝載還對設備造成不必要的磨損，攪動力量過大對布巾亦會造成損害。
4. 哪種化學品對某種污跡與某種布巾纖維的去污最有效？化學品可包括洗滌劑、漂白劑、柔軟劑等。
5. 使用何種程序有助於洗滌工作的完成？不同的布巾用品應選用不同的洗滌程序。如毛圈布巾的烘乾時間應長於床單的烘乾時間。

洗滌時間、溫度、攪動力度、使用的化學品及採用何種程序等事宜均由污跡類型及布巾質地來決定，而這些又是相互影響的。例如，在一

定的水中放入太多的洗滌劑就會產生太多的泡沫，而泡沫太多又會阻礙攪拌器工作。表7-2是常見洗滌問題一覽表，包括產生問題的原因與一些解決問題的方法。

通常由洗衣部門主管預先設定洗衣機工作時間、溫度與運轉方式。設備銷售商也能幫助完成此項設定工作。

(一)洗滌週期

典型洗滌過程中的環節有9項之多：

1. 沖洗（flush）（1.5分鐘～3分鐘）。沖洗溶解與分解可溶於水的污跡，從而減少後面泡沫階段需處理的污物量。沖洗物品通常設定高水位，水溫適度。

2. 分解（break）（4分鐘～10分鐘，任選）。加入高濃度鹼性物質（分解污跡），隨即可再次沖洗。分解階段一般設定低水位，水溫中等。

3. 在泡沫肥皂水中洗（5分鐘～8分鐘）。這是真正的洗滌階段，洗滌劑在此階段加入。洗滌物在熱水中得以攪動與翻轉，設定低水位。

4. 漂淨殘留皂沫或過渡階段漂洗（2分鐘～5分鐘）。此階段將污跡與鹼性物質去除掉，這有助於發揮漂白工作的效力。漂洗使用熱水，與上一環節水溫相同。

5. 漂白（5分鐘～8分鐘）。此時在低水位熱水中加入了漂白劑。它殺滅細菌，去除布巾污斑，使布巾增白。

6. 沖淨（1.5分鐘～3分鐘）。設定高水位與中等溫度，將布巾沖洗兩次或更多次，去除布巾中的洗滌劑與污穢物。

7. 過渡階段甩乾（1.5分鐘～2分鐘，任選）。一般在第一次沖洗後進行，高速旋轉使清潔劑與污跡脫離洗滌的布巾。第3環節洗滌結束後，一般不對洗滌物做甩乾處理，因爲這樣做會將污物重新嵌入纖維之中。免燙布巾不應做甩乾處理，除非水溫低於120℉（49℃）。

8. 酸性洗滌劑／柔軟劑或上漿／膠粘劑（Sizing）（3分鐘～5分鐘）。加入柔軟劑與酸性洗滌劑對布巾進行調理。設置低水位，水溫中等。加入的澱粉漿使棉布巾變得畢挺，對聚酯纖維混紡布巾則加入膠粘劑。上漿與膠粘劑就替代了酸性洗滌劑與柔軟劑這一環節。

9. 脫水（2分鐘～12分鐘）。高速旋轉的洗衣機把布巾中的大部分水分離出來。脫水時間的長短取決於布巾的種類、脫水機的功能及其轉速。

表 7-2　洗衣房常見的問題

問題	原因	解決方法
色澤昏暗	洗滌劑量太小	增加洗滌劑,加入漂白劑。
	洗滌周期中溫度設置太低	提高水溫。
	分類馬虎,發生污穢物互染	增加洗滌劑重新洗滌,水溫設置最高限。使用適合布巾的漂白劑。實行適當的分類程序。
	滲色	別做脫水處理。使用洗滌劑與漂白劑重新洗滌。更仔細分類不同布巾。新用的布巾最初幾次單獨洗滌。
色澤發黃	洗滌劑量不足	增加洗滌劑量或使用配製劑或漂白劑。
	洗滌周期中水溫太低	提高水溫。
	洗滌羊毛、絲綢或氨綸製品時使用了含氯漂白劑	發黃的物品無法復原。今後避免使用含氯漂白劑洗滌此類物
鏽斑	供水、管道或水加熱器中含鐵和(或)錳	使用除鏽產品重新洗滌,不要使用含氯漂白劑。為防止今後此種污染的發生,在水源中使用水軟化劑,以中和水中的鐵與錳。若管道發生鐵鏽,用熱水沖洗管道幾分鐘。間或排出加熱器的水,清除鏽垢。
藍色污跡	洗滌劑或布巾柔軟劑中的藍色色素未完全散去	對洗滌劑造成的污跡,可將布巾置於塑膠水槽或容器中用 1 分白醋加 4 分水的溶液浸泡 1 小時。對柔軟劑造成的污跡,用肥皂擦揉布巾,再用水洗淨。為防止鏽跡,可在衣物放入洗衣機前先放入洗滌劑,然後啟動洗衣機,以確保洗滌劑與水更充分地混合。布巾柔軟劑使
去除污跡的效果差	洗滌劑量太小 水溫太低 超過洗衣機負荷裝載	增加洗滌劑量。 提高水溫。 每次減少一點裝載量,適當分類布巾,使用適量洗滌劑,設置合適水溫。

問題	原因	解決方法
油污斑斑	洗滌劑量太小	用洗滌前使用的污跡去除劑或洗滌液加以處理；增加洗滌劑量。
	水溫太低	提高水溫加以洗滌。
	未經稀釋的布巾柔軟劑與布巾發生接觸	用皂塊擦揉布巾後用水洗淨。布巾柔軟劑經稀釋後再放入洗衣機使用。
	加催乾劑的柔軟劑	用皂塊擦揉布巾後用水洗淨。避免洗衣機一次裝載量太小，避免不適當調節乾衣機設置及乾衣機溫度過高。
粉狀殘留物（在暗色或亮式布巾上特別明顯）	洗滌劑未溶解	放入衣物前先加入洗滌劑，然後啟動洗衣機。
	無磷顆粒狀洗滌劑與水中礦物質結合生成殘留物	用 1 杯白醋加 1 加侖溫水的混合液去除污跡。將布巾放入塑膠容器或水槽中沖洗。為防止產生殘留物，改用洗滌液。
布巾發硬、褪色或受磨損	無磷顆粒狀洗滌劑與水中礦物質結合生成殘留物*	用 1 杯白醋加 1 加侖溫水的混合液去除污跡。將布巾放入塑膠容器或水槽中沖洗。為防止產生殘留物，改用洗滌液。
棉絨	分類不適當（將起絨的布巾與其他布巾混合在一起）	使用遮蔽膠帶或透明膠帶，使布巾乾燥並輕輕拍打布巾，重新洗滌，最後沖洗時使用柔軟劑。分類更仔細，以防止此類問題的發生。
	圍裙或工作服口袋裏的沖紙巾	洗滌前檢查口袋。
	超負荷裝載洗衣機與乾衣機	減少洗衣機與乾衣機的一次性裝載量。
	洗滌劑不足	增加洗滌劑量。
	洗衣機絨毛濾器或乾衣機絨毛篩網阻塞	使用後清潔濾器與篩網，重新洗滌布巾。

問題	原因	解決方法
出現孔、洞或撕裂	布巾過乾產生靜電吸附棉絨	用柔軟劑重新洗滌布巾。在布巾未乾透前將他們從乾衣機中取出。
	含氯漂白劑使用不當	始終使用漂白劑分灑器，並用 4 份水將漂白劑稀釋。決不能將漂白劑直接倒在布巾上。
	未拉上拉鏈、未扣上鉤狀扣或皮帶搭扣	拉上拉鏈，扣好鉤眼與皮帶搭扣後再進行洗滌。
	洗衣機內有毛口	每週對洗衣機做一次檢查並做必要的修理。
	洗衣機過量裝載	避免超載荷裝入洗滌物品。
褪色	布巾染色不穩定	洗滌前測試布巾褪色的程度。新用布巾單獨洗滌。
	水溫太高	使用較涼的水。
	漂白劑使用不當	測試布巾褪色的程度。使用含氧漂白劑。
	未稀釋的漂白劑直接倒在布巾上	稀釋漂白劑。
起皺	未使用正確的洗滌週期	使用耐久壓燙週期洗滌，設定較涼水溫，及時將布巾從乾衣機中取出，並馬上進行折疊。
	超負荷裝載洗衣機與乾衣機	不要超載
	乾衣過度	將布巾放回乾衣機，設定耐久壓燙週期後運轉 15～20 分鐘。高熱與冷卻時間將洗除折皺。及時將所有布巾從乾衣機中取出。
縮小	布巾過乾	減少乾衣時間，並在布巾微濕時將折皺拉平（尤其是棉製品）使其恢復原狀，乾後平整。
	布巾縮水率	購買布巾時將縮水率考慮進去。
	對羊毛製品的攪動	在洗滌與漂洗週期中設定較低的攪動力度，常規的旋轉不會造成布巾的縮小。
起毛球	合成纖維布巾經磨損自然起毛球	使用布巾柔軟劑防止不必要的磨損，並噴灑澱粉漿或布巾拋光劑。

資料來源：Edwin B. Feldman, P. E. ed., *Programmed Cleaning Guide for the Environmental Sanitarian*(New York: The Soap and Detergent Association), pp. 163-168.

現在許多館內洗衣部門選擇帶冷水選擇項的洗衣機。冷水洗衣機使用合成殺菌洗滌劑可有下列好處：

1. 去除掉熱水會使之固結的污跡；
2. 保持免燙布巾不起皺的特性與毛巾的吸濕性；
3. 節約能源成本。

(二)化學品

旅館與其他商業性館內洗衣部門洗滌布巾使用的化學品，比家用洗衣機所用的化學品多得多。旅館洗衣部門透過精密配置化學品，確保實際良好的洗滌效果，使布巾洗滌後外觀如新。整體來說，洗衣部門對化學品的要求主要取決於旅館使用的布巾用品種類及受污的狀況。另外，旅館洗衣部門使用更多的鹼，以增強洗滌劑的去污能力。然而鹼有磨損作用，因此必須用其他化學品來中和。

一般來說，與多個化學品商保持聯繫是個好辦法，這使你既能瞭解新技術的發展情況，又能獲得在化學品使用上的好建議。可是在幾個銷售商之間周旋，並與他們同時交易，在時間上對客房部經理可能是不經濟的。有些客房部經理採取的方法是接受多家化學品銷售商的報價，然後選擇一家作為來年化學品的獨家供應商。這一方法很奏效，因為選中的供應商很清楚，若他不能切實滿足該旅館的需求，別的銷售商就會取而代之。

以下是簡略敘述洗衣部門作業中所使用的主要化學品種類一覽表。

•水

雖然水並非總是被看作化學品，但它是洗滌過程中使用的重要化學品。每洗淨一磅乾燥的衣物需耗水 2 加侖～5 加侖。十分安全的飲用水可能不適宜用於洗滌布巾用品，如某些礦物質會弄髒或磨損布巾。其他物質可能使水產生氣味或變成硬水，硬水抑制了肥皂泡沫的產生，這些物質中有很多會阻塞水管並妨礙機械的正常工作。幸好我們可在水中添加其他化學品來增強洗滌的效果。不少館內洗衣部門經營者建議測試洗衣部門用水的品質，以辨識可能潛在的水的問題。

•洗滌劑

洗滌劑是個涵義甚廣的術語，它包括很多種去污劑。合成洗滌劑（synthetic detergents）去除油污與油脂污漬的效果甚佳，它常常含有活性界面劑（surfactants）。這些活性劑能加強去污能力，並產生滅菌劑與柔軟劑的作用。促淨劑（builders）或鹼常添加入合成洗滌劑中，產生軟

化水與去除油污與油脂的作用。肥皂是又一種洗滌劑，中性皂或純淨皂不含鹼；組合皂一般用於洗滌受污嚴重的布巾；純淨皂則用於洗滌輕度沾污的布巾。硬水使肥皂的去污能力下降，還會在布巾上留下渣垢，造成布巾色澤變昏暗、布巾發硬和產生異味。酸性洗滌劑會抵消肥皂的效果。

- **布巾（視覺的）螢光劑（Fabric（optical）brighteners）**

  螢光劑使布巾外觀如新，並使布巾基本保持原來的色澤，這些化學品常常先行與洗滌劑和肥皂混合在一起。

- **漂白劑（Bleaches）**

  漂白劑引起強烈的化學反應，因此若不加以審慎控制，會對布巾造成損害。正確使用漂白劑有助於去除污跡、殺滅細菌、並使布巾增白。

  漂白劑有兩種：含氯與含氧漂白劑。前者可用於任何可水洗的、天然的、不褪色的纖維。它對某些合成纖維是安全的，對另一些則有害。因此在用含氯漂白劑前，對所有合成纖維都要做一測試。含氧漂白劑溫和，它對多數可水洗布巾是安全的。含氧漂白劑在熱水中使用的效果最好，去除有機污跡效果最佳。含氯與含氧漂白劑會互相中和，故決不能將二者一起使用。

  漂白劑的 pH 值（酸度或鹼度）與水溫必須嚴加控制，以防損傷布巾。乾漂白劑含控制 pH 值的緩衝劑，但價格高於液態漂白劑。

- **鹼（Alkalies）**

  鹼或鹼促淨劑有助於洗滌劑更好地形成肥皂泡沫，並使分解後與布巾脫離的污穢物質懸浮於洗滌水中。鹼還有益於中和酸性污跡（大多數污跡為酸性），從而提高了洗滌劑的效力。

- **脫氯劑（Antichlors）**

  清洗中有時添加脫氯劑，以確保漂白劑中的氯被徹底清除。由於聚酯纖維有留住氯的特性，因此，使用含氯漂白劑時，一般都用脫氯劑來解決這個問題。

- **殺黴菌劑（Mildewcides）**

  殺黴菌劑能在 30 天內防止布巾用品長出細菌與真菌，這兩種微生物都能生成損毀布巾的永久性的污跡。溼氣為黴菌生長提供了有利的環境，因此，應及時洗滌潮濕受污的布巾用品，不應該長時間擱置在布巾車上。從洗衣機或脫水機中取出的乾淨布巾應烘乾和（或）熨燙。

•酸性洗滌劑（Sours）

　　酸性洗衣劑基本上是弱酸性的，用於中和洗滌後布巾中殘留的鹼性物質。洗滌劑與漂白劑中含有鹼，任何布巾中殘留的鹼都會損害纖維，造成布巾發黃與褪色。另外，殘留鹼會引起皮膚瘙癢，並使布巾產生氣味。

居室年鑑　THE ROOMS CHRONICLE

洗衣部門布巾用品處理的訣竅

作者：Gail Edwards

耐久壓燙布巾的烘乾不要過度

　　避免旋轉式脫水週期與乾衣時間過長，是處理免燙布巾的訣竅。如果布巾還處於微濕又暖熱狀態時就被取出乾衣機，並馬上將其折疊好擱置在架上過夜，乾燥過程就會繼續下去（布巾自動變得平整）。

讓耐久壓燙布巾在使用前有一段間歇時間。

　　與布巾從乾衣機中取出後立即投入客房使用相比，耐久壓燙布巾如果在兩次使用間有 24 小時間歇時間，其使用壽命更長。

不要讓毛圈布巾過於乾燥

　　乾衣過程中，使這些材料保持雪白的氯元素被高溫啟動，讓材料過乾實際上會毀壞棉纖維，並使毛巾使用壽命縮短。

制定布巾回收方案

　　不論是在洗衣部門（被洗衣工人發現）還是營業區域的受污織品都應立即取走做處理。客房服務員應在破損或弄髒的布巾一角打個結，或將其放入單獨的枕套內，以提醒有關人員注意。餐飲部工人應設置專門的盒子或桶子放置這些布巾。選出不合格的布巾用品，不讓它重新流通使用，避免丟棄前再次花時間與精力去分類、洗滌與烘乾。這可節約所有區域的勞務開支。

始終提供充足的抹布

　　讓所有員工都有可用的抹布，以免布巾用品因不當使用而受損。

平均分配布巾用品

讓客房服務員平均獲得布巾用品，確保全體人員都有完成任務所需的物品。這一點很容易做到，只要根據某區客床的種類，在儲物壁櫥中儲放最大標準量／最小標準量的布巾就行。壁櫥或布巾車上過量存放布巾用品會造成布巾混雜不清，布巾被亂扔一圈，結果需重新洗滌後才能使用。

分析研究工人的操作動作

觀察洗衣部門裏的活動，對工人再培訓，使其操作更有效。向他們提一個問題：「在處理這一枕套的過程中，至少需觸摸它幾次？」重新安排桌子與布巾車的位置，使員工操作獲得最大的空間。

去除布巾折疊中的多餘動作

例如，取一條毛巾，將它攤開，用一個動作折起毛巾的一個部分。不必多餘地用手將這一折起的部分再壓平整，直接再做一次折疊就行。折疊中動作簡潔將節約時間，提高效率。

簡單折疊毛圈布巾

客房中的毛圈布巾通常以特殊的折疊形式出現，因此洗衣工不必講究將每條毛巾折疊得十分工整，只需簡單折疊適合地放入布巾車就行，讓客房服務員最後折疊成需要的形狀。

整組床上織品組合包

可考慮將兩條床單折疊在一起，加放枕套後成為組合包，客房服務員可將組合包從布巾車上拿下供做床用，每床一個包，十分便捷。服務員可同時攤開兩張床單鋪床，無須一張一張分開做。對無熨燙工或折疊工的旅館來說，這樣做可減少一半的折疊時間。

資料來源：《居室年鑑》，第3卷第1期。

• 布巾柔軟劑（Fabric Softemers）

柔軟劑使布巾更加柔軟和易於整理，柔軟劑在最後一輪清洗中一併加入。他們能減少熨燙工作量、加速脫水、縮短乾衣時間，且減少布巾產生的靜電。柔軟劑使用過量會降低布巾的吸水性。

●**澱粉漿**（Starches）

上漿使布巾看上去畢挺，經久耐用。布巾若需上漿，應在洗滌過程的最後環節將澱粉漿加入。

六、脫水

脫水的過程是用高速旋轉式脫水機，將洗滌物中過多水分去掉。這一環節很重要，它減輕了洗滌物的重量，使工人易於取出布巾，將其放到乾衣機中去。脫水也縮減了乾衣的時間。目前，多數洗衣設備具有脫水的能力。

七、布巾整理

透過整理程序，布巾變得筆挺而無皺折。整理可能只需將布巾烘乾，或包括熨燙。烘乾布巾前應根據布巾種類進行分類。蒸汽櫃或熨斗常用於烘乾混紡布巾，它使布巾看上去光潔，平整無皺痕。表7-3概括了整理階段常出現的問題與解決方法。

(一)烘乾

需要烘乾的布巾用品一般包括毛巾、浴巾與免燙物品。不同種類布巾所需的烘乾時間與溫度有很大差異，但都要遵守一條原則，即烘乾指令取消後，應讓布巾有一段滾動冷卻的時間，以免因快速冷卻與處理，使高溫的布巾受到破壞或起皺。整個烘乾程序結束後，應立即將布巾取出加以折疊。假如延誤折疊，就會產生皺痕。

表 7-3　布巾整理階段常見的問題

問題	原因	解決方法
皺折（合成纖維）	洗滌／乾衣的溫度過高，破壞了免燙布巾的特性	降低溫度。
	在乾衣機中的冷卻處理不充分	在乾衣過程的最後幾分鐘裡調低溫度。在布巾乾透前將其取出。
纖維呈光滑或熔化狀	乾衣時溫度太高	降低溫度(140°F～145°F/60℃～63℃)。160°F(71℃)以上的溫度太高了。
吸水性喪失	洗滌／乾衣的溫度過高	降低溫度。
	布巾柔軟劑過量	減少使用柔軟劑。

乾衣機空載時決不能預熱或運行，因為這會導致有損布巾或引發火災的「熱斑」出現，也會造成能源的浪費。

布巾的烘乾作業應聽從製造商的建議，或在布巾水分被完全去除的情況下進行。這種時間的把握取決於下面幾種因素：

1. 乾衣機的類型；

2. 洗滌後布巾中的含水量；

3. 一年中的什麼時間（進入乾衣機的空氣溫度）；

4. 布巾從洗衣機中取出時的溫度。

最好與洗衣部門一起進行試驗，然後編寫出切合該旅館，不會使布巾過度烘乾的操作程序。

如果打算手工折疊床單與枕套，操作要得當，以使皺折減至最低程度。洗滌完畢的布巾應立即從洗衣機／脫水機中取出，並放入乾衣機中。

記住，乾衣機是以乾燥又清潔的布巾重量分級的，因此一台 100 磅級的乾衣機將能夠處理 100 磅清潔乾燥的布巾。可是放入乾衣機的布巾總是潮濕的，因而應把這一重量上的差額考慮進去。假如該旅館使用的洗衣機與乾衣機都是 100 磅級的，直接將洗衣機中洗滌完畢的全部布巾放入乾衣機中就行，這符合乾衣機的載荷要求。可是當旅館的洗衣機與乾衣機的級別不一致，洗衣機為 100 磅級，乾衣機為 150 磅級，乾衣機將能夠處理 1.5 倍的洗衣機洗滌量。

始終做到乾衣機處於滿負荷狀態，烘乾的時間並不隨所載布巾量比率的變化而波動。換句話說，一台洗衣機滿載時需工作 45 分鐘，當它處半載狀態時，則需 35 分鐘完成工作。馬虎地操作乾衣機會使能源成本直線上升的。

耐久壓燙布巾烘乾後需冷卻一段時間。經常發生員工讓乾衣機繼續開著翻滾，直到他們有時間來折疊這些布巾為止。但是乾燥的布巾不斷翻滾，布巾撞擊乾衣機壁造成纖維斷裂，不但縮短了布巾的使用壽命，也浪費了能源。因此，在烘乾程序結束後，應馬上將布巾從乾衣機中取出。

棉絨濾網阻塞、燃氣火焰失調及自動溫控器損壞等，都是乾衣機常見的毛病。漫長的烘乾時間、出現難聞氣味或烤焦了布巾等情況都是工作不經心闖的禍。

(二)熨燙

床單、枕套、桌布與微濕的餐巾直接交由熨平機處理。熨平機的大小與自動化程度各不相同。工作服一般由專門的熨燙設備熨燙。為去除聚酯纖維混紡工作服的皺折，使用蒸汽式燙斗多於使用熨平機。

八、折疊衣物

由於有些旅館還使用人工進行折疊，折疊的速度往往決定了布巾用品儲藏室的工作節奏。當折疊速度趕不上洗滌與乾衣的速度時，會造成布巾不必要的起皺和二次污染。

並非所有旅館都擁有熨燙布巾的熨平機。有鑒於此，一旦冷卻階段結束，耐久壓燙布巾就應從乾衣機中馬上取出。假如布巾即刻得到折疊，而且將疊放成至少 12 英寸高的堆保持 12 個小時，結果會令人十分滿意。布巾將顯現出乎順且折痕有序的美好外觀。

折疊人員還必須對布巾進行檢驗，把供再次使用的織品儲存起來，剔除污跡嚴重、撕裂或其他原因造成不宜再使用的物品，這一檢查可能會增加折疊的時間。折疊與儲存工作應遠離受污布巾區域，以避免洗滌完畢的乾淨布巾重新受污染。

應該鼓勵洗衣部門員工採取便捷的折疊法，他們應關心的只是將布巾折疊好送往儲藏室或客房。最後將毛圈布巾折成花樣式，是客房服務員在客房擺放時做的工作[3]。

九、儲存

折疊工作完後，對布巾再次進行分類與堆放。再分類是將那些預揀中遺漏未揀出的不同種類與規格的織品分開來。儲藏室至少要容納下 1 個標準量的布巾。這些洗畢的布巾應至少在架上擱置 24 小時，因為有多種布巾在洗滌後馬上投入使用，會更易受損。一旦布巾用品上了架，發黃與褪色的布巾能很快分辨出來。

十、向使用區運送布巾用品

布巾通常是用小車運往使用區的。小車至少每天清潔一次，必要時多次。就在布巾使用前運送，並對布巾車加以覆蓋有利於防止布巾再受污染。將小車分成兩種，一種裝用髒的布巾，另一種放乾淨的布巾，這不失為一種預防偶爾發生污染的好辦法。

館內洗衣部門的機器設備本身是一大筆投資，它還影響到另一筆大投資的布巾使用壽命。館內洗衣部門機器與設備選擇的好與壞，意味著洗衣部門經營盈與虧。例如，功能不足的機器所產生的後果是：布巾受損、洗滌效果差、過大的能源與水費開支或維修費用的增高。設備維修不當，也會造成更高的布巾與設備成本。

大多數洗衣部門設備製造商，根據每日業務所需處理的布巾磅數，為客戶免費評估所需設備的種類與數量。下面就有關館內洗衣部門可使用的設備類型的一些基本資訊展開討論。

一、洗衣機

多數洗衣機是不銹鋼製成的，其規格是根據洗滌容量而定（即一次可處理布巾的磅數），規格從 25 磅至 1200 磅型不等。旅館洗衣部門的大容量洗衣機可能與家庭使用的傳統洗衣機不太相像，有些洗衣機有分開的「口袋」，用來同時盛放好幾批大裝載量的布巾；有些洗衣機稱作管道式洗衣機（tunnel washers），設有幾個槽，每個槽完成一項洗滌工序。當一批洗滌物完成第一項洗滌程序後，該批洗滌物就進入第二槽，洗衣工隨後在第一槽中裝入另一批洗滌物。

洗衣機由馬達、內外殼與一個箱組成。它的外殼是固定的，裝著洗滌用水。內殼裏放置洗滌物品，內殼上開孔讓洗滌中不同程序所用之水流入或放出。

過去 10 年中，多數洗衣機在設計中將這些孔眼（ports or hoppers）避開所洗的布巾。然而老式設備中的孔眼會向前突出，從而引起對布巾的過量磨損。這可能會使布巾的壽命縮短一半。即使是一個中等規模的館內洗衣部門，在一年左右的時間裏，為老式洗衣機對布巾造成的損失所付出的代價，都夠買 1 台新的洗衣機了。

洗衣機馬達的旋轉或是具動帶孔眼的內殼轉動（輪式洗衣機 washwheel washers），或是帶動攪拌器轉動（攪拌式洗衣機 agitator washers）。旋轉的內殼或攪拌器有助於洗滌劑使洗滌布巾上的污跡散開，而在漂洗程序中則幫助布巾去除洗滌劑與其他化學品。

多數新型洗衣機有自動分發洗滌劑與溶液的功能。這些機器設有電

子控制程序，控制溶液的分發——或在廠家設定，或在館內洗衣部門設定。其他洗衣機要求操作員手工添加洗滌劑與溶液。這種機器往往設置較少的孔眼或漏斗狀管道（供倒入洗滌劑的開口）。設備上至少要開 5 個孔眼，2 個用於倒入洗滌劑，另 3 個分別供放入漂白劑、酸性洗滌劑和柔軟劑用。直接將化學品倒入在布巾上可能對布巾造成嚴重損害。為確保溫和均勻，許多商用設施都是自動化操作的。

　　放入溶液的環節不管是自動完成或是人工作業的，都必須做到入量正確，放入的時間適當。由於開發出了更為先進的化學品，人們可用較低的成本去提高洗滌的品質。因此，對溶液加以考量和在正確時間加入溶液就日益顯得重要。

　　雖然運行自動控制的洗衣機，比用人工分發溶液的洗衣機來得經濟，但前者若操作不當就會出現問題。讓洗滌劑銷售人員操作自動洗衣機，目的是想提高洗滌品質，但到頭來會弄巧成拙，反而使機器的性能下降。請製造商的代表定期對機器作保養檢查，大概是維持機器最大成本效益的最穩妥方法。

　　微處理器的使用——洗衣機一項最新的革新——進一步提高了對洗衣機功能的控制，這是傳統自動洗衣機所不及的。例如，水溫可調節得更精確。微處理器控制洗衣機還使操作者洗滌特殊類布巾與處理非一般污跡時，能更容易、更靈活地結合使用洗滌劑與溶液。

　　另一項革新是使水能重複使用的洗衣機，它能節約能源、排污費、水費與化學品的成本。該機器安裝了隔熱儲水箱。供重複使用的水被抽入水箱以保持適當的溫度，然後放出供下一批洗滌物的適當洗滌週期使用。操作人員可使用控制板，根據污染情況、水的硬度與布巾種類情況，對重複使用的水進行調節。控制系統還能自動保留可重複使用的水，而將不可再用的水排出去。

　　地處氣候乾燥區域的旅館，已開始用館內洗衣部門產生的廢水澆灌草坪與花園。在澆灌花草前，要對這種水做些處理，需中和水中的磷酸鹽及其他化學物質。對循環使用的水須特別注意，以免意外錯當成飲用水使用。例如，許多旅館用無害的植物色素為循環用水加色，以避免發生混用。

　　大部分洗衣機有脫水的功能，洗滌程序一結束，馬達帶動洗衣機的內殼快速旋轉，使洗滌物脫去極大部分多餘的水。若洗衣機不能脫水，

就要單獨使用脫水機。脫水機有離心機式、液壓式與壓力式等幾種。

不少洗衣機具有高速脫水能力。這些機器的賣點是節約時間。另外，高速脫水機縮短了乾衣的時間，進而也節約了大量能源。

高速脫水要求脫水機能帶動幾倍於其載荷量的轉動能力。例如，旅館洗衣部門的脫水機，一般能處理 70 磅～300 磅的乾燥洗滌物，再加上水的重量與轉動所需的力道，這樣，脫水機工作時所承受的實際重量可高達半噸。帶高速脫水機的洗衣機應安置在特殊的軟墊底座上，然後用螺栓將其固定在地面上。軟墊底座產生到減震器的作用，並保證機器不會在基座上發生鬆動。

洗衣機與乾衣機的設計，應注意防止機器引起的灼傷與擦傷。1980 年後生產的機器都有隔熱良好的機身與玻璃門，以防止熱氣溢出。隔熱材料也保護員工不被高溫灼傷。

洗衣機難免發生故障，一旦機器停止運轉，旅館面臨著付出種種高昂代價的問題。機器壞了可能造成客房部員工的閒置，勞動力浪費是一個問題，另一個問題是機器一停，會妨礙布巾用品的正常流動與客房的整理工作，這意味著業務的損失。最後，機器損壞造成工作的積壓，這需要靠以後的加班來完成，造成旅館增加了工資的開支。

有三條原則有助於減少因故障造成機器停止運轉的時間。首先，只從有誠信的供應商處購買牢固耐用的工業設備。在決定購買前，充分閱讀銷售宣傳品，確認適合經營需要的機器品牌與型號。例如機器的規格，應列出機器的重量。一般來說，機器越重就越耐用，因為洗衣機的內架支撐滾筒，減輕了對機體的重壓。其次，讀懂並遵循設備的維護要求。只要遵循製造商對機器維護的意見去操作，90 ％以上的機器故障是可以免除的。最後一點，為設備購買範圍較寬的保固期保險，這一開支往往比設備發生故障所帶來的開支要小。更重要的是，機器有了保固期，就能促使製造商的地方經銷商將自己的利益與設備的安全運轉劃上關係。

二、乾衣機

乾衣機透過高溫氣體流經的旋轉滾筒，除去洗滌物的水分，空氣靠燃氣、電或蒸汽加熱。為確保乾衣機有較高的效能，氣流的流動決不能受到阻滯。

與洗衣機一樣，乾衣機必須好好保養。乾衣機用舊後往往得到較少的保養，通常機器這時需要更多的養護，這樣會消耗更多的能源。在設計洗衣部門時，應考慮讓乾衣機的能力大於洗衣機的能力。這是因為乾衣所需的時間是洗衣時間的 1.5 倍～2 倍。因此，如果一台乾衣機發生故障，工作尚可相對平穩地繼續一小段時間。然而，做好維護工作，讓機器正常運轉，要比圍著壞掉的機器忙亂容易得多。最常見的問題是乾衣機的供氣被髒物或棉絨所阻斷，這一問題可透過每日2次的通氣口檢查來解決。

職業安全和健康法案要求工業用洗衣機對空氣中的棉絨水準加以控制。多數乾衣機有將棉絨噴入容器的導管系統，使空氣中的棉絨量達到最低標準。應定期檢查這些管道，防止出現裂縫，積聚了棉絨的容器也應定期傾倒乾淨。

三、蒸汽櫃與蒸汽通道

蒸汽櫃與蒸汽熨斗對消除厚重布巾的皺折很有效，這些布巾有毯子、床罩與帷簾。蒸汽櫃只是一隻箱子，布巾掛在箱內，蒸汽將布巾的皺痕抹平。蒸汽熨斗實際是讓掛在衣架上的物品移動著通過一條蒸汽管道，織品的皺痕在移動中得以消除。

蒸汽櫃運作十分耗時，因此可能使館內洗衣部門的布巾流程中斷，蒸汽熨斗對流程的影響較少一些。這兩種設備都要求有工人來放卸布巾，這會增加洗衣部門的勞務開支。因此，只有提供洗燙服務的特大型旅館或需經常洗滌大宗帷簾、床罩與毯子的旅館，才覺得使用蒸汽熨斗是划算的。多數使用免燙布巾的旅館不需要使用蒸汽櫃。

四、熨平機與熨燙機

熨平機與熨燙機相似，只是前者是滾動熨平布巾，後者是壓熨平整布巾。另外不同的是，布巾可置入熨平機，但必須用手將其放置在熨燙機上。這種熨燙方法較耗費時間，因此只在布巾需要使用這些設備時才用。

布巾經過整理程序後所處的狀態必須良好，這一點對順利完成熨燙作業與熨燙設備的維護很重要。例如，不適當的漂洗作業造成布巾上留有髒物，這種髒物會縮短熨平機的使用壽命。布巾上過多殘留的酸性洗

滌劑會使布巾在熨燙過程卷起來，而鹼性過重會使布巾變得焦黃。脫水過程也必須加以控制。熨燙前布巾應是潮濕的，太乾燥的布巾會在熨平機上積聚靜電；反過來，若布巾太潮濕，就難以將其送入熨平機中。

應注意的一點是，用舊的免燙布巾常常需要熨燙。事實上，免燙布巾的使用壽命中有兩個明顯不同的階段。在開始階段，確實是免燙布巾，可是，這一階段持續的時間一般少於布巾整個使用壽命的一半時間。一段時間過後，免燙布巾的特性減弱了，因為反覆洗滌損害了布巾。由於布巾如此昂貴，許多洗衣部門經營者發現，購添新布巾用品還不如買台熨平機便宜。

五、折疊機

稱該機器為「折疊機」其實是不適當的。該機器實際上並不能折疊洗滌後的物品，它只是夾住布巾的一邊，讓員工能更容易地折疊布巾。最常見的折疊機扮演的角色是一個被動的角色，它使工人有更多的「手」幫助折疊布巾。

目前，市場上的折疊機已取消滾動乾衣與手工折疊的程序。這些占地經濟的機器集烘乾、熨燙、折疊於一身，且常常能折疊混雜的布巾，並將折疊好的布巾堆放好。有些折疊機由微處理器控制，可確定布巾的折疊點，並連結其他相關的功能。

六、車輛與運載設備

布巾處理使用車輛與運載設備，多數洗衣部門使用布巾車搬移布巾，用布巾車承載已分類完畢送去洗滌、烘乾與整理的布巾。布巾車必須擺放有序，使員工能自由地推著布巾車在館內洗衣部門中工作。布巾車上還需要認真加上標記，不讓裝載乾淨布巾的布巾車與裝載受污布巾的布巾車混雜在一起。

特大型館內洗衣部門可能安裝了吊頂軌道系統，軌道上掛上了洗滌物的袋子，盛裝供分類、洗滌、烘乾或整理的布巾。根據洗衣部門的規模，吊頂軌道系統分成半自動與全自動兩種。

自動控制吊頂軌道系統有不少優點。首先，能使布巾在洗衣部門內井然有序地移動。第二，只需要1人同時移動往來於洗衣機、乾衣機、脫水機、熨平機及其他設備間的所有布巾車。這對大型館內洗衣部門意

味著減省了一大筆勞務開支。最後一點是,吊頂軌道系統在洗滌過程的某一環節發生擁塞與積壓現象時,又提供了額外的儲放空間,從而防止洗衣部門地面上布巾車亂成一堆,排起長龍。

設備十分先進的館內洗衣部門的自動化設備,能把骯髒的布巾送抵洗滌機器。這些系統包括傳送帶、吊頂單軌與氣流輸送管。

雖然先進的洗滌處理系統需要投入一大筆初期資金,但很快能從節約的勞務開支中收回投資。業務規模越大,自動化系統的效益就越好。

不管洗衣部門使用哪種系統,都應該遵守幾條基本原則。一是運輸設備上不能有鋒利的尖角或其他可能撕破布巾的零件。二是設備應易於操作,不應要求工人過度彎腰或反覆地從布巾車底部取出物品。運送布巾應避免用手提來完成。三是應保證有足夠的淨空高度與場地供人員通行。確保布巾車能自由地在走道中進出。承載布巾的場所應設計合理,這樣工人不必向高處或拼命向後伸展手臂從架上取物。

七、預防性維護

館內洗衣部門的有效運行離不開內容詳實又得到嚴格落實的預防性維護計畫。勞動生產率的下滑與昂貴的修理開支無疑證明,為這些計畫所付的代價是值得的。該計畫應包括設備修理或維護程序記錄及這兩項分別的總支出記錄。製造商通常提供有關所供應設備的產品資料,但也應對記載與保存良好的維修檔案提出意見。這些資料能幫助辨識已出現的麻煩,以及可能發生嚴重問題的設備。當修理與維修設備的總開支開始接近該機器本身的成本時,旅館應考慮更換它。

一般的日常維護程序包括檢查保安裝置、水閥與空氣閥門、檢查熨平機滾動壓力、清潔乾衣機棉絨濾網。

保持水與能源的有效使用是預防性維護的內容之一,因為這有助於降低維修費用與冗員造成的開支。洩漏的閥門、損壞的隔熱材料以及燃氣、空氣與水流的通道不暢通,都會付出慘重的代價。應堅持對設備使用情況做出正確記錄,以發現這些問題。洗衣機內的水量應定期檢測,水太多時會造成攪動力度減弱,布巾洗不乾淨;水不夠則容易引起機械運作過度,從而損壞布巾。

不論維護措施如何詳實,設備意外故障或修理延誤工作的情況都可能發生。許多旅館制定緊急計畫,以幫助處理無法預料的緊急情況。應

急計畫應包括：評估清潔布巾儲存品可維持使用的時間有多長，以及什麼時候需要向館外洗衣店求援。聯繫多個館外洗衣店，就能使髒的布巾及時得到清洗，以滿足旅館的需求。有些旅館建立了旅館間洗衣部門緊急聯絡網，這樣，一旦出現緊急情況，大家可以互相幫助，以渡過難關。

八、員工培訓

製造商與銷售商可能就旅館員工正確使用機械設備問題進行培訓，也可能為幫助客房部經理或洗衣部門經理制定良好的安全程序提供意見與最新資訊。透過培訓，使員工養成每日開工前對一切設備做例行檢查的習慣，並仔細地保養這些設備。

程序建立以後，客房部經理或洗衣部門經理須確保員工按程序操作。為此，可採用未預先通知的防火演習、張貼安全程序簡圖、召開季度安全工作會議及進行月度職位事故檢討與追蹤等措施加以落實。客房部經理或洗衣部門經理應定期與員工個人複習程序執行情況，這能使老職工保持警惕，強化先前接受的培訓，並引導新員工正確使用設備與備品。定期進行再培訓是任何安全計畫的重要組成部分。

有日益增多的工人，尤其在服務行業，不會閱讀或說英語。這替整個培訓造成困難，而安全培訓又是必不可缺的。如果需要，安全程序除使用英語外，還應印成多種文字。可能的話，情況彙報會議或安全講座應由會雙語的員工來主持。有些旅館為不擅長使用英語的工人派雙語「搭檔」的辦法，來彌補這種溝通的隔閡，將安全程序傳達給那些工人。

第四節　洗燙服務

洗燙服務是旅館認真對待客房洗滌需求的實際表現。洗燙服務可有兩種處理方式：一是旅館可將賓客的需求外包給館外洗衣店或乾洗店，二是旅館可自己擁有館內洗燙服務設備與人員。洗燙服務不論來自館內或館外，都可以當日取件或隔日取件。當日取件指早上送去洗滌的衣物當晚送還給客房；隔日取件指晚上送洗的衣物第二天早晨送還。

一、外包洗燙服務

旅館外包洗燙服務應與外包商簽訂正式合約，明確說明外部洗衣店

或乾洗店將提供什麼服務。有些旅館提供並要求外包商使用印有旅館名字和（或）標誌的專用洗滌袋與箱子。合約上也應註明收取和送還衣物的時間。

洗滌乾淨的衣物可由大廳行李服務員或客房服務員送至客房。若是在小旅館，櫃台可撥號並閃亮客房電話機上的信件燈，當客人來取信件時，就把洗淨的衣物交還給客人。

二、館內洗燙服務

提供館內洗燙服務的旅館，為自己的做法列出四大好處。他們說館內洗燙服務的速度往往較快，且館內服務比外包服務更能贏得賓客的好感。洗燙服務使用的乾洗設備，可用於館內洗衣部門處理員工工作服及其他特殊的布巾用品。然而，最重要的是此項服務為旅館創造了收益，效益高的洗燙服務有助於支付館內洗衣部門的總成本。事實上，是否能有盈利常常是決定館內洗燙服務開設與否的唯一考慮因素。

提供洗燙服務實際上是要求客房部建立起自己的洗衣業務。它必須做好下列幾件事：

1. 設定衣物的收取與送返時間；
2. 確定如何將洗畢的衣物送回客房；
3. 計算洗滌衣物需附加的帳單（雖然旅館財務總監往往訂定了價格標準）；
4. 根據州與地方法律，確定旅館最終的賠付責任政策；
5. 處理遺失與損毀的物品；
6. 技巧地答覆與應對賓客的意見與投訴。

旅館是否能提供洗燙服務常取決於洗衣部門場地的大小。洗燙人員要有自己的工作場地，處理分類、掛標籤、污跡處理、洗滌、烘乾與整理的工作；另外，要有放置所需設備的空間。洗燙人員也應接受專門培訓。常設立 1 名洗燙工作主管，負責培訓與監管洗燙服務員。

有些旅館為要求洗燙服務的客人，設立了洗燙服務電話分機號碼。髒衣物由洗燙部收衣員來收取，並將衣物送至洗衣部門洗燙作業區。在那兒，洗燙人員將衣物一一掛上標籤、分類和做預處理（如果必要）。有些還提供小修補服務，如給衣服縫上鈕扣。衣物經過洗燙、合適的包裝及標明帳單後，收衣員將衣物送回客房。

第五節 員工配備考慮事項

　　館內洗衣部門的效益離不開適當的員工配置。當今任何旅館經營中對頭號開支——勞務開支——必須認真加以控制，以使洗衣部門的經營有利可圖。員工配備太多會嚴重削減旅館的利潤，配備太少也會因支付加班費與效率低而吞噬掉利潤。效率低最終對賓客產生影響，導致業務的損失。

一、員工工作日程安排

　　要做到有效地配備洗衣部門人員，客房部經理或洗衣部門經理就必須提前三四周預測出旅館日常的布巾用品需求。

㈠預測布巾用品需求

　　預測旅館日常布巾用品需求的第一步是，檢視過去的有關記錄，確定每間租出房與每位客人，每套餐具使用布巾用品的平均磅數。從房務部與餐飲部分別獲得住房率預報和用餐客次預報是該做的第二件事。這些預報應該將會影響布巾用品需求的旅館特殊事件與活動考慮進去。這些事件與活動可能是超過平常數量的宴會與聚會、經濟狀況造成的住房率持續攀高或下滑、旅館周圍的建設工程、舉辦會議等等。

　　將預計的入住者（或用餐客次）數量乘以每間租出房（或用餐客次）所使用布巾的平均磅數，可得出第二天洗衣部門將處理的布巾品總磅數。

㈡員工工作安排

　　瞭解計畫時段的日常需求，還需知道有多少工人為滿足這種需求而工作。透過一段時間的勞動生產率記錄，應該能算出一些比例，這些比例將有助於確定為處理各種不同量的布巾用品所需的員工人數。

　　根據這些比例，就可確定館內洗衣部門的最低與最高員工數量。例如，無論布巾需求量如何微不足道，兩個人難於使洗衣部門保持運作，難於順利完成分類、洗滌、烘乾、整理與折疊布巾等，一環接一環的工作。同樣，太小的館內洗衣部門無法容納一定量的工人在同時有效地進行工作。

　　如果洗衣部門一個班次得以順利作業的適宜量的工人不足以完成旅

館布巾洗滌的任務，則可安排人數相等的 2 個或 3 個班次的工作，或在 1 個班或 2 個班上排滿員工，而在另一班次安排足以能完成剩餘工作的人員。如果洗衣部門三班制運轉仍無法滿足旅館的需求，則需考慮擴編一個更大的洗衣部門。

　　許多經理更願意採用人員相等的三班制工作法，而不喜歡採用一兩個班人員排滿，另一個班少排人員的方法。他們說滿負荷排班易使機器超負荷工作，而人員不足的班又會使機器載荷不足，結果造成對機器的不必要磨損或低效率地使用能源。有些經理也認為，在一些日子裏滿班運作，在另一些日子裏關機停工，這樣做的效益更好。然而，工會對館內洗衣部門的人員配備可能會做出強制性的規定。

(三)**員工配備考慮事項**

　　除確定洗滌需求與滿足這些需求所需的工人數量外，人員配備還需考慮其他問題。

　　許多旅館對洗衣部門人員進行交叉培訓，從而使人人能承擔本部門的每項工作。交叉培訓使員工有機會做不同的工作，這樣在假期、患病或其他請假期間，工人們可以在工作中互相替代，使工作不受到影響。雖然員工培訓由洗衣部門經理掌管，但洗衣部門各區域——分類、洗滌、整理等區域——可有自己的組長，他們對自己區域的工人進行監督與管理。工人們定期輪換著去各個區工作，並與不同的員工們一起工作。

　　另一個要考慮的重要問題是安排各班的上班時間。例如，假如洗衣部門不是設在旅館的地下室，也不坐落在一棟單獨的建築物內，也許洗衣部門就應避開晚上作業，以免打擾賓客。

　　還要考慮的一個問題是工人上班的時間是否要錯開。讓一兩個工人上班早一些，然後間隔兩三個小時有其他工人來上班，這樣安排是有好處的。錯開上班的方法使班次的中間時段是全員上班，而此時是布巾洗滌量最大的時候。

二、工作單與操作標準

　　除確定洗衣部門適宜的工人人數外，客房部經理或洗衣部門經理要制定出館內洗衣部門各個職位的工作單與操作標準。表 7-4～表 7-7 是館內洗衣部門各職位的工作單範例。

　　一待館內洗衣部門的設備安裝就序，就應完成各項工作操作標準的

編制工作，並做好對員工的全面培訓工作。設備供應商常能為此標準的制定與員工培訓提供有用的資訊與資料。在機械設備日趨複雜的今天，制定操作標準與進行員工培訓對提高洗衣部門工作效率是必不可缺的。

　　一般的洗衣部門操作標準，可包含如員工裝載某台機器應採取的步驟等內容。該步驟可包括床單、枕套、毛巾或其他物品的一次裝載量顯示表，如何稱量洗滌物品裝載量的說明，洗滌前檢查安全裝載的方法，以及合上並關緊洗衣機門的正確方法等。

　　其他適合洗衣作業的操作標準是預防性維護保養程序（見本章該部分內容）、布巾處理程序、庫存品管理程序、洗滌時間控制卡的使用、化學品使用程序及布巾分類程序。

表 7-4　工作單範例：洗滌工

對誰負責：洗滌班長
任務：

1. 分類布巾用品與工作服。
2. 對嚴重受污物品做預處理和（或）重新洗滌。
3. 洗衣機的使用與裝卸工作。
4. 清掃並保持工作區域整潔。
5. 向洗滌班長匯報所有有關洗衣室的事宜。

表 7-5　工作單範例：布巾分發員

對誰負責：洗衣房經理
任務：

1. 使用布巾機械折疊設備。
2. 手工折疊布巾。
3. 供應宴會與餐廳用布巾。
4. 將賓客服務備品送至客房。
5. 處理外包商洗淨的布巾與工作服。
6. 分發與收取員工工作服。
7. 填充客房部壁櫥與布巾車上的布巾。
8. 向接待區提供毛巾服務。
9. 清掃並保持工作區整潔。

表 7-6　工作單範例：洗滌班長

對誰負責：洗衣房經理

任務：

1. 監督館內洗衣房區域所有洗滌與分類人員。
2. 向洗衣房經理匯報所有有關洗滌與分類工作的情況。
3. 監管：
   - 分類與洗滌程序；
   - 供應客房與餐點所需的布巾；
   - 保持足量供應乾淨的工作服；
   - 確定處理不同類布巾與不同種污跡的方式與週期。
4. 確保各班工人不曠工。
5. 確保員工保持環境與設備的整潔。
6. 堅持對員工業績與機器工作情況做出記錄。
7. 檢查備品儲量水準。

表 7-7　工作單範例：洗衣房經理

對誰負責：客房部經理

任務：

1. 記錄洗衣房的成本開支。
2. 按要求提供報告與建議。
3. 監督預防性計畫的執行。
4. 核准對客房及餐飲區發放的布巾用品。
5. 對館內洗衣房全體員工進行指導。
6. 編製館內洗衣房預算。
7. 招募與培訓館內洗衣房新進員工。
8. 制定方法，提高館內洗衣房效率。
9. 協調機械設備的所有維護與修理工作。
10. 對館內洗衣房安全計劃的實施實行監督。
11. 對館內洗衣房員工的業績進行評估。

註 釋

[1]這部分內容根據《居室年鑒》第3卷第6期第13頁的內容改編而成。訂閱諮詢電話603—773—9207。

[2]這部分內容根據《居室年鑒》第4卷第1期第4頁的內容改編而成。

[3]這部分內容根據《居室年鑒》第4卷第2期第4頁的內容改編而成。

名詞解釋

鹼（alkalies） 洗滌用化學品，有助於洗滌劑形成泡沫，並使污物從布巾上鬆開與分離後懸浮在水中。鹼也有助於中和酸性污跡（大多數污跡呈酸性），從而提高洗滌劑的效果。

脫氧劑（antichlors） 洗滌用化學品，有時在布巾漂洗階段使用，用以確保去除漂白劑中所有氯的成分。

漂白劑（bleach） 漂白劑有兩種：含氯的與含氧的。任何可水洗、不褪色的天然纖維都可使用含氯漂白劑。含氧漂白劑的作用比含氯漂白劑和緩，對大部分可水洗的布巾都是安全的。但決不能將這兩種漂白劑混合使用，以免互相中和。

分解（break） 分解過程發生在布巾的洗滌週期，此時加入高鹼度使污物從布巾上鬆開的製品。分解週期一般設置中等溫度和低水位。

促淨劑（builders） 促淨劑或鹼是經常與合成洗滌劑一起使用的洗滌化學品，可使水軟化並去除掉油污與油脂。

布巾（或視覺的）螢光劑（fabric（or optical）brighteners） 洗滌用化學品，可使布巾外觀如新，使布巾顏色近於原來的色彩。常與洗滌劑和肥皂混合使用。

布巾熨平機（flatwork ironer） 布巾熨平機與熨燙機相似，只是前者在布

巾上進行滾動平整，而後者是平面式壓平布巾。部分熨平機也能自動
折疊熨畢的布巾。

沖洗（flushes） 沖洗是洗滌週期中的步驟，它使可溶於水的污跡溶解
和變得稀薄，從而減少了下一步肥皂泡沫洗滌階段的污物量。沖洗一
般設置中等溫度與高水位。

給料漏斗（hoppers） 洗衣機上供倒入洗滌劑的口子，也稱孔眼。

黴菌殺滅劑（mildewcides） 洗滌週期中加入的化學品。能在 30 天內防
止布巾用品長出細菌與真菌。

滌棉（polycotton） 聚酯纖維與棉的混紡品。

孔眼（ports） 洗衣機上供倒入洗滌劑的口子，也稱給料漏斗。

膠粘劑（sizing） 在洗滌週期中加入的化學品，使滌棉布巾變得挺拔。

肥皂（soap） 中性皂和純淨皂不含鹼，組合皂含鹼。組合皂一般用於
洗滌受污嚴重的布巾，純淨皂則用於洗滌輕度受污的布巾。酸性洗滌
劑會抵消肥皂的效果。

酸性洗滌劑（sours） 是用於中和洗滌與漂白後布巾上殘留鹼性物質的
弱酸。

蒸汽櫃（steam cabinet） 內掛布巾並讓蒸汽從中通過以去除皺痕的箱
子。蒸汽櫃一般用於消除諸如毯子、床罩與帷簾等厚重布巾的皺折。

蒸汽熨斗（steam tunnel） 使掛在衣架上的物品移動著通過一條蒸汽管
道，使布巾皺痕在移動中得以消除的洗衣部門設備。

表面活性劑（surfactants） 促進污物的去除並具有殺菌劑與布巾柔軟劑
作用的化學品。合成洗滌劑中常含表面活性劑。

合成洗滌劑（synthetic detergents） 合成洗滌劑對去除油污與油脂的效果
尤佳。合成洗滌劑中常加入促淨劑或鹼，以使水得到軟化，並去除油
污與油脂。

管道式洗衣機（tunnel washer） 一個長型的序列式洗衣機，它連續不斷
地運作，完成洗滌與漂洗週期的各項程序，該機的另外部分將布巾甩
乾。

 **複習題**

1. 洗滌各類布巾用品時必須考慮到哪些因素？
2. 館內洗衣部門布巾洗滌流程分哪幾個階段？
3. 用髒的布巾在洗滌前可用哪兩種方法對其進行分類？兩種分類程序為什麼都很重要？
4. 典型的洗滌週期含哪 9 個步驟？
5. 各種化學品在洗滌過程中產生什麼作用？
6. 館內洗衣部門使用哪幾類基本洗滌設備？
7. 為什麼預防性維護計畫對館內洗衣部門的經營關係重大？
8. 館內洗衣部門提供館內洗燙服務有哪類設備與人員？
9. 如何預測布巾用品的需求？
10. 在為館內洗衣部門配備員工時必須考慮什麼因素？

 **網 址**

可瀏覽下列網站以獲得更多的資訊。網址改變可能不事先通知。如果該網頁不存在，可使用搜尋器瀏覽尋找相關網站。

DEEZEE Chemical Home Page
http://www. dzchem.com/

Maytag
http://www.maytag.com/maytag-bin/comm-bin/commlaund.html/

Stanco Industries
http://www.inpa.com/laundry.html/

Vocational Training in Hotel Laundry
http://www.vcu.edu/busweb/esi/FLSA/CASE3.html/

Water Management Services
http://www.watrmgmt.com/laudry.html/

Whirlpool Commercial Laundry
http://www.CoinOp.com/index/shtml

Zark Corporation
http://www.ispace.com/Zark/hotel.htm/

個案研讀

揀了芝麻丟了西瓜——在布巾用品上打錯了算盤

Penny Wise 是擁有 500 間客房的 Sweetrest Hotel 的客房部經理。10 月份她完成了來年的客房部總預算，其中提出的布巾用品預算為 9 萬美元。該數字是根據上一年布巾用品的使用情況以及來年的住房率預測數字，再把 6％的成本增長考慮在內得出的。

Scott Pound 是該旅館財務總監。11 月份他審查了 Penny 的預算，他對 Penny 提出的大部分數字表示贊同，但決定將布巾品預算額削減 2 萬美元。他有什麼理由呢？為了實現來年的盈利目標，他不得不削減預算，而布巾用品這一塊是他認為可以下手的地方。旅館總經理批准了此項削減。

12 月份晚些時候，Penny 收到了批覆的預算，她感到失望，但對下一年度布巾更新費用的削減並不感到驚奇。業界的旅館經理們在布巾用品上吝惜錢財是眾所周知的。誠如一位總經理幾年前對她所說的，「為什麼我得給你買更多？你就這樣用吧。」她始終沒能讓他明白，客房部不是要搞鋪張浪費或要添加一張多餘的坐墊，而是真的需要添加布巾用品。

雖然 Penny 幾乎能肯定自己再說什麼也沒用，但她還是給 Scott 呈交了備忘錄，說明她制定 9 萬美元布巾預算的原因，以及為什麼將此預算削至 7 萬美元後，明年下半年的災難性局面幾乎難以避免。她在備忘錄中指出布巾用品發生短缺時，旅館可能將面臨的一些問題。她在備忘錄結尾中暗示，她原先 9 萬美元的預算都可能訂得太低，這要取決於明年旅館招引來什麼樣的團體。某些團體客人對布巾用品造成的耗費更大。例如，帶孩子的團體特別耗費布巾（有時候 Penny 懷疑這些小淘氣鬼在洗臉巾與浴巾上食用點心）。

看完 Penny 寫的備忘錄後，Scott 給她打電話說，他感謝她對預算的關注，但因為旅館要生存，7 萬美元是旅館能給的最大布巾預算額度。「也許明年編制預算時，我們會重新考慮，並增加布巾用品的預算額。」

對於「也許明年」這樣的話 Penny 聽得多了，再聽一次她也不再生氣。她只是說就這樣吧，心裏暗暗許願這一年能撐過去，在布巾用品上不要發生嚴重問題。

旅館在每季開始購買布巾用品，Penny 在 1 月份採購布巾用品是例行公事。出乎意料的是今年的業務月月攀升。到了 7 月份，Penny 發現為維持布巾的標準量，她不得不動用撥給三四兩季使用的錢，以購得足夠應付需求的洗臉巾、浴巾、床單等等。她一邊花錢一邊祈求好運降臨，也許第四季的生意會向下滑。然而，為以防萬一，她給 Scott 發了備忘錄，告訴他撥給該年第四季度購置布巾的錢已用完，而此時還是 7 月份——布巾短缺可能要發生了。Scott 就給總經理發電子郵件，建議將客房布巾標準量從 4 條浴巾減至 3 條，再將 3 條洗臉巾減至 2 條。經總經理核准後，Scott 將此意見告訴了 Penny。

旅館在 8 月、9 月、10 月的客房銷售量是創紀錄的，住房率比預期水準高 15 %。Penny 清楚，將要發生的事只不過是時間問題。

到了 10 月底，行銷部門宣布最後一分鐘接下的幾筆大業務。其中有 11 月份宗教團體的一項大宗訂房，兩個大學曲棍隊的訂房與美容師大會的訂房。把早已訂房的團體考慮進去，這會將 11 月份的一切訂房記錄全給打破。

時至 11 月中旬，客房部宛若一個作戰區，這兒顯得一天比一天忙亂。安排客房服務員上班成了頭痛與煩心的難事。洗衣部門人員個個都在加班。無論 Penny 在旅館何處出現，總被氣憤的賓客圍住，向她索取要更多的毛巾，或被沮喪的客房服務員纏住，開口要求給她們更多的布巾用品。賓客意見書似雪片飛來，積了一大堆，好似賓客們在競技，看誰更能繪聲繪影地將旅館布巾短缺窘況抱怨一番。櫃台的電話響個不停，只聽到旅館人員急促不息的腳步聲，將剛從乾衣架上取下的還發燙的一堆堆毛巾送到那些抱怨得最凶的客房服務員手中。每天早晨，Penny 焦急的眼光從 12 月份的住房率單上掃過，暗暗祈禱，至少有一個團體——或是社區化妝品協會，或是美國足病醫師學會，或最好是全國家庭顧問委員會——會取消他們的會議預訂。可是一天天過去，取消預訂的事沒有發生。12 月份的生意看來依然興盛。

感恩節前，賓客的抱怨太多，於是總經理召開了旅館高層人員會議。「我們這兒是怎麼啦？」他怒氣衝衝地問道。「我們的生意空前的好，可是我們似乎要崩潰了。我若再聽到有人為浴巾一事嘀咕個沒完，我會怒吼的。誰有什麼好主意讓我們擺脫目前的困境呢？」

討論題

1. 你認為旅館透過削減布巾預算額真的節約下 2 萬美元嗎？為什麼？或為什麼不？
2. Penny 可提出的短期解決方法是什麼？從長期看，出路又何在？

個案研讀

醜事外揚

旅館財務總監 Rose 在審查她所在旅館的布巾用品損失量，面對著月月增長的損失，她直搖頭。旅館總經理 Ian O'Toole 已要求她對這些損失做出反應。客房部經理 Anita 告訴 Rose，她知道這些問題，可是她與洗衣部門經理 Adrian 無法讓主廚 Franz 或餐廳經理 Shari 理會洗衣部門的擔憂。

Rose 工作的旅館先前有個幫助解決布巾問題的布巾用品委員會。因此，她決定給 O'Toole 先生打電話，說服他召集一次布巾委員會會議，參加人員包括洗衣部門經理、財務總監、主廚、客房部經理、宴會廳領班與餐飲部經理。

Rose 輕易地讓總經理接受了她的觀點，即設立布巾用品委員會是個好主意——而她做的只是向他說明布巾用品的成本在不斷上升，以及提出該委員會可以把成本降下來的可能性。

就在年度預算會議召開的前一個月，布巾用品委員會舉行了首次會議。O'Toole 先生宣布會議開始：「眾所周知，布巾用品是我們預算中的重要專案之一，而該項支出在不斷增長。我希望透過我們的共同努力，找出方法將該項成本降下來。」

「我不很清楚為什麼我來這兒開會」Shari 說。「我的人員為接待客人忙得不可開交，他們沒時間來為餐巾是否搞得太髒了而發愁。」

「或者甚至沒時間去搞清楚餐巾是否送洗衣部門洗滌了」，Adrian 小聲抱怨道。

「我的願望就是」，總經理提高了嗓門說「我們將協同工作，因為在我們的工作區域，都存在濫用布巾用品的情況，我們大家都可以為降

低布巾用品的開支做出貢獻。我想請 Rose 先談談，對造成我們布巾用品巨大損失的幾個問題做一解釋。」

「我很高興在這裏說明這個問題」，Rose 開始發言。她扳著手指，將她所稱的濫用布巾品的情況一一報出：

1. 客房服務員將洗臉毛巾用作抹布。

2. 洗衣工人在水泥地上讓布巾車碾壓過用髒的布巾用品。

3. 洗衣工人處理布巾用品時過多使用化學品，溫度設置過高，或熨燙過度。

4. 餐廳員工與公共區域清潔工使用餐巾清潔煙灰缸。

5. 宴會廳員工用布巾包裹煙灰缸、銀餐具或破碎的玻璃器皿。

6. 餐廳人員使用餐巾做罐或壺的襯墊布與抹布。

7. 宴會服務員把所有布巾品裹在桌布裏，然後將整包東西放在服務區走道上拖曳著走，造成織品撕裂和永遠無法消除的水泥地擦痕。

8. 主廚差遣一名廚師下班後洗滌油膩的抹布，該廚師將抹布放入乾衣機，點燃起一小片火。

9. 代之以使用洗衣部門布巾車，餐廳員工將收拾的布巾用品放入塑膠袋，然後將這些袋子扔在洗衣部門外面。可是這些裝有布巾用品的袋子在外面的垃圾箱中出現多次。

「停一下」，主廚 Franz 打斷了她的講話。「我的廚師之所以用布巾代替抹布，是因為我們得不到足夠的抹布。假如客房部不把合格的布巾儲藏起來，我們就不會缺抹布用的。想必你不會指望我的廚師只因為手邊沒有抹布而把自己灼傷吧？」

「另外，我的餐廳服務員接待客人已夠忙的了，哪有時間用布巾車將布巾在餐廳與洗衣部門之間送來送去呢！」Shari 說。

「如果他們將布巾用品放進了布巾車而不是垃圾袋，情況就會好得多」，Adrian 表示異議。「我們保證每天給你們兩輛布巾車放置布巾用品。你只要能讓你的員工不將布巾用品丟入垃圾箱而把它們放在布巾車上，這就會讓我們節省大量的時間。」

「Shari，讓你的服務員使用布巾車不應是難上加難的事。將成袋的布巾用品扔掉是完全不能接受的做法。不過，主廚 Franz 說得對」，O'Toole 先生說。「廚師們不能做會傷害自己的事，但是用桌布做抹布也是不可取的，這樣做代價是昂貴的。」

「代價很高」，Rose 說。「我來說明一下這樣做代價有多高。」

Rose 給大家出示一條帶有一處油污污跡的昂貴桌布，以及在同一輛洗衣部門布巾車上布巾與垃圾共存的照片。此時，委員會的會員們安靜了下來。

最後，主廚 Franz 氣呼呼地說，「好吧，但你是要我為1000人的宴會供應大餐呢，還是要我去管理布巾用品的使用情況？」

討論題

舉出能減少財務總監所列織品濫用情況發生的幾種方法？一定要將 Shari 與主廚提出的對勞動力的議題考慮進去。

該案例的編寫是在下例業界專家的創意和幫助下完成的。

Gail Edwards, Director of Housekeeping, Mary Friedman, director of Housekeeping, Radisson South, Bloomingdon, Minnesota,Aleta Nitschke, Publisher and Editor of The Rooms Chronicle, Stratham, New Hampshire.

任務細分表

洗衣部門

本部分所提供的操作程序只用作說明，不應被視為是一種推薦或標準，雖然這些程序具有代表性。請讀者記住，每個旅館為適應實際情況與獨特需要，都擁有自己的操作程序、設備規格和安全規則。

分類布巾與工作服	
所需用具用品：厚實的多用途乳膠手套與承載髒工作服和布巾用品的洗衣房布巾車。	
步　　驟	方　　法
1. 按照安全防範措施要求分類洗滌物品。	□ 戴上厚實的多用途乳膠手套。 □ 當心桌布裡的碎玻璃，以免劃破手指。 □ 別處理沾有體液的布巾或工作服。向主管報告此事。
2. 分類用髒的布巾時，尋找並從中取出夾入的物品。	□ 從工作服口袋裡取出鋼筆、鉛筆、開瓶器、小額硬幣、紙等。 □ 將佩戴在衣服上的員工姓名名牌、服務徽章、宣傳用圓形小徽章等取下。 □ 洗滌桌用布巾用品前，取出其中的食物碎片、銀餐具、玻璃杯、瓷器、酒瓶塞等。
3. 按布巾受污程度進行分類。	□ 將輕度、中度與嚴重受污的布巾分類。洗滌嚴重受污布巾需採取比洗滌中度或輕度受污布巾的力度更大，時間更長的洗滌程序。
4. 按不同用途與不同類型的布巾進行分類。	□ 將布巾按下列類別分類： · 床單；　　　　　　　　· 枕套； · 浴巾；　　　　　　　　· 洗手巾； · 海濱用巾；　　　　　　· 洗臉巾； · 浴墊；　　　　　　　　· 淋浴簾與襯墊； · 毯子與床墊；　　　　　· 白色桌布； · 白色布巾餐巾；　　　　· 淡色桌布； · 淡色餐巾；　　　　　　· 深色桌布； · 深色餐巾；　　　　　　· 客房部清潔用布； · 擦拭墊（應單獨洗，不要烘乾）； · 廚房清潔用布； □ 將清潔用布與賓客用布巾用品分開。 □ 將有火災隱患的油膩布與其他清潔用布分開。 □ 將桌用布巾品與其他布巾品分開。 □ 將喝紅葡萄酒與勃根地葡萄酒使用的布巾與其他布巾品分開。
5. 按工作部門分類工作服。	□ 分別將相同顏色的襯衫、裙子、褲子等放在一起。
6. 將已分類的待洗衣物放入適當的洗衣房布巾車。	

洗衣機的裝卸與使用

所需用具用品：衣物稱量器、洗衣房運行日誌、洗衣機、尼龍網袋、洗滌用化學品與洗衣房布巾車。

步　　驟	方　　法
1.準備洗衣機衣物洗滌量。	□ 洗衣機的每次正確衣物洗滌量因旅館而異。有些住宿企業以洗滌物的件數確定洗滌量。 □ 稱量髒衣物。 □ 洗衣機的衣物載荷不要太大，也不要過小。洗衣機超載無法洗淨衣物，洗衣機短裝造成水與化學品的浪費。
2.組織安排工作。	□ 根據洗衣房運行日誌確定衣物洗滌分批的先後。該日誌用於追蹤洗衣房的勞動生產率。應該在日誌上記載所洗衣物的分批情況。 □ 先洗滌受污嚴重的衣物，以免污跡固結與毀壞衣物。 □ 錯開洗衣機啟動時間至少 2 分鐘~5 分鐘。 ‧努力使工作流程運行平穩持續； ‧不要把清潔用備品用盡； ‧不要造成電路過載； ‧防止洗衣機因為同時排水造成排水管發生溝溢和阻塞。 □ 安排好衣物分批的洗滌時間，以滿足其他部門對乾淨衣物的需求。 □ 保持有足量的需熨燙的布巾，如桌布與床單，維持熨平機的不斷運作。 □ 當熨平機開足馬力忙於應付現有大量工作任務時，可利用時間洗滌毛巾布巾。
3.了解特別注意事項。	□ 頭幾次洗滌新的彩色布巾要與其他布巾分開，以免發生滲色而影響其他布巾。 □ 設置低溫洗滌深色布巾，以防褪色。一件工作服常常由多色材料製成，為防止深色材料滲色染及淺色材料，須用冷水洗滌。 □ 不要用含氯漂白劑洗滌彩色布巾。僅僅在洗衣機中使用認可的化學品。

步　　驟	方　　法
4. 將布巾裝入洗衣機洗滌。	□ 將纖細布巾、有裝扣的布巾與有帶子的布巾（如圍裙）放入尼龍袋中洗滌，以免發生毀壞或纏結。 □ 將布巾裝入洗衣機時應採取從前至後、從一邊至另一邊的順序。這樣做能使衣物全浸入洗滌液中。 □ 將衣物裝至離洗衣機頂部 3 英寸~4 英寸處。 □ 洗衣機中隻放入一個載荷的衣物，決不要超載或短裝。
5. 設置洗滌程序。	□ 按主管指示或各種衣物標籤說明進行操作。洗滌程序將取決於污跡與布巾的種類。 □ 弄清楚： ・時間－洗衣機洗滌所裝入的衣物需多長時間？ ・溫度－洗淨這些布巾應設定多高的水溫？ ・攪動－將該布巾上的污跡鬆散開來需要多大的攪動力度？ ・化學品－什麼化學品對某一種污跡與某類布巾效果最好？ □ 不同類型洗滌物的洗滌程序因旅館而異。 □ 某種洗衣機可能專用於洗滌某種布巾。這就要清楚各類布巾與各種受污情況需使用哪種機器。 □ 不要使用含氯漂白劑洗滌彩色布巾。僅僅在洗衣機中使用認可的化學品。
6. 按布巾類型設置好洗衣機的控制裝置。	□ 為各類布巾設置控制裝置的步驟因旅館而異。 □ 機器啟動後別丟下不管。
7. 將布巾從洗衣機中卸下。	□ 及時將潮濕的洗滌物從洗衣機中取出，以免起皺。如果物品洗滌結束後十分潮濕，可能需要進一步甩乾，不然就會延長烘乾的時間，從而付出高於甩乾的成本。 □ 不要費力搬運沉重的洗滌物，從上面分批將洗滌物取出。 □ 取出洗滌物時抖幾下，防止纏結與起皺。 □ 在把濕的布巾放入乾衣機前，將其放在供乾淨洗滌物用的布巾車上。若就近的乾衣機正好空著，將濕的衣物取下後直接放入就行。

乾衣機的裝卸與使用	

所需用具用品：掃帚、小塑膠袋、乾衣機、衣物稱量器、洗衣房布巾車、衣架與尼龍網袋。

步　　驟	方　　法
1. 檢查乾衣機溫度設置是否正確。	□ 遵循指示的所需乾衣時間或溫度，或詢問主管有關烘乾不同物品所需的正確時間與溫度。
2. 每天至少兩次從濾網上去除棉絨，以防火災。	□ 取下濾網前面的罩板。 □ 用掃帚將濾網上的棉絨掃入小塑膠袋中。 □ 閉合該塑膠袋後丟棄。合上罩板。 □ 每次給洗衣機裝入待烘乾的衣物時，清潔一次濾網。
3. 裝載乾衣機。	□ 遵照主管或設備製造商有關裝載布巾的說明進行操作。正確裝載乾衣機，以免浪費能源。 □ 根據布巾重量或件數裝載。超載使乾衣機加長時間並使布巾起皺，裝少則浪費能源。 □ 猶如對洗滌的布巾要進行分類，應堅持要烘乾的衣物按布巾類型進行分類。
4. 設定時間、溫度與冷卻時間。	□ 明白各種布巾的乾衣時間與溫度。 □ 使枕頭套與床單有3分鐘~5分鐘冷卻的時間，以減少皺痕，並使布巾保持耐久定型的特點。冷卻程序也減低了發生灼傷員工的機會。 □ 折疊前將桌用布巾品在乾衣機中冷卻3分鐘~5分鐘。
5. 烘乾布巾。	□ 使用中等溫度烘乾多元酯纖維工作服，以防止高溫損傷布巾。 □ 將纖維布巾、有帶子的布巾與有裝飾扣的布巾放入尼龍網袋後烘乾，以免發生毀損與纏結。 □ 確保烘乾程序結束後，布巾有一段滾動冷卻時間，以免急速冷卻與處理對高熱的布巾產生損毀或使布巾起皺。
6. 將布巾從乾衣機中取出。	□ 避免高溫的乾衣機表面灼傷人。 □ 即使要熨燙，乾衣機中取出的工作服應掛起來。 □ 避免讓乾淨的布巾掉落地上。衣物若掉在地上，應放入髒衣物中重新洗滌。 □ 洗衣房關閉後別讓乾衣機運作。 □ 別讓布巾在乾衣機中過夜。洗衣房關閉後讓乾衣機運作和把布巾留在乾衣機中的做法，都會造成嚴重的火災隱憂。

8

HAPTER

客房清潔作業

學
習
目
標

1. 認識客房服務員在簽到與潔房準備工作中一般遵循的程序

2. 說明如何分派潔房任務及如何確定所派客房的清潔程序

3. 述說客房服務員潔房時一般遵循的程序

4. 說明客房檢查計畫的作用

5. 區分客房日常清潔任務與全面清潔作業

6. 確認客房服務員提供做夜床服務所遵循的程序

本章大綱

一塵不染且令人舒適愜意的客房，是旅館服務留給客人印象最深的特色。客房狀況向客人傳遞一個重要資訊，它呈現出旅館為客人營造出一個乾淨、安全與悅人的環境所投注的關愛與熱情。這一重任責無旁貸地落在了客房部全體人員的身上。畢竟，客房是旅館所能銷售的最重要的產品，在為確保這一產品符合賓客需求，達到賓客期望標準所做出的一切努力中，客房部所扮演的角色令旅館其他部門只能望其項背。

為保持這種令客人想再次惠顧旅館的客房清潔標準，客房服務員必須遵循一系列瑣碎的潔房程序。有條不紊的操作省時又省力——並減弱了挫折感。可以說，客房清潔程序不但為客人提供高品質的服務保證，它也是潔房者工作效率與工作滿意度得以實現的保證。

潔房完整程序含準備階段、潔房作業和最終核查，客房檢查工作也是整個潔房過程中不可或缺的一個部分。某些旅館客房服務員的職責還包括提供特殊服務與便利用品。不論服務的範圍如何，客房服務員應認識到有條不紊進行潔房工作的重要性與道理。堅持認真仔細的日常工作，就能節約時間，並確保工作達到專業水準。

第一節　客房清潔的準備工作

在多數旅館裏，客房服務員的工作日是在布巾用品室（linen room）開始的。布巾用品室被看作客房部的活動中心，員工們在這兒簽到、接受潔房任務、領取房況報告與鑰匙，並在此交班回家。他們也在這兒為每日的工作做好準備，領取並放置好潔房所需的備品。

一、備齊備品

與大多數工匠一樣，客房服務員需有一套作業的工具。從職業的角度講，客房服務員的工具是各種各樣的清潔用品與設備、布巾用品、客房便利物品（amenities）及為客房備好具方便與舒適的物品與設施。

從某種意義上說，客房服務員的布巾車（room attendant's cart）就像一個碩大的工具箱，裏面儲放了他們做好工作所需的一切。猶如木匠不願意在缺釘少木的情況下施展手藝，客房服務員總要帶足清潔用備品後才去潔房。

諮詢 Gail——一日開始

親愛的 Gail：

　　每天早晨大家爭著簽到，客房部顯得一片混亂，你有什麼良策來避免發生這種情況嗎？你看，客房服務員等著領鑰匙、搶袋子，還爭著拿噴霧瓶，亂作一團，這景象真是糟透了。

D. B., Boston, MA

親愛的 D. B.：

　　若早做準備，一日開始萬事也不難。若在傍晚為瓶子裝滿料、重新備足布巾車或小箱子裏的物品，客房服務員就不必為尋找物品而忙亂了。

　　將工作任務單寫好放在桌上，再將需用的鑰匙放在任務單上。服務員排好隊，一一領取自己的任務單。他們簽到（或在考勤卡上列印出時間），在鑰匙管理日誌上簽收鑰匙，領取鑰匙，接受分派任務，然後移動至另一視窗或櫃檯拿取備品箱子。

　　小型旅館往往把任務單與鑰匙放在現金小工具箱內，以簡化分發設備的程序。較大的旅館將上班的時間錯開，這樣，員工們不會因為開工前的等待而浪費了工時。例如，一家擁有 800 間客房的旅館可將員工分為 3 組先後上班，每組間隔 15 分鐘。

　　　　資料來源：《居室年鑑》，第 2 卷第 4 期。

　　備足物品又放置有序的布巾車是工作取得效率的關鍵。有了它，客房服務員就不必為尋找某項清潔用物品，或為再拿取一些備品往返布巾用品室而浪費時間。布巾車上儲放的物品數量需根據具體情況而定，如

待清潔客房的種類、旅館提供的服務專案與便利設施；當然，也與布巾車的大小有關。通常，客房服務員布巾車上有足夠的空間供放置完成半天潔房任務所需的一切備品。

(一)為布巾車儲備物品

布巾車一般與客房部備品一起存放在布巾用品室內。在大型旅館，備品經常集中置放於某一區域，每日早晨分發給客房服務員。多數布巾車分成幾格，下面兩格放置布巾用品，上面一格放備品。布巾車超載或短裝都是不可取的。超載會增加潔房過程中一些物品受損、受污或被偷竊的風險。客房服務員布巾車上常見的物品有下列幾種：

1. 乾淨的床單、枕套與床墊襯墊；
2. 乾淨的毛巾與洗臉巾；
3. 乾淨的浴用地墊；
4. 衛生紙與面紙；
5. 乾淨的玻璃杯；
6. 香皂；
7. 乾淨的煙灰缸與火柴。

清潔客房與浴室用的全部備品，大多數放在布巾車上方的手提工具箱（hand caddy）內。這樣，服務員使用這些備品時，就不必將整輛布巾車推入房內，拿取物品十分方便。工具箱內供便捷使用的物品可包括：

1. 多功能去污劑；
2. 含清潔窗戶與玻璃去污劑的噴霧瓶；
3. 抽水馬桶清潔刷；
4. 噴灑液；
5. 擦布與海綿；
6. 橡皮手套。

布巾車的兩頭往往是一邊掛著盛髒布巾的袋子，另一邊掛著垃圾袋。為取用方便，掃帚與吸塵器也分別置於布巾車的兩頭。基於安全與保全的原因，不應將個人物品與客房鑰匙存放在布巾車上。

圖8-1展示了客房服務員布巾車可如何合理儲放物品。不管怎樣，應按旅館自身的規範為布巾車儲備物品。客房服務員還必須記住在布巾車上備存保護眼睛、手與臉的合適用品。各個旅館都應對員工進行教

育，讓他們瞭解這些保護裝備及清潔用化學品的使用方法。

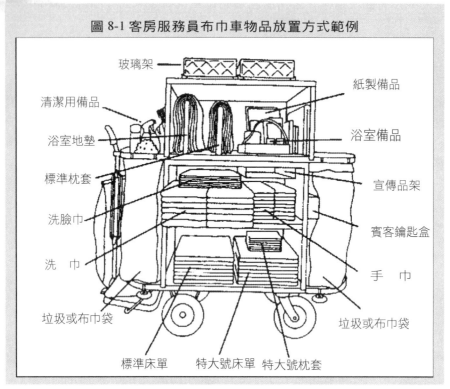

圖 8-1 客房服務員布巾車物品放置方式範例

玻璃架
紙製備品
清潔用備品
浴室備品
浴室地墊
標準枕套
宣傳品架
洗臉巾
賓客鑰匙盒
洗　巾
手　巾
垃圾或布巾袋
垃圾或布巾袋
標準床單　　特大號床單　特大號枕套

資料來源：Holiday Inn Worldwide.

(二)非傳統型布巾車

　　一些旅館目前使用一種集運送與儲存為一體的系統，以取代傳統的服務員布巾車。該設備是一種組合裝置，它包括各種儲物容器、小箱子與層架。這些組合件取卸容易，並可將其安放在一輛較大的服務手推車上。這些物件的載物量以方便與省力為准，從而使潔房作業中布巾與備品的遞送快捷而有效率。主設備有個附件，它是一個可拆卸的物件，就像一節貨車車廂，用於收集垃圾和用髒的布巾。

　　這是些看似家具的布巾車，可以用護柵門加以閉鎖。鑒於這些不為人注意的特點，有些旅館預先在布巾車上裝上物品，然後將其直接送至客房樓層，供客房服務員取用。除上述的優點外，這些布巾車重量輕且

易於清潔[三]。

二、潔房任務

備齊備品後，客房服務員可開始潔房作業了。他們將根據房況報告確定清潔房間的次序。

房況報告（room status report）（有時稱客房管理報告）每日提供有關售出或房間狀況的資訊。它是根據前廳部和客房部之間的雙向資訊交流而產生的。例如，一旦客人結帳離店，櫃台就使用電話或電腦系統將此資訊通知客房部；反之，一俟潔房完畢，房間整理就緒，此資訊就從客房部流向前廳部，使其明白房間可以出售了。

房況報告一般簡明易懂，它使用簡單的代碼表示房間的狀況。房況分好幾類，但客房服務員主要根據下面3類房況確定自己的工作計畫：

遷出（Check - Out）：住此房間的客人已結帳離店。

延住房（Stay over）：客人被安排留住的房間。

該日預期結帳的客房（Due Out）：預期客人該日結帳的房間。

另一種常用的符號表示早點整理房間。它指預訂客人遷入旅館的時間較早，或指客人要求房間儘早得到整理。房況報告上指此類情況的縮寫因旅館而異。

樓層或班次的主管依據房況報告資訊為客房部人員分配潔房任務。潔房任務一般按房號與房況列在標準化的表格上，派給客房服務員清潔房間的數目，是根據旅館某種客房類型與清潔任務的工作標準來確定的。客房服務員根據任務單安排好一日潔房的優先順序，並在下班前報告已清潔房間的房況。從表8-1客房任務單範例中可看出，單上有供客房服務員填寫有關各個房間的說明及客房中需維修物品的欄目。

表 8-1　客房任務單範例

（正　面）	（背　面）

客房部任務單

姓名＿＿＿＿＿＿＿

房號	房況	備　　註

房況　V－空房
　　　O－出租房

背面項目（由上而下）：浴缸、床、梳妝台、HVAC、地毯、門、抽水馬桶、藝術品、桌子、窗帘、燈泡、水龍頭、電視機、房號

註：HVAC－供暖氣、通風與空調系統。

資料來源:Holiday Inn Worldwide、

居室年鑑 THE ROOMS CHRONICLE

對「請勿打擾」牌表現出尊重

作者：Mary Friedman

　　設想客人在一塊「請勿打擾」的牌子上寫著「這是對你說的！」旅館專門為此事召集人員開會，就「請勿打擾」牌子到底是什麼含義進行檢討。該牌子不是說「請敲門」，或「將該牌子藏在你的布巾車裏，大聲敲門」，或「在我門旁的走廊裏喧鬧」；它說的是「別打擾，請稍後再來」。為確保不打擾客人所需的安寧，可考慮採取下面的一些做法：

1. 在結帳離店時間以前，不要驚動「請勿打擾」的牌子。
2. 若已過了結帳離店時間，告訴主管客房門上仍掛著「請勿打擾」的牌子。主管會給該房內的客人打電話，詢問客人是否需要服務。假如該房內無人接，主管將與櫃台進行查對，核實該房的房況。
3. 假如該房的客人已結帳離店，客房服務員可以進入該房。
4. 如果發現該房住的是延住客人，應在門下塞一張紙條，上寫：

親愛的客人：

　　出於對您門上「請勿打擾」牌子的尊重，我們今天未進入您的房間。如果您需要乾淨毛巾或其他服務，請打分機xxx。謝謝。

5. 假如對該房的房況有疑問，經理應去敲門並進入房間。

資料來源：《居室年鑑》，第2卷第3期。

　　仔細看完工作單上的任務後，客房服務員將清楚自己該從何處著手。總而言之，清潔客房的次序應從怎樣做對賓客最有利的角度來考慮。一般首先做的是遷出房，這樣，客人一到，前廳部就有房間可銷

售。但需要提早做房的客房則不受限制。在多數旅館中，需提早做房的客房是排在遷出前做的。前面這兩種房做完後，接下來服務員通常清潔延住房，當日預期結帳的客房往往放在最後做。有時候，服務員可能等客人確實結帳離店後再做該房，以避免重複勞動。

在所有情況下，客房服務員應避免打擾客人。「請勿打擾」牌子清楚表明，客房服務員應在該班次晚些時候再來查看一下。服務員必須延遲服務的其他房間，包括客人已將房門雙重鎖上的客房，許多旅館要求客房服務員在門上留一張卡片，說明自己來過想提供服務。這種卡片也可以告訴客人，傍晚時分會向客人提供乾淨毛巾或潔房服務。按慣例，若服務員無法在下午2點或3點去該房間做房，將向客房部活動中心報告此情況。

當客人拒絕做房服務時，樓層主管或其他管理人員應給客人打電話，安排方便的時間去做房。打電話也是為了查實客人是否發生了需照料的情況，如客人重病或出了事故。與客人聯繫上以後，樓層主管或經理還應詢問客人是否需要乾淨的毛巾和肥皂。許多旅館要求拒絕做房服務的客人在主管報告上簽上縮寫姓名，聲明情況屬實。未經總經理批准，任何情況下，一間客房停止做房的時間不能超過兩天。

第二節　清潔與整理客房

客房服務員必須按部就班，始終向客人呈獻一塵不染的客房。有條理的工作計畫既能節約時間，又能防止客房服務員疏忽職守——甚至重複清潔某一區域。

要取得潔房工作的最佳效果，就應遵循合理的操作流程，這一流程從進房間開始，到檢查完畢離開房間為止。表8-2是客房服務員的任務單，該單列出了旅館客房服務員上班的整個過程中能承擔的所有工作。從客房服務員的角度來對這些客房清潔的任務做一說明，是最容易也是最直接的方式。

表 8-2 客房服務員任務單

1. 使用潔房任務單。
2. 為所分配的房間備好賓客便利用品。
3. 為所分配的房間備好清潔用備品。
4. 保持布巾車與工作區井然有序。
5. 進入客房。
6. 為潔房做準備。
7. 開始清潔浴室。
8. 清潔浴缸與淋浴區。
9. 清潔抽水馬桶。
10. 清潔洗臉槽與洗臉台。
11. 清潔浴室地面。
12. 完成清潔浴室工作。
13. 清潔客房壁櫥。
14. 做床。
15. 客房除塵。
16. 補充備品。
17. 清潔窗戶、窗簾軌道與窗臺。
18. 潔房最後修飾工作。
19. 客房吸塵，並報告房況。
20. 走出客房。
21. 解決客房檢查中發現的潔房存在的問題。
22. 完成下班前的職責。
23. 旋轉與拍打床墊。
24. 放置或拆除特殊賓客服務設備。
25. 清潔多臥室的套房。
26. 提供做夜床服務。

完成各項任務的次序可因旅館而異。

一、進入客房

客房服務員走近客人房門的那一刻，潔房工作就開始了。重要的是遵循進入房間的程序，以顯示對客人私人生活的尊重。

走近房門時，先觀察門把上是否有「請勿打擾」的牌子，還要查實門是否已從裏面雙重鎖上。不管遇到的是這兩種情況的哪一種，尊重客人意願，晚些時候再來潔房。假如這兩種情況都未發生，就敲敲門，說

「客房服務」。不要使用鑰匙敲門，那樣會損壞門的表面。若房內客人應答，告訴客人自己是誰，詢問潔房的方便時間，並將客人要求的潔房時間記在房況表或工作計畫表上。若房內無人應答，稍等待後再敲敲門，並重複說「客房服務」。如果還是沒人應答，將門開一條縫，重複說「客房服務」。若說三遍後仍無人應答，基本可以確定房中無人，那麼就可以進去了。

不過，房中無人應答並不一定表示房中沒有客人。有時是因為客人在睡覺或在浴室裏。如果情況確實如此，應悄悄離開，把門關上。若已把客人吵醒，向客人致歉，並說你可以晚些時候再來，然後輕聲把門關上，走向下一個房間。

當最後進入一客房時，將布巾車置於開著的房門口，讓布巾車的正面對著房間。這樣做有三個目的：可以方便拿取備品；讓車擋住了房間入口，免得別人闖入；還可提醒回房的延住客人，你正在潔房。如果在潔房中，客人確實回來了，你可提出晚些時候再來完成未做完的工作。還要請客人出示房間鑰匙，確保鑰匙與該房房號一致。這是出於對安全的考慮，目的是防止不速之客進入客房。

二、開始作業

多數客房服務員潔房作業的第一步是使房間通風和整理房間。進房後先打開所有的燈，明亮的房間讓人有好心情，讓你看清自己所做的工作，並可檢查是否要更換燈泡。拉開窗簾，檢查繩子與掛鉤是否完好。打開窗戶，一邊潔房一邊通風。檢查空調與電暖器，確保其工作正常，並使設備的設置符合旅館標準。有些旅館要求服務員不要改變延住房客人設定的溫度。

接著看一下整個房間的情況，記下損毀的或丟失的物品，如布巾用品或廢紙簍。如發現丟失重要物品或物品需要修理，向主管通報。

居室年鑑　THE ROOMS CHRONICLE

潔房要有次序

作者：Mary Friedman

　　為使客房部的作業盡可能快捷有效率，合理的方法是吩咐客房服務員從 101 房間開始潔房，然後沿著走廊按房號 102、103、104 等一直做下去。但旅館是把接待好客人放在第一位，而把效率放在第二位的。這就是說，我們必須關心體貼客人，不管他們是入住客人還是即將離去的客人。通常，按下列優先次序清潔客房的做法是切實可行的，它能滿足旅館客人的需要。

　　1. 客人要求提早清潔的房間。

　　2. 貴賓房（如果可能，上午 11 點前潔房）。

　　3. 空房，用髒的客房。

　　4. 客房門上掛著「請勿打擾」的牌子。

　　5. 其他延住房。

　　將客人還未退房但預期當日要結帳的房間放在最後做，以免員工兩次清潔這些房間。

資料來源：《居室年鑑》，第 2 卷第 3 期。

　　去除或更換髒煙灰缸與玻璃杯，一定要將香煙完全熄滅後再倒入合適的容器，更換煙灰缸的同時要補足火柴。收取可能散落在房內各處的餐盤、碗碟、瓶子或罐子。按旅館的程序認真處理這些物品。有些旅館讓客房服務員把這些物品整齊地放在走廊上，電話通知送餐服務部派人取走。倒乾淨垃圾，並更換廢物簍襯袋。整理延住房內的報紙與雜誌。延住房內的所有物品，只要不是丟進了廢紙簍，都不要丟棄他們。若清潔遷出房，掃視客房並檢查梳粧檯抽屜，檢視是否有客人未帶走的個人物品。發現客人遺留物品，可向主管報告，或將其交給失物招領處人員處理，這取決於旅館的規定。

潔房時應開著門還是關著門？

作者：Wendell H. Couch

積習難除

按慣例，旅館培訓員工總要求他們潔房時，將客房服務員布巾車盡可能靠近開著的房門。多年來業界稟持這樣一種看法，認為潔房時開著房門既能提高客房服務員自身的安全度，也能保障賓客私人財物的安全。業界堅持認為，若開著房門，服務員受到攻擊時的喊叫就能被人聽到。業界私下還說，潔房時讓門開著，將減少員工偷竊客人個人財物的可能性。

與旅館業其他由來已久的傳統一樣，可能是對開門潔房的政策重新加以檢討的時候了。

對賓客個人財物的保護

實行開門潔房政策的旅館往往在培訓計畫中包括下列教育內容：
· 客房服務員潔房中應要求走進房間的任何人出示房間鑰匙；
· 然後客房服務員應核實此鑰匙為該房間的鑰匙；
· 客房服務員還可以要求進入房間者報出姓名，以便與櫃台核實是否為該房的住客。

客房服務員應把這些要求付諸實踐，遺憾的是有時候他們不這樣做。旅館對員工進行賓客服務的培訓中有一條，即要他們相信顧客永遠是對的。這種教育造成員工不敢大膽去核實進入房間者的身份，以避免頂撞客人。另外，有些旅館的員工對使用英語與客人交談感到為難。這兩種情況造成的結果都是，客人能夠說服服務員同意他們拿邁出中的物品，或讓服務員離開，等晚些時候再來清潔房間。

對客房服務員的保護

將布巾車攔住客房的入口並不能充分保護客房服務員。服務

員可能在虛掩著門的浴室裏擦洗浴缸，開著的水龍頭嘩嘩響，或背對著門使用吸塵器在房中吸塵。有很多情況服務員都不會注意到有人推開布巾車進了房。實際上，闖入者可進入房間，關上門傷害服務員，而沒有人對關著的門特別注意。

把門關上

為防止這種事件的發生和加強對客房服務員的安全保護，許多公司建議客房服務員潔房作業時把門關上。採取這一做法後，沒有鑰匙就無法進入客房，從而避免了服務員為核實身份，向客人提問或進行驗證的麻煩。由於門是關著的，這就切斷了走廊上歹徒進屋作案的可能性，客房服務員有了更好的人身保護。

那麼，關上門的做法有可能使客房服務員被企圖傷害她的人鎖在房內嗎？針對這一問題，實施關門潔房做法的旅館對員工教育說，如果客人在房內，潔房作業時應讓門開著，或在潔房中客人進房來，服務員就應讓門開著繼續作業。開著門，服務員不會因為房中有賓客在而感到不自在，這樣做也避免了自己與客人處在關閉房內可能遭遇的危險。

改變積習與常規是困難的事，然而，要求客房服務員開門作業對旅館業是有利的，因為這樣做使賓客及他們的個人財物及客房部的員工都得到了更好的保護。

資料來源：《居室年鑒》，第3卷第3期。

三、做床

清潔客房的下一步工作是整理床鋪。先做床是十分合理的，尤其對延住房更是如此。如果你做完了床還在做別的工作，而客人回來了，那麼，乾淨整齊的床使房間顯得整潔——即使房中其他區域尚未來得及清潔。對於遷出房，有些旅館建議進房後先將床上的布巾用品取下，待潔房作業結束時再在床上鋪上乾淨的布巾用品。這樣做是為了讓床通風。

做床前先將床上的所有個人物品取下放在一邊。掀掉床罩與毯子，把其放在椅子上，使其保持乾淨，不受灰塵污染。若發現已用髒，或上面有洞或破裂的地方，就應更換。拿掉床上用髒的所有布巾用品，把枕

頭與椅子上的床罩與毯子放在一起。

　　一旦床上的布巾已被取下，應對床墊襯墊與床墊進行檢查。若發現床墊上有污跡、燒焦的痕跡或破損，應記錄下來，以後向主管報告。把需更換的床墊襯墊取下，鋪上乾淨的襯墊，正面朝上，鋪設中注意床的中心位置，使襯墊四邊長短均勻，拉直拉挺，不留皺痕。

　　做床時先完成一邊，再鋪設另一邊，這樣做的效率最高，可省去繞著床來回跑的時間。先在床墊上鋪上底層床單，將床單與床的左上角斜接。使角斜接是疊出符合職業要求的平整床角的簡單方法。圖 8-2 是使角斜接的分步操作方法。接下去走向左邊床尾，將床單這一角斜接。

　　將另一張乾淨的床單鋪在床面上，反面朝上。再在床單上鋪上毯子。站在床頭邊，將上面一層床單折蓋住毯子約 6 英寸的寬度。然後用手將床面撫平，不留皺痕。接著讓上面一層床單與毯子在床的左下角斜接（mitering），並把床單與毯子的邊塞進褥墊下。現在可順時針方向繼續走到床的另一邊，將下層床單在床的右腳斜接，然後是上層床單與毯子的斜接，之後走到床的右上角，將下層床單斜接。再把上層床單邊折疊蓋住毯子，折蓋的寬度與左邊折蓋的寬度一致。最後，確保毯子與上層床單在床的兩邊與床尾均已披好塞緊，平整挺直。

　　這以後，把床罩置於床的中心位置，均勻地蓋在床上。將床罩從床頭往下折，注意留出足夠長度可把枕頭完全蓋住。抖鬆枕頭，放上枕套。枕頭被充分塞入枕套，不讓硬邊露出枕套。出於衛生的考慮，裝入枕套時，決不要用下巴抵住枕頭或用牙咬住的方法來加以輔助。將裝入枕套的枕頭置於床頭，讓兩個枕頭的褶邊相向靠攏，讓兩枕頭的懸垂狀邊朝向床的兩側。然後將床罩拉上蓋住枕頭，並披好塞緊。注意這樣操作可避免裝上枕頭的枕套與手發生接觸而被沾污。

　　工作仔細的服務員將最後對床做一番檢查，保證床面平整無皺痕——後退一步，仔細審視床罩是否平整，枕頭的輪廓線條是否齊整；將尚存的細小皺痕撫平。最後，若房中有兩張床，再檢查第二張床的情況，必要時更換床上用品。

圖 8-2　斜接的分步操作法

第一步：操作開始，使床單呈鬆弛狀
　　　　蓋住床角。沿著床尾將床單
　　　　掖入塞緊直至床角。

第二步：在離床角約 1 英尺處提起床
　　　　角寬鬆的一端，往外拉挺後
　　　　使其成為一垂懸邊。
第三步：將垂懸邊往上拉，使它平整
　　　　無皺痕。

第四步：將床單鬆開部分向床角處掖
　　　　入塞緊。
第五步：將垂懸邊拉向自己，再往下
　　　　蓋往床邊。

第六步：將垂懸邊塞入床墊下，使床
　　　　角呈平滑繃緊狀。

限制往返布巾車的跑動次數，提高工作效率

作者：Gail Edwards

　　優秀的客房服務員有一套潔房方法。不論是否接受過正式培訓，老練的服務員有自己清潔各個房間的一套。

　　出色的客房部經理其成功的訣竅，就是幫助客房服務員人人學會常規的工作程序，做到既省力又省時。

　　儘管對正確的潔房程序眾說紛紜，但限制往返布巾車的跑動次數是最重要的因素。下面是潔房中往返布巾車四部曲，這項只有四個往返的操作程序已被許多旅館證明是成功的。

　1. 將吸塵器放在門內，手提清潔用物品進入房間。在屋中轉一圈，開燈、收取垃圾、打開抽屜與窗簾，並檢查備品使用情況。走回布巾車傾倒垃圾，將倒淨的廢紙簍放在浴室門口待洗。

　2. 將補足用的備品帶回房間。取下床上的布巾用品，收取浴室內的髒布巾用，並將這些用髒的布巾用品送回布巾車。

　3. 從布巾車上將乾淨的布巾用品取回房間。清潔浴室並置放浴巾等厚質布巾。整理床鋪。在房間裏轉一圈，進行除塵、擦淨鏡子並把備品擺放齊整。把需要清潔的備品送回布巾車。

　4. 把前面幾次往返中可能忘記帶的備品帶回房間。從離門口最遠處開始吸塵器作業。拉上窗簾，調節好供暖、通風與空調系統。一邊向門口後退著吸塵，一邊將燈熄滅。最後掃視整個房間。關上門並鎖上。將房況及任何待維修事宜做一登記。

　　清潔套房、小廚房或其他特殊房間，則更需動腦筋簡化程序，目的就是減少走來走去。可使用工具箱和其他用具，方便地把布巾車上的清潔用物品與賓客便利用品搬移至房中。選擇使用有實用的大口袋的工作服與圍裙。將紙製用品夾入筆記本，使更換工作變得快捷簡單。這些筆記本可在客房部辦公室由其他員工班後時間裝入所需的材料。

　　讓員工瞭解工作中多走步子的最好辦法，就是讓員工假想鞋底上有濕顏料。完成一間房的清潔作業會在地面上留下多少個腳印呢？這些腳印有些是工作中必定會留下的，但有些可能是多餘的。

　　　　　　　　　　　　　　　資料來源：《居室年鑑》，第2卷第4期。

四、清潔浴室

乾淨的浴室不只是爲了好看，在地方、州與聯邦政府層級對健康與安全的諸多考慮中，特別強調的是，客房服務員在對浴室地面進行擦洗、沖洗與乾燥作業時必須格外小心。

浴室清潔一般按下列次序進行：淋浴區、梳粧檯與洗水池、抽水馬桶、牆面與固定裝置以及地面。與多數清潔任務一樣，應遵循從上到下的清潔原則，避免重新弄髒已清潔過的部分。清潔作業必備的設備應存放在手提工具箱內，以便隨時使用。清潔用物品通常有：核准使用的浴室表面多功能去污劑、擦布與海綿、玻璃與鏡子去污劑、橡皮手套及眼睛防護裝備。有些旅館還使用無嗅的殺菌劑。不要使用賓客的毛巾進行清潔作業。

客房服務員在一般清洗作業、清潔抽水馬桶與擦乾物品中需使用不同的擦布。使用彩色標記有助於避免發生混淆。

爲了自身安全，決不要站在浴缸邊緣上做事。一些旅館建議清潔浴缸內側時，將已用過的布製浴室地墊攤放在浴缸底部供腳踩踏。擦洗浴缸或淋浴器牆壁時，注意觀察檢查需要維修的地方，以便向主管報告。假如浴缸出水發生堵塞，一定要查看一下是否被毛髮堵塞了。清潔完浴缸後，再清潔淋浴器噴頭及浴缸的固定裝置。確認淋浴噴頭所指方向適當。爲防止留下污跡並使這些固定裝置變得光亮，立即使用乾布將其擦淨。另外，清潔淋浴簾或門，應特別注意底部，那兒容易長黴。清潔完畢後，別忘了將浴簾或門復位。

清潔梳粧檯與鏡子應與清潔淋浴區一樣認真仔細。清潔梳粧檯臺面與洗水池，務必去除洗水池塞子與排水管上的毛髮。擦掉牙膏或肥皂的溢出物或污跡。沖洗並擦淨鍍鉻的固定裝置，使其變得光亮。梳粧檯清潔作業結束前，用玻璃去污劑清潔鏡面。

諮詢 Gail——伸腳的褶層

Q 親愛的 Gail：

什麼是「供伸腳的褶層」？它們又是怎樣做出來的？

K. T. Nashville, TN

A 親愛的 K. T.：

供伸腳的褶層指的是床尾處上層床單，疊放成一個供賓客伸展腳趾的空間。這是個古老的習俗，今已罕見。設想一下有些手提箱帶有手風琴式皺褶的底部，需要時將手提箱開得大一些。上層床單的褶層就是這樣折成的——一條褶層?越過床尾。切記這樣做需要有特別長的床單。

資料來源：《居室年鑒》，第4卷第1期。

下一步清潔抽水馬桶及其外表。一些作業流程建議首先在馬桶中倒入多功能去污劑，這樣，清潔浴室其他區域時，去污劑可在馬桶中滯留一段時間。多功能去污劑比酸性馬桶去污劑更適宜作日常用品，經常使用酸性馬桶去污劑會損壞浴室的表面，還會對使用者產生危害，最明顯的傷害就是引起皮膚搔癢。大多數旅館只在每年一兩次的徹底清潔作業中使用馬桶去污劑，平時則對這些去污劑嚴加監控。

不論採取何種清潔法，先放水沖洗，去除馬桶內污物，然後在馬桶內四周及馬桶口灑上去污劑。從上往下清潔馬桶外部直至底座。用刷子擦洗馬桶內側與口下部分，再放水沖淨。用沾了清潔液的濕布清潔馬桶座圈的頂面、頂蓋及水箱的側面。

居室年鑑 THE ROOMS CHRONICLE

淋浴間牆壁的清潔工作

親愛的《居室年鑑》：

　　我們清潔淋浴間牆面的方法很簡單，使用的是低磨蝕作用的淋浴間牆面專用清潔劑。經適當混合後，我們將它倒入容量為 3 加侖的噴霧器內。一人在前面往牆上噴灑，另一人跟著在後面擦洗牆面（噴灑者回過來用帶噴嘴的花園澆水軟管往牆面上噴淋熱水。軟管的連接處在走廊的中間處，因此我們不必去切斷它）。然後服務員將按常規去清潔客房，如抹擦牆面等。這件工作每季做一次，不會對賓客服務產生消極影響。我們有 300 間客房，完成這件工作需要 32 個工時。該過程的總開支（包括支付工資與備品成本）為 450 美元。效果不錯。

B. A. Columbia, SC

資料來源：《居室年鑑》，第 2 卷第 1 期。

　　按旅館標準，給客房補足毛巾、洗臉巾、浴墊、衛生紙與手巾紙以及賓客便利用品。查看並清除物品上的手指印痕，牆上尤其是燈光裝置與電源插座周邊顯見的污跡。從上往下把牆抹乾淨，清潔浴室門的兩邊，用拖把從浴室遠角開始往門口方向拖淨地面或用布將地面擦淨，包括踢腳板。然後，收拾好用具，對浴室做最後的檢查。站在浴室門口用目光掃視一遍，從天花板到固定裝置再到浴室門，確信浴室已處最佳狀態後將燈熄滅。

五、除塵

　　與做床一樣，除塵要做到按部就班、有條不紊，才能既高效又輕鬆地完成任務。有些客房服務員從門邊的物品開始除塵，順時針方向在房間裏轉動。這樣可減少出現「死角」的可能性。不管從何處著手除塵，都應從最高處的表面做起，這樣灰塵不至於落在已撣去灰塵的物品之

上。假如你所在旅館使用的是去塵液，那麼在去塵布上少量噴灑一點這種液體。決不要將此液直接往物品上噴，因為可能會留下污跡或使物品表面發黏。

需要除塵的物品及它們擺放的位置因旅館而異。一般說來，下列物品需要除塵和（或）上光。

1. 畫框；
2. 鏡子；
3. 床頭板；
4. 燈、燈罩與燈泡；
5. 床頭櫃；
6. 電話；
7. 窗臺；
8. 窗與移動玻璃門滑軌（若條件允許）；
9. 梳粧檯——包括抽屜內側；
10. 電視機與機架；
11. 椅子；
12. 壁櫥格架、掛鉤與掛杆；
13. 門的頂部、門把手、門的側邊；
14. 空調與取暖裝置、電扇或通氣口。

還應該使用玻璃去污劑或水，清潔房內所有的鏡子與玻璃表面，包括清潔電視機的正面。清潔電視機時，接通電源，確認它工作正常。清潔鏡子時先使用濕海綿，然後用乾淨的布擦乾。玻璃去污劑可能在鏡面上留下條紋，有的旅館還使用專用去污劑或殺菌劑清潔電話機。在房內四處除塵時，記下所需的臥室備品與便利用品，並按旅館的規定量將其補足。最後，檢查牆面，用濕布與多功能清潔液除掉牆上的斑點與污點。

居室年鑒 THE ROOMS CHRONICLE

諮詢 Gail——浴室清潔工作

親愛的 Gail：

我剛接管一家有 300 間客房的旅館，其淋浴間牆上存在著嚴重的長黴問題。我該怎麼辦呢？

T. W. Sacramento, Calif.

親愛的 T. W.：

當我看到房間成了這種樣子時，我真想把這些可惡的東西炸掉。可是我們不能。我有個可行的方法來解決它。首先，找一種不會損壞固定裝置或磁磚的殺菌性強的化學品。使用一比一的家用漂白劑與水的混合物效果不錯。用噴霧瓶將這種混合液噴灑在牆上。大約 10 分鐘後，用尼龍絲刷子在牆上用力擦拭，包括擦拭磁磚接縫處砂漿。然後用水沖淨牆面，並把它完全擦乾。再重複操作兩次，徹底清除黴菌與污跡。

親愛的 Gail：

我該用什麼來清潔淋浴器的鉻金屬鍍層？我們差不多把上面的鉻鍍層全擦掉了。

D. F. Quinault, WA

親愛的 D. F：

因為金屬表面上只是鍍了一層鉻，處理時動作必須柔和。化學品（尤其是氯劑）可能侵蝕它，硬水對它也有損害。建議你使用軟性洗滌劑擦洗浴室附屬裝置，並用軟性擦布將其擦乾。若此法無效，用噴灑了小蘇打的濕海綿擦洗可能有效。雖然白醋或牙膏也可用於此目的，但用畢務必須沖淨並用軟布擦乾。假如器物上的鉻鍍層早已損壞，則只能有兩種選擇：更換這些裝置，或者因為該裝置品級很高又無法更換，則將其拆下，磨光重新處理後再用。

親愛的 Gail：

　　最近，我們對一些浴缸重新進行灌漿與填嵌處理，而後發現出現迅速變色泛黃的情況。我們該怎麼辦呢？

D. H. Chester, VA

親愛的 D. H.：

　　水泥灰漿顏色泛黃的原因可能是所用產品含有熟石膏，一定要使用全水泥基灰漿才行。如果用此灰漿後，填嵌材料仍變黃，那可能是產品的品質有問題。不要為省錢而購買便宜的填嵌材料。要買品質優的產品——有些產品甚至含抗黴劑，有些產品的保用期為 50 年。

　　如果更換產品不能解決問題，那麼就要檢查水是否是硬性水質及其所含的礦物質。問題的原因可能與水和化學品都有關。作為最後一招，檢查一下客房服務員使用的清潔用品。顏色發黃也許是化學品混合物造成的。

親愛的 Gail：

　　您能幫助我們解決保持大理石淋浴間整潔的問題嗎？

一位感興趣的讀者

親愛的讀者：

　　大理石淋浴間漂亮卻難於清潔，多數客房部人員對旅館設計師在旅館一些地方使用大理石並無感激之情，淋浴間就是其中一處。大理石很軟且滲水性強。因此它容易因刮擦受損，也容易沾上污跡。如果對印度人如何使美好的大理石保持清潔加以研究，你會發現他們是使用另一塊石頭將大理石磨得光亮的。可是這樣做要耗費大量人工。另一位客房部經理有個好主意，即「使用一種大理石專用的中性清潔液清潔淋浴間，然後用大理石專用上光劑對它進行上光處理。避免使用有磨蝕作用的去污劑，避免封住牆上的縫隙」。

親愛的 Gail：

　　我們在尋求一種簡便的方法把浴缸底部因受侵蝕形成的小圈圈弄乾淨。髒物因浴缸底部不平而積聚起來，使浴缸呈灰黑色。我們似乎再無法使它變白了。

J. K. Seattle, WA

親愛的 J. K.：

　　我們有個可行的主意，真像變魔術一樣。清洗浴缸並沖乾淨，放入熱水並讓水蓋過缸底那些圓點或帶狀物。加入半杯至一杯的自動洗碗機洗滌粉，然後在水中攪動。一個小時過後，再使用尼龍絲刷子將浴缸好好擦拭一番。把水放掉後，用清水沖洗並擦乾。一個又白又乾淨的浴缸將呈現在你的面前。每天用刷子刷一下，浴缸就很容易保養了。

　　　　資料來源：《居室年鑑》，第 1 卷第 2 期、第 2 卷第 2 期、
　　　　　　　　　　第 4 卷第 1 期、第 2 卷第 4 期。

六、吸塵

　　開動吸塵器前，用掃帚或抹布使踢腳板周邊的塵垢鬆開，以易於吸塵器的吸入。讓吸塵器在可通達的地毯的所有地面上滑動，包括桌椅下與壁櫥內。別擔心吸塵器無法伸入床下或梳粧檯下，這些區域的去塵需搬動或抬舉重型家具，因此多數旅館有專項清潔計畫來清潔這些部位。可是客房服務員有責任對床下與家具下面做一檢查，看看是否有客人遺留的物品，或是否有需清除的垃圾。

　　吸塵應該從房間的遠端開始，然後往後退移，這與擦浴室地面的方式相同。吸塵中注意別碰著家具。有些旅館建議在後退著吸塵時，隨手關上窗戶，拉好窗簾，回到門口時，把燈關掉。這樣操作可減少人員在房中走動的步子，免除重新走過吸完塵的地面去關窗等步驟，以免在某些地毯上留下足印與痕跡。

居室年鑑 THE ROOMS CHRONICLE

為不抽煙者準備好房間

作者：Mary Friedman

可嚐試用下列方法，將用作可抽煙的客房改成清新乾淨的禁煙房：

· 粉刷牆面；
· 更換供暖、通風與空調系統的濾器；
· 清潔浴室通氣口；
· 取下窗簾，水洗透明薄窗簾，乾洗遮光簾；
· 搬移家具，徹底清潔整個地毯；
· 徹底清潔有墊套或裝飾品的家具；
· 使用油製皂清洗木製家具；
· 使用多功能皂水清洗層積材家具；
· 取下全部燈罩，如果可能，做吸塵或水洗處理。若必要，將其換掉；
· 檢查床墊與床墊彈簧的狀況。若有煙味，更換或用拉鏈密合的塑膠套將其套起來；
· 洗滌所有枕頭、床墊襯墊與毯子；
· 水洗或乾洗床罩；
· 水洗淋浴簾與浴室用小地毯。

以上過程費用昂貴並需要大量人力。即使一位吸煙者只在房中耽擱了一晚，也會使這一切努力化為烏有。因此需格外注意，防止讓吸煙的賓客使用此房間。

資料來源：《居室年鑑》，第3卷第2期。

七、最後的核查

客房清潔作業的最後核查不可缺少。打掃房間與使清潔後的房間符合專業標準是兩碼事。

把吸塵器及清潔用品放回布巾車後，以客人的眼光對已清潔的房間做一番審視。從房間的一處開始，將目光做環形移動，從一個角掃視至另一個角，直至目光掃過房間內每件物品。這一審視可能會發現潔房中疏忽的地方，或第一遍潔房中不易發現的死角。

確保室內所有家具與陳設均已歸位。注意如燈罩彎斜或綻開的線縫等細小的問題。察覺房間有否異味。若發現房內有難聞的氣味，向主管彙報，必要時可噴灑空氣清新劑。記住你最後所看到的客房狀況就是客人對客房的第一印象。若你對客房的整潔與清潔作業的徹底性感到滿意，關掉燈、關上門，並確認門已鎖上。將此房間的房況在工作單上做一記錄，然後按計劃清潔下一間房。

第三節　客房檢查

客房檢查（room inspection）是實行清潔制度並取得始終如一理想效果的保證，其目的是走在賓客前，將清潔作業中可能忽略的問題找出來。好的執行且得體的檢查計畫也能激發員工的工作積極性。大部分客房服務員為自己的工作感到自豪，樂於將自己的辛勞成果顯示出來。檢查中對高品質的清潔工作與操作者應加以肯定並做出記載。

檢查的方式可多種多樣。一些旅館對客房進行隨意抽檢，另一些旅館每天檢查所有的客房。檢查工作應由主管一級人員執行，如樓層或班次的主管、區域主管、客房部經理，或由非客房部的一位經理來檢查。檢查員一般各自負責檢查一定數量的房間，檢查員應清楚自己所管轄房間當前的房況。一般的做法是，一旦客房服務員報告已完成遷出的清潔作業，即對這些（room inspection）房間做檢查。對住用房或拒絕潔房的房間做檢查的方式各異。客房部經理或檢查員會與房中的客人聯繫，安排一個方便的時間潔房和（或）檢查。空房也應根據房間在兩次銷售間閒置的天數，做出不同的時間表來進行檢查。

對客房的檢查不但有助於確定清潔作業中出現的一般問題，而且能幫助識別那些需進行徹底清潔或維修的地方。客房檢查報告應填寫的內

容有：家具、固定裝置與設備的狀況、天花板與牆面的外觀、地毯與其他地面覆蓋物的狀況、窗戶內外的整潔程度等等。表 8-3 是一檢查表範例。檢查員也可能根據需要，負責開出維修工作單，這取決於旅館的政策與做法。

　　對已確認的問題進行追蹤處理與制定良好的檢查計畫一樣重要。負責那一區域的經理應對檢查報告或維修要求單上指出的各種情況與問題的處理予以落實。按常規要求，在檢查完畢後 24 小時內，應將這些問題解決好。

一、檢查中條碼技術的使用

　　在未來幾年中，一項對零售業已發生重大影響的技術，有可能使旅館業同樣獲得其簡便的操作與效率高的好處。猶如條碼（bar code）技術在無數結帳處的運用，既節約了時間又使結帳結果正確無誤，同樣，它在旅館檢查

　　工作中也能產生到相同的作用。幾乎所有零售商品包裝上都印有條碼。它是一組粗細不一、間隔距離不等的線條及數位。條碼用於供掃描並讀入電腦系統，作爲識別其所指物品的代碼。

　　對旅館來說，條碼儲存的不是價格與庫存品的資訊，而是客房檢查所獲得的資訊。檢查員或維修人員將透過使用如信用卡般大小的專門裝置，對條碼進行掃描，從而採集並記載客房的房況資訊，而不必把資訊登記在表格上。這一資訊隨後由電腦閱讀並編制成各種報告，對客房部與維修人員的工作進行追蹤。

　　在使用條碼系統的旅館裏，每一間客房都是靠固定裝置的小條碼標籤來識別的。該標籤置於不顯眼處，如門框上。檢查員或維修人員配備了條碼閱讀器及一套卡片，卡片上列有需檢查、照料或維修的專案或情況。與客房本身一樣，這些項目分別有自己相應的條碼。圖 8-3 是使用條碼的差距表與狀況表的範例，各旅館使用時可做修改，以適合自己旅館的需要。

表 8-3 客房檢查報告表範例

客房檢查報告

房號
房型　　　　　　　　　　　　檢查日期
狀況：　　□優良　　　□合　　　□不合格

臥　室	狀　況		浴　室	狀　況
1. 門、鎖、鏈、止動裝		21.	門	
2. 燈、開關、電源插座		22.	燈、開關、電源插座	
3. 天花板		23.	牆	
4. 牆		24.	磁磚	
5. 木製品		25.	天花板	
6. 窗簾與金屬配件		26.	鏡子	
7. 窗		27.	浴缸、捻縫材料、手扶杆	
8. 暖氣／空調調節裝置		28.	淋浴噴頭	
9. 電話機		29.	浴室地墊	
10. 電視機與收音機		30.	洗臉台	
11. 床頭板		31.	固定裝置／水龍頭／排水管	
12. 床單、床罩、床墊等		32.	抽水馬桶：抽水設備／馬桶座圈	
13. 洗臉台、床頭櫃		33.	毛巾：臉巾／手巾／浴巾	
14. 宣傳材料		34.	衛生紙、面紙	
15. 檯燈、燈罩、燈泡		35.	肥皂	
16. 椅子、沙發		36.	便利品	
17. 地毯		37.	排氣口	
18. 圖片與鏡子				
19. 除塵情況				
20. 壁櫥				

其他 _____
_____

檢查員進入房間前，先用掃描器掃描該房的條碼標籤，它自動記下了房號、時間與日期。然後透過對檢查卡片上相應的條碼或一組條碼的掃描，記下房中受檢查專案的狀況。例如，檢查員若發現做床工作不合格，就對該專案旁的「召回返工」（call back）條碼進行掃描，表示該床的作業者需返工。該房的檢查結束時，檢查員重複掃描一次該客房條碼。

　　儲存在掃描器上的資訊可透過將檢查卡插入連接電腦系統的專用閱讀器檢索出來。根據檢查計畫與旅館的不同需要，該資訊可以製成概要或報告，向管理部門提供各個客房檢查結果的概況。圖8-4是使用條碼方法製成的一種檢查報告。

　　條碼技術本身具有靈活性，可以用來滿足與適應任何旅館的特殊要求與工作程序。有些旅館將條碼檢查計畫與維修和工程工作結合起來。其他旅館使條碼技術適合用於諸如設備追蹤及安全檢查等目的。採集和編成的這種資訊可簡可繁，取決於旅館的需要。

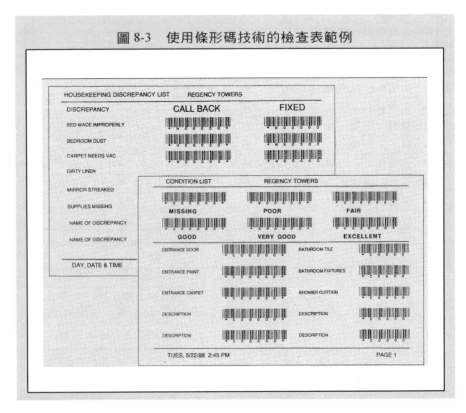

圖 8-3　使用條形碼技術的檢查表範例

表 8-4　用條形碼技術製成的檢查報告

| 檢查報告：Jones. Ann | | The Regency Towers | | | | | | | 4/6/ |

客房	檢查開始	檢查結果	耗時	潔房員	問題	已解決	返工	待維修	登記單號
101	9:00AM	9:15AM	0:15	Smith, Nancy					
103	9:20AM	9:30AM	0:10	Smith, Nancy	未關閉暖器				
102	9:40AM	10:15AM	0:20	Hall, Judy				水管墊圈	300025
105	10:05AM	10:30AM	0:25	Smith, Nancy					
工間	10:40AM	10:55AM	0:15						
休息									
106	11:00AM	11:17AM	0:17	Hall, Judy	灰塵				
					缺顧客意見卡				
107	11:25AM	11:45AM	0:20	Smith, Nancy					
午餐	12:00PM	1:00PM	1:00						
108	1:10PM	1:16PM	0:06	Hall, Judy					
110	1:25PM	1:45PM	0:20	Hall, Judy					
112	1:50PM	2:05PM	0:15	Hall, Judy					
111	2:10PM	2:28PM	0:18	Smith, Nancy	未關閉暖器				
113	2:32PM	2:55PM	0:23	Smith, Nancy					
115	3:00PM	3:15PM	0:15	Smith, Nancy					
114	3:22PM	3:35PM	0:13	Hall, Judy	賓客備品	10001		浴室瓷磚鬆動	300026
116	3:40PM	4:05PM	0:25	Hall, Judy					
118	4:10PM	4:22PM	0:12	Hall, Judy					
120	4:25PM	4:30PM	0:06	Hall, Judy	浴室磁磚髒	10002			
119	4:35PM	4:50PM	0:15	Smith, Nancy					

小結

房間數	總耗時	檢查耗時	檢查比率	維修問題
17	6:45	5:49	87%	2

房間數	清潔員	問題數	已解決數	返工數
8	Smith, Nancy	2	2	
9	Hall, Judy	4	2	2

周一,4/11/　4:45PM　　　　　　　　　　　　　　　　　第1頁

資料來源：Bar Code Technology, Eastham, Massachusetts.

第四節　徹底的清潔作業

　　日常清潔工作可使客房在一段時間內保持清新和一塵不染的外觀，但一段時間過後需對客房進行全面的清掃。從理論上說，全面的清潔工作就像私人家庭在春天進行的大掃除，或者如公寓大樓裏公寓租用者更替時進行的徹底清掃工作。

　　全面清潔作業（deep cleaning）應除掉物品因長期使用與磨損而積聚的塵埃，完成客房檢查及查明需進一步清潔的任務。它包括諸如翻轉床墊、清洗牆面與踢腳板以及清洗窗戶與窗框。表 8-5 列有更多的這種任務。有些旅館把這種清潔工作作爲專項任務來處理，並由客房服務員來完成。其他旅館由清潔小組承擔此項工作，小組成員每人擔負一項具體清潔任務。

表 8-5　全面清潔作業的任務

　　全面清潔作業（日常清潔任務外的清潔工作）使旅館保持清新與整潔。使旅館變得光彩奪目涉及許多的全面清潔工作，包括：

- 拍打與旋轉床墊；
- 用洗滌劑清洗地毯；
- 清除牆面飾品與踢腳板上的塵埃及污跡；
- 清洗窗、窗框與遮陽簾；
- 對高處或不易達到處進行除塵；
- 清潔通風口與電扇；
- 搬開笨重家具，對地面進行吸塵；
- 對窗簾做清潔與吸塵的處理；
- 清潔地毯邊角；
- 洗滌透明窗簾；
- 洗刷檯燈燈罩。

　　由於這種清潔作業全面徹底，因此要做出專門的日程安排。它耗時也多，可能需要平時作業的兩倍時間。應排出這項作業的頻率表，說明多長時間過後需進行一次這樣的大掃除。其頻率取決於日常清潔工作的品質、客人住用情況、家具與固定裝置的使用年齡及客房總的使用與磨損情況。

　　有些旅館把全面潔房工作後分項進行，即在服務員每日清潔任務中

添加全面清潔作業的一項細分工作。例如，要求服務員在該日工作中移開床頭櫃，然後清掃這一塊區域。另一種方法是分配服務員完成當日常規工作外，要求他們對其中一間房進行全面清掃。全面清潔作業中有些工作需要幾個人的「力氣」與合作才能完成，因此也許有必要將人員分成小組來進行這項作業。

許多旅館把客房的徹底清掃工作，安排在低住房率時段進行。這樣，可將客房分批停售進行這項工作。停售房間的數量因租出房情況和預算因素的影響而不相同。不過在一年中，所有的客房都不應忽略掉這項清潔任務。如果旅館無法做到每年全面清潔所有的客房，也有可能在兩年或三年的週期中，讓所有客房輪流完成此項任務。若採取此做法，需格外注意，確保正規的客房清潔工作達到或超過旅館提出的標準。

成片徹底清潔客房為客房部與維修部的緊密合作創造了極佳機會，客房部經理與總工程師可以巡視已安排做徹底清掃的房間，從而確定特殊的維修與清潔需求。大掃除也是清潔透明薄布巾與乾洗窗簾的好時間。操作時要注意在窗簾布巾上標上房號與日期。由於徹底清潔作業可能十分昂貴，客房部、工程部以及維修部均應將這筆開支列入其預算。

居室年鑑 THE ROOMS CHRONICLE

「快六步」檢查法：為日理萬機的經理頻頻接觸旅館之絕技

作者：Gail Edwards

想尋找一種確定客房是否乾乾淨淨、完美無瑕的快捷方法嗎？也許就是苦於沒有時間對每個角落做徹底的檢查吧？下面介紹的「快六步」檢查法只要拿出不到 2 分鐘的時間，就能了結你徹底檢查的願望。

「快六步」檢查法將檢查重點放在客房服務員不易清潔的物品上。一旦這些物品的清潔工作做得徹底，就表示該服務員的作業是十分細緻的。

打開客房的門，在門口站一會兒，觀察整個房間。房間是井井有條的嗎？看一下床罩、檯燈罩、椅子和牆上的畫，如

果感覺一切井然有序,那麼檢查有個良好的開端。
深深地吸一口氣,氣味好嗎?空氣中的污濁味、煙味或潮味都清除了嗎?接下去開始檢查。

1. 無腳書架

走近無腳書架或大型衣櫥,檢查書架後面地毯上有否灰塵、垃圾或旅館的宣傳品。這是件重家具,不易移動,因此這一片地方常被忽略。如果這兒是乾淨的,至此,一切順利。

2. 床頭櫃

一般床頭櫃與床之間的地面上會掉落塵土、食品碎屑、指甲屑與煙蒂。做完床後,床罩遮住了這一地方。但客人把床罩掀開後,就很容易看到這些髒東西。再檢查一下床頭櫃周邊的地毯與牆,看看是否被打掃過。

3. 床上布巾用品

靠近床邊檢查枕頭外觀如何,枕套是否乾淨挺直?有沒有毛髮,氣味如何?客人會樂於靠在上面睡覺嗎?床單外觀怎麼樣?無皺痕嗎?床角折疊齊整嗎?

4. 洗臉台牆面

走入浴室。檢查靠近廢紙簍的牆面,廢紙簍一般置於梳粧檯的右邊或左邊。因廢紙簍放在此處,廢紙簍上方的牆面常被塵土、皂沫或汽水所濺污。這是服務員不易注意的地方,但在廁所的客人常一眼就能看到。

5. 淋浴牆

誰也不喜歡清潔浴缸和淋浴牆,低處手腳施展不開,高處手又摸不到,如果再加上使用的化學品不當,有時候真是白費力氣。用手在乾淨的磁磚牆面上擦過,這是一種滑移的感覺,甚至可能聽到吱吱的聲音。從骯髒的牆面上擦過,手能感覺到上面的污垢,並可能在手上留下一層白色的皂沫。因此,如果檢查中聽到的是吱吱聲,說明工作很棒。

6. 抽水馬桶

抽水馬桶擦洗過嗎？用蘸了水的棉棒在馬桶邊緣下擦一下。如果馬桶未被擦洗過，棉棒會告訴你這令人不快的事實。

那麼檢查的結果若是不乾淨怎麼辦呢？向客房服務員提幾個問題：我們怎樣防止此事在今後重演呢？有什麼方法可確保不再發生此事呢？為使這些房間變得整潔，我作為經理又能做些什麼呢？這要比大發雷霆和重罰他們更有效。

反過來，若檢查中發現客房檢查工作十分出色，又該如何表現呢？應對有關的員工進行獎勵——給予表彰、發給獎金、糖果、寫信祝賀、打出高分或給予帶薪休假等，以示鼓勵。員工們會因為經理在乎他們的工作成果而加倍努力地工作——員工們感受到了團隊的力量，他們感到興奮，他們有了盼望，並有機會贏得對自己工作的認可與獎勵。「快六步」法只讓你花 2 分鐘的時間，卻能為整個旅館帶來長遠的利益。

資料來源：《居室年鑑》，第 3 卷第 3 期。

一、做夜床服務與特殊要求

做夜床指的是為客人掀開床單，使客房在夜間變得清新與溫馨。一些旅館（尤其是豪華旅館與度假勝地）有一班人員，其主要職責就是向客人提供做夜床服務（turn down service）。這一班次的人員一般少於白天班的人員，他們每小時要做更多的房間。一些旅館裏做這一班的人員每小時差不多可完成 20 個房間的工作，這要取決於工作任務的多少。

做夜床包括下列程序：

1. 清潔浴室，並補足乾淨毛巾；
2. 輪換或補足便利用品；
3. 整理房間；
4. 傾倒廢紙簍垃圾；
5. 向後折起床罩、毯子與上層床單；
6. 拍鬆枕頭；
7. 拉上窗簾。

有些旅館還，讓客房服務員在枕邊放一支鮮花或一塊巧克力薄荷糖，以此祝福客人做個甜蜜的夢。

　　除了做夜床服務，旅館可能要求客房部向賓客提供其他種類的特殊便利用品。這些物品因旅館而異，取決於旅館想打入與滿足的客源市場。他們從方便與服務性用品到奢侈品分好幾大類。一些客房部門儲備和分發的物品有吹風機、熨斗與熨板、針線包、污跡去除劑、撲克牌、棋類、遊戲桌及其他使賓客住店愉悅的方便物品。

　　旅館的成功在很大程度上取決於它所提供的房間的整潔度、外觀與洋溢著的氣氛。客房的整潔標準是靠客房部人員實施嚴謹的清潔作業方法而得以維持的。

註　釋

　　[1]Robert Propst, *The New Back-of-the-House, running the Smart Hotel* (Redmond, Wash.: The Propost Company, 1988).

名詞解釋

服務項目／便利物品（amenity）　　向賓客提供的不另行收費的服務或置於客房內為賓客方便舒適使用的物品。

條碼（bar code）　　印製一組粗細不一、間隔距離不等的線條及數位，用於供掃描及讀入電腦系統，作為辨識一項物品的標記。

徹底清潔作業（deep cleaning）　　客房或公共區域中的專項徹底清掃工作。常按特別日程表或作為專項工作實行。

手提工具箱（hand caddy）　　可攜式儲物容器，用於儲放和搬運清潔用備品。一般置於客房服務員布巾車的上部格架上。

布巾用品室（1inen room）　　旅館企業裏常被看作客房部活動中心的區域。員工往往在此報到、接受工作任務、領取房況報告與鑰匙、備齊清潔用備品，並在此交班回家。

使角斜接（mitering）　　一種使床單或毯子切合床墊一角形成平整輪廓的

方法。所折成的形狀有時候稱作「方形角」或「醫院床單折角」。

客房服務員布巾車（room attendant's cart）　客房服務員使用的輕型有輪子的布巾車，用於運送完成區域清潔任務所需的清潔用備品、布巾用品與設備。

客房檢查（room inspection）　全面檢查客房在整潔度與養護維修上存在缺點的具體過程。

客房房況報告（room status report）　客房部借此確認旅館客房租出情況或房況的報告。每日經客房部與櫃台雙向交流資訊後製成。

做夜床（turndown service）　客房部向客人提供的專項服務。客房服務員傍晚時分進入客房，為客房補足備品、整理房間以及將賓客床單向後掀開。

 **複習題**

1. 客房按部就班清潔作業法的好處是什麼？
2. 布巾車儲放物品時，什麼物品一般放在布巾車下面的兩層架上？什麼物品放在上方架上？手提工具箱內又存放了什麼？
3. 查看房況報告資訊後，客房服務員應首先清潔哪類房間？接著該清理哪類房間？
4. 對房客拒絕潔房服務的一般處理方法是什麼（包括那些門上掛了「請勿打擾」牌子的房間）？
5. 客房服務員進入客房後的首要任務是什麼？為什麼？
6. 清潔物品與表面時，為什麼遵循從上到下的原則十分重要？
7. 為什麼完成潔房作業後再對房間做一次最後檢查很重要？客房服務員應注意觀察哪些情況？
8. 客房檢查的目的是什麼？這一過程對員工有什麼好處？
9. 旅館全面清潔作業日程安排可有哪三種方法？

任務細分表

客房清潔作業

本部分所提供的操作程序只用作說明，不應被視為是一種推薦或標準，雖然這些程序具有代表性。但請讀者記住，每個旅館為適應實際情況與獨特需要，都擁有自己的操作程序、設備規格和安全規範。

客房清潔作業的準備工作	
所需用具用品：備足物品的客房部布巾車、潔房任務車、筆、厚型多用途乳膠手套、手巾紙、塑膠袋及警示生物危害的標籤。	

步　　驟	方　　法
1. 放置供潔房用的備品與設備。	☐ 將吸塵器置於室內開著的門邊。 ☐ 將清潔用品箱放在浴室門外地上。
2. 開燈，更換燒壞或丟失的燈泡。	☐ 用門內牆上開關接通電流。 ☐ 開啟房內所有檯燈，照亮需清潔的物品。 ☐ 更換燒壞或丟失的燈泡。更換前先關掉該燈。布巾車上應該放有燈泡。 ☐ 換燈泡應當心，有時將旋轉燈泡卸下來時，燈泡會爆裂。千萬注意別割傷了手。
3. 檢查電視機、遙控器與收音機。	☐ 用遙控器打開電視機，打開收音機。 ☐ 清潔作業中將檢查完畢的電視機與收音機關掉。以免此時回房的客人誤以為你在欣賞節目而不是好好地工作。
4. 拉開窗簾，檢查窗簾杆、窗簾繩或竿子。	☐ 如果窗簾與透明薄紗是用拉繩移動的，一定要用拉繩來開閉。不然會損壞窗簾杆裝置。 ☐ 如果窗簾杆與拉繩已損壞，將此情況記入任務單。主管需安排工程部人員或公共區域清潔員修復。 ☐ 如果窗簾本身沒有拉繩，拉動窗簾及薄紗時不要使勁往下拉動。
5. 使用窗戶去污劑清潔玻璃、窗簾軌與窗臺。	☐ 參見任務單「清潔玻璃窗、窗簾軌與窗臺」內容。
6. 清除客房餐飲服務用具。	☐ 收拾所有客房餐飲服務用具，並將其送至房門外邊。確認送餐服務盤或布巾車上沒留下賓客物品。 ☐ 若潔房結束時這些用具仍未被取走，將其移置客房部壁櫥內或餐飲服務區。因為送餐服務用具擱置在客人走廊中會成為不安全因素。 ☐ 提醒送餐服務員取回這些餐具的方法因旅館而異。

步　　驟	方　　法
7. 取下床上的布巾用品，使床在清潔浴室時可通通風。	□ 取走床上賓客的衣服，整齊地放在椅子上。 □ 戴上厚型多用途乳膠手套，以保護自己免於接觸床用布巾上的任何體液。 □ 把床罩、毯子和枕頭擱在椅上或桌上。若放在地上，可能會受損，且可能讓你絆倒。再説客人若看到這些物品被棄於地方，就會造成對旅館不好的印象。 □ 取下床單與枕套，放在浴室外面。 □ 取下受污或破損的床墊襯墊，置於浴室門外。 □ 將床墊任何受污或受損情況告訴主管。 □ 檢查床墊與彈簧墊間是否有離店客人遺留的物品。 □ 若發現有遺留物品，按旅館失物招領規定處理。
8. 將浴室與臥室用髒的布巾取走。	□ 收掉客人用畢的全部厚質布巾，用浴巾捲起來。確認在用髒的厚質布巾與其他布巾中未夾入賓客個人物品。 □ 若遷出房中有厚質布巾浴袍，將其取走。 □ 將收集的髒厚質布巾和床上布巾放入布巾車上的布巾袋中。 □ 不要將賓客布巾或厚質布巾做清潔用材料。
9. 取走用過的賓客便利物品和玻璃杯。	□ 在延住房中，留下用過的肥皂，再放一塊新的。 □ 把做夜床時給的的薄荷糖放在床頭櫃上。 □ 取走玻璃杯時要好好看一下，賓客可能有東西放在杯中（比如藥）待以後喝的。
10. 收拾垃圾與空煙灰缸。	□ 收集浴室垃圾，放入浴室廢物簍中。 □ 用一條乾紙巾收集在洗臉台、馬桶、浴缸／淋浴器及地上的毛髮，然後丟入廢物簍。 □ 將浴室廢物簍拿至臥室。 □ 把垃圾倒入臥室廢物簍中。倒垃圾時不要將手伸入廢物簍，以免鋒利的物品，如碎玻璃或刀片，對你造成傷害。 □ 收集臥室垃圾，放入臥室廢物簍中。 □ 收取可回收利用的物品，放入布巾車上適當的容器中。 下列物品在一些旅館供回收利用： ・報紙； ・鋁罐； ・玻璃瓶。

步　　驟	方　　法
	□別把賓客可能包在手巾紙內的任何財物丟掉。 □把煙灰倒入臥室廢物簍，然後再把空煙灰缸放入浴室廢物簍。注意不要把灼熱的煙灰倒入廢物簍。 □打開遷出房內所有的抽屜與壁櫥，然後： ‧清除垃圾； ‧取出遺留物品； ‧補足賓客備品； ‧整理衣架； ‧去掉不符合標準的衣架。
11.將賓客散落在房間各處的衣服與個人物品收拾好。	□收拾賓客散落在房內的物品的方法因旅館而異。
12.清除垃圾。	□把臥室廢物簍垃圾倒入布巾車上的垃圾袋。 □將廢物簍放回臥室。把浴室廢物簍放在浴室外邊。
13.遵循血液攜帶致病菌安全操作程序。	□拿取髒布用品時一定要抓住布巾頂端，決不能把手放在下面托拿布巾用品。不然，手有可能被針狀物扎破。 □觀察厚質布巾上是否有血跡或體液，戴上手套後再拿取。 □把受污染的布巾與毛巾類物品放入塑膠袋中，貼上「內有生物污染」的標籤。客房部主管將把此袋送至洗衣房。

做　床

所需用具用品：床墊襯墊、乾淨布巾用品與潔房任務單。

步　　驟	方　　法
1. 檢查床墊襯墊、床墊和彈簧褥子。	☐ 觀察床墊襯墊是否有污跡、破裂或毀損。若無這些問題，將其整理一下，確保床墊與彈簧墊對齊且平整。必要時將其調整一下。調整床墊位置時，要用腿力提舉，不要用背力，以免扭傷背部。 ☐ 如果床墊襯墊已受污、破裂或毀損，把它拿掉。 ☐ 觀察床墊與彈簧墊是否也受污、破裂或毀損。發現任何問題立即向主管報告。 ☐ 如果床墊與彈簧墊沒有問題，確保其對齊且平整。如果需要，將其調整好。 ☐ 從布巾壁櫥內取一條乾淨的床墊襯墊，將其鋪在床墊上： ·把乾淨的襯墊攤在床上； ·將襯墊展開，正面朝上，均勻地攤在床的中心； ·撫平皺痕。 ☐ 床墊襯墊與床墊的尺寸相仿。雙人床與特大號床需要不同尺寸的墊子，要選對尺寸。
2. 將底層床單居中放在床墊上，使其在床兩邊垂下部分的長度相等。	☐ 確保使用的床單尺寸正確。 ☐ 不要使用受污或破損的床單。將此床單放入髒布巾袋中。
3. 使床角斜接。	☐ 沿著床的一邊將底層床單塞入直至床角。 ☐ 在離床頭角約 1 英尺處，提起床單寬鬆的一端，往外拉挺後使之成為一垂懸邊。將垂懸邊往上拉，使其平整。 ☐ 將床單鬆開部分往床角處掖入塞緊。 ☐ 把垂懸邊拉向自己，再往下蓋住床邊。將垂懸邊塞入床墊下。 ☐ 走向床同一邊尾部床角，重複以上 3 項操作。
4. 在床上鋪上上層床單。	☐ 將上層床單放在床的中間，褶邊朝上。 ☐ 移動床單，使其頂邊與床墊頂部對齊。

步　　驟	方　　法
5. 在床上鋪上毯子。	□ 鋪上毯子，毯子的頂邊處在低於上層床單頂邊約一手掌寬的位置。 □ 將床單頂邊拉起往下折，蓋壓住毯子的頂邊。將床單頂邊折疊蓋住毯子頂邊後，客人就可以將毯子拉向自己的脖子而不會觸及到毯子。這樣既可保持毯子清潔，又能保護它少受磨損。 □ 走到床尾處，將床單與毯子平整地塞入。 □ 在床尾床角處將毯子與床單斜接。不要把上層床單的邊塞入。 □ 按順時針方向走到床的另一邊。在床尾右角將底層床單斜接，然後再把上層床單與毯子一起斜接。 □ 走向右邊床頭，在床的右上角將底層床單塞入。 □ 把上層床單折疊蓋住毯子，床單蓋住毯子的部分與左邊一致。
6. 給枕頭套上枕套。	□ 把枕頭裝入枕套，將枕頭露出部分塞入枕套。雙人床常使用 2 個標準型枕頭。特大號床使用 3 個標準型枕頭，或 2 個特大號枕頭。把枕頭裝入枕套時不要借助下巴或牙齒。 □ 將兩個枕頭的開口邊相向靠攏放在床頭，枕頭的垂邊朝向床的兩邊。
7. 鋪上床單。	□ 鋪上床罩，使床罩在床邊與床尾垂下部分的長度相等。若發現床罩上有污跡或破損，向主管報告。 □ 將床罩往上拉平，蓋住枕頭直至床頭。 □ 將床罩突出部分塞入枕頭頂邊下面。 □ 將床的表面撫平。 □ 在床尾檢查已鋪的床罩是否兩邊均勻。
8. 在床上放置菜單或旅館宣傳資料。	□ 床上放置的菜單與宣傳資料因旅館而異。 □ 有時候把有關消防出口或緊急程序訊息的重要資料放在枕頭上，使賓客務必能看到。
9. 整理坐臥兩用沙發。	□ 兩用沙發上使用床單與毯子，但不用床單。工作任務單上會說明是否要鋪設沙發床。 □ 按標準床同樣的基本程序操作。鋪上毯子，在床尾把它與上層床單披入塞緊，然後再在床的兩邊將其披入塞緊。由於床單可能比兩用沙發墊子大一些，因此將床單塞入時需特別用心，以取得外觀平整的效果。

步　　驟	方　　法
10. 設置墨菲床或西斯科折疊床。	☐ 在床上整齊擺放枕頭，檢查床的總體外觀。 ☐ 讓整張床展開著。 ☐ 假如賓客計劃白天使用該房間，取下枕頭，整理床鋪，然後將床升起成為沙發。遇此情況時，將枕頭置於壁櫥架上或洗臉台底層抽屜內。 ☐ 打開墨菲床或西斯科折疊床時需小心防止受傷。確保將床展開放下時不會碰到周圍的物品。潔房任務單上會指明需設上哪種床。這兩種床不用時可折起放入牆壁，外觀如書架。 ☐ 將墨菲(Murphey)或西斯科(Sico)折疊床完全展開，然後將其整理成如兩用沙發床一般。 ☐ 把床折疊起來。 ☐ 用乾淨枕套套住枕頭，將其儲存於壁櫥內或洗臉台底層抽屜內。

著手浴室清潔作業
所需用具用品：備足物品的客房部布巾車、一塊乾布或乾刷子及一把掃帚或羽毛撢帚。

步　　驟	方　　法
1. 浸泡用髒的煙缸。	☐ 讓廢物簍裡的煙灰缸浸在肥皂水中。小心操作以免碰碎煙灰缸。 ☐ 把廢物簍與煙灰缸放在洗水池邊洗臉台上浸泡一段時間。
2. 清潔通氣口。	☐ 用乾布、小掃帚或乾刷子清除通氣口上的塵土。如果需要使用特殊用具完成此工作，向主管或客房部經理提出來。 ☐ 不要在通氣口週邊牆上或天花板上留下髒的條紋印跡。
3. 清潔天花板。	☐ 使用羽毛帚或裹了乾抹布的掃帚，清除天花板上的毛髮、塵埃、棉絨與蛛網，尤其注意角落處。吹風機可能吹起毛髮，造成毛髮粘附在天花板上。 ☐ 站在地上操作，不要站立在馬桶上或浴缸的邊緣上。房內的椅子不能供清潔天花板站立用，清潔高處時應遵循安全作業法。清潔需徹底，但個人安全應放在首位。若為了安全需使用梯子，可向公共區域清潔員求助。清潔經受強烈影響震盪的吸音天花板時應留神，碎裂的天花板有可能掉下來。
4. 若清潔中發現須馬上處理的問題，向你的主管求助。	

清潔浴缸與淋浴區

所需用具用品：紙巾、硬毛刷、海綿、清潔用備品、肥皂與乾布。

步　　驟	方　　法
1. 擦洗磁磚與浴缸區。	□ 把賓客留在浴缸裡的個人物品與洗臉台上的化妝品放在一起。 □ 把賓客留在浴缸或淋浴區的衣服拿開，等完成清潔作業後，再放回原處。 □ 用紙巾去除浴缸和淋浴區上的毛髮，若此項工作還未做。 □ 使用肥皂水及硬毛刷或海綿擦洗髒污、肥皂盤、固定裝置、水龍頭、淋浴器噴頭、淋浴區毛巾架與浴缸。 □ 清潔一小片區域的磁磚與髒污，然後用海綿擦乾。 □ 用清潔液與海綿仔細清潔淋浴間的門，用刷子清潔滑軌。 □ 用乾布將所有表面擦淨。根據旅館規定把淋浴間的門關上或敞開。
2. 清潔淋浴簾內襯。	□ 使用清潔液與海綿清潔內襯。用刷子擦去肥皂污垢。將淋浴簾襯裡貼在牆上，從襯裡的邊一直擦洗到底部。 □ 若淋浴簾或襯裡已污染或損壞，將其換掉。
3. 擦洗浴缸和防滑條紋。	□ 在浴缸裡放入約 1 英寸的水。加入清潔液。必要時用硬毛刷或海綿擦洗防滑條紋，條紋需保持白色。可能需進入浴缸才能做好漩渦式浴缸或熱水澡桶的清潔工作。注意防止滑倒。 □ 在浴缸其餘部分噴灑多功能去污劑，再用抹布擦拭。清除所有皂沫。
4. 用乾布擦亮固定裝置。	
5. 用抹布擦乾整個浴缸與淋浴器的表面。	□ 淋浴簾與內襯的裝置形式因旅館而異。
6. 裝好淋浴簾與內襯。	

清潔坐廁
所需用具用品：手套、護目鏡、清潔備品、拖把、濕海綿、馬桶刷、乾揩布、筆及潔房任務單。

步　驟	方　法
1. 戴上防護手套與護目鏡。	
2. 刷洗馬桶。若沖水器不能正常沖洗與儲水，在任務單上做一記錄。	
3. 向馬桶內側與外側、馬桶後部與後牆及洗臉台下面噴灑清潔液。	
4. 清潔馬桶外側。	☐ 用濕海綿擦洗馬桶外側與週邊牆面。該海綿專用於清潔馬桶。一些旅館用特殊方法製備清潔馬桶用的海綿。 ☐ 擦洗通向馬桶的水管。 ☐ 在馬桶內沖洗海綿。擦洗洗臉台下牆面及排水管。
5. 清潔馬桶內側。	☐ 用馬桶刷擦洗馬桶內側。一定要清潔馬桶邊緣與馬桶座圈下的部位。 ☐ 完成後在馬桶內將刷子沖洗乾淨。該刷子應專用於清潔馬桶。
6. 將馬桶擦得光亮。	☐ 使用乾布擦淨馬桶外側。同時擦亮牆面與水管。 ☐ 讓馬桶內的清潔液留著，晚些時候再沖掉。
7. 結束馬清潔作業。	☐ 完成浴室其他工作後再回來繼續清潔馬桶。這樣使化學品有時間對馬桶發揮作用。 ☐ 待浴室地面乾後，用一種特別的刷子（johnny mop）繼續擦洗馬桶。然後沖洗馬桶。 ☐ 用清潔馬桶的海綿擦拭蓋子、馬桶外側，接著用布擦乾，並把蓋子蓋下。

清潔洗水槽與洗臉台

所需用具用品：一塊乾淨的洗臉巾或洗手巾、海綿、抹布、硬刷子和清潔用備品。

步　　驟	方　　法
1. 必要時移開賓客化妝品。	☐在洗臉台上清潔一小塊地方。盡量少觸摸賓客化妝品。 ☐在乾淨的小塊地方放上一條洗臉巾或洗手巾。 ☐用洗臉巾或洗手巾移動賓客化妝品。
2. 徹底清洗海綿。	
3. 擦拭燈具裝置、毛巾架及浴室其他固定裝置。	
4. 清洗煙缸與廢物簍。	☐用海綿清洗煙灰缸與廢物簍。把他們放入洗水槽沖洗。再用乾淨抹布擦乾。 ☐把乾淨的煙灰缸放在廢物簍內。
5. 必要時沖洗海綿與抹布。	
6. 取下洗水槽塞子。	
7. 清潔表面區域。	☐在洗水槽、塞子、溢流口與洗水槽主排水管、固定裝置（四周）與洗臉台上噴灑清潔液。 ☐用硬刷子清潔洗水槽的溢流口。髒物常積聚在洗水槽溢流管道中。 ☐用海綿擦拭，使之乾淨發亮，防止表面有水跡。 ☐用乾布擦拭，使之乾淨發亮，防止表面有水跡。
8. 重新將水池塞子塞上。	

清潔浴室地面

所需用具用品：手巾、海綿、抹布、硬刷子和清潔用備品。

步　　驟	方　　法
1. 在浴室地面與踢腳板上噴灑多功能清潔液。	
2. 擦掉污垢。	☐ 操作從遠端開始直至門口。跪在毛巾上清洗地面能保護膝蓋，也能防止滑倒。 ☐ 用海綿或抹布擦洗地面。 ☐ 同時進行踢腳板的擦拭工作。 ☐ 需特別注意的地方是馬桶周圍、門後與角落。
3. 用乾布把地面擦乾。	

結束浴室清潔作業

所需用具用品：濕海綿、清潔的乾抹布、清潔用備品、一個冰桶內襯、紙墊、玻璃杯、玻璃用品蓋、乾淨毛巾與布巾品、面紙巾、衛生紙與賓客浴室便利用品。

步　　驟	方　　法
1. 清潔浴室與客房內鏡子。	☐ 使用蘸了水的海綿清潔鏡子。由於玻璃去污劑會在鏡子上留下條紋，故不宜採用。 ☐ 用乾布把鏡子擦乾擦亮。
2. 清潔冰桶並更換玻璃水杯。	☐ 取走用髒的玻璃用品。決不能把玻璃杯或蓋子擦一下後重新使用。玻璃用品必須經過洗碗機清洗與消毒，使之符合衛生標準，保證賓客安全使用。 ☐ 除非冰桶裡盛著剛製成的冰塊，否則將冰倒在洗水槽裡。 ☐ 將塑膠袋扔進布巾車上的垃圾袋內。 ☐ 用核准使用的去污劑以及乾淨的抹布清潔冰桶並予以消毒。 ☐ 在冰桶內放入新的襯袋。 ☐ 擦拭淺盤後放回冰桶，並更換紙墊。 ☐ 將乾淨玻璃杯與玻璃用品蓋，放在浴室中或指定地點。為保持衛生，始終注意盡量少觸摸玻璃用品，而且只能觸及玻璃用品的外側。

HOUSEKEEPING MANAGEMENT

步　　驟	方　　法
3. 從布巾車上拿取備品，補足乾淨浴巾與洗臉巾。	□按旅館標準，從布巾車上取下足量毛巾、洗臉巾與床上布巾用品。為提高工作效率，每次進出房間的機會都應好好利用：取毛巾時把乾淨的床上布巾用品也帶上，做床時就節省了一次跑動的時間。 □在使用前，將乾淨的床上布品放在靠近床的椅子上。為保持清潔，決不能放在地上。 □回到浴室，把毛巾擺放好。 □毛巾擺放的標準因旅館而異。
4. 補足浴室紙製備品。	□檢查盒中的面紙，若是空的或剩下很少量面紙，拿一盒新的換上。注意諸如提供面紙或衛生紙這樣的細節是很重要的。 □拿掉新盒子上的標籤，拉出一張紙巾，其餘的就很容易拉出使用。 □然後將伸出盒子的紙巾折成尖角。 □闔上紙巾散發器的蓋子。用乾布擦去上面的指印。 □把剩量不足三分之一的衛生紙捲筒更換掉。 □裝衛生紙伸出的一端折成尖角。 □在主管指定的地點放一筒除去包裝的衛生紙備用。
5. 按主管指令補足賓客浴室便利用品。	
6. 把乾淨的浴室廢物簍與煙灰缸放回原處。	

客房除塵

所需用具用品：乾淨抹布、除塵液、羽毛撣帚、濕海綿、玻璃去污劑、殺菌噴劑、
筆與潔房任務單。

步　　驟	方　　法
1. 準備除塵－在乾淨的抹布上噴灑除塵液。	
2. 遵循除塵步驟除塵。	☐ 從房間一邊開始，在房間裡轉一圈完成工作。 ☐ 從上到下進行除塵。
3. 客房內全部門的除塵工作。	☐ 從客房門上取下「請勿打擾」或「請清潔此房」的牌子。 ☐ 在任務單上記下是否丟失牌子。報告房況前將缺損的牌子補上。 ☐ 必要時用噴了除塵液的抹布清潔每扇門的內外、門框與門檻。若沒有把除塵液徹底擦掉，門上可能留下一層薄膜。 ☐ 將潔房時拿掉的牌子放回原處。
4. 牆面與天花板飾線板條的除塵。	☐ 用羽毛撣帚清除手難以摸到的牆壁和天花板角落的塵土與蜘蛛網。
5. 把鏡子擦淨擦亮。	☐ 若鏡子有木框，用噴了除塵液的抹布擦拭木框。 ☐ 先使用乾淨抹布擦鏡子。從上到下，採用從一邊至另一邊的橫向擦拭方法。玻璃去污劑有可能在鏡面上留下條紋。但可用它擦拭鍍鉻的表面、窗玻璃和畫框上的玻璃。
6. 除塵與擦淨畫框。	☐ 用噴了除塵液的抹布擦拭畫框。 ☐ 用玻璃去污劑與乾淨抹布擦淨鏡框玻璃。
7. 確保窗簾無塵土，裝置正確。	
8. 擦淨洗臉台。	☐ 用噴的除塵液的抹布擦拭洗臉檯的側面、前部、邊與檯面。 ☐ 若客人已結帳離店，打開抽屜，擦拭其內側。 ☐ 用乾淨抹布再把側面、前部、邊與洗臉台面擦亮。

步　　驟	方　　法
9. 擦拭床頭櫃與床。	□使用噴了除塵液的抹布，從床頭櫃桌面開始清潔，從側面向下至腳和底座。 □擦拭床架的裸露部分，包括床頭板與床腳豎板。
10. 電話機的清潔與消毒。	□拿起聽筒，聽聽撥號聲是否正常。 □在任務單上記下電話的問題。 □用玻璃去污劑與乾淨抹布徹底清潔電話機。 □用噴了消毒劑的抹布擦拭送話口與受話口。
11. 擦拭桌、椅和檯燈。	□從上至下擦淨每張桌子的桌面、底座與桌腳。 □從上至下擦淨木製與鉻鋼椅面直至椅腳。 □擦拭檯燈罩、燈泡與底座。平整燈罩並使線縫轉向背面。
12. 擦拭電視機與機架。	□擦拭電視機的頂部與側面及機架。 □用噴灑的玻璃去污劑的乾淨抹布擦拭電視機螢幕，須在關機的情況下擦拭。
13. 設置空調器與取暖器的溫度。	□不要改變使用房中客人對空調器或取暖器的溫度設置。 □未使用房中空調器與取暖器溫度的設置因旅館而異。 □要求主管顯示如何進行溫度設置。

客房吸塵與報告情況
所需用具用品：硬質小掃帚、吸塵器、潔房任務單與筆。

步　　驟	方　　法
1. 檢查吸塵器的安全性能。	□始終將安全考慮放在首位。若設備看似不安全，向主管報告，待修理後再使用。 □別使用電線破損的吸塵器，不然可能受到傷害，或因為短路而引起火災。當心別被吸塵器電線絆倒。 □當日開始使用吸塵器前，檢查吸塵器垃圾袋是否已傾倒乾淨。 □若垃圾袋是滿的，更換或倒淨。 □立即把纏結的吸塵器電線解開，不然會造成電器短路。 □立即將冒火花、冒煙或起火的設備關掉。 □站在水中、手或衣服潮濕，決不要使用電器設備。 □把需要修理的吸塵器送至客房部。

步　　驟	方　　法
2. 去除房間角落與地毯邊縫的塵土。	☐ 使用硬質小掃帚把房間角落與地毯邊縫的塵土掃至吸塵器能清除的地毯部位。 ☐ 壓住掃帚從牆邊把塵土朝自己方向掃。
3. 將吸塵器插頭插入離客房最近的插座。	
4. 用吸塵器清掃整個房間。	☐ 從離房門最遠處開始吸塵作業。僅於地毯表面吸塵。 ☐ 邊吸塵邊退向門邊（即沿著自己的腳印吸塵）。 ☐ 緩慢仔細地給地毯邊縫吸塵。 ☐ 必要時移動桌椅，以便清潔桌椅的下方。之後將桌椅放回原處。 ☐ 檢查洗臉台、床頭櫃與床的下方及背後是否有垃圾及遺留物品。 ☐ 在經過檯燈與電燈開關時，將燈關掉。 ☐ 用吸塵器清掃床、椅、桌、書桌與長沙發的下方。 ☐ 用吸塵器清掃窗簾下方、電視機的前面、門後以及壁櫥裡面。 ☐ 用吸塵器清掃房間的中心部位。
5. 拔下吸塵器插頭，正確捲繞電線，並將吸塵器	☐ 抓住插頭（而非電線）從插座上拔下。 ☐ 吸塵器電線的繞法因旅館而異。
6. 在潔房任務單上記下有關情況。	
7. 告訴有關人員或部門客房已清潔完畢。	☐ 若是空房，將房況向主管和櫃台報告。櫃台必須迅速獲知有關空房已清潔完畢並可接待來客的訊息，旅館生意興旺時尤應如此。 ☐ 報告房況的做法因旅館而異。

做夜床服務	
所需用具用品：備足物品的客房部布巾車、夜床服務任務單、筆以及夜床服務提供的便利物品。	

步　　驟	方　　法
1. 進入客房。	☐ 弄清客人是否在房內。 ☐ 進房前告訴房內客人自己的身份。 ☐ 若客人在房內，詢問客人什麼時候需要來做床。 ☐ 使用擋門器讓門敞開。 ☐ 將布巾車置於合適的位置。 ☐ 從任務單上了解需要提供做夜床服務的房間。
2. 拿開床上的賓客物品。	☐ 有些旅館不允許移動賓客的物品。
3. 做夜床。	☐ 將床罩上端向後折，蓋過床尾 15 英寸~18 英寸寬。 ☐ 將提起的床罩上端往回折，使之蓋過前一動作形成的折痕處，這樣，床罩仍為正面向上。折疊好的床罩外觀挺拔整齊，使人賞心悅目。它無皺痕，無隆起不平的折痕。 ☐ 將上層床單與毯子上端一角往後拉，越過床的中線拉向床的另一邊，形成一個三角。 ☐ 如果兩人共用一床，則在床的另一邊重複前一點所講的動作，從而在床上形成了兩個三角。 ☐ 拍鬆枕頭，使其外觀清新挺拔。 ☐ 在某些旅館，可能要在床尾給每位成人放置一條浴衣。
4. 放置做夜床提供的便利用品。	☐ 各個旅館提供的便利用品可有不同，且可能不時發生變化。 ☐ 與便利用品一同擺放的可能還有總經理或銷售部主任的短箋或名片。
5. 整理臥室。	☐ 環視房內四周，整理任何未擺放整齊的物品。若房間裡一片混亂，則可能需要加大力氣清潔。 ☐ 更換吸煙房內的髒煙灰缸，補充火柴。 ☐ 更換髒玻璃杯。 ☐ 清理掉客房餐飲服務用的托盤與碗碟，送至走廊的服務區域。電話聯繫客房餐飲服務部來取走這些物品。 ☐ 傾倒垃圾，更換廢物簍內襯袋。 ☐ 需要時用吸塵器清掃房間。

步　　　驟	方　　　法
6. 整理客房浴室。	□ 取走浴室內的厚質髒布巾，放上乾淨的布巾。目的是把浴室恢復到白天徹底潔房後的狀態。 □ 整理和抹擦洗臉台區域，擦乾與擦淨固定裝置。 □ 抹擦浴缸區域，擦乾與擦淨固定裝置。 □ 檢查衛生紙與面紙供應是否充足。必要時加以補充。 □ 傾倒垃圾並更換塑膠袋。
7. 營造客房悅人的氣氛。	□ 拉上窗簾。 □ 打開床頭燈。 □ 打開收音機，調至令人輕鬆受人歡迎的調頻電台。然後將音量調低。旅館可能要求不要開啟收音機。 □ 不要調整客人設定的房間溫度。 □ 賓客晚上辦完事後回房應見到一間舒適而誘人的房間。
8. 複查已做的一切。	□ 從房間一點開始，用目光掃視整個房間。如果房間的一切讓你滿意，客人的感覺多半也會不錯。這種好印象會長久地留在客人心中，為旅館帶來更多的再訪客業務。 □ 認真完成因疏忽未做好的任何工作。
9. 走出客房，鎖上房門。	□ 離開客房並抹去門上留下的手指印。 □ 鎖上房門。 □ 核查門是否已鎖上。這是賓客及其財物的安全保證。
10. 在做夜床任務單上記下該房間已整理完畢。	

公共區域與其他類的清潔作業

學習目標

1. 認識客房部在旅館前臺區域的清潔職責
2. 認識客房部在清潔游泳池區域、健身房方面的職責
3. 描述客房部在清潔餐飲、宴會和會議區域的職責
4. 描述客房部在清潔行政辦公室、員工區域和客房區域的職責

本章大綱

- **前臺區域**
  入口
  大廳
  櫃台
  走道
  電梯
  公共洗手間
  游泳池區域
  健身房

- **其他功能區域**
  餐廳
  宴會廳和會議室
  行政和銷售辦公室
  員工區域
  客房部區域

- **特別項目**

　　大多數人，也包括旅館的賓客，信賴自己的第一印象。在旅館裏，賓客常常從他們在旅館公共區域的所見所聞，產生對旅館的第一印象。

　　旅館的公共區域包括旅館的入口、大廳、走道、電梯、洗手間和健身設施等。賓客所見到的其他場所有餐廳、宴會廳和會議室，有時還有行政和業務辦公室。有些旅館透過建築上的設計特點，營造出公共區域的特別氣氛，如高聳的天花板、用鮮花裝飾的陽臺、夾層樓面、布面油畫、有紋理的地面和牆面及裝飾華麗的家具和固定裝置。但是在建築和設計之外，沒有什麼比得上清潔和保養狀況，更能決定人們產生的印象是好還是壞。

　　前臺區域（foront-of-the-house areas）的狀況能很強地反映旅館其他區域的狀況。整潔和保養完好的前臺區域使賓客聯想到客房也是如此，並且可以反映旅館後臺員工區域（back-of-the-house areas）（及後臺的工作間和走道），也保持著同樣的清潔保養水準。在很大程度上，清潔公共區域和其他功能區域的責任，是由客房部承擔的。

第一節　前臺區域

　　正如我們必須建立起客房清潔的整套程序，建立並執行公共區域清潔的程序也是非常重要的，但比起客房的清潔程序，公共區域的清潔程序標準比較不統一。各旅館公共區域的清潔需求因旅館的建築結構、大廳布局、旅館的活動和人流的不同而差別很大。這些因素加上其他一些因素會影響到日常清潔時間表，並要求大量的清潔工作安排在夜間進行或以專項清潔的形式進行。前臺區域中需要每天——甚至可能是每小時清潔的有：入口、大廳（包括櫃台）、走道、電梯、公共洗手間、游泳池和健身房。

一、入口

　　旅館的入口處因為人潮流量最大，因此需要嚴格地清潔。入口處保持清潔不僅是為了美觀，也是為了安全的需要。

透過制定循環清潔表對公共區域進行不斷的清潔

作者：Gail Edwards

　　如果想確保旅館的公共區域始終保持清潔，比較有效的方法是制定循環清潔表。 建立這樣一張表，首先由員工帶上一個有紙夾的筆記板和筆，到旅館的大廳去做徹底瞭解的工作。公共區域的清潔員和經理一起列出所有需要清潔的專案清單。

　　在列出大廳所有需要清潔的專案清單後，再到其他區域去，如餐廳、洗手間、辦公室、走廊等等。待列出了所有區域的清潔專案清單後，大家坐下來討論每一個清潔專案，需要多長時間清潔一次才能始終保持清潔。凡是每小時、每天或在每週內需要頻繁清潔的專案，都將包含在公共區域清潔員的常規清潔任務範圍內。而那些需要每週、每月或每年清潔幾次的專案，都列在循環清潔表中。比如，家具除塵每天一次，應該屬於常規清潔任務。用劃痕修補劑擦拭木質家具只需要一年做兩次，應列在循環清潔表中。

　　當決定了所有的清潔時間後，循環清潔表也就建立好了。這就像是完成了一幅複雜的拼圖。拼的時候，要考慮到清潔項目的特點、旅館住宿率的一般規律及可提供的工時。可以在電腦中建立圖表，也可以採用會計的大張分析表。

　　有些旅館設有負責特別項目的人員，專門負責完成循環清潔表中的任務；有些旅館則把循環清潔表的任務分配給每位公共區域清潔員，每人每天承擔一到兩小時工作，作為他們當日工作的一部分。員工比較喜歡第二種方式，因為這樣每個人能對自己職責範圍內的區域負全責。

　　循環清潔表制定好以後，把它貼在牆上，壓在透明紙下。當清潔員完成了一天的清潔任務後，在這張表中把相應的項目劃掉。如果當天有特殊情況未能完成某項任務時，則安排到另外一個時間完成。這些記號都做在透明紙上，以便保護循環清潔表可以經年累月地使用。根據逐漸成熟的對清潔頻率的預測，我們需要不斷修改循環清潔表。

　　這種前置性的安排使工作變得有條不紊。清潔員事先確認他們將從事什麼清潔任務，而旅館始終把最整潔的門面呈現給賓客。

資料來源：《居室年鑑》，第 2 卷第 2 期。

　　旅館入口處的清潔頻率（frequency）在很大程度上要視天氣狀況而定。雨雪天氣當然需要比晴朗的日子做更頻繁的清潔。在春季和冬季，帶入旅館的鹽分和泥沙會造成對旅館地面的破壞，特別是地毯。

　　放置在入口處的踏墊可以幫助減少一些麻煩，保持這個區域沒有積水、腳印和污跡，並能防止賓客在此滑倒。如果放置得當，這些墊子還能產生到保護旅館內地毯的作用。如果天氣糟糕，踏墊就要經常拖拭或更換。無論是什麼樣的天氣，必須指定一個服務員全天負責保持踏墊鋪設平整，隨時拖拭入口處以保持乾淨。同時，服務人員還要頻繁地清潔門上的手指印和污跡，特別是門上的玻璃。即使是幾個手指印也會破壞旅館入口處的形象。徹底清潔大門的門面包括門軌，並且應該安排在清晨，以避免打擾客人。

獨特的建築設計對客房部的清潔工作提出了特殊的要求。

資料來源：Marriott Marquis, Atlanta, Georgia.

二、大廳

　　大廳人潮流量大，而且是賓客進入旅館的必經之路，因此必須持續進行清潔。大廳還是旅館活動的中心，賓客在這裏辦理住宿登記手續、與他人交往、休閒，在有些旅館裏，客人還可以逛精品店。

　　因為大廳面積較大，通常旅館會把清潔的時間安排在深夜或清晨，即晚上 10 點半以後至早上 7 點以前。在這個時段清潔大廳，給客人帶來的不便最少，同時員工也可以不受或少受干擾，集中精神打掃。但是，有一些清潔工作還是必須在白天進行，以便保持大廳的整潔，比如清理煙灰缸和煙桶的白沙、清潔人潮頻繁處的地面和整理家具。

　　整體來說，大廳的清潔專案有每小時清潔一次的，每 24 小時清潔一次的或每週清潔一次的。許多旅館對於大廳清潔頻率沒有嚴格的規定。有些旅館指定一名大廳清潔員在這個區域巡視，並根據需要進行清潔。通常需要每小時或每天進行的清潔工作有以下一些項目：

1. 傾倒並擦拭煙灰缸；
2. 傾倒並擦拭垃圾桶；
3. 清潔玻璃和窗戶；
4. 大廳電話機除塵；
5. 擦拭噴泉式飲水器；
6. 擦拭扶手；
7. 去除牆上的手印和污跡；
8. 家具和其他裝置除塵；
9. 擦拭門把手及周圍部分；
10. 擦拭門側柱和門軌；
11. 地毯吸塵；
12. 拖拭地磚等硬質地面；
13. 整理家具的擺放。

以下是一般公共區域清潔員每週必須進行的清潔工作：

1. 木質家具上光；
2. 帶裝飾品家具的吸塵；
3. 窗簾或窗戶覆蓋物吸塵和清潔；
4. 清潔窗臺；

　　5.天花板出風口除塵；

　　6.較高或平時不易觸及地方的除塵；

　　7.清潔地毯邊緣和踢腳板。

　　有時公共區域的清潔需要使用梯子，以便能清潔較高地方的牆面、燈具及牆面裝飾品。在這樣的清潔過程中，員工必須始終遵守安全操作規範。有些旅館在建築和室內設計上有獨特之處，必須透過定期外請清潔公司來完成某些清潔項目。

三、櫃台

　　與大廳的清潔一樣，櫃台的清潔必須安排在非營業高峰時間進行，以避免打斷營業流程。櫃台的清潔也須與大廳清潔一樣給予重視，因為櫃台也是使客人形成對旅館印象的中心部位。雖然櫃台也屬大廳的一部分，但櫃台在清潔時有一些特別的需要和特點。

　　櫃台的設計各式各樣，有些旅館在裝修時採用了簡潔的設計，有些旅館則選擇了比較精緻的或凹凸不平、曲折多變的設計。後者比前者在清潔時需要花費更長的時間，因為可能在清潔時會需要掌握特別的技巧或使用特殊的設備。不管是長方形還是圓形，是平滑表面還是凹凸表面，公共區域清潔員都要使櫃台做到一塵不染。

　　吸塵和清掃垃圾桶及煙桶在櫃台前後都要進行，在有些旅館裏，客房部的員工同時負責清潔和擦拭櫃台臺面。特別要注意清除手指印、污跡及櫃台底部的鞋印或擦傷。如發現刻痕、劃痕或其他表面損傷，必須向主管彙報。在任何情況下，清潔員都不應該移動臺面上的文件或其他與前臺工作有關的物品，不要觸碰設備，不要拔去設備的插頭。

四、走道

　　旅館的賓客在進入客房前，還會看見的區域是旅館的公共走道。在有些旅館裏，走道被視為「賓客區域」，因此，是客房清潔的延伸工作。

　　走道清潔的主要工作是地面。通常，走道的地面應該鋪設美觀耐用、易於清潔保養的地毯。地毯吸塵根據當日的人潮流量和住宿率而定，至少一天一次。地毯的清洗應視為一項特別工作項目來計畫，通常安排在淡季或住宿率低的時期。

　　在清潔踢腳板時，許多旅館的清潔員會從走道的某一邊某一點開

始，一直往前，繞到另一邊的踢腳板，再一直往前，直至回到開始的那一點。在清潔踢腳板的同時，清潔員應該注意除去客房門上的污垢，並特別注意手指印和污跡。燈具要除塵，如有燈泡不亮，則必須更換。此外，出風口和噴淋也要除塵，並檢查是否完好。清潔員還要檢查緊急出口的指示燈，如有損壞，須向主管彙報。

牆面去污的操作與清潔踢腳線基本相同，清潔員可以從走道任何一邊的牆面開始。最後，清潔員還要清潔出口處門的正反兩面，擦拭門軌和除塵，檢查門的開關是否正常。

(一)製冰機／自動販賣機

有些旅館把製冰機和自動販賣機放在走道上，容易找到但人潮又相對較少的位置。製冰機／自動售貨機及其周圍的部位，需要公共區域清潔員關注，保持清潔和運行正常。

製冰機必須每天檢查和清潔。在清潔前，清潔員應該確認一下機器是否運轉正常。如有堵塞或其他無法自行處理的故障，必須記錄下來，向主管彙報。清潔員還要檢查地面是否有水。有時，製冰機發生故障後，冰融化了，水滴下來，造成對地面的損壞。在清潔時，清潔員應該把製冰機裏未融化的冰清理掉，然後把地面打掃乾淨。製冰機的表面要用特定的清潔劑加以清潔並擦乾。把手部位有手指印和污跡，需要特別注意。有時客房部的清潔員還需清潔機器裝置，在這種情況下，應該按照製造商建議的操作程序來工作。

自動販賣機可以外租出去或由旅館自行經營，不管在哪種情況下，公衛清潔員都要負責設備表面的清潔和除塵，並檢查其運作情況。如果機器歸旅館所有，清潔員要記錄需要補充的貨品，並向主管彙報。同時，清潔員還要清潔機器下方和背後的區域。這項工作通常作為特別清潔項目來計畫，因為清潔時要把機器抬高和移位。

五、電梯

電梯使用量大，因此需要頻繁清潔。與大廳和櫃台一樣，清潔電梯的最佳時間是在深夜或清晨，以避開人潮高峰。

根據電梯內裝修特點的不同，電梯內的表面可能是地毯、乙烯基、壁紙、玻璃、鏡子或各種材料的組合。為了達到最佳的清潔效果，清潔員要根據不同的表面按照不同的清潔程序來操作。在大多數情況下，清

潔員應該從上往下清潔，避免已清潔的區域再次受到污染。

在清潔電梯內部時，清潔靠近地面的邊緣處須特別注意。這是最容易產生擦痕、劃痕和破損的地方，清潔員應做好記錄，並向主管彙報。擦拭扶手、電梯的控制器和附近牆面時要除去手指印。清潔玻璃和鏡面時，清潔員要退後一步，檢查表面是否有水跡。電梯門的正反面都要擦拭，包括易積灰塵和污垢的門軌。

因為磨損集中，電梯內的地毯是最難保持清潔的。有些旅館用普通的吸塵器清潔電梯內的地毯，有些旅館則配置了高功率、攜帶型的帶過濾裝置吸塵器。不管是用哪種吸塵器，吸塵的時間要儘量控制得短，減少電梯停止工作的時間。有些旅館電梯內的地毯是可以移動的，這樣，地毯就不必在電梯內清洗，可以搬離電梯加以清洗。當然，髒的地毯搬離清洗後，相對地要再鋪設一塊地毯在電梯內。

六、公共洗手間

描述客房部員工清潔公共洗手間的操作程序，比其他公共區域的清潔程序簡單一些，因為不同的旅館洗手間大同小異。有些旅館為了營造特別的氣氛，在洗手間內安裝裝飾性較強的潔具和鏡子，增闢放置華麗裝飾的家具和植物的休息區，並配備乾手機和更衣桌椅，為賓客提供方便。

增配的特別設施和用具都應添加到清潔操作程序中。洗手間的結構和規模大多是根據旅館的服務標準來定的。不管洗手間具備什麼特點，清潔洗手間的目的是要保持洗手間乾淨、安全和舒適的氣氛。本節中將簡單介紹公共洗手間清潔的一些基本要點。

公共洗手間至少每天清潔兩次：早上一次，晚上一次。在有些旅館，清潔的頻率需要大大增加，以便保持舒適的環境以及衛生和安全條件。有時，這些增加的清潔次數是以「整理」的形式，根據人潮流量的情況，每一小時或兩小時進行一次。

用於清潔公共洗手間的設備，基本上與清潔客房洗手間的設備相同：一台多功能的地面清潔機，廁刷，抹布和海綿，水或玻璃、鏡面清潔劑，橡膠手套，防護眼罩。有些旅館還使用無異味的消毒液。清潔人員還需要帶水桶、拖把和地面清潔劑。

在進入洗手間前，清潔員須先檢查是否有人。如果清潔員要清潔的

是異性的洗手間時，應該先敲門，報「客房部清潔員」，然後等待回答。通常，如果沒有回答，就表明可以進入。進入洗手間後，把門頂住，使之保持開啓，然後放上清潔告示牌，表示洗手間正在清潔中。

有些旅館清潔人員在開始清潔時的第一項工作，是往抽水馬桶或小便池內噴上清潔劑，使之儘快開始發揮作用。然後開始清潔其他地方，比如傾倒並擦拭垃圾桶、更換新的垃圾袋。如有煙灰缸或立式煙桶，包括在各廁位內的煙灰缸，也需要傾倒。

下一步是清潔洗臉槽和臺面。大多數清潔人員先往洗臉槽內噴適量清潔劑，加入熱水，再用乾淨的海綿或抹布擦洗。在有些旅館裏，清潔員用手扳式噴霧器噴灑事先調製好的混合溶液。然後打開水龍頭的出水閥，檢查是否有頭髮或其他碎屑，檢查水龍頭是否滲水。如果有裸露的管道，必須使之保持乾淨、無塵、無污、無漏水。在擦拭清潔臺面時，清潔員要檢查是否有污跡或損壞。潔具要用潮濕的抹布加清潔劑擦拭，然後上光，洗臉槽和臺面都要用乾淨的乾抹布擦乾。最後，用鏡面清潔劑擦拭鏡子。注意鏡面必須沒有水跡和水漬。

在清潔馬桶和小便池時，每個潔具都應該使用刷子和乾淨的抹布進行清潔。每次清洗完畢後，清潔員要沖幾次水，並把清潔刷在清水裏洗乾淨。潔具的外部要用潮濕的抹布或海綿從上到下擦拭。最後一步，則是擦拭潔具把手。

居室年鑑 · THE ROOMS CHRONICLE

公共洗手間是否給人極佳的第一印象？

作者：Gail Edwards

　　有經驗的清潔行家談起檢查公共洗手間時會說：「進門後，先抬頭看天花板上的出口風是否有積塵，低頭看地面排水道是否乾淨。」僅憑這兩點，行家就能確定這個洗手間是否有常規的仔細的清潔，或者只是粗略地加以整理。

　　是否透過這樣簡單地看兩眼就能區別「乾淨」還是「不太乾淨」？是的，有經驗的清潔行家這樣認為。「如果清潔人員能夠仔細到抹淨天花板出風口的積塵，或蹲跪在地上擦拭金屬地漏，你可以確信他們已經清潔了牆面、地面和

潔具。」保持公共洗手間清潔和安全需要每天和常規的清潔作業的良好結合。

每日／每小時的工作

　　所有的公共洗手間必須每天清潔兩次，定期做檢查，並在必要時加以整理。旅館應該建立清潔和檢查的記錄，以便降低旅館在賓客事故中的責任。比如，一位賓客滑倒了，如果旅館的記錄本，能證明旅館已使用正確的方法使地面保持乾燥，就可減少旅館被訴諸法庭的可能性。記錄本可以放置在洗手間裏。有的旅館把記錄本放在毛巾盒裏或掛在洗手間的門背後。也有的旅館在清潔員的工作車上有一個檔案夾，並且每天更新客房部辦公室內的記錄。

　　在從事清潔工作的過程中，員工必須注意不能把清潔工具放置在賓客視線所能及的範圍內。有些旅館備有特別的遮罩工作車，有的旅館則使用在洗手間附近的儲藏室來
解決這個問題。在暫時關閉洗手間做清潔時，應在洗手間附近放置告示牌通知賓客。

徹底清潔作業

　　做徹底清潔時，需要關閉洗手間幾個小時。例如，地面的刮洗、塗密封膠一年要做4次，當然也要根據實際的人潮流量而定。男洗手間內的小便池附近區域需要清潔得更頻繁些，因為濺開的尿液會破壞地面的密封膠。

　　其他的工作有：擦洗地板，清潔所有的牆面，清潔邊角，拆下天花板出風口清潔，清潔燈具，清潔垃圾容器，清洗地毯，清潔窗戶。

彙報維修方面的問題

　　非常重要的一點是，公共洗手間的清潔員要及時彙報維修方面的問題。如果沒能及時修理漏水、燒壞的燈泡、壞掉的鎖等，旅館將會為此付出代價。

達到賓客的期望

　　旅館如果希望給賓客留下良好印象，保持公共洗手間的形象是十分重要的。人們頻繁地使用公共洗手間，其狀況從很大程度上說明了這個旅館其他設施的情況。那些只光顧了餐廳、酒吧或只來旅館開了個會的客人，往往透過對旅館這些公共區域的印象來判斷旅館客房的狀況。

　　　　　　　　　　資料來源：《居室年鑒》，第4卷第3期。

　　比較有效的清潔各廁所隔間的辦法是，噴上清潔液，用潮濕的抹布或海綿清潔。通常，清潔員分別清潔每一個廁位的隔間，從右上角開始，以橫掃的姿勢向下擦拭。特別要注意靠近門鎖和紙巾盒的地方，注意擦掉污跡和指印。清潔人員絕不可以站在馬桶座上清潔不易觸及的地方。清潔這些地方，應該使用一些帶有長柄或有可伸縮柄的清潔工具。

清潔完表面後，清潔員要檢查表面是否有劃痕或其他痕跡，記錄下來，向主管彙報。

清潔完廁所隔間後，開始清潔牆面。所用的清潔劑根據牆面的材質不同而有所不同。衛生間的牆面可能是磁磚，或是塗料，或是板材。不管是何種材質，清潔員都要有系統地清潔，從某一點開始清潔，直到回到起始點。牆面有任何磨損、劃痕或其他損壞都要記錄下來。

接下來，補充馬桶座的椅套、衛生紙、面巾紙、手巾紙及洗手液。只有在清空以上物品的容器後才做濕清潔，避免弄髒紙質品。通常，簡單的除塵只能去除表面的污跡。

清潔公共洗手間的最後一步是拖掃地面。從最裏面的角落開始，清潔員要清掃所有暴露的地面和踢腳板。這樣做，可以為後面的濕拖把做好準備，先清理會使拖把很快變髒的散灰和髒物。在拖地時，重要的一點是要用乾淨的熱水和適量的清潔劑。清潔劑可以混合在水中，或直接噴在地面上。在拖地時，從最遠處的角落開始，逐步往後直到門口。在拖掃潔具附近的地面時，必須放慢速度，仔細地進行，不要把髒水濺到乾淨的潔具面上。

另外，再準備一桶乾淨的熱水，用於洗拖把。清潔員清洗拖把，絞出多餘的水，再拖第二次。在進行這步工作時，拖把必須洗得很勤，以便地面能徹底清潔乾淨。同時頻頻絞去拖把上的水，可防止多餘的水留在地面，從某種程度上講，好像是產生「乾拖」的作用。

任務全部完成後，清潔員收集工具，並且做一次最後的檢查。如果有不正常的異味，則說明排風系統的運行可能有問題。如果地面拖了以後還沒有乾，放上一塊告示牌提醒賓客，直到地面完全乾了再撤去。另外，對任何需要維修的專案都要做好記錄，並向主管彙報。

七、游泳池區域

游泳是最普遍的娛樂健身項目。許多旅館，特別是度假村都設有游泳池，以滿足賓客鍛鍊和娛樂的需要。

游泳池分為室內的和室外的兩種。正如旅館的設計各式各樣般，游泳池的設計也不盡相同，從非常簡單的設計到精美複雜的設計，應有盡有。有些旅館的游泳池區域還包括按摩浴池和三溫暖。在大部分旅館中，游泳池、三溫暖和按摩浴池的日常保養工作由工程部負責。但是，

客房部的員工也「巡視」這一區域，完成他們應該承擔的工作。

通常由客房部員工承擔的泳池區的工作有：

1. 收集濕毛巾和髒布巾用品；
2. 補充毛巾和布巾用品；
3. 傾倒垃圾桶；
4. 傾倒煙灰缸；
5. 清潔牆面；
6. 拖掃硬質地面；
7. 清潔保養地毯；
8. 清潔窗戶和玻璃；
9. 潔和整理休息廳的家具。

與清潔公共區域相同，如發現任何不安全或有礙健康的因素或設施設備的受損都要記錄下來向管理者彙報。

八、健身房

人們對健康和健美的日益關心，使得健身設施和服務的要求變得長期而廣泛。爲了適應這樣的發展趨勢，許多旅館都將健身設施作爲旅館整體的一個組成部分。

客房在清潔健身設施方面的責任大小，取決於旅館的健身中心和健身設備規模的大小。在只提供簡單健身服務的旅館裏，也許只有一個游泳池和三溫暖，而有些旅館卻有設備齊全的健身房，並配備訓練有素的服務人員。健身中心的設備包括常見的健身器械、固定自行車、划船器、墊子、扛鈴和啞鈴。健身房的裝飾與其特製的地面、硬木表面、鏡子和燈光相協調。有些旅館設施更齊備，還提供更衣室和淋浴區。

通常，旅館健身設備的保養主要由工程部負責。客房部的員工責任是保持這些設施設備與旅館其他公共區域一樣清潔。通常，每天指派一名客房部員工完成以下基本工作：

1. 除塵設備；
2. 清潔鏡子和玻璃；
3. 拖掃地面；
4. 清理髒布巾用品；

5. 補充乾淨的布巾用品；

6. 清潔和整理家具；

7. 燈具除塵；

8. 清潔牆面污漬。

為了安全，非常重要的一點是清潔人員要記錄設備的基本情況，並將任何可能出現的設備故障或失靈的情況報告給主管。清潔員還負責清潔淋浴區和更衣室，並補充裏面的用品。

第二節　其他功能區域

除了清潔大廳、洗手間等公共區域，客房部員工還負責清潔餐廳、宴會廳、會議室、行政和銷售辦公室、員工區域、客房部辦公室和工作區。在上述有些區域的清潔過程中，客房部員工的責任十分有限；但有些區域的清潔則需同前臺區域一樣的仔細。

一、餐廳

清潔對餐廳的重要性不僅僅是維護餐廳的形象，還因為這是衛生和健康的需要。通常，餐廳員工負責保持餐廳在營業時段內的環境整潔。這包括清理餐桌，更換布巾用品，處理濺灑開來的污物，局部的吸塵和清掃。在許多旅館，客房部的員工只在每晚、每週或每月定期協助進行徹底的清潔。

吸塵是客房部員工所肩負最主要的餐廳清潔任務。正如清潔前臺一樣，餐廳的吸塵需安排在夜間或非營業時段進行，以避免打擾賓客用餐。為了能徹底吸塵，先要把椅子搬離餐桌，以便能對餐桌下方的地面進行吸塵。如果地面有食物污漬，清潔員應該按照正確的程序加以處理。另一項由客房部員工負責的任務是每天收集髒布巾用品，補充乾淨的布巾用品。其他由客房部完成的工作還有：

1. 清潔電話機；

2. 清潔迎賓台；

3. 牆面污漬處理；

4. 清潔窗臺；

5. 家具除塵上光；

6.清潔家具裝飾用品；

7.清潔燈具。

許多旅館都排好清潔日程表，規定好在何時進行哪項清潔工作。

二、宴會廳和會議室

與餐廳類似，宴會廳和會議室通常也由宴會廳和會議室的服務人員清潔，客房員工加以協助。所有的會議室在會議結束後必須立即清潔。沒有什麼比讓路過的客人或旅館的潛在客戶，看到一個堆滿了前一天會議殘留下來的垃圾的會議室更煞風景的事了。再者，地毯或其他家具上的污漬如不及時清除，就會深入其中，到了第二天就幾乎不可能完全清除了。

在有些旅館，在會議和餐飲服務的用品清除後，客房部的員工會清潔桌椅、家具、牆壁和地面。在清潔家具裝置時，要特別注意清除家具裝飾品表面上的食物殘渣和污漬。清潔員要記錄每一件家具的狀況，並將損壞或弄髒的情況彙報給主管。地毯清潔保養包括徹底的吸塵、除漬和經常性的清洗。此外，根據會議室場地設計和其功能的特殊性，清潔人員還可能有其他特別的清潔任務。有時，需要外請專業公司協助，如清潔很高的天花板或裝飾吊燈。

三、行政和業務辦公室

旅館設計時往往包括了進行各項行政和銷售工作的辦公室。根據旅館的規模和服務層次的不同，這些辦公室包括各部門的管理辦公室，比如人力資源辦公室、房務辦公室、餐飲辦公室、市場行銷辦公室等，以及其他後臺人員的辦公室。雖然稱之為後臺辦公室，但行政和業務辦公室的人員會與顧客、供應商、其他企業和旅館的潛在員工發生重要的聯繫。

為了確保以上區域隨時保持整潔，要求客房部清潔以上區域。具體的清潔內容每個旅館不盡相同。通常，清潔員每晚進行除塵、傾倒垃圾桶、去除牆面污漬、清掃地面並吸塵。其他清潔工作如清洗窗戶等，一般每週或每月定期安排進行。需要搬離桌椅的更細緻的衛生清潔通常安排在生意比較清淡的時候進行，以減少麻煩。在清潔以上區域時，客房部員工應該避免移動或整理寫字臺或工作臺面上的東西，特別是商業檔和檔夾。

四、員工區域

　　後臺的員工區域往往並不小於前臺區域，有的甚至還超過前臺區域。雖然這些區域對賓客「不開放」，但這些區域需要與旅館的公共區域一樣加以清潔。旅館要確保員工能在一個安全、清潔和舒適的環境裏工作、用餐、休息，包括淋浴，員工才會以尊敬和忠誠回報旅館。從長遠來說，這些都會反映在員工提供的服務以及旅館的服務品質上。

　　雖然每個員工都有責任保持後臺區域的清潔，但繁重的後臺區域清潔工作還是由客房部員工來承擔。就像清潔前臺區域一樣，客房部員工也需要有專門制定的清潔日程表，並按照日程表清潔，保持後臺區域無污無塵。由客房部員工負責清潔的員工區域包括服務電梯、服務走道、員工餐廳、員工洗手間、裝卸貨區及倉庫等。在一些有餐廳的旅館裏，客房部的員工也承擔一小部分廚房清潔任務，如地面、牆面和天花板的清潔。

　　後臺員工區域由於功能的需要，通常在設計時比前臺區域更注重耐用性。地面可以使用防污的地磚、釉面磚或平坦的、編織緊密的地毯。牆面和天花板通常用平滑的材料，避免複雜的角度設計或形成難以觸及的角落。雖然後臺區域的清潔程序與前臺區域的清潔程序基本相同，但因為表面比較平滑，家具和裝置的裝飾性不強，清潔比較容易。通常可以用大功率的設備來清潔，以便提高清潔速度。

五、客房部區域

　　客房部所在的區域必須清潔得一塵不染，因為它代表著旅館專業清潔人員「總部」的客房部的形象。客房部所在區域的大小和組成，取決於該旅館的規模和服務水準。通常，客房的操作分為三大區塊：客房部辦公室、洗衣房和布巾用品房。

　　如同其他行政辦公室一樣，客房部的辦公室必須進行像公共區域一樣的清潔作業並保持清潔。地面要清掃、拖洗、吸塵，牆面要除污，垃圾桶要清倒。踢腳板必須無灰無塵，窗戶要無塵垢、無水跡，家具無塵。

　　洗衣房的清潔標準也是一樣。此外，還要特別注意保持機器的表面清潔，避免洗好的布巾用品再次受到污染。洗衣機、乾衣機、脫水機的滾筒要擦拭乾淨。過濾層中的沉積物要清除，存放和處理洗淨的布巾用

品和骯髒布巾用品的區域要截然分開。折疊桌、電熨斗、衣夾、衣架和其他洗衣用品也要經常擦拭，保持乾淨，防止再次污染已洗淨的布巾用品。此外，貨架區和存放區也要定期清潔除塵。洗衣用品擺放有條不紊，便於取用和盤存，並保持清潔。

洗衣房裏還包括數排貨架，這些貨架也要經常清潔除塵。這些區域整理得有條不紊不僅能提高工作效率，並且能確保存貨數量的正確。乾淨是十分重要的，因為旅館裏所有洗好的床單、枕套、毛毯、毛巾、臉巾和餐飲布巾用品都存放在這裏。除了清潔地面和牆面，布巾用品房的日常清潔工作還包括貨架除塵、整理物品、排放好布巾車方便補充布巾用品。

第三節　特別項目

根據旅館的建築設計特點，客房部可能會承擔一些特別項目的清潔任務，這樣的清潔任務需要較複雜的清潔技巧，特別的清潔設備和團隊的集體合作。特別的項目包括清潔特殊種類的地毯、裝飾燈具，如水晶燈、樓梯和扶手、室內噴泉、窗戶和窗簾以及其他裝飾品如牆面壁掛裝飾等。許多特別的清潔專案需要專業技能，並根據所擁有的設備和用品的組合設計清潔計畫。

本章在操作程序部分提供了清潔較標準的公共區域的指南。

名詞解釋

後臺區域（back-of-the-house areas）　是旅館的功能區域中員工與賓客幾乎沒有直接接觸的區域，如工程部。

頻率表（frequency schedule）　顯示每隔多長時間需要清潔和保養某一區域的表單。

前臺區域（front-of-the-house areas）　是旅館的功能區域中員工與賓客有著大量接觸的區域，如餐飲設施和前臺等。

**複習題**

1. 乾淨整潔、保養得當的公共區域會給客人什麼樣的第一印象？

2. 爲什麼各個旅館在公共區域清潔方面的要求各不相同？

3. 請說明通常哪些清潔工作是每隔24小時要在大廳區域進行的？

4. 公共洗手間每天至少清潔幾次？

5. 許多旅館建議公共洗手間的清潔員進入洗手間後先做的第一件事是什麼？爲什麼？

6. 請說明通常在游泳池區域的哪些工作由客房部員工來承擔？

7. 在設有健身設施的旅館裏，通常由哪個部門負責保養和維護健身設施的正常運作？

8. 請說明客房部員工在餐廳承擔哪些清潔工作？

9. 爲什麼保持後臺區域與前臺區域一樣的清潔水準很重要？

10. 清潔客房部區域包括哪些特別的工作？爲什麼這些工作很重要？

任務細分表

公共區域與其他類的清潔作業

本部分所提供的操作程序只用作說明，不應被視爲是一種推薦或標準，雖然這些程序具有代表性。但請讀者記住，每個旅館爲適應實際情況與獨特需要，都擁有自己的操作程序、設備規格和安全規範。

電梯清潔

所需用具用品：裝滿公共區域清潔用品的清潔車、電梯鑰匙、吸塵器及配件、梯子、刷子和掃帚。

步　　　驟	方　　　法
1. 使電梯暫停工作。	□ 根據各旅館情況不同，停開電梯的操作步驟有所不同。 □ 電梯停在某一樓面，門保持開啟，直至清潔完畢，再啟動。
2. 天花板和燈具除塵。	□ 使用梯子以觸模到天花板。使用梯子時，最高爬到頂部下一層。 □ 先用潮濕的抹布、再用乾抹布進行天花板和燈具的除塵。 □ 移動梯子，以便能清潔到整個天花板。
3. 先用潮濕的抹布，再用乾淨的乾抹布對所有的表面進行除塵。	
4. 電梯內地毯吸塵。	□ 如發現有地毯劃破或散開，向主管匯報，並記錄在工作單上。
5. 清潔電梯內的硬質地面。	
6. 清潔門軌。	□ 用小掃帚或刷子清理出碎片。 □ 用吸塵器吸塵。 □ 用潮濕的抹布清潔軌道內部。
7. 清潔電梯門的內部。	□ 關上電梯門。 □ 用乾抹布擦拭電梯門內側。
8. 把所有的清潔工具放回工作車。	
9. 使電梯恢復工作。	□ 使電梯恢復工作的方式，各個旅館都不同。
10. 關門，用乾抹布清潔電梯外面的門。	

HOUSEKEEPING
MANAGEMENT

前廳和大廳的清潔

所需用具用品：裝滿公共區域清潔用品的清潔車、吸塵器及配件、殺菌噴霧
器、抹布、掃帚、溫和的清潔劑、玻璃清潔劑、橡膠拖地和
墊凳。

步　　　驟	方　　　法
1. 傾倒煙灰缸和煙桶。	□確認沒有未熄滅的煙蒂。把煙灰倒入垃圾桶中。 □清洗煙灰缸內外 □把清潔好的煙灰缸放回原來的位置。
2. 拾取垃圾，並傾倒垃圾桶。	□拾取地面上的垃圾。 □傾倒垃圾桶，並進行清潔。 □分類處理可回收垃圾和其他垃圾。
3. 清潔電話機。	□將清毒液噴灑在潮濕的抹布上，清潔每台電話機的聽筒和底座。清潔時不要妨礙前檯人員或夜間審計員的工作。 □用乾淨的乾抹布擦拭所有的電話機。 □清潔時要特別注意電話機的聽筒。別忘了傳真機上的電話聽筒。
4. 地毯及帶裝飾品傢俱的吸塵。	□桌面下方及其他地方吸塵。必要時搬移一下家具。 □使用吸塵器的正確配置，對帶裝飾品的家具的表面進行吸塵。 □確定吸塵時已顧及到家具的把手、座位、靠背及家具的背面，以及各個面的銜接部分。 □卸下吸塵器的配件，並存放好。
5. 清潔扶手。	□在清洗扶手前，先除去蜘蛛網或污垢。 □用潮濕的抹布加溫和的清潔劑去除蜘蛛網或污垢，然後用濕抹布將清潔劑擦淨。 □用乾抹布擦乾。
6. 除塵。	□在電腦附近工作時，注意不要影響電腦操作者的工作。 □只有在電腦關閉時才能清潔鍵盤。
7. 硬質地面的拖洗和打蠟。	
8. 清潔窗戶。	□在窗戶上噴灑水或玻璃清潔劑。 □從窗戶的上部開始向下，用橡膠滾動軸清潔窗戶。 □清潔窗面的每一個部分，徹底去除水和玻璃清潔劑。 □用墊凳或加長柄的橡膠滾動軌清潔較高的地方。 □用乾淨的乾抹布擦拭玻璃。
9. 按日程表定期對地毯進行蒸汽抽洗式清洗。	
10. 如果在清潔某區域時，有賓客走近，應該立即讓開，直到賓客離開該區域。	

餐廳的清潔

所需用具用品：裝滿公共區域清潔用品的清潔車、水桶、消毒液、清潔劑、水、玻璃清潔劑、緩衝器、地蠟、地毯清潔設備。

步　　驟	方　　法
1. 做好清潔前的準備工作。	☐ 盡量打開所有燈，以便能清楚地看見自己的操作。 ☐ 打開窗簾或百葉窗，讓自然光照射進來。 ☐ 察看即將清潔的區域，並計劃如何清潔。
2. 拾起垃圾，傾倒垃圾桶。	☐ 撿起地面的垃圾，放進布巾車的垃圾袋內。 ☐ 從垃圾中撿出可回收利用的物品。
3. 清潔座位和桌腳。	☐ 用小掃帚刷掃椅子、餐廳雅座、安在牆上的條形軟座和凳子，包括座位和靠背。 ☐ 如果吸塵器具備清潔裝飾用品的刷頭，就可以給裝飾用品表面吸塵。 ☐ 用潮溼抹布沾消毒液擦拭桌子、椅子、桌腳、橫木。 ☐ 用潮溼抹布擦拭板質或乙烯基表面。
4. 清掃地毯和硬質地面的邊緣。	☐ 用硬掃帚掃除角落裏的食物殘渣和碎片。仔細清潔那些不易觸及的邊角區域，徹底清除食物殘渣，避免吸引害蟲。 ☐ 記錄害蟲的有關情況，並向客房部經理匯報。
5. 清潔地面。	☐ 拖掃硬質地面。 ☐ 必要時進行打蠟。
6. 除去地毯上的食物殘渣和溢出物。	☐ 尋找地毯上碾碎的食物殘渣或濺溢的酒水。吸塵無法除去已被碾碎的油膩的食物殘渣。 ☐ 用乾淨潮溼的抹布除去食物殘渣或溢出物，在吸塵前先將污漬區吸乾。紅酒漬需要用特殊的去污劑才能除去。
7. 地毯吸塵。	☐ 用大型工業用吸塵器清潔大塊的地面，用較小型吸塵器清潔小塊區間。 ☐ 把椅子搬離桌子。 ☐ 桌子下方和工作台附近的區域必須仔細吸塵。 ☐ 桌椅復位。

步　　驟	方　　法
8. 蒸汽抽洗機清潔地毯。	☐ 根據清潔日程表或根據實際需要，水洗或蒸汽抽洗機清洗地毯。 ☐ 採取何種方式清潔要根據所擁有的地毯清潔設備而定（比如水洗或蒸汽抽洗機清潔）。
9. 家具和固定裝置的除塵。	☐ 不要使用家具上光劑，因為傢俱上光劑的味道會使用餐的客人感到不愉快。
10. 清潔擦拭玻璃。	☐ 在溫水中摻少量清潔劑。 ☐ 用乾淨抹布蘸上溫水和清潔劑的混合液擦拭玻璃。 ☐ 用乾淨的濕抹布清洗玻璃。 ☐ 用乾淨的乾抹布清潔玻璃或在玻璃表面直接噴灑少量玻璃清潔劑。 ☐ 用乾淨吸水的抹布擦淨玻璃。

天花板、牆面、家具與固定裝置

1. 認識在最初選擇旅館的天花板、牆面和室內陳設中，對所用材料的防火及隔音性能敛關重要的考慮
2. 描述常見天花板和牆面裝飾種類的基本特點
3. 認識旅館裏窗簾的種類，並描述正確的清潔作業流程
4. 描述旅館公共區域、客房和員工區域裏常見的家具和固定裝置的一般保養要素

本章大綱

- **選擇物品與材料考慮的因素**
  可燃性考慮
  吸音考慮

- **天花板和牆面塗飾的種類**
  塗料表面
  乙烯基表面
  織品表面
  天花板和牆面的清潔
  窗簾
  清潔窗簾

- **家具和固定裝置的種類**
  公共區域
  客房
  員工區域

- **養護考慮的因素**
  座椅
  櫥櫃式家具
  洗手間固定裝置
  燈具

　　經驗法則告訴我們，清潔天花板、牆面、家具和固定裝置的簡單易記的方法是：始終遵照製造商建議的清潔流程操作。不遵照製造商所建議的清潔流程操作，可能意味著浪費寶貴的時間苦苦搜尋，其實打個電話就能獲知的清潔良策，還可能導致較大的破壞或損失，甚至可能毀了整件昂貴的東西。品質保證可以防止旅館購入次級品，但由錯誤的清潔方法所導致的後果，卻不屬於產品品質保證範圍。

　　客房部經理可以透過及時瞭解市場新產品，並提供明智的採購建議，從而使天花板、牆面和家具的清潔保養工作更為有效，並對旅館的安全做出貢獻。

　　本章討論了天花板、牆面、家具和裝置在選材上的一些要領，簡述了不同種類的天花板表面、牆飾面、家具和固定裝置，並提供一些基本的清潔保養指南。

第一節　選擇物品與材料考慮的因素

　　「如果他們事先問我，我一定會告訴他們這種材料很難保養」，這樣的話我們常常可以在旅館裏反覆聽到。的確，對旅館而言，選擇能使賓客留下好印象的材料是很有商業意義的。但是，同樣重要的是從客房部經理的角度做出切合實際的選擇。難以保養或有效清潔的表面和物品，不管最初購買時多麼昂貴，將很難吸引客人的目光。在選擇天花板表面、牆面、室內陳設時，防火性和吸音性能也是重要的因素。

一、可燃性考慮

　　在過去的 20 年間，一些著名的旅館發生了火災，因而防火安全已經成為旅館管理者所關心的最重要內容。事實上，一些州政府或地方政府要求天花板和牆面的用材、家具裝飾和床等的用材必須達到防火標準。擁有達到安全標準的防火家具、牆和天花板，是任何防火安全方案的一個重要部分。採購者們在採購物品前必須釐清是用什麼材質製造的，可燃性如何。

　　許多州或地方的建築業規定，旅館只能使用 A 級材料。A 級材料的火勢蔓延指數在 0～25 之間，火勢蔓延指數（flame spread index）是衡量火勢在這種材料暴露的表面蔓延的速度指標。

有些製造商已生產出一種當加熱到一定溫度時能啓動煙感警報器的壁紙。例如，BFGoodrich 輪胎公司的氯乙烯塑膠及 Cosmos 和 Cornerstone 乙烯基塑膠牆面壁紙，當加熱到 300°F，即 150℃ 時，會發出一種無味、無色的氣體。這種氣體會啓動離子煙感警報器的警報（離子煙感警報器是應用得最廣泛的一種警報器）。

有的室內陳設是用天然防火材料製成的，有的則是製造商透過化學處理使之具備防火性能。許多旅館，特別是美國的旅館，因爲必須使用耐火的室內陳設，往往要求製造商提供資料，證明所用的材料經過防火處理。乾洗公司或其他專門處理室內陳設的公司，可以根據需要進行再處理。

用天然防火材料製成的室內陳設一般會比較昂貴，但即使經過各種流程的反覆洗滌清潔，仍然能保持防火性能，無需再處理。使用這樣的材料對於不可能很快疏散的旅館尤其具有實際意義——比如，樓層較高的旅館。

有些室內陳設製作材料在燃燒後會釋放出有毒氣體。美國國家防火協會（NFPA）已建立了防火和防毒標準。索取該標準的相關資料，請寫信給以下位址：NFPA at Batterymarch Park，Quincy，Massachusetts，02269；或撥打電話：（617）770-3000。室內設計師在提交設計圖紙時，往往會引用 NFPA 的標準。

二、吸音考慮

由於住宿旅館與享有私密性是密不可分的，旅館在選擇牆面和天花板的用材時，對吸音效果（acoustical）的考慮是非常重要的。吸音材料是用噪音減弱係數（NRC）來衡量的。比如，噪音減弱係數 0.75，表示此種板材吸收其所接收到的 75% 的聲波。大部分商業用材料的噪音減弱係數在 0.60～0.95 之間。我們很難建議一個適用於旅館或其他建築的標準噪音減弱係數，因爲還有許多其他因素影響吸音的效果。例如，鋪設了地毯的地面也能吸音，這就能降低對牆面或天花板噪音減弱係數的要求。

天花板和牆面的吸音材料一般是板材。這些板材填充了有吸音作用的纖維玻璃或礦物纖維材料，表面是乙烯基或布料。標準的牆板尺寸寬爲 2 英尺～2.5 英尺，高 9 英尺～10 英尺。這些板材設計易於安裝，背後有木條，便於粘貼或固定在牆上。天花板通常是固定在天花板的金屬網格上的。

第二節　天花板和牆面塗飾的種類

　　對天花板、牆面和窗戶表面的裝飾要追溯到中世紀，那時的人們居住在城堡裏，爲了裝飾屋子或阻擋通道風，掛起了精美的織毯和窗簾。如今，對天花板、牆面和窗簾裝飾的選擇更多，是取決於其隔音效果、安全和外觀的因素，而不再是爲了防寒。

　　今天，在市場上可以找到各式各樣的天花板和牆面裝飾用材，塗料是最爲普遍的。近年來，乙烯基的製造商生產出了大量實用美觀的產品，使得乙烯基逐漸成爲除了塗料以外，另一種適用於各種建築裝修的流行選擇。

　　天花板和牆面包括各種不同的木制表面，如強化膠合板、薄片木板和鑲板；人造材料如地毯、人造板和花式紋理噴塗塗層；壁紙；石材如磁磚或大理石。以下介紹了幾種常用的天花板和牆面用材——塗料、乙烯基和織品。

一、塗料表面

　　塗料的優勢在於價格相對便宜，並且對牆面和天花板都適用。塗料可以用性質溫和的肥皂和水輕鬆地加以清潔。近年來，製造商們透過降低孔隙率，在提高塗料的耐久性和易清潔性上有了較大的突破。一般而言，塗料的孔隙率越低，其耐久性和耐塵性也就越好。

二、乙烯基表面

　　乙烯基現在廣泛用於牆面裝飾和作爲天花板的表層。乙烯基的牆面裝飾在製作時把乙烯基強化層壓在棉板或聚棉板上。相比之下，襯聚棉板的乙烯基牆面比襯棉板的乙烯基牆面更加耐用，而且比較不易燃燒。

　　與牆紙一樣，乙烯基是成卷出售的，要用特別的黏合劑粘貼。乙烯基牆面在粘貼時要用帶防黴劑的黏合劑，尤其是在氣候潮濕悶熱的地區。發黴會使牆紙從黏合劑上鬆開，在乙烯基表面出現拱起。安裝乙烯基牆面是工程部人員或外請施工單位的工作。但是，客房部員工可能需要清潔從牆面滲出的黏合劑，特別沿縫合的部位。選用製造商推薦的清潔劑可以除去黏合劑。

　　過去，人們選擇乙烯基只是因爲它的實用性。在必要時它可用刷

子、肥皂、水或較強的清潔劑刮洗。今天，乙烯基牆面有各種顏色和質地可供選擇，不僅實用，而且美觀。

美國聯邦政府把乙烯基牆面分成三種。二類乙烯基（TypeⅡvinyl）耐用而美觀，最適合於公共區域。通常其壽命比塗料長 3 倍。但是，它比較容易受衝撞撕裂。質地講究的乙烯基也許不能擦洗。表 10-1 顯示了製造商關於保養乙烯基表面的參考意見。

三、織品表面

織品表面是最豪華的牆面裝飾用材，價格昂貴，安裝複雜，容易損壞，不易清潔。

曾經一度使用十分廣泛的亞麻布，已逐漸爲各種其他材料所代替，如棉布、羊毛和絲綢等。有時爲了美觀，也會把兩種或兩種以上的材料組合起來使用。

織品裝飾的牆面有的用紙做背襯，有的用丙烯酸做背襯。紙背襯的牆面在接縫處不易開線，並且安裝比丙烯酸背襯的牆面簡單。但丙烯酸背襯的牆面不易起皺，並且在安裝時容易調整。所有的織品裝飾牆面都必須定期吸塵。必須使用製造商推薦的清潔用品清潔污跡。絕不可以用水清潔織品裝飾的牆面，以避免發生縮水。

四、天花板和牆面的清潔

相對於重新粉刷或更換而言，清潔天花板和牆面對旅館來說是最主要的經濟實用的保養方法。例如粉刷，其成本就比清潔作業要高，並且需要較長的時間，這也就意味著可能會影響客房的銷售。重新粉刷不可能殺死細菌或去除污垢，而只是掩蓋它們。粉刷還會留下令賓客不愉快的異味。更換的成本可能是清潔的 10 倍，更換了以後還要清潔出風口、換氣扇等等。而且，如果不加以清潔，更換的頻率就要大大提高。

正如前文所述，清潔天花板和牆面的經驗法則也是遵循製造商的建議。通常，天花板和牆面分成三個種類——多孔的（porous）、無孔的（nonporous）和半多孔的（semiporous）。針對不同的種類，其清潔的方法也有所不同。

表 10-1 製造商關於乙烯基牆面的清潔指南

koroseal 乙烯基牆面
清潔指南

污漬必須馬上清潔以避免污漬與牆面材料發生反應（如果牆面材料名覆 Tedlar* 薄膜，就不必那麼緊急）。是否及時，對於能否除去帶顏色或溶劑的物質，如圓珠筆油、指甲油、口紅、染髮劑、油漆、瓷釉以及某些食品是十分關鍵的。

注意：在開始用其他方法清潔前，需要先仔細地刮去殘餘在表面的髒污物，如口香糖、蠟筆、油漆、指甲油或柏油。

最好先用性質溫和的清潔用品，如肥皂或洗滌劑加水清潔。如有必要，可使用洗滌能力較強的家用液體清潔劑（含氨或不念氨）外用酒精 3% 的過氧化氫溶液、松香油、汽油和媒油。在使用高強度的含氯漂白劑、家用擦洗劑、外用酒精、過氧化氫、松香油、汽油和媒油時，必須先在牆面不太醒目以便確定使用後不會對牆面的印花（若有）、

色彩、光澤等產生不利的影響。汽油、媒油和松香油會引起爆炸，應該小心處理。千萬不要混合清潔劑——強烈的化學反應可以導致嚴重的傷害。在使用任何清潔劑前，必須仔細閱讀標籤上的注意事項。

反覆使用強效清潔用品，會抽乾牆面上的增塑劑，使之失去柔韌性。

反應物

一般的污垢

可以用溫和的肥皂或清潔劑和溫水去除；浸泡幾分鐘後，用抹布或海綿用力地擦拭。在質地較粗的圖案上可以用軟毛刷，用清水漂洗，然後用乾淨的乾抹布擦乾。如果有必要，重複上述程序。

汽油、媒油和松香油會引起爆炸，應該小心處理。千萬不要混合清潔劑——強烈的化學反應可以導致嚴重的傷害。在使用任何清潔劑前，必須仔細閱讀標籤上的注意事項。

指甲油、矽膠、漆

立即用乾抹布除去，小心不要把污跡面擴大。然後很快地用摩擦醇擦拭，再用清水漂洗。

油漆、鞋油、橡膠鞋跟印跡、車用潤滑油、焦油／瀝青

盡量擦拭去除，然後用媒油或松香油清潔。用清水徹底漂洗。

圖珠筆印

必須用布蘸外用酒精立即加以清潔。

口香糖

盡量擦去（用冰塊擦，比較容易清除），然後用摩擦醇擦拭。也可用媒油或石腦油。

鉛筆、蠟筆

刮去表面的蠟筆跡，用橡皮擦掉鉛筆跡。剩下污漬用摩擦醇除去。

糞便、血跡、尿液

盡快去除上述污漬，用強效皂液和家用型帶氯的漂白劑清潔污漬部位，然後再用清水沖洗。

警告：如果不按以上清潔指南操作或不遵守清潔劑的適用範圍，可能會導致嚴重的人員傷害，物品損壞或失效。

＊杜邦公司註冊商標

注意：以上資料經測試證明是可信的。但是，實驗室的測試並不一定能代表實際狀況。上述資料僅作參考，不作為依據和保證，因為我們無法保證不在我們直接控制下的操作結果。

（續）表 10-1　製造商關於乙烯基牆面的清潔指南

固特異輪胎公司（BF　Goodrich）牆面污漬的去除

| （加覆 Tedlar 膜牆面） | | | | （不加覆 Tedlar 膜牆面） | |

代號指示：（加覆 Tedlar 膜牆面）

- 0 乾紙巾
- 1 濕紙巾
- 2 溫和的肥皂與水
- 3 強力家用去垢劑
- 4 溶劑（甲苯）

代號指示：（不加覆 Tedlar 膜牆面）

- 1. 溫和的肥皂與水
- 2. 強力家用去垢劑
- 3. 強皂液和含氯漂白劑
- 4. 冰塊
- 5. 去污液
- 6. 煤油和松節油
- 7. 摩擦醇

污跡				污跡	
醋酸（5%）	0	印泥跡	1		
丙酮	0	果醬、果凍	1		
酒精	0	豬油	0		
氨水（10%）	0	口紅	3	柏油*	5~6
香蕉水	1	鹼溶液	1	汽車潤滑油	5~6
甜菜汁	1	甲基紫	1	圓珠筆油	7
上藍劑	1	甲基紅	1	血*	3
含溴甲酚綠的甲醇	1	含亞甲藍的苯酚試劑	1	番茄醬*	1
四氯化碳	1	汞溴紅	2	口香糖	4
番茄醬	2	硫柳汞	1	咖啡	1
香煙	1	奶	1	蠟筆	1~7
檸檬酸（10%）	1	滅蛾噴霧劑	1	糞便*	3
巧克力糖漿	1	電動機油	2	漆*	7
咖啡	1	芥子醬	1	電動機油	1
蠟筆（蠟）	2	指甲油	4	芥子醬*	1
冷霜	2	硝酸（5%）	0	指甲油*	5
Dreft 去垢劑	1	橄欖油	2	普通塵垢	1
染色劑（頭髮）	1	鉛筆	1	塗料*	6
染色劑（衣服）	1	石碳酸（5%）	1	鉛筆印	7
二螢熒光鈉	1	酚紅（1%）	1	橡膠鞋跟痕跡	5~6
二螢熒光鈉	1	酚藍	1	矽膠清漆*	7
噴蠅油	2	高錳酸鉀／水（10%）	1	鞋油*	5~6
汽油	0	長效睫毛膏	1	茶	1
油脂	2	橡膠擦痕	1	番茄汁	1
葡萄汁	1	沙拉調味料	1	硫柳汞酊*	7
髮油	2	鞋油	2		
洗手皂	1	硝酸銀	2		
氫氯酸（5%）	0	蛋白銀	1		
過氧化氫（30%）	0	硫酸氫鈉	1		
次氯酸鹽漂白劑	1	亞硫酸氫鈉	1	*上述污跡若不立即加以清除，可	
殺蟲噴霧劑	2	Stainless Mercresin	0	能留下永久污跡。	
圓珠筆油	3	汗液	1		
畫筆油	1	硫酸(5%)	0		
記號筆油	3	茶	2		
永久墨水跡	1	磷酸三鈉	1		
可洗去墨水跡	1	番茄汁	2		
		松香油	1		
		尿素	1		
		尿（犬科）	1		
		醋	1		
		Vitalis" 牌髮油 "	2		
		水	0		
		血跡	0		

軟毛刷有助於清除嵌入浮雕表面的微小顆粒。

資料來源：BFGoodrich Company, Akron, Ohio.

多孔型的表面容易吸潮。如乳膠漆、吸音天花板磚、未密封的木頭和有紋理的天花板。無孔的表面不會吸潮，如琺瑯漆、密封的木頭、金屬、乙烯基牆紙和塑膠天花板。無孔表面多餘的潮氣可以擦拭掉。半多孔型的材料包括磚和石頭。

在選擇清潔劑和清潔設備時請注意：

1. 產品能夠清潔的表面類型越多（多孔型、無孔型、半多孔型），越經濟；

2. 選擇無毒的、可生物分解的、無異味的清潔用品，對人畜無害。清潔溶液中不能包含氯或重氧化劑，否則可能會損壞接觸的地毯或家具；清潔液有噴霧裝置，便於使用者操作。噴灑時動作呈扇形，這樣噴灑均勻，而不至於打濕表面；

3. 選擇客房部清潔人員可以不使用梯子或臨時支架的設備，不僅節約時間，而且減少事故；

4. 工具要有延伸桿，使操作人員能輕鬆把握，可以提高清潔工作的效率。

天花板上出風口、燈具、風扇等附近的部位，要在清潔天花板前先吸塵。蜘蛛網和煙垢也要透過吸塵除去。天花板吸塵最有效的方法是使用吸塵器的加長附件，操作者站在地上，也能清潔天花板。很重要的一點是，在清潔的時候，要憑藉「吸力」，而不要用吸塵器的吸頭去「刮擦」煙垢或灰塵，因為「刮擦」只會使煙垢或灰塵經碾壓後，深入天花板中。

在清潔天花板和牆面前要把家具和固定裝置蓋起來，以防止潮氣滲入。如果清洗時滴水，要求客房部的員工經常拖地，進而防止因為濕滑而造成人員摔倒受傷。

五、窗簾

窗簾包括乙烯基百葉簾、捲簾、布窗簾等。所有的窗簾，特別是布簾吸收灰塵、香煙和其他污染物。對窗簾吸塵（如果製造商沒有明示禁止吸塵）可減少其他形式的主要清潔工作（如布簾的水洗或乾洗、百葉簾用肥皂和水清潔）的次數。

帶繩索的窗簾和百葉簾比較容易損壞，賓客常常一下子看不見繩索，於是就直接拉拖窗簾或百葉簾，以便能看到窗外。選擇帶操作桿或

自動釋放開關的窗簾或百葉簾，比選擇帶繩索的窗簾和百葉簾能較好地防止損壞。選用無需拆卸操作杆或窗簾，就能對機械裝置進行維修的類型。

容易安裝拆卸的遮光簾能提高客房清潔員的工作效率，選擇正確的機械裝置可以使遮光簾的安裝和拆卸變得容易。客房部要有備用窗簾，如果有窗簾髒了，可以先掛上備用的窗簾。

(一)清潔窗簾

清潔窗簾時必須瞭解的一項最重要的內容，就是窗簾是用什麼材料製成的。製作窗簾所用的材料決定了是否可以吸塵、手洗、去污跡、水洗或乾洗。任何一種清潔方式都應該在不醒目的部位取一小塊地方進行試驗，以避免出現褪色、縮水等問題。窗簾的製造商能提供如何清潔某種窗簾的最好指南。

小型攜帶型吸塵器是清潔窗簾和遮光簾的最佳選擇，吸塵時要按照織品的編織方向來作業。

窗簾的清潔最好既花錢少又簡便易行。選擇能夠水洗的窗簾能為旅館節約時間和費用。如果旅館正準備購買能夠水洗的窗簾，應該選擇不帶縫製襯裏的，又可水洗的材料製成的窗簾。帶襯裏的窗簾必須乾洗，因為窗簾布或襯裏布可能會縮水或拉長，使得窗簾洗後變皺，無法恢復。選擇價格較低、可單獨懸掛的襯裏有一些優點。比如，這可以減輕窗簾的厚度。而且，襯裏暴露在日光裏（特別是朝西向和朝南向），容易變舊。更換單獨的襯裏比更換與窗簾縫製在一起的襯裏要便宜得多。

許多旅館建議把窗簾運到店外的洗衣公司去洗，這些洗衣公司針對可能發生的洗滌損壞提供品質保證。通常窗簾每兩年洗一次或根據需要而定。

居室年鑑 THE ROOMS CHRONICLE

積滿灰塵的窗簾

要除掉窗簾上的灰塵，可以把窗簾與一條濕毛巾一起放進乾衣機裏，然後啟動滾筒轉動（不要加熱）15 分鐘。為了防止起皺，結束後馬上取出掛起。

資料來源：《居室年鑑》，第 2 卷第 1 期。

第三節 家具和固定裝置的種類

我們只需很快地看一下任何旅館的客房清潔員，或大廳清潔員的工作清單就會知道，客房部員工每天至少必須清潔和檢查一次的家具和固定裝置的數目著實是驚人的。家具和固定裝置幾乎包括了從垃圾桶到床頭燈、泳池區的椅子、大廳的公用電話等所有的東西。

旅館的家具和固定裝置的數量及製作用材，由旅館的規模及其所提供服務的層次決定。通常，不同種類的家具和固定裝置出現在旅館的三大區域——公共區域、客房和員工區域。

一、公共區域

不同旅館的公共區域在規模和類型上都有很大區別。例如，在許多經濟型旅館裏，一個面積不大的大廳是旅館唯一的公共區域。大廳包括的家具和固定裝置有：簡單的燈具、座椅，也許還有臨時茶几（occasional table）。而在著名高級旅館裏，大廳包括了許多豪華的設施，比如豪華吊燈、噴泉、雕塑以及其他藝術品。

大廳公共洗手間的大小各不相同。洗手間內包括基本的固定裝置，如馬桶、洗臉槽、紙巾盒和乾手機。有的洗手間還提供嬰兒換衣桌，配備特別燈光的化粧室，或配備了座椅、桌子和煙灰缸的吸煙區。

大廳清潔員負責清潔這個區域的所有家具和固定裝置。此外，他們

還必須檢查這些家具和固定裝置，確保它們處於良好的工作狀態。例如，洗手間裏的給皂器和馬桶是否正常運行？是否有燈泡不亮需要更換？是否有螢光燈燈管燒壞需要報告工程部？滅火器是否定期除塵檢查？（通常，工程部負責補充或更換滅火劑，客房部負責除塵和清潔。同時，客房部清潔員在清潔時如果發現滅火器上缺少檢查日期或已超過檢查期限，就應該立刻通知工程部。）

除了大廳和公共洗手間，一般中高級旅館裏都有會議室、會客廳、娛樂區域、餐廳和酒吧。這些區域的家具和固定裝置包括座椅、桌子、活動舞臺和活動屏風或室內隔間。派對和接待用的設施包括活動酒吧、跳舞地板和鋼琴。會議室裏通常配備書寫板、書寫板支架、投影螢幕、投影機和講臺。

客房部員工不負責管理會議設備和會議室的布置。會議室和接待室通常由宴會部負責布置，也由宴會部負責撤去桌椅及其他設備的布置。客房部則負責每日的和定期的清潔，比如清潔吊燈，牆面、窗戶和地毯的吸塵和清洗。同樣，會議中心由會議服務部負責，客房部負責根據清潔日程表對設施進行清潔保養。會議需用的視聽設備由視聽人員負責提供、保養。視聽人員通常屬於旅館的工程部或會議服務部。戶外的娛樂區域通常由工程部或園林養護人員負責維護。在大型旅館裏，餐廳和酒吧在營業時段由餐飲部負責，在非營業時段由客房部負責。

二、客房

許多連鎖旅館公司爲了幫助旗下的成員旅館正確地挑選家具和固定裝置，提供給他們一本產品目錄，讓他們從中選擇。產品目錄中的產品達到公司規定的品質標準，並能確保連鎖品牌旗下的旅館看上去基本一致。同時，選擇這些家具和固定裝置也是由於其耐用性、安全品質和易於保養的特點。有時，製造商也會根據公司的要求爲他們訂做家具或固定裝置。

幾乎所有連鎖旅館和其他很多獨立旅館都成套地購買家具，以便保持家具品質的一致性和外觀的協調性。有些成套家具（suite）有品質保證書，確保了家具的製作手藝。圖10-1展示的是幾件成套家具。

客房臥室裏的家具和裝置至少包括床、衣櫃、床頭櫃以及燈具——頂燈和床頭燈。客房服務員要清潔這些家具並加以整理。擺放好寫字

臺、桌子等家具上的旅館印刷品、客房用品，也是客房服務員的職責。

家具和裝置的用材決定了清潔保養的流程以及保養的持久性和難易程度。用於製作家具和裝置的材料包括木頭、金屬、塑膠、天然或人造的織品，以及其他各種人造材料。

家具的基本款式對保養的難易程度產生重要的作用。例如，裝有腳輪或地毯保護裝置的家具可以減少對地毯的損壞。腳輪使大件家具容易搬移；正面和側面內嵌的櫥櫃式家具積塵較少；衣櫃和正方體形的桌子底部必須密封，這樣地毯清潔時的溼氣不會滲入木材中，導致損壞。餐桌、寫字臺和櫥櫃的平面部分如果加覆防水材料，就會免受水的侵蝕，並且也比較耐髒。

在美國，幾乎所有旅館不僅提供電視機，有的還提供有線電視連接，附遙控器的電視是十分普遍的，房內還提供附有鬧鐘的收音機。客房清潔員負責清潔這些設備，並且確定其處於良好的工作狀態。如有設備發生故障，應立即向工程部報告。

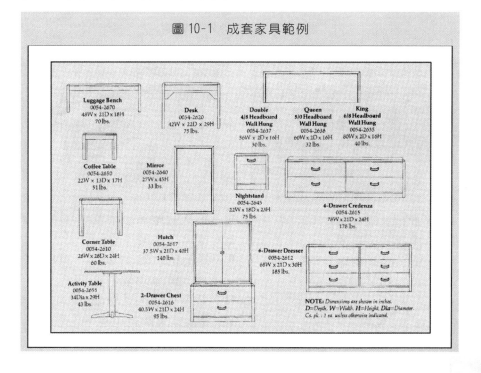

圖 10-1　成套家具範例

洗手間基本由洗臉槽、馬桶、毛巾架、鏡子、燈具、垃圾桶和淋浴房組成。但大多數的旅館不僅配備淋浴，還配備了浴缸。圖 10-2 顯示了一些洗手間的小件固定裝置。通常，旅館還提供化妝台和淋浴按摩器。有些旅館認識到商務客中的女性數量不斷增加後，還提供壁掛式吹風機等設備。

在有些中級旅館和許多高級旅館裏，洗手間是極爲豪華的，可能配備坐浴盆、水流按摩浴缸、漩渦浴缸、蒸氣室和化粧室。這些設施都由客房清潔員清潔和檢查。同時，客房清潔員還要把洗手間的客用品整齊擺放到洗臉臺上。

商務旅行的增加，促使各類型的旅館都設法提供起居或工作的空間，或是在與臥室的同一個房間內，或是以套房形式，外加一個房間。起居室包括座椅、桌子，通常還有寫字臺和咖啡機。有時還提供存放食品酒水的空間，包括一個小冰箱和／或酒吧。圖 10-3 顯示可用於帶有起居室的客房的一套家具。

圖 10-2　浴室內陳設範例

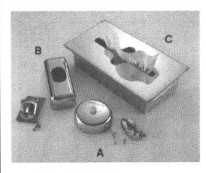

A － 伸縮式晾衣繩
B － 內置式開瓶器
C － 嵌入式紙巾器

D － 嵌入式雙筒紙巾罩
E － 雙筒紙巾架
F － 單筒紙巾架
G － 嵌入式單管紙巾盒
H － 淺薄型嵌入式紙巾盒
I － 嵌入式化妝紙巾盒
J － 毛巾支架
K － 毛巾架
L － 毛巾架

三、員工區域

　　員工區域包括辦公室、休息廳和工作場所。通常來說，由在各個不同區域工作的員工負責保持自己的工作臺乾淨整潔。比如，工程部的員工負責清潔自己的工作間。如前文所述，餐廳的服務人員負責搬移清潔餐桌和餐廳的其他家具。辦公室的員工負責保持自己的寫字臺清潔整齊。客房部的員工只負責在這些區域吸塵、清潔牆面和天花板、傾倒垃圾筒。有些大旅館有一個專門的辦公室清潔員，負責每天清潔辦公室。

圖 10-3　起居室一套家具範例

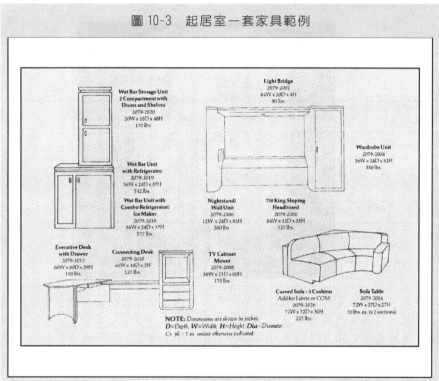

第四節　養護考慮的因素

　　通常，主要清潔的流程包括清潔家具裝飾面，和用水或適當的清潔劑清潔可洗的家具，一般每6個月一次或根據需要而定。

大部分主要清潔工作可以用簡單的工具完成：水桶、抹布和清潔劑。裝飾面的清潔需要特別的清潔設備，這些設備一般是手動操作的。可以購買到各種配件使清潔工作變得更容易，例如用來除去地毯上的污漬，或清潔臺階上的地毯或其他難以觸及的髒污部位。這些設備在工作時把乾泡沫材料吸入滾動刷中，用滾動刷刷洗髒污部位。

　　零星的清潔工作需要比主要清潔工作更頻繁地進行。零星的清潔工作包括燈罩和靠墊的除塵吸塵、金屬裝置的上光等。可以用經過家具上光劑處理的擦塵紙來擦塵。小型攜帶型吸塵器適宜於定期對家具裝飾面和固定裝置進行吸塵。

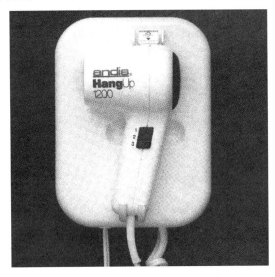

為了滿足今天旅行者不斷變化的需求，許多旅館提供耐用的壁掛式吹風器，作為客房內的一項方便賓客設施。

資料來源：Hotel Source, Boston, Massachusetts.

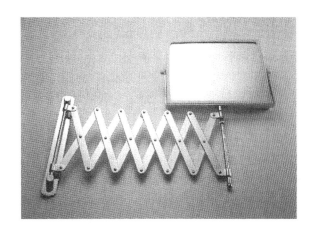

女性商務遊客的數量日益增長，促使一些旅館專在客房裡為她們配備了
一些新的設施，如可拉伸的化妝鏡。
資料來源：Hotel Source, Boston, Massachusetts.

一、座椅

座椅的尺寸和形狀各不同，有無扶手的單人椅、扶手椅、安樂椅、
雙人沙發、長沙發、兩用沙發和軟凳等。品質好的座椅價格相對貴一
些，但對旅館而言，從長遠來講，購買品質好的座椅是物有所值的。

通常，窯乾的硬木框比較不易彎曲或鬆動。任何木質扶手、椅腿或
靠背等不加額外裝飾的部分，都必須經過防污跡和防汗處理。比如，聚
亞氨酯的表面就不受水或其他液體的侵襲。

座椅的裝飾面要根據耐用性來選擇。泡沫靠墊比碎泡沫靠墊或棉質
靠墊耐用，並且不易變形。通常，製造商提供可與某種椅框配套使用的
多種面料供選擇。

裝飾面要定期吸塵、除污。在清潔不同的裝飾織品前要向製造商諮
詢。有些製造商會在裝飾織品的家具上用標籤標明「S」、「W」或「S-
W」。這些標籤表明該種裝飾織品只能用溶劑清潔、只能用水清潔，或
既可用溶劑清潔也可用水清潔。如果標有「X」，則表明不能濕洗，只
能吸塵。保養專家建議所有裝飾面的清潔都應該按以下步驟進行測試：

1.用所計畫要用的清潔劑或洗滌劑加水製成少量溶液。根據標籤上

的操作指示，使溶液的溫度與操作指示要求的溫度一致。

2. 用該溶液將裝飾織品上不引人注意的某個部位完全打濕（比較理想的用來作這個實驗的部位是靠墊上裝拉鏈的一面的一半部分。不管在哪個部位測試，都必須包括裝飾表面的各種顏色），用一塊白毛巾或抹布把這個部位吸乾。如果裝飾織品面料上的顏色褪去，就說明不能濕洗。等待這個部位自然變乾，不要加速它的變乾。

3. 待這個部位變乾後，進行檢查。如果裝飾織品的面料中的某種顏色滲入到另一種顏色中，則說明這種面料不能濕洗。如果測試部位起皺，說明如果濕洗會縮水。

4. 如果變乾後，測試部位出現棕色環狀印跡，則說明濕洗只能作為最後一招。如果對某部位的水洗測試是成功的，但這種面料是絨毛表面的（比如天鵝絨），濕洗還是只能作為最後一招。

5. 在測試溶劑時，把少量溶劑倒在白抹布上，然後塗在測試部位，等待變乾。正式起用前，先檢查測試部位的褪色情況或是否有其他損壞情況。

　　裝飾面經測試後，要把結果記錄下來，以後可用作參考。切記溶劑是易燃品，因此要購買與之相配套的設備。雖然溶劑乾得很快，但可能會留下異味。因此在購買前要做充分的評估。

　　通常，機織尼龍和品質好的乙烯基是最耐髒、最容易清潔的裝飾面料。使用頻繁的區域的座椅必須用乙烯基面料，因為乙烯基面料只需每天擦拭，或使用其他專門為頻繁使用而設計的面料。要避免使用光滑質輕的面料，因為用這樣的面料製作的椅套會隨著靠墊滑動，而且也不經久耐用。

二、櫥櫃式家具

　　櫃子的抽屜可以對賓客和客房部的員工造成各式各樣的安全隱患和麻煩。內嵌式把手不會突出來，也不會拽住衣服或與人發生碰撞。尼龍的球體支撐和抽屜滑槽降低了抽屜開啟和關閉時發出的噪音，能減少對抽屜的磨損並消除抽屜被卡住的情況。有些抽屜只需輕輕一推，就會完全闔上，這樣可以防止有人撞到打開的抽屜上。做工考究的櫥櫃式家具（case goods）在最底層抽屜下面還有一層接塵板。有些櫥櫃式家具背面

有擋板，即使家具的背面有電線插口，家具也能貼著牆擺放。圖 10-4 說明了挑選櫥櫃式家具的幾個要點。

與座椅相同，櫥櫃式家具也需用耐用的材料貼面。聚亞氨酯能保護家具不受污垢和水的侵襲。但是，有些比較精巧的家具貼面，所用的材料耐用性略差些。打蠟能夠保護家具表面，並在一定程度上保護下面的木頭。有些旅館在桌面、櫥櫃面或其他精巧家具的表面加放一塊切割的玻璃，用來保護表面。

圖 10-4　櫥櫃式家具規範

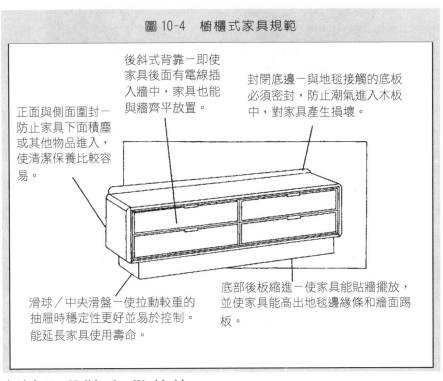

後斜式背靠－即使家具後面有電線插入牆中，家具也能與牆齊平放置。

封閉底邊－與地毯接觸的底板必須密封，防止潮氣進入木板中，對家具產生損壞。

正面與側面圍封－防止家具下面積塵或其他物品進入，使清潔保養比較容易。

滑球／中央滑盤－使拉動較重的抽屜時穩定性更好並易於控制。能延長家具使用壽命。

底部後板縮進－使家具能貼牆擺放，並使家具能高出地毯邊緣條和牆面踢板。

資料來源：Holiday Inn Worldwide.

三、洗手間固定裝置

馬桶一般是用玻璃瓷製作的。桶體加長型的馬桶能比較合理地利用空間。因為桶體向前方伸出，後面就能設置物品架。

洗臉台（洗手間的臺面）通常用大理石或人造材料製成。丙烯酸、聚合物或丙烯酸與聚合物結合是最常用的人造材料。大理石比丙烯酸或聚合物昂貴，且容易受損。人造材料比較容易保養，劃痕等損傷可以磨平。

浴缸通常用塗瓷鑄鐵或丙烯酸材料製成。丙烯酸型的通常用玻璃纖維加固，製成浴缸與淋浴房等組合件。通常在塗瓷鑄鐵浴缸的周圍和淋浴房的牆上貼上磁磚。

豪華的衛生潔具（注意上圖最左邊的坐浴盆）和洗手間的裝飾是一些中高級旅館的特色所在。
資料來源：Kohler Company, kohler, Wisconsin.

許多設計師和旅館業主選擇塗瓷鑄鐵（enameled cast iron）的浴缸和磁磚牆面。但客房部經理一般比較喜歡丙烯酸（acrylic）的浴缸或淋浴房，因為價格比較便宜，容易保養，並且耐用程度與塗瓷鑄鐵浴缸幾乎相同。價格低廉的醋溶液用於清潔丙烯酸的浴缸快捷方便，但有些旅館為了避免浴缸產生沙拉一樣的氣味，傾向於使用溫和的多功能清潔劑。劃痕或煙燙印可以修補磨平而不影響顏色和表面完整。總而言之，客房部經理一般認為清潔丙烯酸的潔具只需耗費清潔塗瓷鑄鐵潔具的一半時間。

洗臉槽通常用玻璃瓷或塗瓷鑄鐵製成。但是，非常豪華的款式也可能是用防水的大理石或經過防水處理的柚木製成的。洗臉槽也可能是各種看似天然材質的人造材料製成的，比如花崗岩或人造大理石。

浴缸、淋浴房、洗臉槽的水龍頭和把手可能是鎳、鉻製成的，有的豪華型的潔具用黃銅製成。鉻制或黃銅制的水龍頭和把手不可以接觸酸性清潔劑。

四、燈具

公共區域宜選用頂燈。頂燈有許多種類，包括精緻的枝形吊燈、嵌入式頂燈、活動式投射燈和帶有燈光散射裝置的螢光燈。此外，還有壁燈。

客房內的燈光也是各式各樣的。頂燈一般用於洗手間，或常常安裝在房間的進門處。在一個寬敞的有工作區的房間或套房裏，可能會在工作臺的上方安裝一盞頂燈。在洗手間或化妝間裏有一面化妝鏡及安裝在牆上的鏡燈。

在起居室和臥室裏，通常在衣櫃、床頭櫃、座位附近安裝燈具。金屬燈具底座比陶瓷製品經得起磕碰。品質好的金屬底座邊上沒有縫合線。陶瓷燈具表面的色彩如果不是油漆上去的，而是在表面上過釉的，就比較耐久。有些旅館選用可以拴在寫字臺上的臺燈，以避免打碎或被盜。

燈罩的更換比燈座要頻繁。品質好的塑膠裏襯的燈罩要比布製裏襯的燈罩更耐用。開關安裝在燈的底座上可避免賓客或員工在燈罩周圍摸索尋找開關，從而在不經意間損傷燈罩。固定性裝配（permanent assembly）好的燈，可以避免插口鬆動。圖 10-5 顯示了選擇燈的幾個要素。

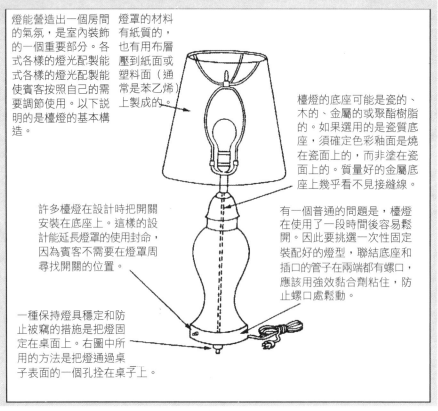

圖 10-5　燈的選擇要素

燈能營造出一個房間的氣氛，是室內裝飾的一個重要部分。各式各樣的燈光配製能式各樣的燈光配製能使賓客按照自己的需要調節使用。以下說明的是檯燈的基本構造。

燈罩的材料有紙質的，也有用布層壓到紙面或塑料面（通常是苯乙烯）上製成的。

檯燈的底座可能是瓷的、木的、金屬的或聚酯樹脂的。如果選用的是瓷質底座，須確定色彩釉面是燒在瓷面上的，而非塗在瓷面上的。質量好的金屬底座上幾乎看不見接縫線。

許多檯燈在設計時把開關安裝在底座上。這樣的設計能延長燈罩的使用封命，因為賓客不需要在燈罩周尋找開關的位置。

有一個普通的問題是，檯燈在使用了一段時間後容易鬆開。因此要挑選一次性固定裝配好的燈型，聯結底座和插口的管子在兩端都有螺口，應該用強效黏合劑粘住，防止螺口處鬆動。

一種保持燈具穩定和防止被竊的措施是把燈固定在桌面上。右圖中所用的方法是把燈通過桌子表面的一個孔拴在桌子上。

資料來源：Holiday Inn Worldwide.

名詞解釋

吸音效果（acoustics）　用於構造天花板、牆面或地面的材料的吸收聲音的效果。

丙烯酸（acrylic）　用於製造面料、透明的模型製品或表面的一種人造材料。

櫥櫃式家具（case goods）　頂部和側面圍封的家具，如衣櫥和寫字臺。

塗瓷鑄鐵（enameled cast iron） 常用於製造洗手間潔具的材料，特別是洗臉槽和浴缸。

火勢蔓延指數（flame spread index） 用於衡量火勢在某種材料的裸露表面蔓延的速度的指標。

無孔的（nonporous） 不吸濕的。

噪音減弱係數（NRC scale） 說明某種材料吸收聲音的量的指標。

臨時茶几（occasional table） 小茶几。

固定性裝配（permanent assembly） 燈具的底座和燈插口熔合固定在一起，避免鬆動。

多孔的（porous） 吸潮的。

半多孔的（semiporous） 略吸潮的。

細木條（spline） 用於固定天花板或牆面板的木條。

成套家具（suite） 幾件設計相近的家具，通常一起出售，用於裝飾一個完整的房間。

二類乙烯基（Type II vinyl） 經濟類等級的乙烯基。

玻璃瓷（vitreous china） 通常用於製造馬桶的材料。

複習題

1. 列出牆面裝飾的主要種類，並討論它們在價格、保養方式及美觀程度上分別有哪些優點？
2. 為什麼在考慮天花板和牆面的選材時，吸音效果是一個重要因素？
3. 什麼是噪音減弱係數？牆飾噪音減弱係數為 0.60 表示什麼？
4. 討論新技術是如何降低牆面和天花板用材的可燃性的？
5. 說明為什麼清潔天花板和牆面可以視為是一項節約成本的工作？
6. 為什麼天花板和牆的孔隙率對清潔工作很重要？
7. 討論不同類型的窗簾在清潔上的不同要求。

8. 說明旅館的規模和服務標準對家具和固定裝置的數目和種類的影響，以及由此產生的對客房部工作的影響。
9. 討論旅館中使用的各種桌子、座椅及櫥櫃式家具。請說出這些種類的家具分別放置在旅館的什麼部位？
10. 討論用於製造家具和固定裝置的幾種材料。

網　址

　　如欲瞭解更多資訊，請瀏覽以下網址。網站地址可能會有所更改而無專門通知。如果該網頁已經不存在，請使用搜索引擎查找更多相關網址。

AquaChair Company
http://www.hotel-line.com/showcase/fixture.html

Basics of Painting Walls and Ceilings
http://www.housenets.com/Articles/Pai-Des/HN020540.HTM

Cutter Information series of reports
http://www.cutter.com/energy/reports/ceiling.htm

Galaxy Furnitures & Decorators
http://www.indianeconomy.com/ind/fc/g/fcg06760.html

Hamilton Walls/ Ceilings/Painting
http://constructionsite.ca/ontarion/ha09000.html

Interior Walls and Ceilings
http://www.dulux.com/trade/tips-probs/intwlcel.htm

Kingston Walls/Ceilings/Paintings
http://construcationsite.ca/Ontario/kg09000.html

Walls & Ceilings Magazine
http://www.wconline.com/issues

Western Michigan University
http://tenant.net/Other-Ather/Michigan/p9/walls.html

任務細分表

天花板、牆面、家具與固定裝置

本部分所提供的操作流程只用作說明，不應被視爲是一種推薦或標準，雖然這些流程具有代表性。請讀者記住，每個旅館爲適應實際情況與獨特需要，都擁有自己的操作程序、設備規格和安全規範。

帶織品和裝飾用品的家具的吸塵

所需用具用品：裝滿公共區域清潔用品的清潔車、電梯鑰匙、吸塵器及配件、
梯子、刷子和掃帚。

步　驟	方　法
1. 把非固定的靠墊拿開，放在家具上，不要放在地上。	
2. 用潮濕的抹布擦拭乙烯基表面或皮製家具表面的濺溢物。	
3. 除去織品裝飾面上的濺溢物。	☐ 用乾淨潮濕抹布擦拭織品表面。 ☐ 如果需要，在發黏或較油膩的濺溢物上使用溫和的清潔劑。 ☐ 在織品表面選擇一塊比較隱蔽的部位進行測試。看清潔劑是否會導致褪色或其他不良反應。如果是這樣，請告訴主管。 ☐ 清潔後，用乾淨的濕抹布抹洗這個部位。
4. 用小的硬毛刷把家具縫隙處、折疊處或扣狀處的殘留碎片刷去。	
5. 用吸塵器的配件或便攜式吸塵器給家具的織品表面吸塵。	☐ 小心地對乙烯基或皮面家具進行吸塵，避免磨損和破壞表面。有些旅館只用濕抹布，而不用吸塵器來清潔乙烯基表面或皮面家具。 ☐ 對能看得見的表面進行吸塵。 ☐ 對靠墊下方和縫隙處吸塵。 ☐ 特別注意折疊處、扣狀處和其他容易積塵積垢的部位。

蒸汽抽洗家具織品裝飾用品	
所需用具用品：抽洗機、清潔劑、去沫劑、去污劑、「濕家具」的告示牌、吸塵器、乾淨的濕抹布。	
步　　驟	**方　　法**
1. 家具織品裝飾品的吸塵。	
2. 選一塊隱蔽的部位測試清潔劑。	☐選一塊比較隱蔽的，面積較小的部位使用清潔劑。 ☐用乾淨的濕抹布徹底抹洗這個部位。 ☐如果清潔劑對面料產生破壞作用，不要再使用這種清潔劑，並立即報告主管。
3. 準備好蒸汽抽洗機。	
4. 插上抽洗機的電源，如果水箱有加熱器，讓水箱中的水加熱。	
5. 在重污或溢物部位噴灑去污劑，進行處理。	
6. 把蒸汽注入織品中。	☐往抽洗箱裡加入去沫劑，防止產生過多的泡沫。 ☐往水箱中加水和清潔劑的步驟各個旅館不盡相同。 ☐按抽洗機的操作指南使用抽洗機。 ☐用硬管把蒸汽注入織品中，再吸水。 ☐在織品表面的各個部位重複以上操作。 ☐特別注意清潔帶污跡的部位。 ☐不要浸泡家具。太多的水會損壞家具的填料，並需要很長時間才能變乾，而且還可能長霉。
7. 把髒水倒入清洗拖把的水池中。不要用髒水沖洗抽水馬桶。	
8. 晾乾家具。	☐把非固定的靠墊拉起來晾乾，然後再放回家具上。 ☐放置一塊「濕家具」的告示牌，告知賓客家具未完全晾乾前不能使用。 ☐待家具晾乾後，撤掉告示牌。
9. 用乾型吸塵器再次對家具吸塵，吸去清潔劑的殘渣和污物。	
10. 把所有的設備和用品放回原處。	

清潔牆面和踢腳板

所需用具用品：抹布、長柄羽毛撣子或掃帚和抹布、油布或其他保護用的材料、便攜式吸塵器、裝飾用品清潔刷頭、溫和的清潔劑和梯子。

步　　驟	方　　法
1. 牆面和牆的裝飾面除塵。	□ 把一塊布包在掃帚上或用一個長柄羽毛撣子，撣去難以夠到的部位的灰塵和蜘蛛網。 □ 用潮濕的抹布擦拭其他部位。 □ 從房間的頂部向下操作。 □ 如果習慣用右手，清潔時按順時針方向移動。如果習慣用左手，清潔時按逆時針方向移動。
2. 在清潔牆面和踢腳板之前，用油布或其他保護材料把家具和固定裝置覆蓋起來。	□ 在清潔暴露的牆面和牆面裝飾前，先在家具的後面選一小塊地方，噴上溫和的清潔劑。 □ 如果這種清潔劑對牆面產生損壞作用，立即報告主管。
3. 請示主管應該使用哪種正確的清潔劑。	
4. 清潔前，要先選一塊區域加以測試。	
5. 使用梯子，以便能夠到高處的污跡。	□ 確定有人幫你扶住梯子。
6. 清潔粉刷的牆面和平滑的牆裝飾面。	□ 用一塊不帶清潔劑的乾淨潮濕的抹布擦拭。 □ 在污漬或污跡的部位噴上清潔劑。用乾淨、抹布輕輕地抹。不要用力擦，否則會破壞牆表面。 □ 從牆的上面向下清潔。
7. 牆面如有損壞，請向主管報告。	□ 以下情況請向主管報告： ‧無法通過清潔去除的污漬和污垢； ‧牆面有撕裂或刺破； ‧牆紙突起的部位； ‧其他損壞。
8. 用裝飾用品清潔刷頭對夏布和裝飾用品牆面進行吸塵。	□ 夏布是一種紡織得比較鬆的作牆面裝飾用的面料。吸塵時要特別小心，避免損壞。
9. 用潮濕抹布擦踢腳線。	
10. 漂洗所有用於清潔的潮抹布和濕抹布並晾乾。	

HOUSEKEEPING
MANAGEMENT

清潔鏡面和家具除塵

所需用具用品：裝滿公共區域清潔用品的清潔車、玻璃清潔劑和水。

步　　驟	方　　法
1. 對家具、照片和標誌進行除塵。	☐ 先用乾淨、略潮的抹布除塵，然後再用乾抹布。如無特別說明，對天然木材表面隻用乾抹布除塵。 ☐ 如果沒有特別指定，不要使用化學清潔劑、玻璃清潔劑、銅面上光劑或清潔劑或家具上光劑。 ☐ 如果使用化學清潔劑或上光劑除塵，除塵後，再用乾淨的軟布擦拭表面。 ☐ 油畫或表面沒有玻璃的印刷品的除塵步驟，各個旅館不盡相同。
2. 清潔鏡子。	☐ 在鏡面上噴上玻璃清潔劑或水。 ☐ 噴時要小心，不要把玻璃清潔劑噴到鏡框上，除非鏡框是拋光的鋁或鉻製成的。 ☐ 用無棉絨的抹布對鏡面進行抹光處理，直到鏡面

清潔百葉窗	

所需用具用品：裝滿公共區域清潔用品的清潔車、小掃帚或刷子、結實的乳膠手套。

步　　驟	方　　法
1. 戴上結實的乳膠手套。	☐ 手套可以防止手被百葉窗鋒利的邊緣割傷。
2. 用乾淨的抹布、小掃帚或刷子抹去百葉窗上的灰塵。	
3. 先用潮抹布，再用乾抹布清潔每一片窗葉上的頑漬。	☐ 確定沒有漏掉一片窗葉。
4. 擦拭百葉窗上的控制杆和繩子。	
5. 清潔百葉窗後面的部位。	
6. 試用百葉窗，確定處於良好的工作狀態。	☐ 拉繩，使百葉窗上升和下降。 ☐ 轉動控制杆，打開並闔上窗葉。 ☐ 如有任何問題，請報告主管。

清潔、整理、拆卸及重新掛上窗簾	
所需用具用品：便攜式吸塵器或帶吸管和裝飾用品清潔刷頭的普通吸塵器、梯子、窗鉤和窗鉤盒。	

步　　驟	方　　法
1. 窗簾吸塵。	□ 使用便攜式吸塵器或帶吸管和裝飾用品清潔刷頭的普通吸塵器。 □ 站在梯子上，以便能夠到較高的部位。切不可用椅子或凳子代替梯子。 □ 從窗簾的上部開始吸塵，慢慢往下操作。 □ 吸塵時特別注意短帷幔處、褶狀處和折疊處。 □ 沿著窗簾向下吸塵，吸時不要向下拽窗簾，這樣可能會使窗簾杆受壓彎曲。 □ 可能有必要拆下窗簾，攤在地毯上吸塵，然後再重新把窗簾裝上去。如果窗簾特別髒，這是最好的清潔辦法。
2. 報告主管污漬情況。	□ 如果污漬很重，立即召來主管。 □ 如果污漬較輕，在休息時或下班前報告主管。
3. 輕輕地拉支撐杆上的繩，確定窗簾能夠完好地開閤。	
4. 整理好窗簾。	□ 吸塵完畢後，整理好扎帶和其他裝飾性附件。 □ 確定窗簾懸掛平整。
5. 修理窗簾裝置上的小問題。其他問題，請向主管匯報。	□ 修理窗簾裝置的步驟，各個旅館不盡相同。
6. 如果需要修理，吸塵或其他方式的清潔，拆下窗簾。	□ 如果有必要，請尋求幫助。通常窗簾比較重，需要兩個人才能安全地操作。不要冒險。 □ 如有必要，請使用梯子。站在梯上始終要十分小心。 □ 小心地提起窗簾，這樣窗鉤就會從支撐杆上脫開。用一隻手鬆開窗鉤時，把鬆開的窗簾擱在另一隻胳膊上。 □ 從梯子上下來。把窗鉤從窗簾的頂部拆下來，放入窗鉤盒裡，避免遺失。 □ 繼續上述操作，直到所有需要拆的窗簾全部拆下。

步　　驟	方　　法
7. 再掛上窗簾。	□ 把窗鉤插入到窗簾頂部皺褶的背部，每個皺褶處插枚窗鉤。如果窗鉤很難插入，先在窗鉤上塗上肥皂。 □ 把窗鉤均勻地插入每個皺褶處。爬上梯子，以便能夠到支撐杆。懸掛窗簾可能需要兩個人。如有兩人，一個人裝上窗鉤，遞上裝好窗鉤的窗簾部分。另一個人把窗簾掛到支撐杆上。 □ 從支撐杆的外側最邊處開始懸掛窗簾。把第一個窗鉤插入支撐杆頂端的孔中，使之固定在窗簾箱上。 □ 在每一根塑料或金屬拉線上加上一個窗鉤，不要跳掉任何一個。把最後一個窗鉤放入金屬拉繩末端的孔內。 □ 重複以上操作。檢查拉線和支撐杆的狀況。調節窗簾，使之看上去均勻平整。 □ 如果支撐杆上沒有塑料或金屬的拉線，把窗簾掛在支撐杆上，保持皺褶分布均勻。

CHAPTER 11

床、布巾用品 和工作服

學習目標

1. 辨識主要種類的彈簧和床墊的結構，描述選擇和保養的一般考慮因素

2. 辨識旅館經營中使用的布巾用品的種類和規格，描述一般的保養要素和布巾用品再利用的技巧

3. 描述旅館常用布巾的特點

4. 認識在生產中旅館布巾用品面料的構造和加工技巧

5. 列出在為旅館員工選擇工作服時要考慮的因素

本章大綱

- ## 床
  彈簧
  襯墊
  床架
  床的選擇
  床的保養

- ## 布巾用品
  布巾用品的種類
  布巾用品的尺寸
  布巾用品的保養、再利用和更換
  選擇布巾用品考慮的因素

- ## 工作服
  辨識工作服的需求
  工作服的選擇

近年來，一些有創意的旅館和旅館的經營者們爲了吸引賓客，競相使用最新的設施，如彩色電視、空調、酒吧、餐廳、游泳池、娛樂設施等。但有一項設施卻始終是旅館能否吸引賓客的重要因素，這就是床。

本章討論了如何選擇和保養床和各種布巾用品。本章內容中還包括了工作服，因爲布巾用品的挑選和保養標準也同樣適用於工作服。

第一節　床

床，如果加以分類，可分爲傳統的客房床、嬰兒床和折疊床。所有這些床都會在本章的這一節中談到。表 11-1 列出了床的標準尺寸。

表 11-1　床的標準尺寸

嬰兒床	28 英寸×52 英寸
折疊床	39 英寸×75 英寸
	39 英寸或 42 英寸×76 英寸
三人床	48 英寸×76 英寸
雙人床	54 英寸×76 英寸
大號床	60 英寸×80 英寸
特大號床	78 英寸×80 英寸

大多數的床包括彈簧、床墊和床架三個部分。彈簧使床具有彈性並提供支撐；床墊覆蓋彈簧並加以襯料；彈簧和床墊都安放在床架上。如果挑選得當，這三個部分組合起來形成一張耐用、舒適的床，不但容易保養，而且能夠輕鬆地更換。如果選擇不當，旅館將會遇到這樣那樣的困擾：比如，床下陷，這很難更換，或需要經常更換，而且賓客也會抱怨不休。

在大多數旅館裏，床頭板不屬於床的一部分。通常，床頭板安裝在床頭上方的牆上，而不安裝在床架上。床頭板是整套家具的一個部分，其設計與室內的其他家具保持風格一致。

一、彈簧

　　彈簧的作用是使床變得有彈性，並使之更耐用。通常彈簧是用排列好的彈簧圈組成的，上面覆蓋一層墊子。彈簧主要有三個種類：盒式彈簧（box springs）、金屬圈彈簧（metal coil springs）和平板彈簧。

　　盒式彈簧固定在一個木架子裏，上面覆蓋一層墊子。彈簧與襯墊外再包裹一層堅質棉布（ticking）。

　　有的金屬圈彈簧排列成兩層，底部一層的彈簧圈緊密地盤繞在一起，提供更穩固的支撐；上面一層排列較鬆，提供較好的彈性。金屬圈彈簧也有單層的，但用金屬絲在表面交錯相連，或在彈簧的頂部用金屬絲鋪設成半封閉的表層，再把墊子安裝在半封閉表層上面。

　　平板彈簧則是簡單地把金屬條縱向固定在一個帶螺旋鉤的框架內。螺旋鉤（helical hooks）是一種小的金屬圈，兩端都呈鉤狀。平板彈簧較多使用在折疊床上，如圖 11-1 所示。

圖 11-1　折疊床

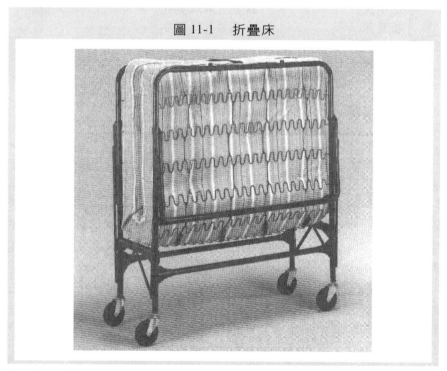

資料來源：The Hotel Source, Boston, Massachusetts, (undated catalog), p. 75.

二、襯墊

襯墊主要有三種類型：內裝彈簧的（innerspring）、泡沫乳膠（latex）的和實心的（solid）。大多數旅館用內裝彈簧或泡沫乳膠的襯墊，因為這兩個種類比實心的襯墊更容易清潔，並且更耐用。

顧名思義，內裝彈簧的襯墊把彈簧安裝在絕緣層和襯墊層之間。彈簧用金屬絲螺旋鉤連結起來，這叫做邦內爾（Bonnell）、黑格（Hager）或卡爾（Karr）製造法。彈簧也可以單個逐一嵌入，叫做馬歇爾製造法（Marshall Construction）。

泡沫乳膠床墊用合成橡膠製成。加工時將合成橡膠在半液體狀態時攪打成泡沫，澆入模子中。

實心床墊製造時在襯墊中填滿某種物質——如馬鬃或其他動物的毛、棉花、木棉等。

三、床架

床架是用於支撐彈簧和床墊的。床架由4根金屬杆組成，這4根杆子分別在其兩端聯結起來，組成一個長方形的框架，可將彈簧和床墊安放在其中。為了增加牢固度，在大號床或特大號床的床架中間還要增加1根杆子。

有些旅館選用盒式或平板式的床架。盒式床架包含一盒堅固的木頭或鋼筋，這些鋼筋支撐著床墊。盒式床架緊貼地面，這就意味著床架下的地面是不需要吸塵或清理垃圾的。但是，床架會發生磨損，甚至產生凹痕，必須清潔和修理。

多數金屬框架裝配十分簡單，而且很牢固，足以支撐較大寸的盒式彈簧和床墊。

資料來源：The Hotel Source, Boston, Massachusetts.

四、床的選擇

通常，建議旅館和其他公共機構使用盒式彈簧或金屬圈彈簧的床墊。品質好的盒式彈簧的金屬圈紮在一起，並安裝在硬木製成的框架裏。內裝彈簧的床墊可能只能與盒式彈簧一起使用，才能使床達到標準的高度。金屬圈的彈簧可以與多數種類的床墊配套使用。平板彈簧價格比其他種類便宜，但也不及其他種類耐用。用來聯結固定金屬條的螺旋鉤的好壞，對平板彈簧床（flat bed springs）的品質好壞產生重要的作用。平板彈簧只適用於不經常使用的折疊床。

一般地說，簇絨式床墊（包括內置彈簧的、乳膠的和實心的）比縫製的或非簇絨式的床墊牢固。簇絨式床墊製作中常使用扣子，但賓客有時會抱怨這樣的床墊不夠舒適。

有些盒式床架是全鋼鐵結構的，中間安裝著牢固的支撐杆。

資料來源：The Hotel Source, Boston, Massachusetts.

　　床墊的用料應該比較堅固。據某些製造商建議，每平方英寸的重量至少達到6盎司。此外，床墊邊緣的接縫處應該經加強處理。在床墊邊緣安裝把手，可以使床墊的移動和翻面變得輕鬆。

　　有些旅館偏愛使用乳膠床墊，因為乳膠床墊比較輕，在整理和保養床的時候，能輕鬆地將床抬起，而且乳膠床墊的清潔也比其他床墊容易。但是，泡沫乳膠床墊也有缺點，例如容易因為彈簧戳出而造成損壞，如果床墊面布沒有直接粘附在泡沫上就會移動。品質好的乳膠床墊厚度至少達到4.5英寸。

　　在實心床墊（solid mattress）中，內填馬鬃的彈性最好、最耐用。長纖維棉也是很好的填料，但是用棉短線（軋棉後殘留在棉籽上的短纖維）做填料的床墊很快就會變得高低不平。用棉短線或木棉填裝的床墊無法重裝。在填料時，分格分別填入的實心床墊比較耐用。

　　有些旅館購買用防火的聚亞氨酯泡沫包裹的床墊，以降低火焰蔓延的可能性。此外，購買一張床墊供測試其用材的防火性能也不失為一個好主意。

五、床的保養

　　翻動床墊是一項簡單的保養工作，但它至少可將床墊的壽命延長三

年。許多旅館建議，床墊每年翻動4次。在翻動時，用手動式吸塵器附件清潔吸塵，並檢查床墊的磨損或下陷情況。表 11-2 是一張床的檢查核對清單。

表 11-2　床的核查單

床墊

床墊堅質面料
☐ 磨損
☐ 污物

整體情況
☐ 床墊中間
☐ 床墊邊緣
☐ 有無下陷
☐ 把手是否完好

彈簧

堅質面料
☐ 磨損
整體情況
☐ 邊緣是否牢固
☐ 邊腳處是否有布巾磨損
☐ 是否有壞的彈簧

床架（金屬架）

☐ 檢查輪腳或滑輪（如有）

第二節　布巾用品

採購過多、太少或錯誤種類的布巾用品，對旅館來說是代價昂貴的失誤。而且，如果布巾用品的數量配備不足，從而造成需要的床上用品或餐廳布巾用品無法配齊，就可能為旅館經營帶來混亂。

布巾用品的配備按「標準量」來討論。一個標準量是一個旅館裏用於客房和餐廳的一整套布巾用品。一個旅館要準備幾個標準量的布巾用品由以下幾個因素決定：

1. 旅館外洗衣公司的送貨時間表和旅館內洗衣房的工作效率如何？
2. 旅館控制布巾用品失少的措施是否得力？

3. 旅館是否大量接待宴會和團隊，如果是，通常宴會和團隊的布巾用品用量比較高。

除了配備的布巾用品數量外，旅館還應該考慮到，布巾用品的面料、編織法和加工工藝決定了布巾用品的耐久性。所有的布巾用品洗後應該至少在貨架上「安放」24 小時後再使用，以降低損耗。床上的布巾用品是否美觀舒適，是影響賓客滿意程度的重要因素。布巾用品的洗滌方式會影響到旅館內的洗衣房應配置的設備，這些因素最終會影響到旅館的費用和利潤。

配備正確數量與種類的布巾用品和床上用品十分重要，許多旅館成立了布巾用品委員會，協助挑選評論布巾用品的使用、規格和種類。

布巾用品委員會幫助各部門提出布巾用品需求。在大旅館裏，布巾用品委員會可能包括客房部經理、布巾用品房經理、洗衣經理、工程部負責人、餐飲部負責人和旅館總經理。另外，一些工作與布巾用品有關的員工也應該包括在內。在小型旅館裏，布巾用品委員會可能只是由客房部經理和總經理或業主組成。

在旅館裏，客房部與其他部門的有效溝通，對於布巾用品的採購和控制是十分重要的。例如，餐飲經理決定配備多少個標準量的臺布和餐巾，追蹤餐廳布巾用品的使用情況，以及衡量賓客對布巾用品的滿意程度的最佳人員。

有效的溝通能夠查明布巾用品短少的環節，因爲有了有效的溝通，各部門都清楚其他部門的工作流程。同樣，如果所有接觸布巾用品的員工都與客房部保持密切的聯繫，布巾用品損壞的原因也很容易查明。與前臺、預訂等部門保持密切的聯繫，能使客房部及時知曉什麼時候需要增加布巾用品，供宴會、派對、會議和其他特別活動使用。

一、布巾用品的種類

布巾用品可以根據被使用的地方分爲床上用品、洗手間布巾用品、餐廳布巾用品。

讓我們想像一下，如果一位賓客拉開毛毯或床罩，發現床單破舊、骯髒、起皺，這會給旅館帶來什麼後果？旅館的床單和枕套不光要求乾淨，而且要看上去乾爽，如新的一般。此外，床單和枕套必須舒適。床單用薄細棉布或密織棉製成，密織棉是比較高級的面料。

許多旅館使用純白色的床單和枕套,有些旅館根據床罩和房內的其他裝飾選擇床單和枕套的顏色,使其顯得典雅。全球有名的旅館可能配備特別豪華的面料如埃及棉或綢緞製成的、有交織字母(或畫押字)的床單和枕套。

與床單和枕套一樣,毛毯也要看上去潔淨如新,並使人感到舒適,毛毯也可以增強旅館的典雅氣氛。在選擇毛毯時,氣候是一個重要的因素。氣候寒冷或氣候異常地區的旅館,客房內應該配備備用毛毯。

床墊護墊是用來保護床墊的。護墊可能是用紡織面料、中間絮有棉花的面料或毛毯製成的。因為賓客很少看到床墊護墊,旅館通常選擇價格實惠、保護效果好的護墊。毛毯製成的護墊通常是最便宜的,但重複洗滌後容易變形。其他種類的護墊包括棉和人造混紡或 100 % 聚酯製的。混紡的護墊是最貴的。

在新旅館,床罩和枕套通常是根據室內設計師的要求購買的;床罩和枕套的洗滌和保養最好遵照供應商的指示。

枕頭可以是羽毛、丙烯酸纖維或泡棉的。羽毛枕頭比較豪華昂貴;丙烯酸纖維或泡棉的枕頭比較便宜而且更耐用。

毛圈織品(terry cloth)是最常見的洗手間布巾用品面料。天鵝絨面料手感比較好,但吸水性較差。品質較好的毛巾具有織邊,即毛巾邊緣是編織而成的,不是縫製的。有些旅館偏愛使用既織邊又縫邊的毛巾,認為更加耐用。通常織邊的毛巾比較耐用,因為它不像縫邊的毛巾那樣經過多次洗滌後容易散開。毛圈的高度應該有 1/8 英寸。

浴巾的面料上通常織有旅館的標誌或名稱縮寫。還應該備有特別大的浴巾(稱為浴毯)。許多旅館把浴毯視為豪華用品,浴毯一般只提供給特別高大的人。有些賓客覺得浴毯很重,很難使用。許多旅館現在提供浴袍作為沐浴用品的一部分。

浴簾應該可以水洗,並可用軋液機進行處理。浴室地墊與其他毛圈織品的特點相同,但是通常比較重。

餐桌用的布巾用品需兼顧實用和美觀的需要。從實用的角度來講,臺布、餐具墊、長條飾布提供衛生的用餐臺面,餐巾幫助賓客在用餐過程中保持清潔。從美觀的角度上講,一套乾爽潔淨餐桌布巾用品和折疊好的餐巾為餐廳增添了典雅氣氛。

設有餐廳、提供宴會服務的旅館需要準備各種類別的臺布,臺布的

HOUSEKEEPING MANAGEMENT

襯裙通常用於宴會。臺布的下面可鋪吸音墊，用來保護桌面並吸收噪音。吸音墊通常是棉質、襯有聚氨酯泡沫體的油面布料。

長條飾布和餐具墊可用來代替臺布，而且也比較便宜和美觀。有各種款式和質地可供選擇——從典雅型的到樸素的手織型的都有。

建議餐廳多使用棉質的餐桌用布（napery），因爲棉質臺布更易吸水，並能透過上漿保持形狀。這點對於經常被折成各種形狀的餐巾來說尤其重要。

二、布巾用品的尺寸

床單、毛毯、臺布等的尺寸要根據床墊或桌面的大小來確定。其他布巾用品則可以根據外觀和價格來選擇。表 11-3 顯示了各種規格的床和餐桌所對應的標準的布巾用品尺寸。

餐桌有各種不同的尺寸。爲了使餐桌看上去美觀，臺布的邊要有足夠的長度，以便能垂下來蓋住餐桌的角。

如果購買了許多不同尺寸的臺布，就要花很高的人力代價去處理這些臺布。慎重地選擇標準尺寸的臺布會使採購、清點、儲存和盤存變得簡單。也可在不同尺寸的臺布上用不同的色彩作標記，以簡化清點流程。床單通常可以用不同色彩的縫邊以示區別。

三、布巾用品的保養、再利用和更換

因爲布巾用品是一項大投資，因此，減少布巾用品的短少（shrink）是十分重要的。短少的原因有破損、不正當使用和偷竊。布巾用品的成本可以透過減少破損而降低。減少破損的一個重要辦法是正確的洗滌。經錯誤洗滌的面料由於受到損傷，破損得很快。

不正當地使用布巾用品——例如，用客用毛巾擦拭溢出物可能造成永久性損壞，從而提高布巾用品成本。許多旅館用色彩標記區分布巾用品，以減少不正當使用。比如，床單、床罩和毛毯可能是白色的，臺布是黃色的，抹布是藍色的。如果作了色彩標記，主管人員能輕鬆地查出被當做抹布不正當使用的布巾用品。

客房部員工可以修補在修補範圍內的布巾用品。例如，毛毯和腳布是可以補綴的，床單可以再縫邊。根據其構造的不同，床罩有時可以拼製起來。但是，從某種程度來說，購買新的布巾用品比修補舊的更經濟。

布巾用品的再利用或回收利用，可以為旅館節約大筆支出。把廢棄的布巾用品當抹布使用是最簡單、最常用的回收利用法。廢棄的床單也可用來更換盒式彈簧底部的破舊的襯墊。大床單可以被裁開，做嬰兒床單、圍裙和其他東西；臺布可以裁開做熨衣板的墊巾。有些旅館為了降低布巾用品的成本，把廢棄的床單以合理的價格賣給員工。這樣做不僅能產生收入再用於重新購進新布巾用品，而且能顯著地減少員工的偷竊行為。也有的旅館把廢棄的床單捐獻給慈善機構。

四、選擇布巾用品考慮的因素

布巾用品在到達旅館之前經歷了一個很長的過程。最初，用於製作布巾用品的原料在棉田、養羊的農場、化學廠裏生產出來。從那裏，把原料運到紡織廠裏，然後根據各種不同的方法將其編紡起來。然後在工藝廠裏，用各種方法進行染色、裁剪，織成最終的產品。最終的產品在廠裏、實驗室裏被生產者、專家、消費者組織和政府機構層層測試。

任何負責採購布巾用品或紡織品的人，都應該知道美國標準協會於1956年已制定並頒布了紡織品最低使用要求。這個標準涵蓋了扯斷力、縮水率、色彩穩固度、工藝持久性、縫合牢固度、耐氯漂性、其他部分（即拉鏈、金屬扣眼、按扣等）、毛毯的厚度和彈性、防侵蝕性、洗滌後的形態保持、防黴和防腐性、防水性和紗線變形程度。索取該標準，請致信美國國家標準協會，地址是：1430 Broadway、New York、 New York10018 或打電話：（212）354-3300。

本章不可能涵括布巾用品製造的各個方面，但能提供一些實用的資訊，幫助旅館為賓客挑選最佳的布巾用品面料。以下部分包括了面料、面料的製造和工藝。

表 11- 3　標準的布巾用品尺寸

床上用品	尺寸（英寸）
床單	
單人床	66×104
普通雙人床	81×104
大號床	90×110
特大號床	108×110
枕套	
標準	20×30
特大號	220×40
枕頭	
標準	20×26
特大號	20×36

浴室用品	尺寸（英寸）
毛巾	
浴巾	36×70
浴巾	20×40
	22×44
	24×50
	27×50
手巾	16×26
	16×30
臉巾	12×12
	13×13
地布	18×24
	20×30

餐廳布巾	用品尺寸（英寸）
餐巾	17×17
	22×22
檯布	45×45
	54×54
	64×64
	54×10
餐具墊	12×18
	14×20
長條飾布	17×各種長度

選擇浴簾：使更換浴簾變得容易

作者：Gail Edwards

建立起能使員工輕鬆高效率工作的操作方式，是客房部經理工作的重要環節。客房裏經常容易被忽視的一樣東西是浴簾，它很可能每日都被使用到，但往往並未適時地更換。對於客人來說，遇到因頻繁使用而變得僵硬並散發異味的浴簾是令人沮喪的事情。

幾年前，當材質比較重的聚乙烯浴簾非常流行時，我們培訓服務員在打掃房間的其他部分時，將浴簾底部在裝有熱肥皂水的桶中浸泡一下，然後將浴簾拉起靠在浴室門上用力擦幾遍。

現在，隨著質地輕柔且易洗的尼龍浴簾的問世，把浴簾更換掉似乎更合乎衛生要求。而且，客人也更傾向於乾燥潔淨的浴簾，而不是用過的、潮濕的、易於使牆或浴簾本身發霉的那一種。更換浴簾也許會比清洗更衛生，但操作是否簡單易行？要使更換浴簾比較簡單並節省時間，旅館就必須為每位服務員準備好隨時可以備用更換的浴簾及浴簾鉤。

浴簾標準量

要計算標準量，我們總是假設客房裏的每一件布巾用品都必須保證有一件在洗衣房，同時還有一件在從洗衣房到客房的運送過程中。旅館的政策可能是要求在退房的房間裏更換浴簾（或更換與否視情況而定），因此浴簾的標準量可以根據賓客的平均停留天數來計算，而不是根據總房間數計算。例如，一個旅館有 120 個房間，60％ 的住房率，即平均每天有 72 間住房。如果客人的平均停留天數為 1.8 晚，那麼平均每天只有 40 個退房。這個旅館每天至少需要 40 個浴簾放在服務員工作車作為備用更換，另 40 個正在洗衣房清洗以備第二天用。如住房率不是很規則（如工作日內全滿，但週末的住房率卻很低甚至幾乎全是退房），那麼這個公式就得適當調整。

浴簾鉤

　　如果服務員不得不費力地打開或合攏浴簾鉤，對服務員來說，不更換浴簾將會更簡單一點。或者，如果服務員在拆下尼龍浴簾的同時，不得不對付笨重的裝飾性浴簾，似乎也有些浪費人力。因此，應購置能使員工們簡單高效地更換浴簾的浴簾鉤。

浴簾的放置

　　雖然浴簾能被折起來與其他布巾用品一起放在服務員的工作車上，但由於質地是尼龍的，會很滑，很難折疊。有一個簡單的辦法，就是用一個帶有黏性紙板卷的掛衣架，就像乾洗店裏掛褲子的那一種。對折後掛在紙板卷上，浴簾可以保持挺直，可以掛在車上的任何一個地方。像毛巾及床單等一樣，服務員每日也應有一定的浴簾備量。

　　簡化客房清潔員每次更換和懸掛乾淨的浴簾的流程，會使員工更具有士氣，也能使賓客更加滿意。

資料來源：《居室年鑑》，第4卷第1期。

居室年鑑 THE ROOMS CHRONICLE

毛圈織品的採購技巧及注意事項

・毛圈織品產業比較與眾不同，而且生產廠家不多。
・毛圈織品廠大多會因設備維修保養或員工休假在7月份停產兩周。
・價格通常會一年變動兩次，在1月份和7月份。近期棉花的價格上漲，也意味著毛圈織品的價格也大幅度上漲。
・毛圈料的毛巾有兩種拷邊：凸輪邊（一種比較樸實的布拷邊）及另外一種昂貴一點的拷邊——小提花邊（一種斜紋的花式拷邊）。
・鏈形縫法的毛巾品質較差，因為針腳容易散開。鎖形縫法正逐漸成為這個行業的標準，因為運用這種方法，線頭不容易鬆，生產效率也比其他縫法高。

- 最為流行的毛巾尺寸被稱為「協會標準」，而且經過幾年的變更，浴巾尺寸已從原來的 20 英寸×40 英寸，每一打重 4 磅的規格變為 24 英寸×50 英寸，每一打重 10.5 磅的規格了。
- 透過機構的採購在費用上比較節省。同時，一些大的旅館公司的採購單位，也熱切於向獨立的旅館出售物品，樂意以節省費用的方式供貨。
- 採購進口布巾用品時切記謹慎，保證針腳、織品結構的品質及耐用性和色澤穩定程度等達到旅館標準。
- 貨到後請秤一下每一打的重量，以確保訂購過程沒有錯誤。
- 「協會標準」允許裝箱的一般品質的布巾品可有 10 % 的二等品。一等品質的布巾用品（無瑕疵）一般都是留於零售的。
- 儘早訂購以避免快遞費。

價格可做如下變動：

小提花邊	加 20 %
米色	加 8 %
其他顏色	升級至零售標準或訂購最少量 100 打；加 25
加編上名稱	訂購最少量 100 打；加 25 %
從工廠直接裝運	箱裝，訂貨到交貨 4 週～6 週
從倉庫裝運	無訂購數量限制，72 小時內起運；加 3 %～4

五大毛圈毛巾經銷商：

Best Manufacturing	1-800-241-5060
H. W. Baker Linen	1-800-241-4741
Harbor Linen	1-800-257-7858
Kahn Linen	1-800-323-5246
Nasco Supply	1-800-282-4816

資料來源：《居室年鑒》，第 3 卷第 6 期。

(一)面料

所有的面料最初都是用原材料紡成長長的紗線，再把紗線編織成布。

許多人造纖維都是在第二次世界大戰時期發明的。這些人造纖維通常比天然纖維牢固，可以紡成類似絲綢一樣的豪華面料。爲了便於辨識纖維，美國政府於 1960 年頒布法律，規定所有的紡織品必須貼上標籤說明纖維成分。

今天，紗線可以用許多種原料製成，它們主要分成三個基本種類：天然的、人造的和混紡的。

◆天然面料

天然布巾面料通常由棉花、羊毛和亞麻三種天然纖維製成。棉花是使用最普遍的天然纖維。

在人造纖維和混紡面料廣爲使用以前，旅館大部分的布巾用品是棉制的。棉很牢固，吸水性強，並有各種等級可供選擇。現在大多數旅館都用混紡和人造面料代替棉質面料。但這個趨勢有逆轉的可能，造面料在面料行業中獲得歡迎，消費者正顯示著對人造面料製品的偏愛。

雖然人造面料在某些品種上使用廣泛，但棉仍然是臺布和毛巾的製作面料。棉具有極好的吸水性，也使之成爲餐巾和浴巾的最佳選材。而且棉製品可以上漿（人造面料不能上漿），這樣看上去乾淨華挺，上漿後的餐巾可很容易地折成不同的形狀。絲光棉雖然比較貴，但是不太會起毛。混紡棉結合了棉的許多優點和人造面料（特別是聚酯）的耐用性。

羊毛曾經一度只用作毛毯，不如人造面料那麼軟，也不如人造面料那麼耐用而且容易洗滌。另外，羊毛易粘結，即表面纖維會纏結在一起。因此，現在許多毛毯都用各種人造面料製成。

棉和羊毛經過起毛機或梳毛機處理後進行紡織。梳過的纖維通常能紡出更牢固、更有光澤的紗線和品質更好的面料（如密織棉），密織棉是聚酯和棉製成的。因爲手感比較軟，常用密織棉製成床上用品。起毛處理後的纖維變得更粗而短，手感較粗糙，製成的面料顏色較不鮮亮（如平紋細布），並容易起毛球。

亞麻是另一種製造布巾用品的天然材料。今天，亞麻通常只用於製作臺布。亞麻布平滑、耐用、不起毛、快乾而且吸水性強。亞麻布價格也比較貴。用棉和亞麻混紡製成的面料與 100 ％ 亞麻面料相似，價格就略便宜。

◆人造面料

　　毛毯、床罩和浴簾通常用全人造面料製成。人造面料吸水性遜於棉質面料，有的甚至防水。這點特別適合用作浴簾和床罩。人造面料具有良好的熱質，因此是制毛毯的最佳選擇。有些工作服配料也是用人造面料紡織成的。今天，市場上出售各式各樣的人造面料。表 11-5 列舉了他們中的一部分。

表 11-5　　人造面料的分類及幾大常見商標	
分　　類	商　　標
醋酸纖維	Celanese, Celaperm
丙烯酸	Acrilan, Creslan, Orlon
聚酯	Dacron, Fortrel, Kodel
斯潘德克斯彈性纖維	Lycra
尼龍	
人造絲	
聚乙烯醇纖維	Vinylon

◆混紡面料

　　在過去的 20 年中，許多旅館購買了用棉和人造面料（通常是聚酯）混紡而成的「免燙」型床單和枕套。這些產品是否確實可以稱之為「免燙」還是有爭論的。通常，洗滌使這些布巾用品的免燙性能在布巾使用壽命達到一半左右的時間時就被破壞了。而且，如果免燙的床單和枕套從烘乾機取出後沒有立刻折疊好，皺折就會出現。

　　不管怎樣，免燙布巾用品通常比 100％棉質的布巾用品牢固，而且洗滌多次後更牢固。一塊混紡的面料可以經得起 500 次洗滌；而一塊純棉面料只能經得起 150 次～200 次的洗滌。僅憑這一點，對旅館來說就是一項可觀的節約。而且，如果布巾用品在新的時候不需要熨燙，比起全部使用全棉布巾用品，旅館就能少購買一些熨燙機。此外，免燙布巾用品也能為旅館節約大量的人力開支。

　　有些旅館發現，使用一小部分底部是聚酯面料而表面是全棉面料的

浴室布巾用品，可以既擁有棉質面料的吸水性，又有人造面料的其他優點。而且這樣的布巾用品也不像全棉布巾用品那樣容易縮水。

聚棉的臺布品種繁多，聚棉的臺布具有棉的吸水性和聚酯容易保養的特點。但是，反覆清洗後，棉會損耗，從而降低吸水性。

(二)面料構造

有些布巾用品可能不是用編織的面料製成的。比如，毛毯可能是黏合或是用一種叫纖維簇絨的方式製成的。尼龍纖維植絨在泡沫背襯上，從而黏合成了毛毯。這種毛毯經得起洗滌，而且看上去、摸上去像天鵝絨。

織造布。織造布有兩種紡線。按面料的長度方向紡織的紡線稱為經編紗，向側邊紡織的紡線稱為緯編紗。紡線的力度和耐用性不光取決於面料是用哪種紡線製成的，而且取決於紡線的粗度及紡線在織機上排列的密度。如果紡線排列得較密，面料就比較結實、厚硬；如果紡線排列得較鬆，面料就比較鬆散、薄軟。

經編紗和緯編紗（fill or weft yarns）的平衡，是面料品質好壞的一個重要標誌。品質好的面料這兩種紗的數量基本平衡，即每一立方英寸的面料中經編紗（不多於 10 支）和緯編紗的數量基本相同。經緯編紗的平衡，決定了面料能否經得起機械燙熨的反覆拉伸。

每平方英寸的面料中紡紗的數量，稱為該種面料的支紗密度（thread count）。支紗密度在書寫中可以同時表示經編紗和緯編紗的數量，比如80×76。或者用每一平方英寸中經編紗和緯編紗的數量，比如T120（用第二種方法表示經緯密度不能表明這種面料是否經緯平衡。可直接向面料製造商或銷售商諮詢更多資訊）。旅館常用的布巾用品一般每平方英寸含 180 支紗。

支紗密度是表示面料耐用性的有效指標，但這只適用於比較用同種面料製成的布巾用品。不同的面料可以經緯密度相同，但是重量不同。如果比較兩種不同的面料，每平方英寸面料的重量能更好地說明哪種面料更耐用。毛巾有時用每打毛巾的磅數來衡量。

紗線可以織成三種基本的織造面料，即平紋（plain weave）、斜紋（twill weave）和緞紋（satin weave）。

平紋編織中的緯編紗只是在經編紗上面或下面以縱橫交錯的十字形織法織入。斜紋面料比平紋面料更耐用，織法有明顯的斜度。許多床單、枕套、毛巾、臺布和餐巾布都是用平紋面料製成的。但是有些旅館選用比較豪華昂貴的面料——緞紋面料。緞紋面料經緯紗交織在一起，面料非常平滑。

毛巾布是用平紋或斜紋面料作底，外加從底部向上拔出的經編紗，在毛巾的表面形成毛圈。毛圈經修剪後可形成絲絨。提花毛巾是指呈凸起狀的花紋面料。

餐桌用布（臺布）。可能是用平紋面料製成的。多臂提花布巾是另一種平紋面料，上面編織著等間距的幾何圖形。莫米埃（Momie）布是多臂提花布巾的一種。錦緞是一種帶花紋的面料，花紋以斜紋出現，底則是由經編紗穿過幾根緯編紗織成，形成一種緞面的效果。這種效果看上去很典雅，但經編線經過的緯編線越多，布就越脆弱。五枚花緞的結構中（相對於八枚花緞的結構）經過緯編紗的經編紗較少，這就是為什麼許多旅館都偏愛使用五枚花緞布巾用品的原因。

夏季和冬季用的編織毛毯是用平紋面料製成的。熱編（Thermal weave）是一種專為冬天設計的面料。毛毯的表面有小小的凹陷，造成形似華夫餅的格子花樣的質地，小凹陷將人體的熱量圈入而不易散發。

(三)面料的加工

除了紡織方法，其他因素也會影響面料的品質。比如，高級密織棉布的床單，如果洗滌時褪色，而且顏色褪得很快或邊緣很快散開，就不值得購買。因此，面料的後處理、染色和縫製是重要的考慮因素。

染色。使用與客房或餐廳的裝飾顏色相配的布巾用品，是烘托旅館氣氛的好辦法。但是，有色的布巾用品會使採購、洗滌和盤存的手續變得複雜。

購買者在購買前，應該瞭解每一個品種的面料是如何染色的。有的布巾用品是在處於紗線階段（即紡織前）時進行缸染的，這樣的面料是最不容易褪色的。而且，購買者要確定所購織品是同一批染色織品。這樣可以避免出現色差。長遠的補充購置可能會遇到問題，因為屆時該批染色織品已經過時，難於找到相匹配的織品了。

雖然缸染的布巾用品最不容易褪色，但是所有染過的天然面料經過幾次洗滌後都會褪色。比起淺淡的顏色，鮮亮顏色的褪色效應比較明顯。而且，如果經常用氯漂白劑除污，也會進一步加速褪色。為了保持布巾用品原有的色彩，必須制定洗滌流程，並仔細地遵照執行。

因為布巾用品因洗滌而褪色，所有客房部負責儲存和盤點布巾用品的員工要仔細地輪流使用有色的布巾用品，這樣，所有的布巾用品的褪色基本保持同步。有色布巾用品的顏色如果褪得太多，就應報廢，重新

購買新的布巾用品。

縫製。布巾用品一般按標準的織機寬幅編織，這樣只需在末端縫邊防止脫線就行。但是，爲了美觀，購買每條邊都縫製好的臺布是比較好的。

通常，縫邊的線要使用與面料縮水率相同的線。否則，洗後布巾用品會起皺。邊線的針腳要密，這樣邊線能與布巾用品本身一樣牢固。如果邊線脫開，客房部員工應該縫好。如果邊線經常脫開，修補邊線的成本會十分高昂。

第三節　工作服

旅館的員工穿著許多不同種類的工作服。門衛、停車場管理員、迎賓、男女櫃台、行李員、主廚和廚房的其他員工、服務生、宴會服務員、工程人員、客房服務員、洗衣工、大門管理員等等都有各自特別的制服，甚至還可以分別有不同季節的制服。每件制服可能由幾個部分組成。門衛的制服可能需要有大衣、夏天的上裝、長褲、帽子和領飾。女迎賓可能需要裙子、襯衫、背心或上衣外套和圍巾。在許多旅館裏，姓名牌也視作制服的一部分。

一、辨識工作服的需求

辨識工作服需求與決定布巾用品的配備相似，經理可能已主動與員工討論過他們是否想穿制服及偏愛哪種款式。在大多數情況下，特別是在連鎖旅館裏，公司的管理當局決定哪些員工要穿制服及應該選擇什麼樣的款式。穿制服的員工要協助追蹤制服的品質狀況，旅館還需決定誰來支付制服費用——是員工還是旅館——以及制服應該如何保養。

標準量的制定也與布巾用品標準量的制定一樣，要考慮幾個影響標準量的因素：旅館的洗衣服務或店內洗衣房是否負責清洗制服？是不是由員工自行負責洗滌制服？穿制服員工的替換率是不是很高？旅館在控制制服的損壞和短少方面的措施是否有效？穿制服員工從事什麼樣的工作可能造成對制服的損耗甚至破壞？

二、工作服的選擇

旅館的管理者希望員工穿制服，是因爲這樣便於控制員工的服裝。

同時，旅館管理者選擇的員工制服也是他們塑造旅館形象的一個部分。賓客希望旅館員工穿制服是因為便於辨識誰能提供幫助和諮詢。許多員工也希望穿制服，因為這樣免除了員工自己選擇、購買，有時還保養服裝的需要。

但是制服必須慎重選擇，餐飲服務員可能會拒絕穿著過於暴露的制服，因為這會招來賓客不必要的關注。員工會不願意穿那些過時的、不舒服的或不合身的制服。經理們應該記住，制服應該讓員工穿著感覺得體整潔，並有自信與人接觸。如果員工不喜歡自己所穿的制服，這種不滿意會傳遞給賓客。

值得慶幸的是，市場上可選的制服種類繁多，各種款式、顏色和面料應有盡有。今天，大部分制服是用滌棉製成的，不僅使用耐久、易保養、不易褪色，而且基本達到了全棉面料的舒適度。聚酯或其他人造面料常用於製作外套、上衣、圍巾、背心、領帶或其他配件。但是，在旅館有些區域，仍然是用全棉面料制服為好。例如，全棉的廚房圍裙比人造或混紡面料的圍裙吸水性強並容易清潔。

名詞解釋

盒式彈簧（box springs） 一種固定在木框架裏的彈簧。

緯編紗（fill or weft yarns） 沿面料寬幅紡織的紗線。

平板彈簧床（flat bed springs） 用螺旋鉤聯結金屬條形成的彈簧床。

螺旋鉤（helical hooks） 兩端帶鉤的小螺旋圈。

內置彈簧的床墊（innerspring mattress） 彈簧安裝在襯墊層之間的床墊。

乳膠床墊（1atex mattress） 用攪打合成橡膠制的床墊；泡沫橡膠床墊。

金屬圈彈簧（metal coil springs） 由金屬圈提供支撐和彈性的床用彈簧。

餐桌用布（napery） 製作臺布用的面料。

標準量（par） 為了滿足日常客房部運作而必須配備的某種布巾用品的標準數量。

平紋（plain weave） 一種緯編紗在經編紗上部或下部以縱橫交錯的十字

形編織的方法。

緞紋（satin weave） 經緯編紗交織在一起的編織法，面料非常平滑。

短少（shrink） 因爲損耗、不正當使用或偷竊而造成的布巾用品數量減少。

實心床墊（solid mattress） 內填毛、棉或其他材料的床墊。

毛圈織品（terry cloth） 用平紋或斜紋的面料作底，外加從底部向上拔出的經編紗，在毛巾的表面形成毛圈。毛圈經修剪後可形成絲絨。提花毛巾是指呈凸起狀的花紋面料。

支紗密度（thread count） 每平方英寸中含經編紗和緯編紗的數量。

結實的（條紋）棉布（ticking） 一種堅固的面料，用於覆蓋床墊和彈簧的面料。

斜紋（twill weave） 一種顯現斜紋的編織法。

經編紗（warp yarns） 沿著面料長度穿行編織的紗線。

 **複習題**

1. 請說出床的幾個主要部分。
2. 請說出床墊和彈簧的幾種主要類型，並討論每種類型的優缺點。哪種最適合你的旅館，爲什麼？
3. 回顧影響配備需要的布巾用品數量的幾個因素。在你的旅館，哪些因素影響到布巾用品的供應量？
4. 客房部與其他部門的良好溝通對購買和控制布巾用品產生什麼影響？
5. 討論一些用於製作布巾用品的主要類型的面料及其優點，如何正確使用？
6. 什麼是布巾用品的再利用，爲什麼布巾用品的再利用十分重要？在你的旅館，布巾用品再利用的情況怎樣？
7. 使用工作服有哪些優點？
8. 討論制服與員工士氣有什麼關係？

網 址

如欲瞭解更多資訊，請瀏覽以下網站。網站地址可能會有所更改而無專門通知。如果該網頁已經不存在，請使用搜索引擎查找更多相關網址。

3 Hearts Embroidery
http://www.atsintemet.com/3hearts.html/Choice Linens

Choice Linens
http://www.bridalnet.com/states/nt/choicelinens/choice.com/

Hospitality Index Database
http://www.hopitality-index.com/category.html/

Industrial Towel Supply, Inc.
http://www.itsi-web.com/linens.htm/

Lacey Custom Linens
http://www.thehost.com/customlinens/ photos.htm/

Linens & Lance Ltd. Care Guide
http://www.linensandlace.ca/guide-c.htm/

Mission Linen and Uniform Service
http://mission-line.com/

Paramount Services Inc.
http://www.buyersusa.com/nqc/al/paraserv.htm

Reliance Commercial Agency
http://www.zorin.com/rca/linen.html/

Republic Master Chefs
http://www.bragard2.com/master.htm/

Sunburst Commercial Laundry
http://tcguide.com/sunburst/

Southeastern Textile Rental Association
http://www.cerainc.com/setra/

12

HAPTER

地毯和地面

學習目標

1. 認識地毯製造過程中影響其耐用性、質地穩固性和實用性的因素

2. 區別簇絨地毯和機織地毯，辨識地毯製造中使用的表面纖維的特徵

3. 認識常見的地毯問題的處理方法

4. 描述地毯常規保養和預防養護的程序，認識去除地毯污點和污漬的程序

5. 認識濕型吸塵器、抽洗機和旋轉式洗地機在地毯及地面保養中的功能

6. 描述常規的地毯清潔方法

7. 區分彈性地面和硬質地面，分別描述這兩種地面的正確清潔方法

本章大綱

- **地毯的構造**
  - 簇絨地毯
  - 機織地毯
  - 表層纖維
- **地毯的問題**
  - 絨毛變形
  - 色差
  - 褪色
  - 泛黑
  - 發霉
  - 掉毛
  - 起毛球
- **地毯的保養**
  - 常規檢查
  - 預防保養
  - 常規保養
- **地毯和地面的養護設備**
  - 濕型真空吸塵器
  - 抽洗機
  - 旋轉式洗地機

- **地毯的清潔方法**
  - 吸塵
  - 乾粉清洗
  - 乾泡清洗
  - 閥帽墊清潔
  - 旋式洗滌劑清潔
  - 水抽洗式清潔
- **特別的地毯處理**
  - 抗菌處理
  - 抗靜電處理
- **地面的種類**
  - 彈性地面
  - 木質地面硬質地面
- **地面的一般保養**
- **地面清潔方法**
  - 拖地擦拭
  - 拋光和磨光
  - 刮洗和整修

在人類能夠超越重力法則之前，地毯和地面將始終被人們行走其上，濺溢其上，碾壓其上，直至逐漸磨損。在旅館裏，每天有無數的腳步行走在地毯和地面上。因此，旅館的地毯和地面很容易變髒，損耗也特別快。骯髒、帶有污漬或褪色的地毯給賓客的第一印象是：欠缺維護保養。難怪許多旅館在挑選地毯或地面用材時把耐久性、美觀程度和維護保養的難易程度作爲主要標準。

市面上每年都有新品種的地面用材、清潔用品和保養設備問世。客房部經理必須密切關注這方面的新動向，以便制定有效的清潔程序，在購買設備或選擇地毯或地面外包清潔服務時提出明智的見解。例如，許多旅館都透過購買既能清潔地毯又能清潔地面的設備來節約費用。

在本文中，「地面」這個名詞我們用來指除了地毯之外的所有其他類型的地表面。在對地毯和地面的保養做了概述後，本章將著重討論旅館常見的地毯及地面類型；常用的預防性和日常地毯及地面保養的程序和設備、一般的地毯和地面清潔方法。本章還將簡單介紹地毯的一些特殊處理方法，如殺菌處理和抗靜電處理。

第一節　地毯的構造

與其他類型的地面比較，地毯有不少的優點。地毯能降低客房、餐廳裏的噪音，防止起滑，並讓人感覺房間和地面都比較溫暖。而且，地毯也比其他一些類型的地面容易保養。大多數旅館往往不使用零售的家用型地毯，而是使用並非十分高級但耐久性很強的地毯。

通常來說，地毯分成三個部分：表層（face）、主要背襯（primary backing）和第二層背襯（secondary backing）。見圖 12-1 所示。

地毯表層或絨毛（pile）是我們看到的並且行走其上的部分。地毯的表層可能是用人造纖維或紗線製成，如聚酯、丙烯酸、聚丙烯（烯烴）或尼龍；也可能是用天然纖維，如羊毛或棉製成。但現在棉已經很少用來製作地毯表層纖維了。有些地毯表層是人造和天然纖維的混紡品，或是幾種不同的人造纖維的混紡品。地毯的表層纖維及其密度、高度、捲曲狀和編織法都會影響到地毯的耐用性、質地保持性和實用性。

圖 12-1 地毯組合材料的橫截面

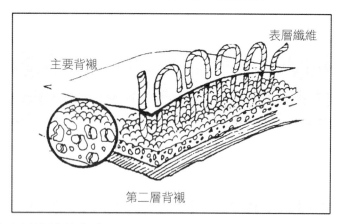

地毯表層纖維的密度是地毯耐用性的主要標誌。一般來說，表層纖維密度越大，地毯的品質越高。密度高的地毯能較持久地保持原形，並且不易因碾壓而黯然失色或變形。而且，表層纖維密度高的地毯，污垢或污漬只停留在纖維的上部，防止深度嵌入。要判定地毯的密度，把地毯的一角彎曲，觀察表層後面可以看到多少背襯。看到的背襯越少，說明地毯的密度越高。

如果地毯的密度相同，則表層越高、編織越緊密，就說明品質越好。地毯編織得越緊，受壓後的復原能力越強，也就越能持久保持原形。在檢查地毯時，應該可以看到表層的捲曲狀。表層纖維的頂部不應該是張開、散開的。品質好的地毯，表層纖維應該是加熱定形的螺旋狀的。

表層的重量（face weight）雖然沒有密度那麼重要，但也影響到地毯的耐久性。表層重量用每一平方碼的表層纖維重量來衡量，表層越重，地毯的耐久性越強。

表層纖維（face fibers）固定在主要背襯上，使表層纖維定位。主要背襯可能是用天然材料（一般的有黃麻）或人造材料（如聚丙烯）製成的。黃麻背襯比較耐用，彈性好，但是在潮濕環境中容易發霉。聚丙烯具備黃麻材料的大部分優點，而且能防霉。黃麻和聚丙烯都適用於簇絨或機織地毯。

通常，主要背襯的後面有另一層用塑膠、橡膠、乳膠或其他材料製成、用來固定纖維的膠粘層。膠粘劑分布在薄薄的膠粘層上，使毛圈牢固定位，防止移動或變鬆。有的地毯有第二層背襯，強力層壓後粘在主

要背襯後面，使之更加牢固。

過去，鋪設地毯時都在下面先鋪一層單獨的墊子。目前，有些地毯可以直接粘在地面上或安裝在某種墊子上。有時，特別是拼塊地毯，在製造時直接將襯墊粘貼在地毯的背後。

通常在選材時，注重襯墊的品質與注重地毯品質同樣重要。廉價的襯墊會縮短地毯的壽命、絕緣能力、吸音能力，也使腳感變差。比較厚的襯墊可以防止地毯滑動。除非地毯鋪設的區域經常有重型機器拖動，如果有這種情況，則適宜選擇比較薄的襯墊。

一、簇絨地毯（Tufted Carpet）

非機織的簇絨地毯是用短纖維(staple)或粗長單纖維(bulk continuous filament; BCF)製成的。人造短纖維比較短（大約是7英寸～10英寸長），經彎曲後形成長的股線。BCF纖維形成的是一條股線。當然，羊毛和其他天然纖維只可能是短纖維。有些地毯起毛球（起毛球是出現在簇絨或毛圈頂端的小的圓形纖維）的原因是，不是所有短纖維結構的纖維都能如粗長單纖維那樣粘附在主要背襯上。不起毛的地毯基本上都是用BCF纖維製的。

在簇絨毯的製造過程中，大機器上的針頭把表層纖維穿過地毯背襯，使其形成簇絨或毛圈，簇絨或毛圈形成了厚的表層或絨層。割絨表層可長或短，甚至可能割成長短不齊，從而形成雕塑效果。此外，簇絨還可以被拉伸到不同的長度，不作切割，形成圖案。有時，兼用以上兩種方法，使之形成起伏的效果。

貝伯(Berber)地毯有短的、結子花的簇絨，並有各種不同的質地。平圈式地毯(Level loops)是最常見的普通型地毯，通常有短的連續條紋。旅館一般在客房內使用表層割平(1evel-cut)的地毯，從而形成與家居地毯相似的效果。其他種類的地毯根據各旅館設計要求的不同，可以用在公共區域。

二、機織地毯

機織地毯在製造時把表層和背襯編織在一起。通常，機織地毯寬度比較窄，或是由條塊縫接起來。機織地毯沒有第二層背襯，但如果安裝保養得當，使用的效果與簇絨地毯相當，甚至更好。

機織地毯在編織時經緯向紗線交織在一起，同時編織成地毯的表層和背襯。根據織法的不同，機織地毯又分絲絨毯、威爾頓機織絨地毯、阿克明斯特地毯。絲絨毯在紡織時又有許多不同，包括長毛絨、毛圈絨、多層毛圈絨和割絨（剪毛）。威爾頓指的是一種特別的織機，用多孔圖案卡能織出複雜的圖案（有時是多種色彩的）。阿克明斯特織法是指把事先準備好的各種顏色的紗線線軸輸入到圖案機裏的一種機織法。用這種方法，會把大部分的表層紗線織在正面，而背面則留下稜紋。圖12-2列出了不同種類的地毯及其各自的特點。

圖 12-2　地毯的基本種類和特點

地毯的種類

粗絨　　毛圈絨　　割絨　　長毛絨　　雕刻型絨毛

密度

高

低

高度

高

低

扭轉

緊

鬆

三、表層纖維（Face Fiber）

通常，人造纖維比較耐用、衛生，價格也比天然纖維便宜。正由於這些優點，一般的經濟型旅館所用的地毯 90 ％以上都是人造纖維。表層纖維的好壞根據其外觀、彈性和質地保持性（保持不變形的能力）、防水性、防污性和可清潔性來衡量。一般的表層纖維包括羊毛和其他天然纖維、尼龍和其他人造纖維。

(一)羊毛和天然纖維表層

對於羊毛地毯，買賣地毯的雙方都有共識，羊毛地毯好看、彈性強、耐用、便於清潔，但價格昂貴。

雖然價格較貴，但因為羊毛地毯具防火特性，有良好的脫污能力，對旅館是很適用的。家具腳造成的地毯上的壓痕，在有的人造地毯上無法除去，但對於羊毛地毯，只要加濕和低熱，即可輕鬆去除。

羊毛地毯喜水，即用水可以有效地加以清潔。但可惜的是，這也為微生物的生長提供了比人造纖維地毯更好的溫床。真菌、黴菌、細菌等的生長會損壞地毯，並可能產生異味。羊毛地毯的清潔劑必須慎重選擇，氨、鹽、鹼性肥皂、氯漂白粉及其他強效清潔成分都可能給地毯帶來損壞。

其他可以用來製成地毯的天然面料有棉、西沙爾麻和絲綢，但目前用得很少。

(二)尼龍

在美國生產的地毯中，80 ％以上都是用尼龍製成的。尼龍不易變形，不易褪色，容易清潔，而且比羊毛便宜得多。如果保養得當，尼龍地毯比羊毛地毯較不容易滋長細菌。尼龍地毯經過簡單的處理後能有效防止真菌、黴菌等其他細菌的生長。尼龍明顯的好處在於其耐用性及製造和設計的靈活性。尼龍地毯的腳感也不錯，並且比羊毛地毯更能防污。

通常，尼龍纖維光澤鮮亮。但現在，透過「烘焙」加工可以降低其光澤，使之看上去略顯黯淡，更像羊毛地毯。經過降低光澤處理的尼龍地毯還具備不易被弄髒的優點。

(三)其他人造纖維

丙烯酸(acrylic)纖維於 1950 年代問世，其外觀及耐用程度與羊毛地

毯接近。通常，丙烯酸地毯不像其他人造纖維地毯容易清潔，彈性也沒有其他人造纖維毯強，而且可以因清潔而泛黑。丙烯酸地毯經壓後回彈力不強，並容易起球起毛。如果不及時處理，油漬可能會無法去除。丙烯酸對大多數酸性物質和溶劑具有抵抗性。變性聚丙烯纖維(modacrylic)與丙烯酸纖維類似，但丙烯酸更防污、更耐磨。

烯烴（聚丙烯）的地毯十分耐用，可經得起強烈清潔而不損壞，而且也不像尼龍或羊毛毯那樣因日光照射而褪色。烯烴地毯採用溶液染色，即染料以液體狀態進入烯烴中。烯烴耐酸、溶劑、抗靜電，但是受熱或摩擦後易受損，腳感不是很舒服。

聚酯纖維(acetate)的外觀與羊毛類似，耐用而且易於清潔，通常被鋪設在人流不息的地方，但其回彈力不強。

醋酸纖維是一種價格便宜、貌似絲綢的面料，而且不易褪色，不易發霉，但易弄髒易磨損。污漬的清除必須很小心，因為使用乾洗溶劑可能會使醋酸溶解。

人造絲的許多特色都與醋酸纖維相似，易弄髒易磨損，但不易褪色，不易發霉。密度高、品質好的人造絲也具有較好的回彈力，適合旅館使用。但人造絲易沾上油污。

第二節　地毯的問題

為了保持地毯的美觀和清潔，負責清潔地毯的客房部員工應該學會辨識並處理以下常見的地毯問題：

1. 絨毛變形；
2. 色差；
3. 褪色；
4. 泛黑；
5. 發霉；
6. 掉毛／起毛球。

一、絨毛變形（Pile distortion）

絨毛變形是地毯表層纖維的一些問題的統稱。表層的纖維會變彎、起毛球、壓壞、散開或纏結。當地毯受到人流或機器的重壓後，會出現

地毯絨毛變形。不正確的清潔方法也會導致地毯絨毛變形。比如，如果清潔劑溫度過高或清潔方法過於激烈，地毯絨毛的螺旋狀會變形。

　　絨毛變形很難恢復，如果在人潮密集區，幾乎不太可能恢復原狀。踏墊、小塊地毯和家具的滑輪可以防止壓壞地毯。定期吸塵或在交通密集區使用絨毛提拉機或刷子，可幫助除去乾性污物。這些乾性污物會磨損絨毛纖維，造成地毯絨毛變形。絨毛提拉機在除去會磨損地毯的泥沙污物的同時，提拉壓倒的絨毛。在人潮密集區用地毯耙梳理地毯，也可以有防止地毯絨毛變形的作用。在清潔地毯前，先使用絨毛提拉機或地毯耙子，可以提高清潔的效果。

二、色差（Shading）

　　當地毯的絨毛經沿著兩個不同的方向刷過以後，就會出現明暗兩種色差。產生色差幾乎是所有的地毯都會有的正常現象。朝一個方向吸塵或做絨毛提拉可以減輕色差的問題，但是可能無法徹底清除。有些旅館要求清潔員在地毯吸塵時特意留下色差痕。這樣做的目的是為了讓賓客能看到吸塵的痕跡，並感受到這個房間已經仔細清潔過。

三、褪色

　　隨著時間的流逝，每一種地毯都會褪色。太陽光、磨損、清潔作業和自然老化等因素的綜合作用都會加速褪色。如果地毯洗滌不當，會出現過早褪色。有些專業地毯服務公司可以對過早褪色的地毯染色。不適當的清潔或去污對地毯產生的損害比永久污漬還要大。在運用強烈的去污技術前，請先測試一下。

四、泛黑（Wicking）

　　當地毯的背襯變濕後，表面纖維吸收背襯的溼氣和顏色，使地毯表面泛黑。要防止泛黑，必須及時處理溢出物，清潔地毯時遵照正確的清潔程序，避免過度打濕地毯。

　　泛黑的情況較多出現在黃麻背襯而表層顏色較淡的地毯上。清潔後，用醋或人造檸檬酸溶液進行處理，或把醋或人造檸檬酸溶液加在清潔劑裏，可以幫助防止或解決泛黑的問題。處理這個問題也不例外，在使用一種新的處理方法前，請先向製造商諮詢或測試這種方法的效果。

五、發霉

　　潮氣使真菌在地毯裏滋長，從而形成地毯發霉。發霉會出現污點、異味和腐爛。天然纖維特別容易發霉，所有的地毯必須保持乾燥或進行抗菌處理，防止發霉。正確的清潔程序可以避免過度打濕地毯，進而避免地毯發霉。

六、掉毛／起球

　　地毯在製造時，會積聚一些短片的表面纖維。走在新的地毯上面，這些短片纖維會跑到地毯表層來，使新的地毯看上去蓬亂不整潔。掉毛最終會停止。同時，頻繁地吸塵能防止地毯看上去蓬亂。起毛球是清潔的結果，可以透過大功率吸塵或用剪刀剪去鬆散的纖維來處理這個問題。

第三節　地毯的保養

　　地毯保養的目的是使地毯始終保持清潔，狀態如新。從某種程度上來說，地毯的表層纖維、背襯及製造方法決定了有效的保養方法。根據地面保養專家的建議，客房部經理應該建立每種地面和地毯的清潔日程表。最有效的清潔日程表，應該建立在對旅館各個區域交通流量統計的基礎上。

　　通常，重污發生在人潮密集的公共區域、通道區域和人流交會滯留地帶。通道區域是指直接對著門並通向室外的通道。人流交會滯留地帶是指人流在較狹窄的區域內匯集，從而造成這個區域的地毯容易產生重污。一般的人流交匯滯留地帶如電梯和樓梯周圍或自動售貨機前面。

　　在旅館裏，可以用不同顏色的地毯來標識人流量大的區域和易產生重污的區域。比如，用某種特定的顏色來表示人流量大、至少每天需要清潔一次的區域。而人流量相對小、比較不易弄髒的區域則可以用其他顏色來分別表示需每週清潔、每月清潔或每季清潔。圖 12-3 顯示了某旅館的地毯色彩辨識圖。

　　一旦地毯色彩辨識圖確定下來，應該建立起清潔日程表。清潔日程表應該列出清潔工作的內容，即每天要做哪項具體工作，完成這項工作所需的時間，如吸塵、去污漬、深度清潔等。建立起清潔日程表並照此執行有以下的優點：

圖 12-3　地毯行走區域平面圖

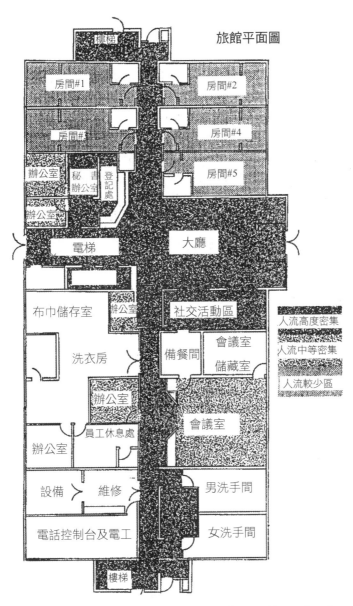

資料來源：Flagship Cleaning Services, Newtown Square, Pennsylvania.

1. 客房部經理可以正確地預測每月及每年的清潔費用；
2. 常規保養可以避免大問題的產生，並延長地毯的使用壽命；
3. 按清潔計畫進行常規的地毯和地面清潔，使客房部經理可以更好地安排時間，以便進行其他專案的工作。

在開始執行任何一項清潔計畫或購買設備和清潔用品之前，客房部經理都應該向地毯供應商或製造商諮詢，並遵循他們建議的清潔程序。

一、常規檢查

檢查是所有地毯和地面保養計畫的重要組成部分。通常，客房部的員工每天檢查旅館內所有區域的地毯和地面。旅館應該教育全體員工協助保護地毯和地面，及時將污漬、濺溢等情況通知客房部。及時清除這些污漬對保養好地毯和地面是大有幫助的。

客房部主管應該定期檢查旅館地毯的清潔程序，並確保員工正確地按照這些程序操作。在許多旅館裏，客房部主管還定期檢查清潔設備，確保這些設備安全高效地運作。

二、預防保養

旅館可以在人流量大的區域、通向旅館外的通道區及人流交會滯留區，放置經常更換的踏墊、長條地毯，防止這些區域的地毯受污或受損。可滑動的家具，如帶滑動腳輪的桌椅，可以減少地毯因長期重壓而變形或受損。可以在餐廳的自助飲料區或自動販賣機周圍鋪設防水的塑膠地毯或訂製的墊子，以減少因食物酒水的濺溢而對地毯造成損壞。塊狀地毯容易更換和轉向，可以用在人流量大的區域，從而減少絨毛變形。

三、常規保養

作為常規保養的一部分，大多數旅館的客房部每天至少對地毯吸塵一次，有的則清潔得更頻繁。常規保養同時也包括定期的深度清潔（用清潔劑清潔、熱水抽洗式、冷水抽洗式），局部清潔、去污漬等。污漬必須在其深入地毯、變成頑漬前及時去除。客房部經理應該建立起污漬清潔的相關記錄，並註明在整個旅館內每種地毯的正確清潔程序及所適應的清潔用品，完成這項任務的捷徑，諮詢地毯供應商關於地毯維護保養的方法及適合於本旅館所用的地毯的去污技巧。

表 12-1 是一張去污範例表，包括了一些地毯去污的常規做法。並不是每一項清潔技術都適合於任何一種地毯，以下意見僅供參考：

1. 找出污點或污漬的來源，這將會使去污工作變得容易。

2. 如果無法找出污漬的來源，先用刮刀或湯匙將污漬的固體微粒仔細地除去，然後徹底吸塵。用濕型真空吸塵器吸取大片濕的濺溢物。當濕物盡可能吸去後，用乾淨的乾毛巾壓在污點或污漬上將其吸乾。

3. 如果不能透過吸塵除去濺溢物，在噴灑清潔劑前，先從邊緣往中央除掉污物。千萬不要透過揉搓來去除污點或污漬，因為這可能會造成表層纖維無法復原的變形，如起毛、毛圈散開、纖維散落等。

4. 都用清水來清除污點或污漬，因為清水可以除去多種濺溢物。如上所述，多餘的水要輕輕地吸乾。

5. 如果用水無法去除，用清潔劑取一小塊污點或污漬做測試。把清潔劑噴灑在乾淨抹布上，再塗抹到污點或污漬上。請記住，只能把清潔劑噴灑在抹布上，然後再塗抹。

6. 如果少量清潔劑就能產生作用，就不要再多加；再多加清潔劑只會增加更多的工作量來清洗多餘的清潔劑。如果使用的是水溶清潔劑，需要漂洗溢物部位除去清潔劑。如果使用的是溶劑作為清潔劑，就不需要漂洗。在試用溶劑前，先用水把清潔劑的殘液漂洗乾淨。

7. 如果水溶清潔劑能去除污點或污漬，用清水反覆沖洗這個部位，以便加快清潔過程，避免添加更多的化學物品。待污點或污漬除去後，建議至少沖洗三次，避免殘留的清潔劑在該部位留下新的污漬。吸乾的程序如上所述。

8. 如果某種溶劑能去除污點或污漬，繼續把溶劑噴在抹布上塗抹到地毯上。不要直接向污點或污漬部位傾倒溶劑。不要在用溶劑能去除的污點或污漬部位加水。溶劑是具有揮發性的，會自動變乾，不留殘液。

9. 不管在何種情況下，不要過度處理污點或污漬。先用較短的時間處理一次，然後等這塊部位乾了以後，再繼續去污的工作。

表 12-1　污漬排除操作表

清除污漬的操作程序

如何使用本表

1. 辨識污漬的種類，並在下表中找到。
2. 試用建議使用的第一種清潔劑。
3. 如果不能去除污漬，再試用第二種。在試用下一種清潔劑前，先用清水洗淨前一種清潔劑。
4. 按照下表中所示的順序來使用清潔劑，直至污漬完全被清除。
5. 必須徹底漂洗污漬部位，以使清潔劑的殘液。

污漬的種類	1 類／油和油脂	2 類／液體	3 類／食物及人體排泄物	4 類／染料、墨水、藥	5 類／口香糖、鏽跡	6 類／不明污漬
（污漬的種類）	瀝青 複印墨粉 化妝品 蠟筆 杜科膠接劑 油脂 墨汁 塗料 油 橡膠泥 鞋油 焦油	啤酒 雞尾酒 咖啡 可樂 水果汁 軟性飲料 茶草 尿	動物膠 血 蕃茄醬 巧克力 奶油 雞蛋 糞便 肉汁 冰淇淋 澱粉 嘔吐物	有色的紙 食物 家具 墨水 記號筆 軟性飲料	口香糖 鏽跡	
適用的除污劑	乾洗液 非油性脫塗劑 乙酸戊酯 乾洗液 濕／乾去污劑 清潔溶液 5%的醋酸 清潔溶液 水	清潔溶液 濕／乾去污劑 5%的醋酸 1%的過氧化氫 清潔溶液 水	清潔溶液 5%的氨水 濕／乾去污劑 清潔溶液 浸提劑 清潔溶液 水	清潔溶液 酒精 5%的醋酸 5%的氨水 1%的過氧化氫 清潔溶液 水	口香糖： 化學冷凍混合物 乾洗液 鐵鏽： 去鏽劑 清潔溶液 水	乾洗液 脫塗劑 乙酸戊酯 濕／乾去污劑 酒精 清潔溶液 5%的醋酸 5%的氨水 1%的過氧化氫 浸提劑 清潔溶液 水

備註：查詢污漬去除資料的有關說明可與地毯養護專業人員聯繫，以了解污漬去除劑的使用濃度和用量。

資料來源：Du Pont Company, Wilmington, Delaware.

第四節　地毯和地面的養護設備

　　決定何時清潔地毯和地面及如何清潔是一項重要的工作。由於市場上的清潔機器、供應商和清潔用品種類繁多，這項工作也變得較為複雜。表 12-2 列出一些常用的小型設備。在本節下文中將介紹一些主要的設備。

　　購置地毯和地面的清潔設備投資大，因此設備必須正確地加以保養。表 12-3 中列出了一份設備檢查核對清單的範例。

　　本文無法詳述每個旅館應該具有哪些設備。通常，一個旅館的清潔設備中應該包括濕型吸塵器、抽洗機和旋轉式洗地機。這些機器既能用於清潔地毯，也能用於清潔地面。為了保護地毯，請遵循地毯製造商建議的清潔方法。

表 12-2　常用的小型地毯和地面清潔設備

小塊防水布－用於混合清潔劑

尼龍絨毛刷－用於清潔後梳理恢復地毯表層的絨毛狀況

地毯耙子－清潔後使用或用於梳理恢復因受壓而變形的長條地毯的絨毛

手動式洗滌劑刷－用於清潔檯階或邊緣

混合桶－用於混合並盛裝清潔劑

攪拌棒－用於攪拌混合清潔劑

通道指示紙－用於保護剛剛清潔好的地毯，提示行人流繞行；也可用於保護與地面齊長的窗簾不碰到濕的地毯

夾式泛光燈－用於照亮需要清潔的光線較暗的走道和樓道

噴霧器－手動式或電動式，用於往地毯上噴灑清潔劑或水

量杯－與清潔劑配合使用

拖把－用於日常的地面清洗或用於漂洗或塗抹上光劑和起蠟劑

拖把桶－簡單的不銹鋼水桶或帶腳輪的絞乾器的水桶

手動絞乾器－用於絞乾拖把頭多餘的水

橡膠滾軸－橡膠條的工具，作用像擋風玻璃刮水器，用於吸取地面多餘的水

撿拾盤－作用相當於畚箕，與橡膠滾軸一起使用

踏墊、長條地毯－鋪設在人流密集處的地毯或地面上，用於保護地毯和地面或保護賓客和員工，防止滑倒

家具滑輪－家具腳上安裝的小圓盤或方塊，用於何護地毯表層

地毯剪切機－用於剪切地毯絨毛的小型機器，類似刮鬍刀

表 12-3　設備檢查核對清單範例

滑輪和輪腳
☐ 清潔輪子上的污垢、毛髮、線等
☐ 更換壞掉的輪子，否則會戳壞或磨損地毯

軟管
☐ 檢查是否漏水
☐ 檢查管子內吸附的污垢或殘留清潔劑

電線
☐ 檢查電線和插頭。不要使用電線磨損或帶非絕緣電線的機器

刷頭和拖把
☐ 更換經磨損後刷毛短於 1/8 英寸的刷頭
☐ 確定電動刷頭或手動刷頭是乾淨的
☐ 確定拖把的把手完好，拖把的拖頭清潔乾燥
☐ 使用新的拖把前，在清水中浸泡 30 分鐘，去除膠料
☐ 使用清潔乾燥的圓帽

水箱、水桶和儲塵袋
☐ 在使用前，確定抽洗機和濕型真空吸塵器的水箱清潔並且是空的
☐ 確定抽洗機的水箱內的清潔劑已漂洗乾淨。
☐ 更換吸塵器內已損壞的儲塵袋及儲塵量超過一半的儲塵袋

一、濕型吸塵器（Wet Vacumn）

　　濕的濺溢物會損壞多種地毯和地面，而且會為賓客和員工帶來安全上的隱憂。濕型吸塵器用於拾取濺溢物或在地毯和地面清潔過程中用於漂洗地面的水，許多濕型吸塵器還能用於吸取地面的乾性污物。千萬不要用普通的吸塵器吸濕物，否則會造成觸電，機器也會被損壞。

　　有的吸塵器只有吸頭，有的不光有吸頭，還有水噴頭，水噴頭用於馬上漂洗髒的部位。吸塵器的橡膠滾軸附件能夠更有效地清潔、刮擦地面。

　　濕型吸塵器有各種規格和造型。罐式濕吸器很小，能用皮繩捆住掛在清潔者的背部。罐式濕吸器有一個用於裝水、管子和吸頭的水箱。通常，水箱安置在輪腳上方便移動。許多罐式濕吸器也能用於吸取地面上的乾性污物。一些製造商和許多清潔專家都建議使用分路器發動機的罐

式濕吸器。這種機器能防止潮氣凝結在機器的發動機上，相對減少機械問題的產生。

後推式抽吸器在大片區域吸水速度比較快。這種型號比一輛雜貨車略大一點，通常可以自動推進，操作簡單。有些型號有牽引繩，有些則用電池。

二、抽洗機

有些真空吸塵器只有抽吸功能，而抽洗機則既有抽吸功能，又有注水功能。這種機器可以同時漂洗並抽洗地毯和地面上的污物。

抽洗機把水和清潔劑噴灑到地毯上，然後吸除水、清潔劑和污物。有些機器有特別的工具，可以在噴灑前攪動地毯，使污物變鬆。也有類似的配件專門用於清潔窗簾和家具裝飾品。

抽洗機有各種不同的規格和造型。有水箱式和後推式。這種機器也可以用於清理地面的乾性污物。外表與立式吸塵器相似的內置式抽洗機不能用於清潔地面。內置式抽洗機沒有管子，不佔空間，在較小的空間，如客房內使用較好。

三、旋轉式洗地機（Rotary Floor Machines）

旋轉式洗地機能用於多種表面的清潔工作，那些既能配合刷子又能配合護墊使用的機器是用途最廣泛的。在地毯上，旋轉式洗地機可以與墊子和刷子一起使用，進行乾泡清潔、噴霧式清潔、旋轉墊式清潔、閥帽式洗滌劑清潔或拋光式清潔。在硬質地面上，旋轉式洗地機可以用於上光、擦洗、刮除和整修表面。許多生產者和地面保養商家為特別的清潔工作提供專門的墊子，進而使得地面清潔工作變得容易。

客房部經理應該知道生產者根據所適應的不同工作，使用不同的顏色代碼。刮除墊是黑色和棕色的，擦洗墊是藍色和綠色的，上光墊是白色的，噴洗墊是紅色的。拋光墊通常沒有顏色代碼。

有些洗地機配有清潔劑發散箱和用於夾住閥帽墊的盤狀夾具。閥帽可以換成刷頭，同一台機器也能用於清潔地毯。機器還能加配小型吸塵器，在清洗地毯的同時進行吸塵。閥帽墊既可用於硬質地面保養，也能用於地毯保養，在更換了配用的化學品後，可以用同一台機器進行硬質地面或地毯的保養。

高速機器（300 轉／分～1000 轉／分）可以縮短拋光時間，並能形成更耐久的拋光面。研磨器超高速地運轉（700 轉／分～1500 轉／分），進一步縮短了拋光時間。速度超過 175 轉／分的旋轉式洗地機絕不可以在地毯上使用，否則會對地毯產生較大的損壞。

旋轉式洗地機使用時需要技巧。例如，不熟練的員工在清潔時可能會過度打濕地毯。這可能會造成一系列問題，比如接縫裂開，背襯脫膠，表層鼓脹，縮水，過早出現表層磨損，黴菌形成等。

旋轉式洗地機在地面上使用不當，會造成密封劑或拋光層的磨損或意外清除。有些旅館只允許熟練的客房部工作人員操作旋轉式洗地機及其他大型設備。

居室年鑑 THE ROOMS CHRONICLE

在選擇抽吸式設備時要考慮哪幾個因素？

在購買設備之前，經理應該要求看一下設備的操作示範。同時，要瞭解可諮詢的其他使用該機器的公司，以便打聽使用效果。以下的核對清單可以幫助購買者比較可供挑選的規格，選擇最適合旅館的設備：

■工作效率
一小時之內能清潔多少平方英尺的開放式地毯區域？

■品質
能去除百分之幾的污物？抽洗後當時地毯的外觀怎樣？24 小時後、一個月後、一年後分別怎樣？

■清潔功效
液體壓到地毯纖維中去的壓力是多少？機器的液壓從每 平方英寸 100 磅到每平方英寸 1000 磅不等。

■清潔劑的回抽
注入地毯的液體有多少能夠抽出？在比較抽力和吸力時，請

問一下機器的立方排氣量和提水力。

■風乾時間

經過該機器處理後的部位需要多長時間才能徹底風乾？這是表示抽吸能力的最佳指標。

■清潔劑裝配程序

裝配液體清潔劑或化學品的操作是麻煩還是簡單？一次裝配後，能清潔多少平方英尺的地面？

■成本

採購這台機器的實際價格是多少，包括配件和化學品？

■外觀

賓客看到員工使用這台機器會產生什麼印象？

■操作

機器的操作是否簡單？機器有多重？在空間較小的地方，像在客房裏使用，是否也像在比較寬敞的地方（如多功能廳）一樣輕鬆自如？在使用時，機器是在地上「拖動」，還是在地面上輕鬆地移動？

■配件

需要什麼配件？提供了什麼配件？機器是否可以透過調　節用於清潔多種類型的地毯？是否可以清潔家具被覆材料、小塊區域、臺階、辦公室隔斷板、牆面布巾材料、磁磚面或地面？

■化學品

要求使用什麼化學品？這種化學品的清潔功效如何？這種化學產品的價格是否承受得起？是否可生物分解？是否氣味清新？是否不含溶劑？請記住品質好的化學品透　過漂洗很容易從面料纖維中分解出來。

■服務

供應商能為員工提供什麼培訓？購買後提供什麼品質保證？還提供其他什麼服務？

資料來源：《居室年鑒》，第 3 卷第 2 期。

第五節　地毯的清潔方法

　　地毯的清潔方法有很多種，從簡單的吸塵到熱水或冷水抽洗。地毯保養專家們對於哪種清潔方法最有效，哪種清潔方法對地毯造成的損壞最小沒有一致意見。有些人認爲洗滌劑清洗可使地毯磨損，並會留下實際會吸附污垢的皂液殘留物。

　　使情況變得更爲複雜的是，現在有多種地毯和地面類型，它們都有不同的清潔保養要求。例如，氨水適用於大部分的人造地毯，但是會對人造地毯造成即時及無法逆轉的損壞。類似的情況有，烯烴地毯可以用氯漂白，但氯漂白會損壞尼龍地毯。

　　客房部經理要仔細地遵照製造商關於清潔方法的指南。不正確的地毯清潔程序不但不在品質保證範圍，而且會加速地毯的變髒和損壞。地毯供應商能提供關於地毯保養要求的資訊，這些資訊能幫助客房部經理選擇正確的清潔方法、洗滌劑、地毯保養商家或地毯清潔商家所提供的服務。

　　以下章節描述了地毯清潔的基本方法。適合特定旅館的方法則要依據製造商的特別要求。

一、吸塵

　　地毯專家一致同意：吸塵並非越多越好。每天吸塵能防止硬粒物質（如沙和砂礫）深入地毯中，時間一長產生污跡和磨損。吸塵也有助於恢復地毯的絨毛。最有效的吸塵設備可翻動地毯，使污物散開，並用吸力將污物吸走。

　　爲了適應不同種類的地毯，已有許多種類的吸塵器問世。比如，攪棍式吸塵器用一根棍子攪動地毯，使污物鬆散開。這些吸塵器最適合安裝在襯墊上的地毯。刷式吸塵器用一個刷子攪動地毯，最適合直接粘在地面上的地毯。

居室年鑒 THE ROOMS CHRONICLE

地毯的清潔：作業時間、方法和爲什麼

作者：Gail Edwards

　　旅館裏有數不清的地毯，成千上萬的人行走在地毯上。地毯無時無刻不受到滲水、溢物和污垢等種種威脅。管理層對地毯壽命的期望值是幾年？7年？那麼客房部經理應該怎麼做？

　　骯髒的地毯不僅從視覺上破壞了旅館的美觀，而且空氣品質差的原因之一。地毯纖維吸收大量的雜質，包括大量微生物如細菌、塵粒、真菌、孢子；有機物如食品、纖維素、毛髮、皮屑和死亡的植物細胞；無機物如溶劑、清潔液和其他污染物質。

　　如果雜質遇上潮濕的氣候——濕氣是微生物滋長的溫床，結果會使空氣中含有毒氣、排泄物和已分解的物質。

　　聽上去有些聳人聽聞？不要緊！下面列出了許多清潔地毯的方法：

從外面開始

　　從旅館門外相當距離處開始配製良好的踏墊，可以確保最少量的污物被帶入旅館的走道或大廳的地毯。

定期吸塵

　　帶滾動刷和攪拌棍的立式吸塵器，可迅速高效地去除地毯上的乾性污物。刷頭工作時攪動地毯表層，把污物從纖維中刷出。吸塵器的電機產生的吸力把散落在地毯上的污物吸去。定期（每天）吸塵去污可以延長地毯的壽命。如果不定期去污，污物會滲透到地毯纖維中去。

有限的液體清潔法

　　吸水混合物法　粉末清潔化合物塗在地毯的表層，攪動、風乾，然後用吸塵除去。這種混合物是一種表面清潔劑，好處在於溢物和污漬可以很快地得到處理，缺點在於吸水粉末不能乳化並去除在地毯表層下面的污物。

　　閥帽法　閥帽法是把一種液體的清潔劑塗抹在地毯上，使其在短時間內浸入地毯中，然後用吸水的閥帽墊擦淨。這種方式與吸水

混合物法相似，也是一種表層清潔法，優點在於處理速度快、地毯變乾的時間短，缺點在於不能處理並去除深入纖維和背襯中的污物。乾泡或洗滌劑清潔法這種方法用較少量的液體（高泡清潔劑或洗滌劑），用卷軸刷或滾動刷塗在地毯的絨毛表面，使污物懸浮在表面並乳化油漬。然後用濕型吸塵器清潔地毯。

以上這些有限的液體清潔法的優點在於處理速度快，地毯變乾時間短，而且表層看上去很乾淨。但是這種方法的缺點在於，沒有向纖維注入充分的液體，使其滲入、乳化並去除表層以下的污物。表面污物被「驅趕」到地毯的較深層處。如果沒有把地毯中的洗滌劑徹底吸去，會留下殘留物吸附污物。

持續使用這些有限的液體清潔法，會導致地毯表面因污物和化學清潔品累積而色彩暗淡無光澤。

無液體方法：抽洗法

這是現有的最徹底的清潔方法。抽洗法把水和化學清潔品在壓力下注入地毯中。抽洗法被視為是一種濕型或復原法，在地毯上使用一種鬆開污跡的去污劑（預處理劑），然後浸泡，再用熱水、冷水或化學清潔品去污。

這種方法的優點在於，好的抽洗機可以提供足量的壓力使地毯表層的污物變鬆，足夠的抽氣馬力能夠去除90％之多的水和清潔劑。其缺點在於，地毯變乾的時間根據所用的機器類型的不同，會從一小時到一天不等。有些抽洗機只能吸出一部分浸在纖維和背襯中的髒的清潔劑，因此延長了地毯變乾的時間，從而為細菌的滋生提供了溫床，並加速再次變髒。

客房部經理該做些什麼？

如果需要馬上處理並恢復原狀，可採取上述的某一方法加以迅速處理和風乾，例如在一個繁忙的餐廳裏發生了食物溢溢。但是，必須把這個部位記錄下來，以後再進行進一步的抽洗處理，去除表層下面的污物。如果用品質好的設備進行抽洗，機器會使污物變鬆並除去污物，地毯看上去始終很好。

最基本的是要根據預算、結果及從旅館昂貴的織品和地毯保護角度來仔細評估清潔系統的投資。

資料來源：《居室年鑑》，第3卷第2期。

居室年鑒 THE ROOMS CHRONICLE

選擇吸塵器——有效性和使用的簡便性

作者：Gail Edwards

　　毫無疑問，吸塵器是客房部工作的重負荷機器。移動吸塵器、纏繞或鬆開電線、更換儲塵袋或對付斷了的皮帶，都是十分費時而惱人的事。以下是在選擇機型時需要考慮的幾個問題：

清潔的有效性

　　吸塵器應具備一個帶刷的吸頭，吸頭在地毯表面移動，能使污物鬆散，並除去污物。

　　《消費報導》所做的測試表明，清潔效果與吸塵器的安培數、最大馬力或每安培的清潔能力與清潔效果沒有關係。但是，吸力的大小取決於儲塵袋的狀況。不僅儲塵袋滿了會影響到吸塵效果，如果儲塵袋內的風管堵住，也會影響吸塵效果。罐式吸塵器和直立式吸塵器的吸塵效果基本相同，但是直立式吸塵器用於地毯吸塵最有效，罐式吸塵器用於硬質地面和家具裝飾吸塵更有效。

　　為了空氣清潔，有些公司出售一次性的微型過濾袋。《消費報導》說明特別設計的儲塵袋並不能明顯地減少灰塵的散發。

使用便利

　　直立式吸塵器的重量大約為10磅～24磅，但重量與清潔效果沒有關係。

　　比較重的吸塵器通常裝有自動推進的腳輪，這樣推起來與輕型吸塵器一樣輕鬆。

　　通常吸塵器出售時帶有電線，電線的長度從20英尺～30英尺不等。所需要的電線長度由需要清潔的客房或公共區域的結構決定。電線太長會擋路，電線太短會給高效清潔帶來困難。

　　必須經常檢查吸塵器的電線狀況。有些吸塵器有電線收存掛鈎或電線收存裝置，使電線的收存和打開變得簡便。也要注意開／關鍵的位置，許多客房清潔員偏愛腳動開關，因為腳動開關無

需彎下腰來操作。

污物會不會吸入到布袋、儲塵杯或集塵紙袋中去？布袋很難清倒乾淨，儲塵袋可能會破裂，一次性紙袋又產生了額外開銷。在挑選吸塵器時，應選擇最簡便、也能承擔得起的儲塵方式。

吸塵器的款型不同，更換拍打杆帶（beater-bar belt）的難易程度也不同。有些吸塵器的吸頭需要用旋鑿打開外殼，有的則有簡單的把手。

不管應不應該這樣做，客房部服務員往往把吸塵器從一個房間拖到另一個房間，後輪子承受著拖力。這個習慣是很難改變的，因此在挑選吸塵器時，要選腳輪牢固的。

前燈似乎很可笑，但客房部服務在清潔床和牆面之間的角落時希望能有額外的燈光輔助。

大多數罐式吸塵器能夠輕鬆地滑到床或椅子下面，但直立式吸塵器很少能做到這一點。

其他考慮因素

·**價格** 直立式吸塵器的價格有很大差別。許多旅館公司簽訂全國購買合約，從而享受比零售價便宜得多的價格。但是，即使是獨立的旅館，如果大量購買也能節約不少 開支。比如，一次性購買 12 台吸塵器可以節省 10％～15 ％的費用。

·**型號** 許多製造商推出普通機型系列。這些型號的機器帶有高密塑膠外殼、更大電流量，而且維護保養方便。

·**噪音** 「安靜的吸塵器」是一種「矛盾修飾法」。不管廣告如何宣傳，這種情況基本不存在。但是，在購買時噪音的級別也是一個考慮因素。

·**配件** 現在，直立式吸塵器在製造時也加上內置的吸管，便於清潔邊角和裝飾面。既要考慮吸管的長度，還要考慮吸管在使用時吸塵器的穩定性。

資料來源：《居室年鑒》，第 3 卷第 5 期。

二、乾粉清潔

用乾粉清潔法清潔，把乾粉或晶粒噴灑到地毯上，然後手工用刷子刷到把油污除去。乾粉清潔不需要風乾時間，因此在清潔人流密集區時不需要暫時關閉這個區域。可以在深度清潔作業之間的階段安排乾粉清潔。

乾粉清潔對於那些不能用水清潔的地毯而言，是一種好的清潔方法，乾粉清潔也不會形成皂液殘留物或容易導致發霉的過量積水。但是，乾粉機中的毛刷可能會使割絨地毯的纖維產生火花。建議定期抽洗或濕洗去除殘餘乾粉。有些專家提醒，乾粉不能很好地去除一些種類的污物。

三、乾泡清洗

另外還有一種乾性清潔法，把乾泡沫噴灑在地毯上，旋轉式洗地機把泡沫刷進地毯中去。然後用濕型吸塵器除去泡沫。市場上還出售既能噴灑泡沫，又能吸去泡沫的機器類型。乾泡清洗在運用時也可以手工把泡沫噴灑並刷進地毯中去。因為用這種方法地毯風乾所需的時間比較短，所有客房部經理常常頻繁地安排在人流密集處進行乾泡清洗，甚至一天一次。

乾泡清洗在有些割絨地毯上易產生火花。如果不按照正確的程序清潔，可能會過度打濕地毯，進而造成縮水、發霉、褪色及其他問題。圖12-4是一份乾泡清潔保養地毯的程序範例。除英語外，有些製造商還提供其他語言的同樣內容的資料。

四、閥帽墊清潔

閥帽墊清潔與乾泡清潔法相同，可用於表面清潔。用這種方法，帶有特製夾具和墊子的旋轉式洗地機在地毯表面移動時，攪動地毯纖維的頂端。閥帽墊拔起並吸收污物。墊子用人造或天然纖維製成，可以清洗，反覆使用。閥帽墊清潔後，待地毯乾了以後，應該對地毯進行吸塵。

五、旋式洗滌劑清潔

旋式或刷入式洗滌劑清洗，是比乾泡和乾粉清潔更有效的方式。用這種方法，不是使用閥帽或墊子，而是用滾動毛刷（新的清潔毛刷在好

的地毯上使用之前，應該在水泥地上先刷動一下，打開刷頭）。毛刷的設計使清潔劑從鬃毛中往下流，直接注入地毯中。機器攪動清潔劑，使之變成泡沫，然後使之變乾，或用濕型吸塵器或抽洗機吸乾。在吸地毯時，需要在濕型吸塵器或抽洗機的水箱內加人除泡劑。與所有的地毯清潔設備相同，必須小心謹慎，注意不要加入過多溶液或過少溶液或攪動太多，從而破壞地毯。

　　圖 12-5 提供了一份製造商提供的旋刷式地毯保養程序範例。除英語外，有些製造商還使用其他語言提供類似的材料。

六、水抽洗式清潔

　　對於大多數地毯而言，水抽洗法(hot-or cold-water extraction)是最徹底的清潔方法。熱水抽洗有時被誤稱爲蒸汽清潔。實際上，熱水抽洗機絕不能加入溫度超過 150°F（66℃）的熱水。羊毛地毯因爲會縮水，只能用溫水或冷水清潔。

　　熱水抽洗機以較低的壓力（小於200磅／平方英尺）把清潔劑或水溶液噴灑到地毯上，並以同樣的壓力把溶液或污物吸出來。一台好的抽洗機有一個特別的工具，即動力吸頭。動力吸頭在把溶液吸出來之前，先對地毯進行攪動。其他工具，如清潔裝飾面或樓梯的工具，可以配裝到抽洗機上，使機器能適用於各種不同的清潔功能。

　　進行適當的抽洗，地毯可以在一兩個小時內變乾。但是，客房部的員工在進行熱水抽洗操作時，應該掌握好注入地毯中的水量。如果機器馬力不足，過度打濕地毯或清潔人員沒有徹底吸乾淨已清潔的部位，都可能對地毯造成傷害。

　　熱水抽洗式清潔需要大量的熱水。這對有些地毯來說是有損害的。希望壓縮熱水消耗量的旅館可以考慮選用冷水抽洗式。有時，冷水抽洗的效果與熱水抽洗相當，並且能避免褪色和縮水。

　　過度骯髒的地毯，用旋式清潔劑清洗式和抽洗式結合起來清潔通常最有效。圖 12-6 提供了一份製造商提供的用抽洗式保養地毯的範例。

圖 12-4　乾泡地毯保養方案範例

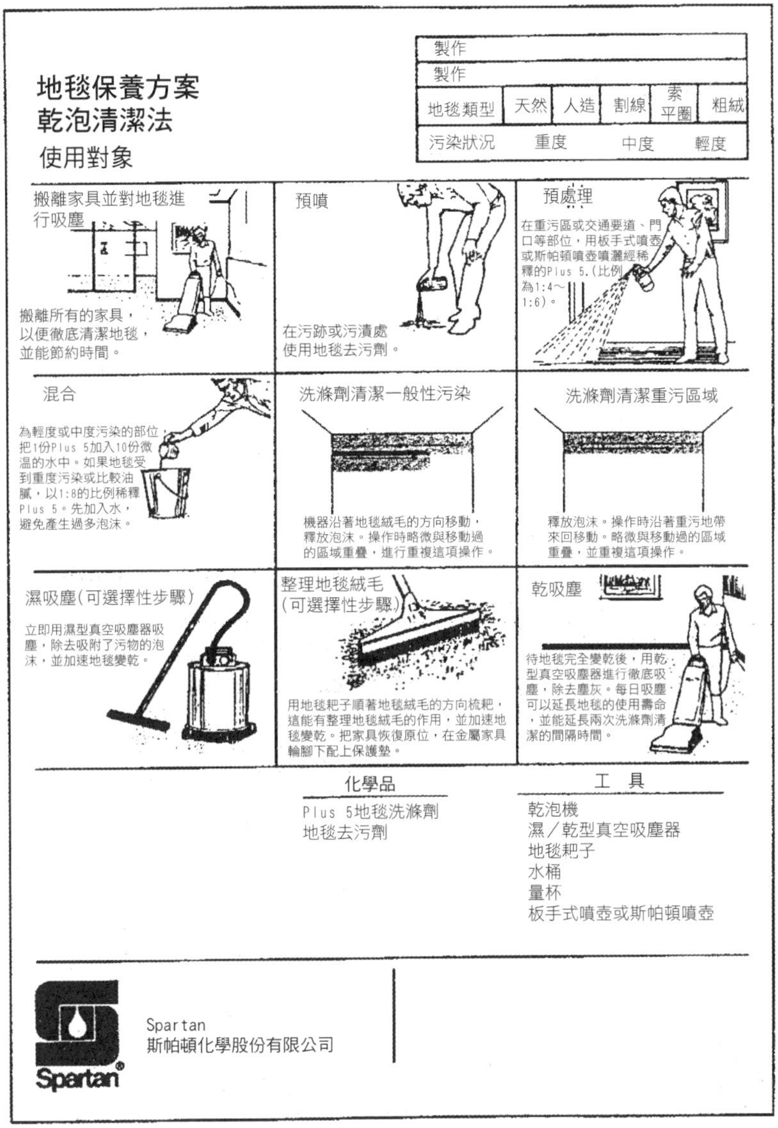

地毯保養方案
乾泡清潔法
使用對象

	製作				
	製作				
地毯類型	天然	人造	割線	索平圈	粗絨
污染狀況	重度		中度		輕度

搬離家具並對地毯進行吸塵

搬離所有的家具，以便徹底清潔地毯，並能節約時間。

預噴

在污跡或污漬處使用地毯去污劑。

預處理

在重污區或交通要道、門口等部位，用板手式噴壺或斯帕頓噴壺噴灑經稀釋的Plus 5.(比例為1:4～1:6)。

混合

為輕度或中度污染的部位把1份Plus 5加入10份微溫的水中。如果地毯受到重度污染或比較油膩，以1:8的比例稀釋Plus 5。先加入水，避免產生過多泡沫。

洗滌劑清潔一般性污染

機器沿著地毯絨毛的方向移動，釋放泡沫。操作時略微與移動過的區域重疊，進行重複項操作。

洗滌劑清潔重污區域

釋放泡沫。操作時沿著重污地帶來回移動。略微與移動過的區域重疊，並重複項操作。

濕吸塵(可選擇性步驟)

立即用濕型真空吸塵器吸塵，除去吸附了污物的泡沫，並加速地毯變乾。

整理地毯絨毛(可選擇性步驟)

用地毯耙子順著地毯絨毛的方向梳耙，這能有整理地毯絨毛的作用，並加速地毯變乾。把家具恢復原位，在金屬家具輪腳下配上保護墊。

乾吸塵

待地毯完全變乾後，用乾型真空吸塵器進行徹底吸塵，除去塵灰。每日吸塵可以延長地毯的使用壽命，並能延長兩次洗滌劑清潔的間隔時間。

化學品	工具
Plus 5地毯洗滌劑 地毯去污劑	乾泡機 濕／乾型真空吸塵器 地毯耙子 水桶 量杯 板手式噴壺或斯帕頓噴壺

Spartan
斯帕頓化學股份有限公司

Spartan

資料來源：Spartan Chemical Co., INC., Toledo, Ohio.

圖 12-5　旋刷式地毯保養方案範例

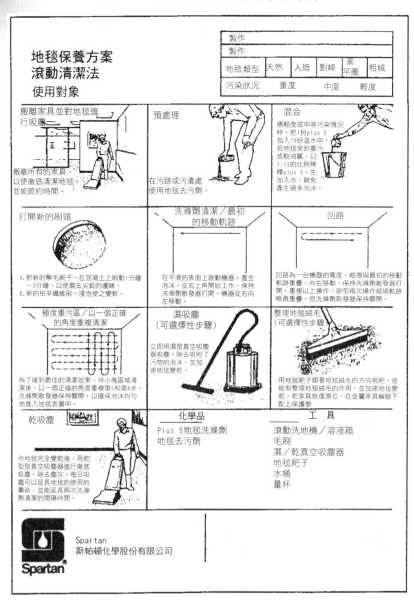

資料來源：Spartan Chemical Co., INC., Toledo, Ohio.

圖 12-6　地毯抽洗保養方案範例

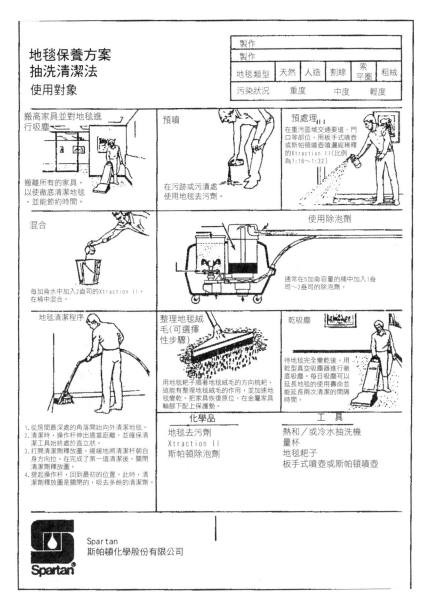

資料來源：Spartan Chemical Co., INC., Toledo, Ohio.

一、抗菌處理（Antimicrobial Treatment）

地毯的抗菌處理可以殺死多種細菌，並除去細菌產生的異味。經抗菌處理的地毯最早只用於醫院，但現在已越來越多地在旅館裏使用。

密閉建築綜合症使人們加強了對細菌滋長的注意。密閉建築是指基本與外界隔絕、需要通風系統來提供新鮮空氣的建築。在密閉建築裏，細菌滋長在地毯裏，並在空氣中散布。因此，現在許多旅館都考慮對地毯進行抗菌處理。許多地毯出廠時已經過永久性抗菌處理。地毯也可以定期地用清潔劑處理，處理後能產生短期的或永久的抗菌保護。請記住，只有對地毯加以正確的保養，抗菌處理才能起作用。

即使細菌比較不容易生長在人造纖維地毯裏，但可以滋長在纖維所積聚的污垢裏。更衣室和浴室、泳池附近區域的地面是細菌滋長的溫床，可以造成地毯的損壞，並產生異味。

二、抗靜電處理（Electrosatic Dissipation）

地毯的靜電給賓客和員工帶來麻煩，也會給電腦帶來危害。電子設備裏用的微型晶片對靜電比人更敏感，尤其是在電腦被打開維護或進行其他操作時。靜電可以刪除微型晶片儲存的資訊或降低電腦的存儲能力。

許多地毯在製造時已受過抗靜電處理。抗靜電處理也可由客房部員工進行。控制好濕度也可以降低靜電。

第七節 地面的種類

「硬質地面」這個詞有時用來形容地面用材而非地毯。實際上，有些所謂的「硬質地面」比另外一些種類的硬質地面更硬。例如，水泥是最硬的地面用材，只用於使用極為頻繁的區域。軟木則相反，是一種有彈性的天然材質，可以輕鬆地長時間行走和站立其上。本節將討論不同種類的地面及保養的要點。

與地毯相比，地面有一些缺點。地面通常產生噪音、比較硬，而且比較滑。但是，與地毯相比，地面也有一些優點。地面更耐用、更衛

生，而且不產生靜電。

許多人認為地面最大的優點是比地毯容易清潔保養，這並不完全正確。在旅館裏，地面也需要像地毯一樣頻繁地清潔保養。客房部的員工通常每天拖地，經常上光，有時還要刮洗打蠟。地面比地毯防污，但是也並非不會變髒。

與地毯一樣，地面的用材決定了應該使用什麼樣的方法清潔保養。地面可能使用的是天然或人造材質，因為地面比地毯能防水防污，因此，通常使用在水和污漬容易積聚的地方。這些地方包括客房的洗手間、公共區域（大廳和公共洗手間）和一些後臺工作區域（廚房、車庫和修理間）。

地面有三個基本的種類：彈性的、木質的和硬質的。地面的好壞根據其彈性 （人站或走在上面的難易程度）、清潔難易程度、防污和防磨損性及安全性來區別。

一、彈性地面（Resilient Floors）

彈性地面比較容易站立，行走其上，與硬質地面相比，能較好地降低噪音。但是，彈性地面通常不太耐用。彈性地面包括以下幾個種類：

1. 乙烯基；
2. 瀝青；
3. 橡膠；
4. 油氈。

(一)乙烯基

乙烯基地面可能是用純乙烯基或乙烯基與其他材料的混合物製成的。純乙烯基地面比乙烯基混合地面貴兩倍。

乙烯基又分普通乙烯基和不含蠟乙烯基。普通乙烯基通常用於商業機構，如旅館，因為蠟和拋光表層能保護使用頻繁的地面防止過度磨損和變髒。

最適合於旅館使用的乙烯基是較厚的，顏色為單色的，即整層的乙烯基都是這種顏色，顏色不會因為使用而磨損。白色的乙烯基如果接受太直接太強的日照或長時間被用布或器具覆蓋，會呈現黃色。這種情況很難解決。骯髒也可能使之泛黃，透過仔細的清潔有時可以去除。

就大部分污垢和其他物質而言，乙烯基都不受影響。乙烯基後面加

一層軟的背襯，可以加強地面材料的彈性，並增強吸音效果。乙烯基很容易保養，有較好的摩擦力。

(二)瀝青

瀝青地面防腐、防霉、防墨水漬，而且具備良好的防火性。瀝青地面不受鹼性潮氣的侵蝕，可以直接安裝在混凝土上。瀝青比較便宜，也很耐用。但瀝青容易開裂、碎裂，因此安裝時必須十分小心。避免用強效清潔劑清潔。

有些瀝青地面含有石棉，由於對健康有潛在威脅，在美國，石棉已被許多州禁用。含石棉的瀝青地面（或乙烯基石棉磚）損壞後，剩下的部分就是被視為威脅健康的部分。處理這部分有害垃圾是比較昂貴的。

(三)橡膠

不管是天然橡膠，還是人造橡膠（現在人造橡膠使用更為廣泛），都是彈性最好、吸音效果最好的地面。橡膠地面的價格也相對較貴。橡膠很耐用，即使濕的時候摩擦力也較好。水、油、高溫和清潔劑都可能會損害橡膠地面。

(四)油氈

油氈可以用各種不同的材料製成。油氈由來已久，幾乎已經成為各種彈性地面的通稱。油氈可以用亞麻油、栓皮粉或木頭、礦物質摻入物、樹脂等製成。有時用粗麻布或背襯加固，增強彈性和牢固性。油氈比較便宜、安裝簡單、保養容易，但使用強效清潔劑會對其造成破壞。

二、木質地面

橡木比較硬，有美觀的條紋，因此是木質地面最常見的選擇。用楓木、胡桃木、柚木也可製作木質地板，但價格比橡木貴。有時也用更軟的木頭，如松木。根據表面拋光材料的不同，軟的木頭一般比較容易出現凹痕和劃痕。栓皮也是一種軟木，可以削、壓甚至烘焙成塊狀，製成非常有彈性的地面。這種地面有時比較容易受損。

因為所有的木頭都多孔，滲吸力強，因此很怕受水的侵蝕。鹼性物質如皂液或氨水會在地板表面產生黑點，必須要用醋才能清除。正確安裝、密封和拋光，對地板的耐用性有重要的作用。

鋪設地板的方法各式各樣。鑲木地板通常是橡木或楓木的，製成片狀。木塊地板的表面，也是製成片狀的，與能經得起重擊和頻繁使用的端面晶粒條擺放在一起，形成了地板的表面。厚木板地板是長條的，木板安裝在一起形成平滑的表面。木板條的寬度相似或不同，在地板表面形成美觀的圖紋。

木地板地面價格相對比其他類地面貴。木質地板用在商業機構裏，主要是因為其豪華的外觀。

三、硬質地面

硬質地面用天然石材或黏土製成。有時稱為石地。硬質地面是最耐用的地面類型之一，但也是最沒有彈性的地面類型之一。硬質地面包括以下種類：

1. 混凝土；
2. 大理石和磨石子；
3. 磁磚；
4. 其他天然石材。

(一)混凝土

混凝土地面常用於生活區或重型機械移動頻繁的區域。通常，旅館的停車場、車庫和商品展覽區域使用這種地面。混凝土地面可以被覆蓋、油漆或加封防水層。

(二)大理石和磨石子

大理石是一種結晶石灰石，有多種顏色和圖案——白色、黑色（類似瑪瑙的條紋）、灰色、粉紅、綠色（蛇紋）、棕色、橘色、橘紅色，有蜿蜒的條帶狀紋理、斑點紋理。大理石相對比較耐用，但是淡色的大理石使用時間長了會泛黃。油漬很難去除。

大理石上光有多種方法，上光的室內大理石光澤明亮，通常用於桌面、梳粧檯或其他家具。上光大理石的保養工作量很大，因此不適用於普通型的樓層。建議在普通型樓層使用搪磨表面的大理石（緞面效果，但無光或不十分亮澤）。噴砂處理或拋光處理的大理石表面不光滑無反射，最適合使用在室外。

片狀大理石很昂貴，因為開採困難。即使開採技巧高超，半數大理

石也會在開採時碎裂。

　　大理石的碎片通常回收起來作磨石子地面使用。把大理石的碎片製成小的石塊，嵌入一個砂漿表面製成馬賽克圖案。磨石子也可用花崗岩製成。花崗岩是一種較便宜的天然石材。花崗岩有粉紅色、灰色或黑色；決定磨石子耐用性的是砂漿，而非石頭。與許多多孔表面相同，磨石子表面也要加封防水層。

(三)磁磚

　　磁磚是經黏土、大理石、板岩、玻璃或打火石混合後製成的。磁磚十分耐用，也很容易保養。不需要加密封劑或打蠟。

(四)其他天然石材

　　板岩是一種灰色或灰藍色的石材，是另一種常用的天然石材。板岩是泥沙層層堆積、經過幾百萬年凝固形成。板岩層很容易切割成片。但是如果過度使用或重物落在上面，可能容易造成破裂。

　　地磚不如板岩耐用，而且表面粗糙。這與板岩是由黏土或是葉岩組成的有關係。

　　有兩種黃褐色或棕色的黏土地面，赤陶土是烘焙的地磚，磚塊是黏土塑模成長方塊並加以烘焙製成的。赤陶土地磚和磚塊保持了本來的顏色。

第八節　地面的一般保養

　　地面需要定期清潔保養，保持外觀和耐用性。有些客房部提醒不應該用肥皂清潔地面，硬水往往不能徹底漂洗肥皂的殘留物，這些殘留物會軟化拋光層，使之變得很滑。

居室年鑒 THE ROOMS CHRONICLE

大面積大理石地面的保養

作者：Vera Juestel

開業初期和以後每年2次（人流密集區每年4次）

- 開始前確保大理石表面是清潔無損壞的。如果地面是舊的，有凹痕、劃痕和或蝕損斑，要先進行搪磨。
- 清掃、乾拖，用乾淨的拖把和中性清潔劑濕拖地面。
- 用轉數為175rpm的機器和上光劑為地面上光，直至出現要求達到的亮度。每次完成一小塊72平方英尺的區域。
- 立即用濕拖把和水桶或自動刮洗機漂洗殘留的上光劑。
- 用乾淨的冷水漂洗地面至少3次。
- 檢查地面，確定沒有殘留物。
- 讓地面徹底風乾。
- 用乾淨的拖把和光亮保護劑拖地。
- 用白布擦拭地面，增加亮度（如有必要）。

日常保養

- 每天至少2次乾拖地面。
- 用洗滌劑加水濕拖地面。每隔兩天用光亮保護劑（非洗滌劑）和白布擦亮地面。

資料來源：《居室年鑒》，第1卷第2期。

　　雖然地面比地毯防污，客房部員工還是應該及時發現地面溢物，並儘快處理。通常按照以下步驟操作：

1. 找到污漬，判定處理的方法（請參見旅館清潔手冊）；
2. 使用刮刀手工去除固體顆粒，注意不要劃傷或鑿傷地面；
3. 用濕型吸塵器清理大片濕的污物；
4. 選一塊區域測試除污劑，然後按照製造商的使用指南去除污跡。

今天，無蠟地面極為普遍，地面上光劑似乎已經過時了。但是，地面保養專家提示，正確地打蠟不僅可以使地面保持美觀，而且對地面的壽命也有重要的影響。打蠟能保護地表面（即使是無蠟地表面）少受磨損。打蠟還能加固多孔型地面，如地板。

地面能夠較好地防污，但是地面需要很好地保護，防止擦傷或研磨損傷。踏墊可以幫助減少擦傷和刮傷——特別是在旅館的入口處，因為這裏有著大量有研磨作用的物質。與地毯一樣，日常地面保養包括按清潔日程表清潔和及時注意有問題的部位。圖 12-7 是一家機器供應商或製造商提供給顧客的範例表。這類圖表不僅可以用於建立常規保養清潔表，而且可以用來培訓員工的基本地面保養技能。除英語外，有些製造商還提供其他語言的類似材料。

地面安全是地面保養的一個主要方面——現在我們面臨著越來越多因摔倒而引起的法律糾紛。客房部經理可能需要考慮購買地面防滑測試劑，用來幫助判定地面的安全係數。而且，還可以打聽一下地面保養產品的受保責任範圍，據此判定哪種產品更安全，甚至可能可以減少這種產品使用者所繳的保險金。表 12-4 是一份地面安全檢查核對清單。

表 12-4　地面安全檢查核對清單

	是	否
旅館所有的員工都接受過培訓，一旦發現有溢物，應及時通知客房部，並放置「地面濕」的告示牌，引導人們繞行。	□	□
光線充足，防止賓客或員工滑倒或撞上障礙物。	□	□
清潔時，放置「地面濕」的告示牌。	□	□
地面定期刮洗，避免地蠟聚積生滑。	□	□
地面保持乾燥。	□	□
及時處理濕的溢物。	□	□
清掃、拖洗地面，並定期檢查釘子和其他散落物，防止使人絆倒。	□	□
已損壞的地磚和踢腳板可能導致人絆倒，應該及時修理更換。	□	□
使用不滑的上光劑。	□	□
皂液會軟化上光劑，清潔時要徹底漂洗乾淨。	□	□
電線狀態良好，放在地上不阻礙通行。	□	□
所有的進口處都配備踏墊。	□	□

圖 12-7 地面保養一覽表範例

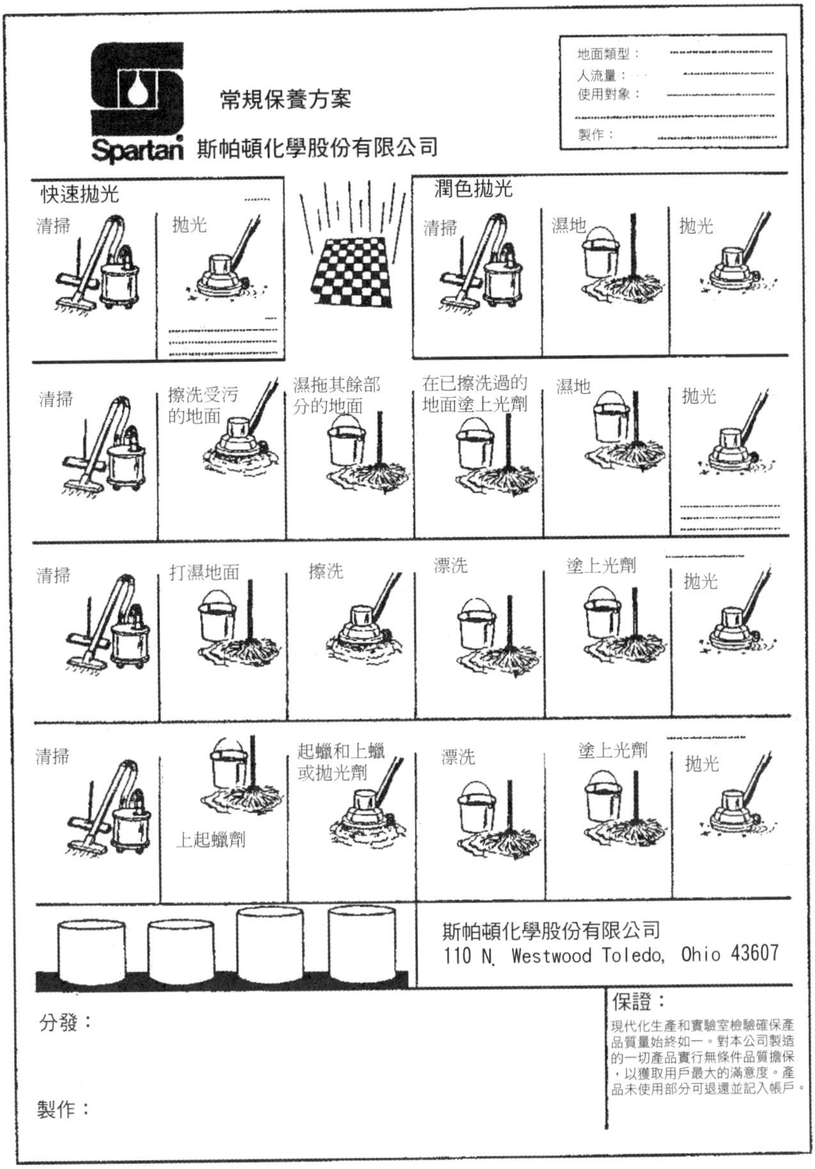

資料來源：Spartan Chemical Co., INC., Toledo, Ohio.

一、拖地

旅館的地面要每天拖洗，拖時用溼拖把；如果地面不耐水，用化學處理過的去塵拖把。員工必須注意不要過度處理拖把，否則拖把頭上的化學品會傳遞到地面。這可能會造成地面模糊或暗無光澤，甚至可能會破壞拋光面。拖把有各種類別，由天然或人造材料製成；有的旅館建議使用尼龍拖把頭。新拖把在使用前應在水中浸泡 30 分鐘，這樣可以去除拖頭上的膠料。

清潔工應確保拖把頭輪換使用。這樣，每次用完後，可以洗淨晾乾。

二、拋光和磨光

拋光包括往地面噴灑拋光劑，然後用旋轉式洗地機進行拋光處理。有的旋轉式洗地機不僅能拋光，而且能塗抹拋光劑。有效的拋光可以除去地面擦傷、鞋印，並使地面恢復光澤。高速旋轉式洗地機可以使拋光速度加快，並且使拋光層更加持久。

磨光是一種較新的地面處理方法。磨光與拋光類似，但這是一種乾性處理方法。磨光和拋光的另一個不同之處是旋轉式洗地機的速度。磨光要求機器頭的轉速更快。有些旅館建議只在人流較小的區域進行磨光。磨光只能用於硬質地面。

究竟是用拋光還是磨光處理地面要依據地面的蠟、保護層或上光劑而定。但是，不管是拋光還是磨光，地面必須是清潔的。

三、擦拭

擦拭地面通常需要用硬毛刷或擦墊、適宜的清潔溶液和旋轉式洗地機。擦拭通常在拋光或磨光後進行，並根據擦拭時有多少舊蠟脫落下來而決定。

四、刮洗和整修

客房部員工都認為刮洗和整修表面昂貴而費時。但是，為了確保正確保養地面，應該定期刮洗和整修表面。刮洗液以水或氨水為主。氨水

是一種非常強效的化學用品，在地面上使用時必須十分小心。旋轉式洗地機可以刮洗舊的拋光劑，並塗上新的拋光劑。圖 12-8 是製造商或供應商可能會提供給顧客的使用指南。這種使用指南可以用來培訓員工刮洗和整修地面的技巧。除英語外，有些製造商還提供其他語言的類似材料。

拋光劑有兩個類型——蠟基的或聚合物基的。蠟基拋光劑至少需要上兩層蠟才能達到最大的地面保護效果。許多製造商和客房部人員建議上三層甚至更多層的蠟。幾乎所有的拋光劑都做噴霧擦亮處理。蠟基拋光劑是可以擦亮的。

金屬連鎖（或交叉結合）聚合拋光劑(metal-interlocking)包含溶解金屬（通常是鋅），可以加強地面拋光效果。有些旅館只用至少含 18 ％～20 ％固形物的上光劑，這種上光劑幾乎不受鞋跟、清潔液和摩擦的影響。聚合上光劑也很容易重新塗層，以使地面保持亮澤，恢復最初塗層的保護性能。金屬連鎖上光劑的刮洗也變得容易，因為氨水（刮洗劑中的活躍成分）能吸附金屬。這使得塗層解封，從而使去除它們變得容易。

圖 12-8　刮洗和整修地面方法範例

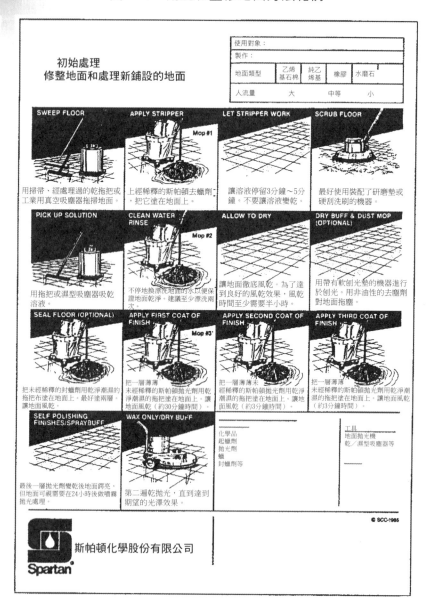

資料來源：Spartan Chemical Co., INC., Toledo, Ohio.

HOUSEKEEPING
MANAGEMENT

名詞解釋

醋酸纖維（acetate）　一種低價的絲質樣纖維，不褪色、不發霉，但易受污、易受損。

丙烯酸（acrylic）　一種用於製造織品或模制透明固定裝置或表面的人造材料。

抗菌處理（antimicrobial treatment）　使用某種溶液殺死地毯中的細菌和黴菌及由細菌和黴菌產生的異味。

粗長單纖維（bulk continuous filament（BCF）fibers）　連續的股線纖維，用於製成非機織地毯或簇絨地毯。

去光法（delustered）　一種使尼龍地毯降低光澤的處理方法，經處理後，表面顏色略暗，看上去像羊毛地毯。

抗靜電處理（electrostatic dissipation）　用某種溶液對地毯加以處理，從而使地毯具備抗靜電性。

表層（face）　地毯的絨毛。

表層纖維（face fibers）　形成地毯絨毛的紗線。

表層重量（face weight）　每平方碼地毯表層纖維的重量，是地毯絨毛的衡量標準。

硬質地面（hard floor）　非地毯地面。硬質地面是最耐用、但彈性最差的地面類型。硬質地面的種類包括混凝土、大理石、磨石子、磁磚和其他天然石材。

均色（homogeneous color）　滲透整層乙烯基地面的顏色，不會因使用而磨損。

熱／冷水抽洗（hot-or cold-water extraction）　一種深度清潔地毯的方法，用機器在低壓下噴上清潔劑和水的混合液，在此過程中又把污垢和溶液吸出來。

金屬連鎖聚合拋光劑（metal interlocking polymer finish）　一種聚合地面拋光

劑，包含溶解金屬（通常是鋅）。

變性聚丙烯纖維（modacrylic） 丙烯酸纖維的一種，防污防磨損能力較差。

絨毛（pile） 地毯的表層，由纖維或紗線形成可修剪的毛圈組成。

絨毛變形（pile distortion） 表層纖維因受到人潮或機器的重壓或不正當清潔後出現的狀況，比如變彎、起球、壓壞、散開或纏結。

主要背襯（primary backing） 地毯中固定表層纖維的部分。

彈性地面（resilient floor） 地面類型的一種，能降低噪音，比起硬質地面，能比較輕鬆地行走或站立其上。彈性地面的種類包括乙烯基、瀝青、橡膠和油氈。

旋轉式洗地機（rotary floor machine） 地面保養設備，可以用於乾泡洗滌、噴霧墊洗滌、滾動旋轉墊、閥帽和毛刷洗滌劑洗滌。在硬質地面上，這種機器可以用於擦拭、磨光、刮洗、起蠟、拋光等。

第二層背襯（secondary backing） 地毯的層壓到主要背襯層上的部分，使地毯更加堅固，安裝更加牢固。

色差（shading） 地毯絨毛向兩個不同方向刷過後會出現的明暗色差。

（人造）短纖維（staple fibers） 長度為 7 英寸～10 英寸的纖維，經編織後形成長的股線，用於製成非機織地毯或簇絨地毯。

簇絨地毯或毛圈地毯（tufted or looped carpets） 這種地毯在製造時表面的纖維穿過地毯的背襯層，形成厚的簇絨或毛圈絨毛。

濕型吸塵器（wet vacuum） 地面保養設備的一種，用於收拾濺溢物或吸取在地毯或地面清潔中使用的漂洗水。

泛黑（wicking） 當地毯的背襯變濕後，表面纖維吸收背襯的潮氣和顏色，地毯的表層會出現泛黑的情況。

木質地面（wood floor） 地面類型的一種，用質地較硬或較軟的木頭經切割後，以片狀、塊狀或條狀安裝在地面上，形成美觀的紋理。

複習題

1 地毯和地面的區別是什麼？

2 地毯由哪幾部分構成？

3 客房、大廳、餐廳中哪些種類的地毯比較實用？爲什麼？

4 如何避免出現地毯絨毛變形、泛黑、褪色等問題？

5 在制定地毯和地面保養清潔日程表和程序時，要考慮到哪幾個主要因素？

6 請說出用於地毯和地面清潔的幾種基本設備及其使用方法。

7 地毯的清潔方法有哪幾種？

8 旅館在選擇地面用材時要考慮哪些因素？

9 地面的三種基本類型是什麼？

10 請說出地面清潔的方法及運用。

　　如欲瞭解更多資訊，請瀏覽以下網頁。網站地址可能會有所更改而無專門通知。如果該網頁已經不存在，請使用搜索引擎查找更多相關網址。

C & C Carpet Care
http://www.ecsa.com/coupon/coupons/html/ccarpa0.1htm/

Carlton's Carpet Care Home Page
http://www.businessl.com/omnibus/ccpg.htm

Carpet Care International Web Site
http://www.webcom.es/ccare/home.htm

Carpeteria Carpet Care and Maintenance
http://carpeteria.com/carpets/care.htm

Cole's Carpet Cleaning Care
http://www.kgtv.com/ch10/market/coles/floor-care.html

Stainmaster Carpet Care
http://www.dupont.com/stainmaster/carpetcare.html

Tips on Carpet Care
http://www.dalton.net/cptcare.html

任務細分表

地毯和地面

本部分提供的操作程序只用作說明，不應被視爲是一種推薦或標準，雖然這些程序具有一般性。請讀者注意，每個旅館爲適應實際情況與獨特需要，都擁有自己的操作程序、設備規格和安全規範。

清掃硬質地面

所需用具用品：掃帚、畚箕、垃圾袋及裝備齊全的公共區域清潔推車。

步　　驟	方　　法
1. 根據需要搬移家具和設備，以便顯露出全部需要清掃的地面。	
2. 從遠離門的另一端的角落開始清掃。	
3. 用掃帚將垃圾掃成一堆。	□ 掃的時候，掃帚的鬃絲緊貼地面，避免揚起塵土。
4. 用畚箕收拾垃圾。	
5. 把畚箕中的垃圾倒入清潔推車中的垃圾袋裡。	
6. 繼續掃地、收拾垃圾，直至整個地面都被清掃乾淨。	

用拖把拖洗硬質地面

所需用具用品：告示牌、地面清潔劑、地拖桶、噴壺及地拖。

步　　驟	方　　法
1. 放置告示牌。	
2. 選擇合適的清潔劑。	□ 以下各區域所使用的清潔劑在不同旅館中又有不同。 　·浴室； 　·走廊； 　·壁櫥； 　·餐飲區域。
3. 用潮濕的拖把拖地。	□ 用方法 1 或方法 2 拖地面： 　方法 1： 　·將所選用的清潔劑在桶中與水混合後使用， 　用拖把沾水拖地。 　·將髒水倒出，加入乾淨的清水。 　·用清水拖地面，並視情況換水。 　·絞去拖把中多餘的水，保證地面是稍許潮濕。 　方法 2： 　·將所選用的清潔劑在噴壺中與水混合。 　·在桶中加入乾淨的清水。 　·將壺中藥水噴灑於地面。 　·將拖把浸入桶中，絞去多餘水分後開始拖 　地面。
4. 讓地面風乾。	
5. 倒空地拖桶並用清水沖洗，然後掛起來風乾。	
6. 用乾淨的水沖洗拖把，然後掛起來風乾。	
7. 收拾好告示牌及其他工具。	
8. 用乾拖把清潔不適於沾水的地面。	□ 千萬不要用濕拖把拖木質地面或大理石地面，除非已經做過防水處理。 □ 在不很清楚某塊地面是否要用乾拖把清潔時，請詢問主管。 □ 從房間的最裡面，也就是遠離門的一側開始打掃。從左到右以 3 英尺的範圍向門的方向拖。每塊 3 英尺的範圍都必須與前一塊範圍重疊。這種重疊法也經常被稱做「8 字形」，既可以避免在清潔時踩在清潔過的區域，也可保證整塊地面都能清潔到。

使用旋轉式洗地機

所需用具用品：告示牌及帶墊子和刷子的旋轉式洗地機。

步　　驟	方　　法
1. 在工作區域設置告示牌。	
2. 檢查機器上的電線。	□ 檢查電線，確保電線沒有絞在一起或損壞。 □ 盡量不要將電線置於來往通道。
3. 將擦地刷或墊安裝在機器上。	□ 確定此時機器未通電。 □ 將機器向後傾斜直至操作杆碰到地面。 □ 確定刷子及墊子是清潔的，否則地面很可能遭到破壞。 □ 對準螺紋，將刷子或墊子逆時針旋轉。
4. 開始操作機器。	□ 將機器通電。 □ 從裡到外開始拋光地面。 □ 從左到右以扇形形狀慢慢地向後拋光。 □ 用一隻手操作機器，另一隻手清理電線以免絆倒。
5. 隔一定時間檢查一下墊子或刷子，將髒的墊子或刷子換下。	
6. 如果地面上有一層膜，先拖地。然後用乾淨的墊子或刷子進行拋光。	
7. 卸下拋光墊或刷子，清潔乾淨後掛起風乾。	□ 清潔拋光墊的步驟在不同旅館中又有不同。 □ 清潔拋光刷的步驟在不同旅館中又有不同。
8. 收拾好機器及告示牌。	

HOUSEKEEPING MANAGEMENT

清潔地磚表層及上蠟

所需用具用品：告示牌及帶墊子和刷子的旋轉型地面機器、清潔劑、起蠟化
學品、白醋、封蠟劑、地蠟、油灰刀、抹布、掃帚、濕拖、
蠟拖、乾地拖或濕型吸塵器、地拖桶、塵拖、畚箕、乳膠手
套、防護眼鏡、水桶、噴壺及小刷子。

步　　驟	方　　法
1. 在工作區域設置告示牌。	
2. 清掃或用乾拖把清掃。	☐ 將可移動設備搬離此區域。 ☐ 用掃帚或乾淨的乾地拖及畚箕將地面上的灰塵及其他垃圾清理乾淨。 ☐ 請遵循安全規定，以保護客人、其他員工及本人。 ☐ 對準螺紋，逆時針旋轉拋光刷或墊。
3. 地面除跡。	
4. 每日進行濕拖。	☐ 保持來往人較多的公共區域的地面乾燥。趁人流量少時進行濕拖。 ☐ 不要將濕拖把及蠟拖把混用。
5. 去除地磚積聚的蠟。	☐ 戴好乳膠手套及防護眼鏡。 ☐ 將水及許可使用的氨起蠟劑混合。 ☐ 用地拖將氨起蠟劑在地面上塗上厚厚一層，保持10分鐘或直至地面變糊。 ☐ 用刷子手工刮擦地面邊緣。 ☐ 用小油灰刀將地面角落處的蠟層刮鬆。 ☐ 用抹布（如需要）除去角落及邊緣處的渣滓。 ☐ 用帶刷子或尼龍墊的洗地機將蠟層刮鬆。 ☐ 用乾淨的溫水及濕型吸塵器或乾地拖除去地面上的蠟及雜物。 ☐ 視情況換水。 ☐ 在 2.5 加侖的水中加入 1 杯白醋，將此作為對蠟和起蠟液遺留膜的最後沖洗。確保不要漏掉角落及邊緣區域。 ☐ 讓地面自然風乾。

步　　驟	方　　法
6. 上封蠟劑及液蠟。	□ 請詢問主管用什麼上液蠟。 □ 上一層封蠟劑，三層液蠟。在人流比較頻繁的區域，也許需要上兩層封蠟劑，三層液蠟。 □ 將許可使用的液蠟均勻地上於潔淨、乾燥的地磚面上。要保持均勻，重疊面積要小。 □ 等 30 分鐘或更長一點時間後，才可去修補遺漏的區域。 □ 在第一層的基礎上，以一個合適的角度再去上第二層，以彌補一些遺漏的細小區域。
7. 上面蠟。	□ 在噴壺中將液蠟與水混合。 □ 在旋轉式洗地機前方的地面上薄薄地噴一層溶液，然後拋光，直至地面光亮。 □ 透過經常清掃、拖地及輕度拋光保養地面。
8. 將所有的地拖沖洗乾淨，然後掛起風乾。	
9. 清潔其他設備及工具，然後掛起風乾。	
10. 收拾好告示牌及其他一些設備工具等。	

地磚面上除跡

所需用具用品：告示牌、乳膠手套、防護眼鏡、紙巾、抹布、碳酸液體清
潔劑或消毒劑、可密封的塑料容器、垃圾桶、鋼絲棉、多功
能清潔劑、油灰刀、海綿、工業酒精、氨水、漂白液、指甲
油去除劑。

步　　驟	方　　法
1. 在工作區域設置告示牌。	
2. 戴上乳膠手套及防護眼鏡去跡。	□ 在用強性化學品清潔或清潔血跡或其他體液時，請務必戴上防護用具。
3. 測試除跡程序。	□ 在一小塊不顯眼的地方測試一下去跡劑。 □ 如果去跡劑損傷地面，請馬上停止並立即報告主管。 □ 如果無法將污跡除去，請向主管匯報。也許會有必要聯繫地磚供應商徵詢意見。
4. 去除血跡。	□ 用紙巾蓋住此區域。 □ 將新鮮的碳酸溶劑或消毒劑及水倒在紙巾上。 □ 保持 15 分鐘。 □ 將紙巾扔進密封的塑膠容器中，然後將此塑膠容器放在一個單獨的垃圾桶中，待做特殊處理。 □ 用紙巾將此區域擦乾。 □ 除去血跡或處理手套時請遵循接觸血傳播病原體的安全規則。 □ 脫下手套後請立即洗手。
5. 去除灼燒痕跡。	□ 用 0 號鋼絲綿（如必要）及強性多功能清潔溶液摩擦地磚。 □ 如有任何除不掉的灼痕，請向主管匯報。如果灼痕很嚴重，損傷了地磚，也許需要更換地磚。
6. 去除糖跡或口香糖跡。	□ 用油灰刀刮污跡。請注意不要刮傷或鑿傷地面（有些旅館使用除口香糖劑，請詢問主管是否有這種清潔劑）。 □ 使用多功能清潔劑。如需要，用浸過多功能清潔劑的 0 號鋼絲棉摩擦地面。 □ 可用工業酒精去除硬表層或 100%乙烯彈性表層地磚的口香糖。 □ 用濕布或海綿清洗這塊區域。
7. 用多功能清潔劑及 0 號鋼絲棉去除鞋跟印。	

步　　驟	方　　法
8. 去除墨水跡。	☐ 用強性多功能清潔劑及鋼絲棉清潔。 ☐ 如果污跡還去不掉，把蘸了氨水的抹布放在此處蓋幾分鐘，然後仔細地清洗此塊區域。 ☐ 可使用工業酒精去除硬表層或100%乙烯彈性表層地磚上的墨水跡。
9. 去除指甲油跡。	☐ 用乾抹布或海綿盡可能地吸收指甲油跡。 ☐ 用多功能清潔劑清潔此區域。然後使用去指甲油劑清潔。 ☐ 在橡膠磚或瀝青磚上切勿使用去指甲油劑。
10. 去除尿跡。	☐ 如果尿跡沾染時間不久，可先用吸水紙巾盡量吸收。 ☐ 用0號鋼絲棉（如必要）及強性漂白液。 ☐ 清潔尿跡的工具在不同旅館中又有不同。 ☐ 將紙巾、鋼絲棉等清潔過尿跡的東西裝入封閉的塑膠容器。 ☐ 將塑膠容器放入一個特殊的垃圾桶內。
11. 用多功能清潔劑及0號鋼絲棉去除不明污跡。	
12. 起蠟並上蠟（如必要）。	

硬木或鑲木地板的清潔及上蠟

所需用具用品：告示牌、掃帚或塵推、畚箕、地蠟、抹布及帶墊子的旋轉式洗地機。

步　　驟	方　　法
1. 在工作區域設置告示牌。	
2. 在該區域清掃或用乾拖把清掃。	☐ 將可移動的設備搬離此區域。 ☐ 用掃帚或乾淨的乾拖把及畚箕去除地面上的垃圾和灰塵。 ☐ 不要用水清潔。 ☐ 請遵循安全準則，以保護客人、其他員工及本人的安全。
3. 檢查洗地機上的電線。	☐ 確保電線沒有纏結在一起或損壞。 ☐ 盡量不要將電線拉置在過往頻繁的區域。
4. 將拋光墊安裝在機器上。	☐ 確定機器沒有通電。 ☐ 將機器向後傾斜，直至操作杆碰到地面。 ☐ 確定拋光墊清潔，否則地面可能會受到損傷。 ☐ 對準螺紋，逆時針旋轉拋光墊。
5. 用手指或抹布塗抹少量蠟在拋光墊上。	
6. 拋光地面直至光亮。	☐ 插上洗地機的電源。 ☐ 從房間的裡面開始向入口處拋光地面。 ☐ 從左到右以扇形形狀向後慢慢地拋光。 ☐ 一隻手操作洗地機，另一隻手清理電線，以免絆倒。 ☐ 如果地面面積很大，也許需要在拋光墊上多加些蠟。 ☐ 等地面上的蠟全乾。 ☐ 在難操作地面處上第二層蠟，使上蠟均勻，並等蠟乾。
7. 卸下拋光墊或刷子，清潔乾淨後掛起風乾。	☐ 清潔拋光墊的步驟在不同旅館中又有不同。
8. 收拾好機器、告示牌及其他一些工具設備。	

地毯吸塵

所需用具用品：告示牌、硬掃帚、吸塵器及吸塵袋。

步　　驟	方　　法
1. 如有必要，設置告示牌。	
2. 將房間角落及地毯邊緣的垃圾清除。	□ 用一把小的硬掃帚將角落裡及邊緣處的垃圾掃到吸塵器可以吸得著的地毯上。 □ 壓著掃帚向自身方向拖，即遠離牆的方向。
3. 吸塵器接通電源。	□ 盡量使用靠近門的插座。 □ 確保電線遠離通道，以免使人絆倒。
4. 從房間的一側到另一側開始吸塵。	□ 從房間的裡側角落開始吸塵。在吸塵時不要站在濕的地方，以免觸電。 □ 向門的方向吸塵，這樣可以清潔到踩過的地方。 □ 請特別注意角落、邊緣及人流過往頻繁的區域。 □ 如發現地毯上任何破口，請向工程部匯報以便修理。

步　　驟	方　　法
5. 檢查並倒空真空袋，定期清潔攪拌刷。	□ 倒空並清潔真空袋的步驟在不同旅館中又有不同。
6. 切斷吸塵器的電源，將線繞好，然後將吸塵器	□ 拔掉電源時，請抓住插頭，而不是拉電線。 □ 繞電線的方法在不同旅館中又有不同。

大理石地面清潔、封蠟及上蠟	
所需用具用品：告示牌、抹布、乾拖把、蠟拖、濕拖、地拖桶、防水封蠟劑、許可的清潔劑、地蠟、帶刷子或墊子的旋轉型機器以及乾淨的軟抹布。	
步　　驟	**方　　法**
1. 在工作區域設置告示牌。	
2. 用乾抹布或乾拖把除塵。	
3. 用蠟拖將乾淨的防水封蠟劑塗於大理石地面上。	☐ 用在大理石上的封蠟劑在不同旅館中又有不同。
4. 清洗封蠟過的大理石地面。	☐ 將乾淨抹布或地拖浸入乾淨溫水和溫和去污劑混合液中。 ☐ 刮擦地面，除去所有頑固污跡。 ☐ 清洗大理石的程序各個旅館又有不同。 ☐ 用乾抹布將大理石地面擦乾。水如果滲入大理石中會使石面變色。
5. 地面上蠟。	☐ 用拋光機將許可使用、不會發黃的地蠟均勻地塗於地面。 ☐ 用旋轉式洗地機給地面均勻上蠟。
6. 將用過的濕拖或蠟拖清洗乾淨，掛起風乾。	
7. 卸下拋光刷或墊，清洗後掛起風乾。	
8. 收拾好告示牌及設備工具等。	

地毯抽洗

所需用具用品：告示牌、水抽洗機、地毯點清潔預處理劑、清潔劑、除泡劑及吸塵器。

步　　驟	方　　法
1. 在工作區域設置告示牌。	
2. 移動設備及家具。	□ 小心地將可移動的設備及家具移至主管准許暫時放置的區域。
3. 地毯吸塵。	□ 小心地將家具移開，盡量露出需要清潔的地毯。
4. 在污跡嚴重的地方噴上地毯點清潔預處理劑。	
5. 去除蠟跡。	□ 用吸水紙巾將變乾的蠟跡蓋住。 □ 將熱的平燙斗放在紙巾上，促進紙巾吸收融蠟。
6. 準備好水抽洗機。	□ 往水箱中充水及清洗劑的步驟在不同旅館有不同的操作方法。
7. 將抽洗機通電，加熱水箱中的水（如果水箱有加熱器）。	
8. 將除泡劑加入水箱中，以避免產生太多的泡沫。	
9. 根據製造商的指示操作抽洗機。	□ 由內向外抽洗地毯，從最裡面開始，直至門口。 □ 將水注入地毯中。 □ 盡量加快工作速度，以避免地毯過濕。千萬不要使地毯浸泡在水中。 □ 特別注意預處理的區域。 □ 操作抽洗機時，不要站在水中，否則可能會觸電。
10. 將髒水倒入拖把水池中，不要倒在客用洗手間中。	
11. 讓地毯完全乾透。	
12. 再吸塵一次。	
13. 整理以使房間恢復原狀。	□ 將先前移開的設備及家具等恢復原位。 □ 將鋁箔片或硬紙板片墊在家具腳下，以免地毯上產生污跡。
14. 清洗抽洗機。	□ 清洗抽洗機的步驟在不同旅館中又有不同。
15. 將設備工具等存放於正確地點。	

106-□□
台北市新生南路3段88號5樓之6

揚智文化事業股份有限公司　　收

□□□-□□
地址：　　　市縣　　鄉鎮市區　　路街　段　巷　弄　號　樓
姓名：

EDUCATIONAL INSTITUTE
American Hotel & Lodging Association

書號 AH001　　書名 Housekeeping Management

讀者報考回函

感謝您對 北美教育學院 及 美國飯店業協會教育學院 的支持
您的寶貴意見是我們成長進步的最佳動力

本學院成立於 1953 年，從事旅館管理教育已經有近 50 年的歷史

　　50 多年來，教育學院一直致力於飯店業及其他服務業的教育和培訓，不斷以達到並超過行業要求的標準來從事飯店業及其他服務業的培訓任務，同時頒發專業證書，以滿足世界各地的觀光及旅館管理學校的需求。

EI 頒發的證書在業內享有最高的專業等級

　　這是由世界權威機構：美國飯店業協會發出的認証証書，無論在北美洲、東南亞、歐洲、澳洲和中東等地均被旅館業所廣泛地被認同，對加入這個行業和升遷具有重要的輔助作用。對於想繼續深造的同學，更可入讀美國、澳洲和瑞士的某些觀光餐飲旅館大學，攻讀一至或二年的課程即可取得學士學位。

　　閱讀本書後，您有興趣參與由美國飯店業協會教育學院所舉辦的專業證書考試，獲取本科的專業證書嗎？歡迎您將本回函正本（恕不接受影印本回函）填妥後寄至：

揚智文化事業股份有限公司

106 台北市新生南路三段 88 號 5F 之 6

我們收到您的回函後，將盡快與您聯絡和安排考試。詳情請參閱 http：//www.hoteltraining.org。
如有任何查詢和建議，歡迎來函： info@hoteltraining.org。

姓名：_____ 先生 / 小姐　　出生日期：_____

電話：_____　　　　　　電子郵件：_____

住址：_____

購買書名： 房務管理(Housekeeping Management) 購買書店：_____

學　歷：□ 高中或以下　　□ 專科　　□ 大學　　□ 研究所　　□ 碩士　　□ 博士

職業別：□ 學生　　□ 服務業　　□ 銷售業　　□ 金融業　　□ 資訊業　　□ 傳播業
　　　　□ 自由業　　□ 製造業　　□ 教育業　　□ 軍警　　□ 公務員　　□ 其他_____

職　稱：□ 一般職員　　□ 專業人員　　□ 中階主管　　□ 高階主管　　□ 負責人

您從何處得知本書的消息？□ 逛書店　　□ 報紙　　□ 雜誌　　□ 廣告　　□ 網路
　　　　　　　　　　　□ 他人推薦　□ 團體訂購 □ 其他_____

報考動機：□ 工作需要　　□ 求學需要　　□ 自我提升　　□ 有備無患
　　　　　□ 其他_____

您對本書的建議：_____

房務管理 (Housekeeping Management)

著　　者／Margaret M. Kappa, Aleta Nitschke, Patricia B. Schappert

校　　閱／閔辰華

出 版 者／揚智文化事業股份有限公司

發 行 人／葉忠賢

總 編 輯／林新倫

登 記 證／局版北市業字第 1117 號

地　　址／台北市新生南路三段 88 號 5 樓之 6

電　　話／（02）23660309

傳　　真／（02）23660310

郵政劃撥／19735365　戶名：葉忠賢

印　　刷／鼎易印刷事業股份有限公司

法律顧問／北辰著作權事務所　蕭雄淋律師

初版一刷／2004 年 7 月

ＩＳＢＮ　／957-818-635-5

定　　價／新台幣 1200 元

E–mail　／service@ycrc.com.tw

網　　址／http://www.ycrc.com.tw

國家圖書館出版品預行編目資料

房務管理 ／ Margaret M. Kappa, Aleta
Nitschke, Patrica B. Schappert 著.-- 初
版. -- 臺北市：揚智文化， 2004[民 93]
　　面 ；　公分
譯自：Housekeeping management, 2nd ed.
ISBN 957-818-635-5（精裝）

1. 旅館業 – 管理

489.2　　　　　　　　　　93009003